U0219021

博弈论
策略分析入门

（原书第3版）

GAME THEORY

［美］罗杰·A. 麦凯恩 著

（Roger A. McCain）

林谦 译

A Nontechnical Introduction
to the Analysis of Strategy
3rd Edition

机械工业出版社
CHINA MACHINE PRESS

图书在版编目（CIP）数据

博弈论：策略分析入门：原书第 3 版 /（美）罗杰·A. 麦凯恩（Roger A. McCain）著；林谦译 . -- 北京：机械工业出版社，2022.1（2024.12 重印）
书名原文：Game Theory: A Nontechnical Introduction to the Analysis of Strategy, 3rd Edition
ISBN 978-7-111-70091-3

I. ① 博…　II. ① 罗… ② 林…　III. ① 博弈论 – 高等学校 – 教材　IV. ① O225

中国版本图书馆 CIP 数据核字（2022）第 011167 号

北京市版权局著作权合同登记　图字：01-2021-2719 号。

本书是一本全面介绍博弈论的具有指导意义的书。全书以基础性知识作为重点，以清晰的思路和简洁明了的方法阐述了博弈论知识及其应用，并覆盖了所涉及的各个学科。其中，案例是一种重要的讲解工具，它不仅使概念的引出更加生动，而且能够激发读者的全面思考。方便学生理解的应用实例及各章后面的"练习与讨论"，不仅进一步阐释了博弈理论，而且涉及不同的学科领域，既可以用来检验学生的知识掌握程度，也可以作为教师的课堂问题。

本书适合经济管理专业及非经济管理专业的本科生、MBA 作为教材使用，也适合对博弈论感兴趣的读者作为参考读物。

出版发行：机械工业出版社（北京市西城区百万庄大街 22 号　邮政编码：100037）
责任编辑：施琳琳　　　　　　　　　　　　责任校对：马荣敏
印　　刷：涿州市般润文化传播有限公司　　版　　次：2024 年 12 月第 1 版第 4 次印刷
开　　本：185mm×260mm　1/16　　　　　印　　张：20
书　　号：ISBN 978-7-111-70091-3　　　　定　　价：89.00 元

客服电话：（010）88361066　68326294

从第 1 版开始，本书的目标一直是以最通俗的方式阐述博弈论，即通过例子进行教学，将"卡普勒学习周期"（Karplus learning cycle）理论[⊖]运用到极致。基于这种想法，本书第 1 版把"纳什均衡"作为全书的核心理念，在第 4 章中予以引入，并在后续各章中将其拓展为"均衡"的理念。我们讨论了被占优策略的递归消除（IEDS），但是没有讨论"可理性化策略"。第 2 版的不同之处主要是内容的组织方式，但是已经把"可理性化策略"作为高级议题而引入，另外还有一些细节修订。使用第 2 版的教学经验令我相信，对于那些想要入门的学生来说，可理性化策略远比被占优策略容易理解，而且确实令纳什均衡这些关键概念变得更容易把握。鉴于可理性化策略与 IEDS 具有很强的重叠性，而前者涵盖那些内容的方式更加完整，所以第 3 版把重点转移到了可理性化策略方面。现在，本书的核心内容（再一次在第 4 章中引入）包括纳什均衡和可理性化策略两个主题。这就要求我对第 4 章进行大幅修订，对其他各章也做出相应的更改，并且增添了许多新的例子。此外，第 3 版删除了第 2 版中关于合作解的第 2 章，而代之以关于议价理论的新的一章（也就是第 3 版的第 17 章），以此回应随着宏观经济学的新近发展人们产生的对于这个理论的兴趣。

本书第 1 版是在《美丽心灵》（*A Beautiful Mind*）的电影版本上映后不久写成的，它的某些过渡性内容体现了由那部影片所引起的兴趣。这些内容在第 2 版中都得到了保留，但是第 3 版已予以删除，因为我认为岁月的流逝已经减弱了读者对那些特定例子的兴趣。出于相同的缘由，第 3 版还对第 2 版的内容做了某些删改，而一些新的例子则体现了 2002 年以来发生的一些变化。

⊖ 该理论由美国教育心理学家卡普勒（R. Karplus）和蒂尔（H. Thier）于 1967 年提出。其内容是，教学大致包括三个阶段：①探索，为学生提供第一手资料，以调查科学现象；②概念介绍，让学生通过与教科书、老师和同学的互动，建立科学理念；③概念运用，要求学生运用这些概念解决新的问题，主要通过思考和练习相互结合的方法，而这一点对于学习科学来说是必需的。——译者注

目 录
CONTENTS

冲突、策略和博弈

何为博弈论？它与策略和冲突有何关系？无疑，策略和冲突时常出现在人类生活的许多方面，包括下棋等。冲突可能会有赢家和输家，博弈也时常是这样。本书旨在介绍关于策略的一种思考方式，一种派生于博弈数理研究的思考方式。当然，作为开头，本章将回答这样一些问题：何为博弈论？它与策略有何关系？不过，我们不急于回答这些问题，而是先从一些例子入手。下面的第一个例子就是经常同策略和冲突联系在一起的人类活动之一：战争。

1.1 伊比利亚半岛[⊖]反叛：皮乌斯[⊜]对赫图琉斯的打击

我们先讲一个故事（考琳·麦卡洛（Colleen McCullough）所著的那部古罗马共和国的历史小说对它做了描述）。

公元前 75 年左右，伊比利亚半岛（拉丁文为"Hispania"）发生了针对古罗马的反叛，领头者是一些古罗马士兵和居住在伊比利亚半岛的狂热的古罗马人。人们普遍认为，伊比利亚半岛方面的领袖昆图斯·瑟托琉斯（Quintus Sertorius）企图把当地变成基地，最终使自己能够成为古罗马的主人。古罗马派出了两支军队前去镇压反叛者。一支军队由长老、贵族和德高望重的米特琉斯·皮乌斯（Metellus Pius）指挥；另一支军队由庞培（Pompey）率领。当时庞培还很年轻且缺乏经验，但他非常富有且愿意自行组建一支军队。庞培拥有对皮乌斯的指挥权。皮乌斯对于自己的从属地位感到愤愤不平，因为庞培不仅比较年轻且出身社会下层。庞培打算出征去解救古罗马在新迦太基（New Carthage）的一个遭到围困的小城堡，但他却受困于劳罗（Lauro）而无法西行。因为瑟托琉斯在那里追上并包围了他，双方在伊比利亚半岛东部陷入了对峙的局面（见图 1-1）。皮乌斯及其军队驻扎在伊比利亚半岛西部，他是那里的地方长官。这种态势正合瑟托琉斯的心意，因为两支罗马军队的会师将对他不利。为此，瑟托琉斯指派自己的副手赫图琉斯（Hertulius）驻守皮乌斯军营东北部的莱明纽（Laminium），以便阻击皮乌斯向东而来与庞培会师。

皮乌斯有两个可选策略，如图 1-1 中的浅色箭头所示。其一，他可以向赫图琉斯发动

⊖ 即后来的西班牙。——译者注

⊜ 此处原文是 "Puttin"（普京），当为 "Pius" 之误。——译者注

进攻并拿下莱明纽；如果成功，就可以打通前往伊比利亚半岛东部的道路，消灭反叛者的那支军队；然后，他可以继续行军到劳罗，会同庞培一道迎战瑟托琉斯。不过，这项策略的胜算不大。因为假如伊比利亚半岛军团在莱明纽周边的崎岖地带展开防御战，那么他们势必会做困兽之斗，而且很可能打败皮乌斯的军队。其二，皮乌斯可以先去迦德斯（Gades），在那里乘船前往新迦太基，完成庞培已经无力实现的解围使命；然后奔赴劳罗，解救庞培那支受到围困而且大得多的军队。对皮乌斯来说，这是一个比较好的结局。因为他既能够联合古罗马的两支军队为打败反叛者做好准备，又可以让暴发户庞培出丑。也就是说，如果没有他这位古罗马资深贵族解救庞培的军队，那个狂妄小子就无法完成使命。

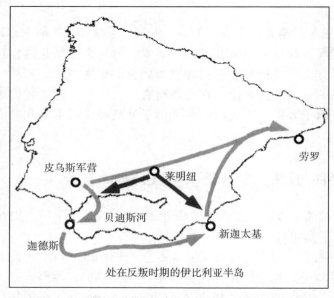

图 1-1　西班牙地图：皮乌斯和赫图琉斯各自的策略

　　为了完成阻击甚至打败皮乌斯的使命，作为出色的战士，赫图琉斯同样面临困难的策略抉择。其一，他可以直接向新迦太基进军，会同已在那里的小部队向皮乌斯开战。此举胜算很大，即使皮乌斯发觉他正赶往新迦太基，那么赫图琉斯还可掉头北上，兵不血刃地拿下莱明纽，然后向东北方向实施突击。不过，如此一来，赫图琉斯就无法完成阻击甚至打败皮乌斯的任务。其二，赫图琉斯可以固守莱明纽，等待皮乌斯离营开拔，然后在贝迪斯河（River Baetis）浅滩予以阻击。但是，抵达那里后，赫图琉斯的疲惫之师将在相对有利于古罗马人的地点作战，获胜的希望并不大，不过这一策略能够确保不会丢失莱明纽，而古罗马人则不得不为了突围而战。

　　因此，两位指挥官都必须做出决定。我们可将这些决定描绘成如图 1-2 所示的树状图。赫图琉斯必须先行定夺，究竟是进军新迦太基还是固守莱明纽？如果固守，那么他可在贝迪斯河阻击皮乌斯。从图 1-2 左侧开始，皮乌斯做出的决策显然取决于赫图琉斯做出的决策。结局将会如何呢？对赫图琉斯来说，选择底端的策略比较简单。若他未能在新迦太基截住皮乌斯，则无法完成任务；若他能在新迦太基阻击皮乌斯，则很有可能获胜；若他在贝迪斯河阻击皮乌斯，则战败的概率至少是 50%。从总体上看，皮乌斯的胜利也就是赫图琉斯的失败。若是拿下莱明纽并实施突击，则皮乌斯就能获胜；但是，若他能够破解新迦太基之围，同样也可向上司有所交代，只是他无法确定进军新迦太基之举能否取胜。

> ⚠ **重点内容**
>
> 这里是本章将阐述的一些概念。
> **博弈论**（game theory）：研究理性主体相互作用的策略选择问题，或称"互动选择理论"。
> 开展博弈论分析的一个关键步骤是，针对他人所选的策略，找出某人的最优应对策略。采用新古典经济学的例子，我们将某人的最优应对策略定义为，给定他人所选或预期所选的策略，能够给予参与者最大回报的策略。
> 博弈论以科学隐喻法（metaphor）为基础，而它的基本理念在于，许多通常没有被看作博弈的互动行为都可作为博弈来对待和分析，诸如经济竞争、战争和竞选。

图 1-2 用树状图的形式说明了赫图琉斯面临的问题实质。赫图琉斯若挥师新迦太基，皮乌斯就会进军莱明纽而取胜；赫图琉斯若固守莱明纽，皮乌斯则会进攻新迦太基。

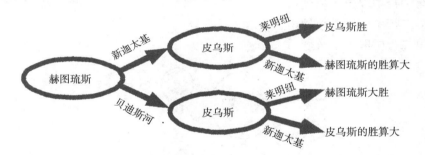

图 1-2　伊比利亚半岛反叛问题的博弈树

因此，赫图琉斯的最优选择是固守莱明纽，并且在贝迪斯河阻击皮乌斯。

事实上，由于皮乌斯的行军速度之快超出了赫图琉斯的预期，后者的疲惫之师不得不同以逸待劳的古罗马军队开战。反叛者们大败而溃，这就为皮乌斯继续赶到迦德斯而将军队海运到新迦太基打通了道路。皮乌斯最终破解了劳罗之围并解救了庞培。皮乌斯作为英雄凯旋罗马；而庞培还需要漫长的岁月建立声誉从而得以成为古罗马的首领，最终又黯然失色于尤利乌斯·恺撒（Julius Caesar）的光芒之下。不过那已是另外一个故事了。

1.2 这个故事与博弈有何关系

关于如何思考冲突战略问题，这则伊比利亚半岛反叛的故事提供了一个很好的思路。赫图琉斯必须先行一步，即必须猜测出皮乌斯将会对自己的决定做何反应。无论如何，两位都希望智胜对方。常识告诉我们，这正是策略的确切含义！⊖

⊖　Colleen McCullough, *Fortune's Favorites* (Avon PB, 1993), pp.621-625.

某些博弈的运作很像皮乌斯与赫图琉斯之间的冲突。有一个非常简单的博弈名叫"拿子"（Nim）游戏。它其实代表了一个完整的博弈族，从较小和较简单的版本到较大和较复杂的版本。不过，针对目前的例子，我们只考虑其最简单的版本。如图1-3所示，把3枚硬币摆成两行，一枚在第一行，另外两枚在第二行。两位参与者轮流操作，在每一轮都必须取出至少1枚硬币。在每一轮，参与者可在单独一行中随意取出最多的数量，但是不能拿取超过一行的硬币。拿到最后一枚硬币者为赢家。因此，参与者的目标就是，设法将对手逼到不得不留下一枚硬币的地步。

图1-3 "拿子"博弈

围绕着这场博弈，我们可以提出几个问题：两位参与者各自的最优行动序列是什么？究竟是否存在最优策略？能否确定第一位或者第二位参与者将是赢家？这些都是我们想要知道答案的问题，假如有人提议你针对"拿子"博弈打赌的话。

假设两位"拿子"的参与者是安娜和芭芭拉，且安娜首先行动。我们再次用图形表示两位参与者的策略，如图1-4所示。安娜从左边的椭圆开始，而每个椭圆表明在参与者到达它时所看到的盒中硬币的数量。因此，由于先行，安娜会看到所有3枚硬币。在第一阶段，安娜有三种选择。它们是：

（1）在第一行中取出1枚硬币；

（2）在第二行中取出1枚硬币；

（3）在第二行中取出2枚硬币。

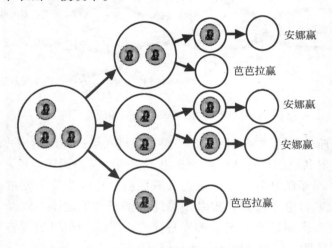

图1-4 "拿子"博弈的树状图

从第一个椭圆出发的由上到下的各个箭头对应这三种选择。因此，如果安娜选择第一种方式，那么芭芭拉将看到第二列的顶端椭圆中并列有2枚硬币。此时，芭芭拉的选择是从第二行中取出1枚或2枚硬币，让安娜在下一轮没有或只有1枚硬币可选，如第三列最上面的两个椭圆所示。当然，如果取出2枚硬币而不给安娜留下硬币，则芭芭拉将赢得这场博弈。

按照类似方式，我们从图1-4中可以看出安娜的其他两个选择如何影响芭芭拉的行动。例如策略3，她给芭芭拉只留下一种选择，不过这也就意味着芭芭拉赢。从安娜的角度看，处在中间的策略 2 是最有利的。可以看出，在第二列中间的椭圆里，每一行都给芭芭拉留下了 1 枚硬币。芭芭拉可从中取出 1 枚或另外 1 枚，那是她仅有的选择。但是每一种选择都恰好留给安娜 1 枚硬币而不给芭芭拉在下一轮留下什么，因而安娜会获胜。由此可见，安娜的最优行动是在第二行中取走 1 枚硬币，一旦她这样做了，芭芭拉就无法阻止安娜获胜了。

现在我们知道了上述那些问题的答案。对于"拿子"博弈确实存在着最优策略。对安娜来说，最优策略是"在第一轮从第二行中取出 1 枚硬币，然后取出芭芭拉留下的所有硬币"。对芭芭拉来说，最优策略是"如果安娜只在一行留下硬币，那就全部取出；否则，就取出剩下的任何硬币"。同样可以确定，如果安娜采用最优策略，那么她将成为赢家。

1.3　博弈论的出现

◆◆ 延伸阅读

约翰·冯·诺依曼

约翰·冯·诺依曼（John von Neumann，1904—1957）出生于匈牙利的布达佩斯，获得了数学和化学两个博士学位，但他最为知名的身份是数学家和现代计算机科学的奠基者之一。再者，他对数理经济学做出了许多重要贡献。他与奥斯卡·摩根斯特恩（Oskar Morgenstern）合作，撰写了关于博弈论的经典著作《博弈论与经济行为》（*The Theory of Games and Economic Behavior*）。

20 世纪早期，数学家们开始研究一些相对简单的游戏，之后则是像国际象棋那样的复杂游戏。这些研究就是博弈论的开端。约翰·冯·诺依曼把研究工作扩展到扑克牌那样的博弈中，而扑克牌在基本方式上有别于"拿子"游戏和国际象棋。在"拿子"游戏中，每位参与者总是知道对方已经采取的行动。国际象棋也是如此，即使它远比"拿子"游戏复杂。与它们相反，在扑克牌博弈中，我们不知道对手是否正在"讹诈"（bluffing）。"拿子"游戏和国际象棋那样的博弈被称为"完美信息博弈"，因为不存在讹诈，每位参与者总是知道对手已经采取的行动。那些可以从中进行讹诈的博弈，如扑克牌博弈，则被称为"不完美信息博弈"。

约翰·冯·诺依曼关于不完美信息博弈的分析把有关博弈的数理研究推进了一步。然而，他与数理经济学家奥斯卡·摩根斯特恩的合作则确立了一个非常重要的起点。在 20 世纪 40 年代，他们合作撰写了名为《博弈论与经济行为》的著作。它的基本理念是，日常生活的许多问题没有被我们当作博弈，诸如经济竞争和军事冲突，都可将它们当作"好像是"博弈那样进行分析。今天，博弈理论家们把人类所有类型的策略选择都当作好像是博弈策略那样对待。2005 年诺贝尔经济学奖获得者——两位博弈理论家罗伯特·奥曼（Robert Aumann）和托马斯·谢林（Thomas Schelling）进一步指出，博弈论是一种关于互动决策的理论。

如前所述，博弈论研究的是如何理性地选择策略。由于"理性"的这种概念化与新古典经济学有着许多共同之处，所以"理性"变成了连接新古典经济学和博弈论的纽带。当然，奥斯卡·摩根斯特恩本人就是经济学家，而约翰·冯·诺依曼也非常了解新古典经济学，因此他们自然而然地会汲取新古典经济学的内容。

新古典经济学的一个基本假设是，人类在做出经济选择时具有绝对的理性。具体地说，这一假设意味着处在各种环境中，每个人都致力于自身能够获得最大的回报，诸如利润、收入或者各种主观效益。在经济学研究中，这一假设服务于两个目的。第一，它在一定程度上缩小了探索各种可能性的范围。绝对理性行为要比非理性行为相对容易预测，这就为我们评估某种经济制度的效率水平提供了某种标准。如果一种制度造成某些人得到的回报减少，同时却没有生产出给其他人的补偿性回报（宽泛地说，如果成本大于收益），那就意味着存在某种错误。空气和水的污染、对渔业资源的过度捕捞，以及把不恰当的资源投入研究领域，都属于这种无效率的情形。

◆ 延伸阅读

奥斯卡·摩根斯特恩

奥斯卡·摩根斯特恩（1902—1977）是著名的数理经济学家。他出生在德国，纳粹上台之前在奥地利的维也纳工作，然后成为普林斯顿大学的教师，并且同冯·诺依曼合作撰写了博弈论的奠基著作《博弈论与经济行为》。摩根斯特恩还以他在国防经济学、太空旅行和经济预测等方面的著述而知名。

博弈论分析的一个关键步骤就在于，发现某人针对他人所选策略的最优应对策略。遵循新古典经济学的范例，我们把某位参与者的最优应对策略定义为，在给定另一位参与者已选或预期将选策略的情况下，给予这位参与者最大回报的策略。如果存在两位以上的参与者，我们就说，最优应对策略是能够给予他最大回报的策略，并给定所有其他参与者所选的策略。这个定义在博弈论中属于一个非常普遍的理性概念，我们在本书后续许多章节中将用到它。不过，它在博弈论中并不是关于理性的唯一概念，而博弈论也未必总是假设人们具备理性。在后续某些章节中，我们将探讨一些不同的看法。

1.4 博弈论、新古典经济学和数学

根据新古典经济学的理论，理性的个人都面临着某个特定的规制系统，包括产权、货币经济和高度竞争性市场等。这些都属于个人在追求最大回报时需要考虑的"环境"因素。产权、货币经济和高度竞争性市场的含义是，某人不必考虑他与其他人的互动情况，而只需要考虑自己的状况和市场形势。但是，这就造成了两个问题。第一，它限制了理论的运用范围。现在的一种共识是，每当竞争受到限制（但不存在垄断）或产权没有得到充分的界定，新古典经济学的理论就无能为力，而且这种理论也还没有形成足以涵盖这些情形的公认的拓展理论。对于新古典经济学来说，那些在货币经济之外做出的决策总是存在着某种问题。博弈论正是旨在直面这一问题，从而提出一种当人们直接互动而非通过市场时的经济和策略行为的理论。

根据新古典经济学的理论，理性的选择就是旨在使得一个人的回报最大化。从某种角度看，这是一个数学问题，即在既定的环境中，选择某种能够使得回报最大化的活动。因此，我们可以将理性的经济选择行为看成对这个数学问题的"求解"。在博弈论中，情

形则要复杂一些，因为最终结局不仅取决于自己的策略和市场形势，而且直接取决于其他人所选择的策略。不过，我们仍然可以将理性的策略选择视为数学问题，使得一组互动决策者的回报最大化，而且可以再次把这种理性的结局说成对博弈的"求解"。

1.5 囚徒困境

约翰·冯·诺依曼在普林斯顿的高级研究院工作，奥斯卡·摩根斯特恩在普林斯顿大学工作。他们合作的成果让普林斯顿很快就掀起了研究博弈论的热潮。普林斯顿大学数学系的教授阿尔弗雷德·塔克（Alfred Tucker）造访了斯坦福大学，他想让心理学家多少了解一下这些热论（而无须具备过多的数学知识）。他给他们列举了"囚徒困境"的例子，⊖ 这是博弈论中被研究最多的例子，也可能是20世纪最具影响力的研究。你或许已在其他课程中见过它，不过"囚徒困境"的呈现方式与前面两个例子略为不同。表1-1是"囚徒困境"博弈。

表 1-1 "囚徒困境"博弈

		艾尔	
		坦白	不坦白
鲍勃	坦白	10, 10	0, 20
	不坦白	20, 0	1, 1

阿尔弗雷德·塔克首先讲了一个小故事：鲍勃和艾尔这两个盗贼在作案地点附近被抓获，接着被警察分别进行审讯。他们两个人都必须选择是否坦白及是否供出对方。如果两个人都不坦白，那么他们都将因暗藏武器罪而服刑1年；如果两个人都坦白并且供出对方，那么都要服刑10年。然而，如果一个盗贼坦白并且供出另一个，而另一个盗贼不坦白，那么与警察合作的那个人将被无罪释放，而另一个盗贼则会被判处最高的20年刑罚。

在这种情况下的策略就是，"坦白"或者"不坦白"。回报（在这里其实是刑罚）则是服刑年数。我们可将所有这些内容紧凑地表述为某种类型的"回报表"。它在博弈论中已经成为一种很好的标准化工具。表1-1就是关于"囚徒困境"的回报表。

其读取方法是：每个囚徒都要在两种策略中选择一种，也就是艾尔选择某一列而鲍勃选择某一行。每个方格里的两个数字表示两个囚徒相应于某一对选定策略的结局。逗号左边的数字表示选择行的囚徒（鲍勃）的回报，右边的数字表示选择列的囚徒（艾尔）的回报，因此：（从左往右读取）如果两个人都坦白，则每个人都获刑10年；如果艾尔坦白而鲍勃不坦白，则鲍勃获刑20年而艾尔获得自由。

那么，如何求解这个博弈呢？如果两个人都希望尽量缩短服刑的时间，那么哪种策略才是"理性"的呢？艾尔或许会做如下推理。

> 有两件事情将会发生：鲍勃会坦白或不坦白。如果他坦白，而我不坦白就会获刑20年，如果我坦白则会获刑10年，所以我最好选择坦白；如果鲍勃不坦白，而我也不坦白会获刑1年，但是，此时如果我坦白就可获得自由。无论如何，我最好是坦白，所以我选择坦白。

不过，鲍勃完全可以而且假定也会按照相同的方式推理。如此一来，两个人都会坦白

⊖ S.J. Hagenmayer, Albert W. Tucker, 89, famed Mathematician, *The Philadephia Inquirer*（Thursday, February 2, 1995），p.B7.

而且都获刑 10 年。然而，如果他们都采取"非理性"的行动而不坦白，原本都可在 1 年后获释。

1.6　关于囚徒困境的几个问题

从他们各自的自利目的来考察，这种自利和看似"理性"的行动反倒造成双方的处境变得更糟。这个引人注目的结局对现代社会科学产生了广泛的影响。在现代社会中，存在着许多与它非常相似的互动，从军备竞赛、道路拥堵、竭泽而渔，到对某些地表淡水资源的过度抽取。虽然这些都属于在细节方面相去甚远的互动，但都属于（我们假设）个人的理性行为导致每个人获得更糟结局的互动，而"囚徒困境"暗示了每个人正在发生的事情。这正是它的力量所在！

说到这里，我们必须承认，"囚徒困境"是对许多这类互动情形的高度简化和抽象化。当然，如果你愿意，也可称其为"不切实际的"。通过"囚徒困境"，我们可以提出一些关键问题，其中每一个都已经成为大量学术文献的基础。

- "囚徒困境"属于两方博弈，不过对于这一理念的许多运用其实属于多人互动。
- 我们假设两个囚徒相互之间没有交流。如果他们能够交流而且决意协调策略，那么就会出现一种相当不同的结局。
- 在"囚徒困境"中，两个人只互动一次，而重复的互动可能导致出现各种差异较大的结局。
- 虽然产生这一结论的推理方式也许具有说服力，但它并不是唯一的推理方式。说到底，或许它其实都不是最具理性的解答。

1.7　正则式和扩展式博弈

这个例子和前面两个例子具有重要的相似点和不同点。我们通过对例子的说明方式可以看出不同点。"囚徒困境"是用表格而不是树状图表示的。这两种不同的博弈表示法在本书中将发挥重要但不相同的作用，就像它们在博弈论的发展历史中那样。

如果采用树状图表示某个博弈，我们就说这个博弈是用"扩展式"表示的。换句话说，扩展式把每一个决策表示成树状图中的一个分叉点（branch point）。相对于扩展式的另一种选择是我们在前面讨论"囚徒困境"时所看见的表示法，它被称为"正则式"。采用这种方法时，博弈被表示成表格，并且在表格里标明了参与者可以选取的不同策略。

虽然正则式表示法或许不如扩展式那样直观，但它的影响力很大。我们在本书的后面几章大多采用正则式。

1.8　一个商业案例

到目前为止，我们已经看了三个例子，即战争、掩盖犯罪行为和娱乐的博弈案例。博弈论在商业方面也有很多应用，在结束本章之前，我们介绍一个这方面的例子。⊖ 我们将采用博弈论的隐喻法和正则式，且商业案例与"囚徒困境"非常相似。

在 1964 年之前，香烟的电视广告很普遍。根据 1964 年的《公共卫生部部长报告》(Surgeon General's Report)，美国四大烟草公司，即"美国品牌"(American Brands)、雷诺兹（Reynolds）、菲利普·莫瑞斯（Philip Morris）以及里格特和梅耶斯（Ligget and Myers）针对一项协议与联邦政府进行谈判。该协议在 1971 年年底生效，其中包括一项不在电视上做广告的保证。我们能否用博弈论解释这个案例呢？

下面是一个两方广告博弈，它与那些烟草公司所处的情形十分相似。假设两家公司分别叫作"弗姆考"（Fumco）和"塔巴茨"（Tabacs）。每家公司的策略是"不做广告"或者"做广告"。如果它们都不做广告就能够平分市场，那么低成本（因为没有广告成本）将给它们带来可以平分的高额利润；如果两家公司都做广告，同样会平分市场，但成本较高而利润较低；最后，如果一家公司做广告而另一家不做，做广告者将获得最大的市场份额和高出许多的利润。表 1-2 说明了将利润分为 1 ～ 10 级所获得的回报，其中"10"为最大值。表 1-2 的读取方式与"囚徒困境"一样：弗姆考选择列，塔巴茨选择行；逗号前面的回报数字是塔巴茨的，逗号后面的是弗姆考的。

表 1-2 广告博弈

		弗姆考	
		不做广告	做广告
塔巴茨	不做广告	8, 8	2, 10
	做广告	10, 2	4, 4

可以看出，这个博弈与"囚徒困境"十分相似，因为每家公司都可做如下推理。

> 如果对方不做广告，我做广告就更加有利，因为可以得到等于 10 而不是 8 的利润；如果对方做广告，我最好也做广告，因为可以得到等于 4 而不是 2 的利润。所以，无论对方如何选择，我最好都做广告。

因此，两家公司都会做广告，而且都得到等于 4 而不是 8 的利润。

这一点与"囚徒困境"相同，即理性和自利的行为导致两家公司都得到了不理想的结局。但是，就像被关在不同审讯室里的囚徒一样，各竞争性公司难以相互信任和选择对双方都更好的策略。然而，如果有第三方介入，在上述烟草公司案例中是联邦政府，那么这两家公司将会乐于限制自己的广告支出。

1.9 科学的隐喻

现在，让我们回到"博弈论是什么"这个问题上。自从约翰·冯·诺依曼的著述发表以来，"博弈"一词科学地隐喻了众多的人类互动行为，而它们的结局取决于两方或多方的各种互动策略。他们具有相反的或者至少是混合的动因。博弈论是研究人类行为的一种独特的、跨学科的方法，一种研究理性策略选择的方法。它把人们的互动行为当作博弈对待，同时具备已知的规则和回报，而且每个人都试图成为"赢家"。与博弈论关系最

⊖ 博弈论对于商业和经济学都很重要，而且是一种将这些学科与其他社会科学和哲学相互联系的重要方式。为此，本书的部分计划是，每章将至少包括一个重要的商业案例，以及至少有一个关于其他学科的重要案例。例外的是：关于行业策略和价格的那一章所论述的几乎都是商业和经济学问题，关于博弈和政治学的那一章则不涉及商业方面的案例。

密切的学科是数学、经济学，以及其他社会和行为科学。工程师和生物学家们也越来越多地运用博弈论。在博弈论讨论的问题中，包括下面一些内容。

（1）当结局取决于其他人所选策略，以及要面对不完美信息时，"理性"地选择策略的含义是什么？

（2）在存在共赢（或者共输）结局的博弈中，通过相互合作以实现共赢（或避免共输）是否"理性"？或者说，积极追求个人收益而不考虑共同输赢是否"理性"？

（3）若对（2）的回答是"有时候"，那么在哪些情况下主动进攻是理性的？在哪些情况下相互合作是理性的？

（4）特别地，在这种关联中，持续存在的关系与一次性相遇是否存在区别？

（5）从理性的自我主义者（egoists）的互动中能否自发地形成合作规则？

（6）在这些案例中，人们的实际行为如何对应于"理性"的行为？

（7）如果有所不同，那是在哪个方面？人们是否更具合作性而不是"理性"？人们是否更具进攻性？或者说人们是否同时具备两者？

1.10　总结

在本章中，我们阐述了博弈论是什么，它与策略和冲突有何关系的问题。我们从一些例子中已经知道，博弈论是研究人类行为的一种独特的、跨学科的方法，以科学隐喻为基础。隐喻就是冲突和策略选择（诸如战争、欺骗行为和经济竞争等）都可作为"如果……那么……"博弈予以分析。我们还知道，可用两种方式表示这些"博弈"。

（1）**正则式**：表示为表格，在表格里列出参与者可以选取的不同策略。

（2）**扩展式**：表示为树状图，每一个策略决定体现为一个分支点。

我们知道，博弈论通常假设人们的行动在采取最优应对策略的意义上是理性的。就像新古典经济学中关于理性行为的理念化工作一样，假设条件是，当人们的行为似乎在追求某种东西的最大化时，那就是在理性地行动，诸如获得利润、赢得游戏胜利或某种主观效益，或者可能追求惩罚的最小化，诸如服刑时间。最优应对策略是，在给定他人已选或预期将选策略的情况下，选择一种能够给予参与者最大回报的策略。这些概念是学习博弈论的起始点。在第 2 章中，我们将探究它们之间的一些关系，尤其是正则式和扩展式博弈的关系。

▪ 本章术语

完美信息（perfect information）：完美信息博弈（game of perfect information）指每一位参与者都知道其他参与者已经采取的每一步行动，而这些行动将会影响他自己所选策略的结局。

不完美信息（imperfect information）：不完美信息博弈（game of imperfect information）指某些参与者有时不知道其他参与者已经选择的策略，要么因为大家同时做出选择，要么因为它们被掩盖了。

扩展式和正则式（extensive and normal form）：把博弈表示成树状图，而将每个策略决定表示为一个分叉点，这就是以扩展式表示的博弈；如果以表格表示博弈，并在表格边沿处标明了不同的策略，同时用方格中的数字表示参与者的回报，那么这就是用正则式表示的博弈。

■ 练习与讨论

1. 伊比利亚半岛反叛

在伊比利亚半岛反叛的故事中，麦卡洛写道："赫图琉斯能做的唯一事情就是，向南行军到有利地带……在皮乌斯渡过贝迪斯河之前阻止他。"麦卡洛是否正确？请讨论。

2. "拿子"游戏

考虑一下将硬币排成三行的"拿子"游戏。它的顶端行有 1 枚硬币，中间行有 2 枚硬币，底端行有 1 枚或 2 枚或 3 枚硬币。底端行的硬币数目不同是否会造成结果上的差别？在不同情形下，谁将成为赢家？

3. 硬币匹配游戏

硬币匹配是小学校园内的一种游戏。一位参与者选定"偶数"，另一位选定"奇数"。两位参与者各展示一枚硬币，即同时向上展示出"正面"或者"反面"。如果两位参与者展示的侧面相同，则"偶数"方获得两枚硬币；若两位参与者展示的侧面不同，则"奇数"方获得两枚硬币。请画出回报表，并且用正则式说明这个游戏。

4. 快乐时光

吉米的"金·密尔"（Gin Mill）与汤姆的"火鸡塔文"（Turkey Tavern）这两家酒吧激烈地竞争着同一群客户。他们在营业的"快乐时光"提供或不提供免费零食。如果两位都不提供，则每个酒吧将获得等于 30 的利润；如果两位都提供，则各获得 20 的利润，因为酒吧必须为他们提供的零食支付金钱。但是，如果一位提供而另一位不提供，则提供者将获得大部分生意，并获得 50 的利润，而另一位会损失 20 的利润。试运用本章的概念讨论这个例子。两位酒吧经营者的竞争在哪些方面形同博弈？他们有哪些策略？用正则式表示这个博弈。

一些基础知识

导读

　　为了充分理解本章的内容，你首先需要理解第 1 章。这或许并不奇怪，从现在起，每章都有一个这样的导读，以帮助你了解哪些内容可以跳过，哪些内容最好不要跳过。

　　在第 1 章中，我们了解了两种差别较大的例子。赫图琉斯与皮乌斯的例子和"拿子"游戏是以扩展式表示的，即树状图；"囚徒困境"和"广告博弈"则是用正则式表示的，即表格。当然，在那些博弈之间还存在着其他一些差别，表示成树状图或表格的部分原因是出于方便。

　　在博弈论发展阶段的早期，人们普遍采用正则式表示法，而且其影响很大。在某些更新近的研究工作中，扩展式表示法已经发挥了关键的作用。根据这个演变过程，本书后续的一些章节将主要关注正则式博弈，而更迟一些的章节又会回到扩展式博弈。

2.1　正则式表示法：一个商业案例

　　我们已经知道，博弈可用两种方式予以表示，即扩展式和正则式。虽然有时某个特定博弈采用这种或那种方式比较便利，但这并不是绝对的，因为任何博弈都可以选取两种方式之一来表示。当然，这一点并不明显。它是约翰·冯·诺依曼的关键性发现之一。关于这一点，有一些技巧。下面是一个例子，也是商业案例。

　　根据麦肯锡（McKinsey）咨询公司开展的一项研究[⊖]，对于那些原先受到政府调节的公司而言，去调节化会造成艰难的转型问题。这些公司大多是"公用事业"的垄断者。在 20 世纪的大部分时间内，"公用事业"垄断者获准开展经营活动，其价格受到调节，而利润率受限于"正常报酬率"，不过法律禁止新的竞争者进入。处在去调节化的时代，其面临着新进入者的竞争威胁。垄断者趋向于通过价格战应对新的市场进入者，然而根据麦肯锡咨询公司的观点，那通常是一种无利可图的策略。

　　让我们举例说明这个问题。"金翅雀公司"（Goldfinch Corp）为简梯利亚市（Gentilia City）提供电信服务，不过电信市场已经去调节化。"蓝鸟通信公司"（Bluebird Communication）正在考虑进入金翅雀的市场。如果蓝鸟确实要进入的话，那么金翅雀有

　　⊖　A. Florissen, B. Maurer, B. Schmidt, and T. Vahlenkamp（2001）, The race to the bottom, *Mckinsey Quarterly*.

两种选择。一方面，削减价格并开启价格战，尽力维持市场份额，以及可能惩罚蓝鸟的进入，并且极力将它驱逐出去（在此忽略金翅雀如此行事可能导致的法律问题）。另一方面，金翅雀可以减少产量，"容纳"这家新进入的公司，并且持续地提高价格。无论采用哪种策略，金翅雀预计它的利润都会减少。若将 10 级列为最大利润，蓝鸟若不进入，金翅雀的利润为 10；如果蓝鸟进入并与它分享市场，则金翅雀的利润为 5；如果蓝鸟进入，金翅雀发动价格战的利润为 2。若蓝鸟被逐出市场，它的等于 5 的回报包括所得任何垄断利润的现值。若蓝鸟不进入，则它的利润为 0；若蓝鸟进入且与金翅雀分享市场，则蓝鸟的利润为 3，若遇到价格战则为 −5。作为弱势公司，从财务角度看，如果分享市场且在价格战中受损，那么蓝鸟的利润将少于金翅雀（如果分享市场，行业总利润将从 10 减至 8，而没有参与这个博弈的消费者则可能因为价格下跌而获益）。

⚠ **重点内容**

这里是本章将阐述的一些概念。

正则式和扩展式博弈（games in normal and extensive form）：以扩展式表示的博弈是一个树状图，其中每个策略都表示为一个分支点。以正则式表示的博弈是一个表格，并且表格的边沿处列出了各种策略，表中的方格内列出了参与者的回报。

或然性事件（contingency）：可能发生，也可能不发生的某个事件，诸如另一位参与者采取某个特定策略的事件。

或然性策略（contingent strategy）：只有在或然性事件发生时才会采取的策略。

信息集（information set）：在扩展式（树状图）博弈中，包含一个以上分支的决策节点（a decision node）。

"金翅雀博弈"有别于"囚徒困境""广告博弈"（不过同"伊比利亚半岛反叛""拿子"博弈很相似）的地方就在于，一位参与者即蓝鸟必须首先选择策略，而另一位参与者金翅雀在选择策略之前可以静观对手的行动。自然而然地，我们用扩展式把这个博弈表示为树状图，如图 2-1 所示。

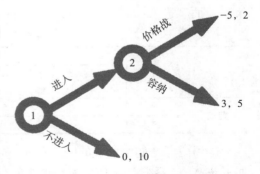

图 2-1 扩展式的"市场进入博弈"

在图 2-1 中，蓝鸟的选择位于节点 1，金翅雀的选择用节点 2 表示。右侧的数字表示回报，其中，前面的数字是蓝鸟的回报。此时，蓝鸟需要做出策略性的思考，若它确实打算进入市场，那就必须预测对方将做何反应；而金翅雀同样要对蓝鸟进入市场这种"场景"或者"或然性事件"有所规划。我们只需观察一下节点 2，就可看出金翅雀采用"容纳"策略可获得 5（百万美元，下同）的回报，而从价格战策略中只能获得 2 的回报。因此，如果金翅雀追求最大回报，那么它就会容纳新的进入者；而蓝鸟也会预计到这一点，并且为了获得 3 的回报而进入，而不是为了 0 的回报待在市场外面（在第 3 章，我们将看到这类常识性推理对于博弈论至关重要，但在比较复杂的例子中并不总能给出这类常识性推理）。

树状图又叫"扩展式"，我们在此分析一下扩展式的市场进入博弈。我们把这种博弈表示成扩展式看起来很自然，而且基本符合我们思考博弈和策略的习惯。但是，正如约翰·冯·诺依曼和奥斯卡·摩根斯特恩在他们的奠基性著作中所指出的，同样可以将这种博弈表示为正则式，即类似于"囚徒困境"那样的表格。按照相同的方式考察所有的博弈，可以有所收获；而约翰·冯·诺依曼和奥斯卡·摩根斯特恩选择正则式作为他们考察所有博弈的普遍方式。

但是，这里有一些技巧。在"市场进入博弈"中，金翅雀的策略属于或然性策略：

（1）如果蓝鸟进入，那就容纳；

（2）如果蓝鸟进入，那就启动价格战。

或然性策略是只有当某种特定的或然性事件发生时才会采用的策略。与"市场进入博弈"一样，任何博弈都可以表示为正则式，不过我们或许不得不将某些策略表示成或然性策略以便进行分析。

与国际象棋一样，在"市场进入博弈"中，每位参与者都知道对手已经采取的所有与自己决定相关的决策。例如，蓝鸟必须首先选择是否进入，而金翅雀在决定是否实施行动时已经知道蓝鸟的决定。

蓝鸟的策略是：

（1）进入；

（2）不进入。

表 2-1 是这个博弈的正则式。不过，博弈理论家通常使用某种"捷径"，把或然性事件表示成诸如"蓝鸟若进入，那么"，并且将金翅雀的策略简单地表示为"价格战"和"容纳"。虽然这种做法在目前的简单情况下不会造成混淆，但在比较复杂的例子中却未必如此，所以最好是更加谨慎地对待；并且要记住，当我们以正则式表示博弈时，所用的策略是或然性策略。若不带"如果"的表述，那么"容纳"和"价格战"通常被称作行为策略，而"进入"和"不进入"也是行为策略。

表 2-1　正则式市场进入博弈

		金翅雀	
		如果蓝鸟进入，那么容纳；如果蓝鸟不进入，则照常做生意	如果蓝鸟进入，那么启动价格战；如果蓝鸟不进入，则照常做生意
蓝鸟	进入	3，5	−5，2
	不进入	0，10	0，10

这场博弈是如何形成的呢？首先，每家公司的"最优应对策略"是什么？如果蓝鸟确实要进入，"容纳"就是金翅雀更好的行为策略。因此，双方将没有价格战，而蓝鸟也会预期到这一点，所以将会进入。但是，麦肯锡咨询公司的研究结果表明，由于缺乏进入竞争性市场的经验，那些去调节化的公司在这种环境中可能会做出错误的决定，从而有损双方的利润。

或然性策略在许多生意场合都具有重要作用。例如，我们考虑这样一段引文：[⊖]"针对客机坠落事件，所有民航公司都有制订应对或然性事件计划的艰巨任务。"或然性事件计划就是当某种特定的或然性事件发生时将会付诸实施的计划。或然性事件计划不仅对

⊖　From " Airline Management Style Honed by Catastrophe," by Laurence Zuckerman. *The New York Times*（Thursday, November 15, 2001）, p.C1.

生意十分重要，而且在其他许多领域亦然，诸如军事（它也正是这种理念的起源领域）和政府。每当两位或更多的决策者打算制订互相应对的或然性事件计划时，就会形成或然性策略。

2.2 通常的正则式

第1章的"囚徒困境""广告博弈"说明了博弈论为何会具有影响力，以及在更复杂情况下出现的一些问题。但是，表示那些例子的方式，诸如表格，可能并非大多数人思考博弈论时所习惯的方式。这种方式被博弈论的创建者称为"正则式的博弈"。它强调了博弈和其他类似博弈的互动所具备的一个重要特征，即每位参与者获得的回报不仅取决于他自己的策略，而且取决于其他人所选的策略。实际上，采用这种方式时，虽然许多博弈初看起来会非常复杂，但情况未必如此！

约翰·冯·诺依曼和奥斯卡·摩根斯特恩的著作中的一个关键性发现是，只要我们把策略当作或然性策略对待，所有博弈都可表示为正则式。在诸如国际象棋和战争那样的复杂博弈中，由于包含了很多个行动步骤，因此几乎所有的策略都自然而然地被看成或然性策略，即只有在对方做出了某些策略承诺时才有关联。国际象棋中出现的或然性事件的数目，进而产生的或然性策略的数目，从理论上说大得让人不可思议，超出了任何现有计算机或可预见未来的计算机的计算能力。即便如此，我们原则上依然可以采用正则式表示国际象棋。

所有的策略原则上都属于或然性策略。例如，在"市场进入博弈"中，蓝鸟的策略甚至都是或然性策略，即"无论'金翅雀'是否实施行动都要进入"，以及"无论'金翅雀'是否实施行动都不进入"。鉴于蓝鸟先采取行动，而且不知道金翅雀是否会实施行动，同时针对每种策略只有一种或然性事件，所以我们通常忽略先采取行动者的或然性。但是，为了更加一致，我们应该记住，其确实存在着或然性。这种一致性是博弈论承袭其数学起源的一个特征，而且为计算机编程所共有。我们可以如此表述，一个策略就是一项"如果—那就"的规则，而"如果"部分总是包含某些内容，即便它在特定的例子中未必会造成什么差别。过往的经验或许能够告诉我们，如果不能始终一贯地遵循各种规则，计算机也就无法产生合理的结果。

对于某些便于用扩展式表示的博弈，我们需要知道如何把它们转换为正则式。例如，我们不妨再次考虑一下"伊比利亚半岛反叛"博弈。如果赫图琉斯打算向新迦太基进军，皮乌斯将会知道这一点，而且能够畅通无阻地向莱明纽进军。但是，只有在知道赫图琉斯已经决意赶往新迦太基的时候，皮乌斯才会向莱明纽进军，因此，皮乌斯的或然性策略就是：如果赫图琉斯向新迦太基进军，那就进攻莱明纽；否则，赶往新迦太基。在这种情况下，"进攻莱明纽"和"赶往新迦太基"都属于行为策略。

现在，让我们将"伊比利亚半岛反叛"博弈转变为正则式。首先，这两位将军有多少种策略呢？显然，赫图琉斯只有两个。观察一下树状图，皮乌斯有多少种策略这一点就没有那样清晰。事实上，皮乌斯有四个或然性策略。如果赫图琉斯赶往新迦太基，则皮乌斯有两个可选策略；如果赫图琉斯向贝迪斯河进军，则皮乌斯也有两个可选策略。

我们通过运用这些信息，就可将"伊比利亚半岛反叛"博弈表示成表2-2中的正则式。

表 2-2　具有数字结局的正则式"伊比利亚半岛反叛"博弈

		赫图琉斯	
		（无论皮乌斯采取什么策略）赶往贝迪斯河	（无论皮乌斯采取什么策略）赶往新迦太基
皮乌斯	若赫图琉斯赶往新迦太基，则赶往莱明纽；若赫图琉斯赶往贝迪斯河，则赶往莱明纽	赫图琉斯大胜	皮乌斯赢
	若赫图琉斯赶往新迦太基，则赶往新迦太基；若赫图琉斯赶往贝迪斯河，则赶往新迦太基	皮乌斯的胜算大	赫图琉斯的胜算大
	若赫图琉斯赶往新迦太基，则赶往莱明纽；若赫图琉斯赶往贝迪斯河，则赶往新迦太基	皮乌斯的胜算大	皮乌斯赢
	若赫图琉斯赶往新迦太基，则赶往新迦太基；若赫图琉斯赶往贝迪斯河，则赶往莱明纽	赫图琉斯大胜	赫图琉斯的胜算大

　　在这种情况下，倘若忽略"如果赫图琉斯赶往新迦太基"和"如果赫图琉斯向贝迪斯河进军"这些或然性措辞，那就可以假设皮乌斯只有两个策略而不考虑他的占优信息。当然，这种做法在略为复杂的博弈中会造成混乱。

　　在博弈论中，虽然不是基本的，但通常有用的方式是采用数字表明博弈的结局，就像我们对待"囚徒困境"或"广告博弈"那样。我们通常会有点随意地选择数字，用以表示各种结局的相对合意或不合意程度。现在看看如何针对赫图琉斯和皮乌斯的例子做到这一点。

　　在表 2-2 的右上方方格中，结局是"皮乌斯赢"。这对赫图琉斯来说是最糟结局，而对皮乌斯来说则是最优结局。我们假设皮乌斯的回报为 5，那么赫图琉斯就是 −5。表 2-3 的右上方方格中的数字表明了这一点，左边是皮乌斯的回报，右边是赫图琉斯的回报。与之前一样，选择行的参与者的回报在左边，因为该参与者的策略在左边。在下面一个方格中，表 2-2 表明"赫图琉斯的胜算大"。我们把这（按照相对的等级）转换为赫图琉斯获得 3，而皮乌斯获得 −3。在第三行和第四行，这些估计数多少有些逆转，从而得出了如表 2-3 所示的数字回报表。

表 2-3　以正则形式表示的"伊比利亚半岛反叛"博弈

		赫图琉斯	
		（无论皮乌斯采取什么策略）赶往贝迪斯河	（无论皮乌斯采取什么策略）赶往新迦太基
皮乌斯	若赫图琉斯赶往新迦太基，则赶往莱明纽；若赫图琉斯赶往贝迪斯河，则赶往莱明纽	−5, 5	5, −5
	若赫图琉斯赶往新迦太基，则赶往新迦太基；若赫图琉斯赶往贝迪斯河，则赶往新迦太基	3, −3	−3, 3
	若赫图琉斯赶往新迦太基，则赶往莱明纽；若赫图琉斯赶往贝迪斯河，则赶往新迦太基	3, −3	5, −5
	若赫图琉斯赶往新迦太基，则赶往新迦太基；若赫图琉斯赶往贝迪斯河，则赶往莱明纽	−5, 5	−3, 3

　　下面了解另外一个例子，一种新型博弈。它是"独裁者博弈"的简化版本。阿曼达（Amanda）是一位"独裁者"。她有一块必须同妹妹芭芭拉分享的糖块（如果她不分享，则会惹妈妈生气）。阿曼达可以选择 50-50，即分出去一半，或者给自己留下 90%。芭芭拉的唯一选择是接受或者拒绝提议。图 2-2 是这个博弈的树状图。

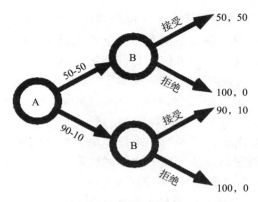

图 2-2　"独裁者博弈"

在这个"独裁者博弈"中，阿曼达的策略是"50-50""90-10"，她的决定用标有"A"的圆圈表示；芭芭拉在这两种情况下的策略是"接受"或"拒绝"，她的选择用标有"B"的圆圈表示。表 2-4 以正则式说明了这个博弈。它似乎对芭芭拉不太有利，或许你由此能够看出它为何被称作"独裁者博弈"。但是，这里的主要问题是，看看如何运用策略的或然表示法将扩展式博弈转换为正则式。

表 2-4　以正则式表示的"独裁者博弈"

| | | 阿曼达 | |
		（无论芭芭拉接受或者拒绝） 提议 50-50	（无论芭芭拉接受或拒绝） 提议 90-10
芭芭拉	若阿曼达提议 50-50，则接受； 若阿曼达提议 90-10，则接受	50, 50	10, 90
	若阿曼达提议 50-50，则接受； 若阿曼达提议 90-10，则拒绝	50, 50	0, 100
	若阿曼达提议 50-50，则拒绝； 若阿曼达提议 90-10，则接受	0, 100	10, 90
	若阿曼达提议 50-50，则拒绝； 若阿曼达提议 90-10，则拒绝	0, 100	0, 100

2.3　零和博弈与非常数和博弈

回顾一下表 2-3，我们注意到在"伊比利亚半岛反叛"博弈中，每个方格里的回报数字加总都等于零。用这种方式分析"伊比利亚半岛反叛"博弈是合理的，因为赫图琉斯赢多少，皮乌斯就输多少；反之亦然。这两位将军的利益是截然相反的，给其中一位的回报加上负号就可以表示另一位的回报。因此，各项回报之和总是等于零。相应地，我们可以将"伊比利亚半岛反叛"博弈看作"零和博弈"（zero-sum game）。

在与奥斯卡·摩根斯特恩合作之前，约翰·冯·诺依曼就已经对赌博博弈的数学分析作了一些研究，诸如扑克牌。这是非隐喻意义的博弈。对于这些博弈，我们自然会假设各项回报加总之后等于零。无论谁是赢家，另一位都是输家。因此，约翰·冯·诺依曼把零和假设作为赌博博弈理论的基本假设之一。

不过，当约翰·冯·诺依曼和奥斯卡·摩根斯特恩开始将这种类型的推理方式运用于经济行为和其他不属于赌博、娱乐性博弈与战争的人类决策时，似乎存在着很多回报之和不等于零的重要例子，其中参与者们的总回报完全取决于他们所选择的策略。我们已经看到几个例子，诸如"囚徒困境""广告博弈""市场进入博弈"等都属于这类博弈。它们被称作"非零和博弈"或"非常数和博弈"（nonconstant-sum game）。它们是具有"赢—赢""输—输"或者其他更复杂结局的博弈。

零和博弈在某些方面比非常数和博弈来得简单。这是因为它们代表了参与者们的利益截然相反的互动，我们无须考虑"赢—赢"的结局或者类似问题如何影响博弈的理性实施。零和博弈还不只是在这个方面比较简单。参见表 2-4 中的以正则式表示的"独裁者博弈"，可以看出，其各项回报加总之后总是等于 100%。因此，就像在零和博弈中一样，参与者们的利益是截然相反的，不存在"赢—赢"或"输—输"的可能性。因此，"独裁者博弈"是常数和博弈的一个例子。

零和博弈与常数和博弈虽然要比非常数和博弈来得简单，但非常数和博弈却是普遍的情形。我们运用于非常数和博弈的任何分析方法同样适用于常数和博弈，包括零和博弈在内。因此，在后面的一些章节，我们将专注于非常数和博弈，而在较后面的一章将回到零和博弈，并且介绍关于这类博弈的某些特定方法。

2.4 扩展式的囚徒困境

作为将博弈由正则式转换为扩展式的例子，扩展式的"囚徒困境"值得我们继续研究。其中，两个囚徒同时做出决定，而我们必须接受这一点。

表 2-5 说明了正则式的"囚徒困境"，图 2-3 给出了它的扩展式。假设艾尔在"1"处做出"坦白"或"不坦白"的决定，而鲍勃在"2"处做出他的决定。需要注意的是，它与到目前为止所介绍的各个例子相比，有一个不同点。也就是说，鲍勃在两种不同的情况下做出的决定都被包括在单一的椭圆中。这是博弈论的一种符号。它告诉我们，鲍勃在做出决定时并不知道艾尔的决定。用图形表示的话，就是鲍勃并不知道自己是处在椭圆的顶部还是底部。

表 2-5 "囚徒困境"（复制第 1 章的表 1-1）

		艾尔	
		坦白	不坦白
鲍勃	坦白	10, 10	0, 20
	不坦白	20, 0	1, 1

我们可以将这个例子与图 2-1 中的扩展式的"市场进入博弈"做比较。在图 2-1 中，节点 2 只给出了一组箭头。这一点意味着，根据博弈论的符号，蓝鸟在做出决定之前已经知道金翅雀做出的决定。回顾一下，蓝鸟知道金翅雀已经做出的决定，但是鲍勃却不知道艾尔已经（或者将会）做出什么决定。

因为它告诉我们关于鲍勃在节点 2 所具有的（有限的）信息的某些事情，所以节点 2 被称作

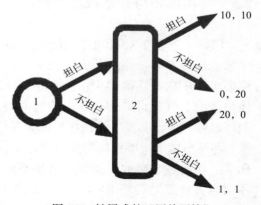

图 2-3 扩展式的"囚徒困境"

"信息集"。反过来说，作为一种能表明某位参与者在每一博弈阶段可得信息的图形化方式，这个博弈的扩展式很有用处。在信息的可得性问题很重要的情形中，我们通常会采用扩展式博弈。不过对于像"囚徒困境"这样的博弈，因为没有可以获得的信息，所以正则式博弈就已经包含了我们要知道的关于博弈的所有内容。

我们可以采用两种不同的方式将"囚徒困境"表示成扩展式。如前所述，在这里，艾尔先行，鲍勃跟进，虽然鲍勃并不知道艾尔做出的决定。因为这些决定是同时做出的，所以让鲍勃先行、艾尔跟进的表示法也是正确的。最重要的在于艾尔和鲍勃拥有的或者缺乏的信息。由于这两种方式都表明每一位都是在不知道对方的决定的情况下做出决定，所以它们都是正确的。

这里的理念只有图形符号。无论如何，因为参与者并不知道另一位参与者已经做出了哪种决定，所以他其实也不知道自己选择了树状图中的哪个分支。我们用两个分支表示这一点，或者可以用他在树状图的单一节点内可能可选的所有分支。当博弈理论家看见在单一节点上汇聚了两个或多个的分支时，他就知道那位参与者缺乏信息，即参与者不知道自己究竟处在哪个分支上。

2.5　一个军事史方面的例子

现在考虑另一个例子，这是一个出自军事史的例子。在 20 世纪早期，重型远程火力已经在欧洲战争中成为一个具有决定性意义的影响因素。大炮要通过铁路运输，有时使用专门铺设的特殊铁路，当然有时也依靠日常的货运铁路。因此，在危机降临之际，最重要的就在于率先获得运输能力，如果可能的话。假设一国首先把大炮运送到位，那么它就能够摧毁另一国的铁路运输线，阻止敌国把大炮运送到位。这种结果立刻能给后续的战争带来优势。

火力占优和运力有限两者的组合对于"一战"开始时的全面战争突然爆发的作用很大。在南斯拉夫[⊖]民族主义者伽弗利奥·普林西普（Gavrilo Princip）刺杀了奥地利大公弗朗茨·弗雷德里克（Franz Frederick）之后，危机就爆发了。它在几个月内就引发了一场全面战争。由于知道战争即将来临，因此，奥匈帝国、德国、法国和它们的盟友们都迅速员自己的武力，而不是坐等它们的敌人首先动员而让自己处于不利位置。

表 2-6 说明了这个"军事动员"博弈的正则式，其中两国分别是法国和德国。若以 1 ～ 10 级评估危机程度，欧洲在 1914 ～ 1918 年的血腥战争无疑相当于 10。相应地，如果两国都实施动员，则给它们各自赋值 −10；如果它们都不动员，和平就得以延续，而两国的回报均为 0。如果一国动员而另一国不动员，则实施动员国的情形没那么糟糕，得到回报 −9，而未实施动员国会糟糕一些，得到回报 −11。

如同"囚徒困境"博弈一样，两国必须同时做出决定，而且都是在不知敌国动员与否的情况下决定是否实施动员。这种信息的缺乏是构

表 2-6　军事动员

		德国	
		动员	不动员
法国	动员	−10, −10	−9, −11
	不动员	−11, −9	0, 0

⊖　已解体。——译者注

建扩展式博弈的关键。

与此同时，再次如同"囚徒困境"博弈一样，是否标明法国或者德国先行这一点并不重要，因为它们是同时做出决定的。我们不妨先说明一下假设法国先行的博弈，然后说明德国在单一椭圆中的选择，用以表示它不知法国是否动员这一事实。图 2-4 显示了这一情形。

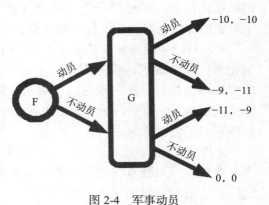

图 2-4　军事动员

通常，当一位参与者必须在不知另一位参与者所做出选择的情况下做出选择，或者大家同时做出选择时，我们总是通过列出参与者在树状图的同一节点上可以选择的所有分支来表示信息的缺乏。这正是扩展式博弈表示博弈中的信息和信息缺乏的方式。

2.6　总结

博弈论的早期发现之一是所有类型的博弈都可以表示成正则式，即采用表格的形式，并将它的各种策略列在边沿，将参与者的回报列在方格里。对于某些博弈，我们必须将它们的某些策略理解成或然性策略，即只有在其他参与者已经采取某种特定行动时才加以考虑的策略。或然性策略和或然性事件计划本身就十分重要，而在参与者可以利用其信息优势的那些博弈中则更是如此。在采用扩展式表示诸如"囚徒困境"之类的博弈时（其中可能缺乏关于其他参与者行动的信息），必须说明每一位决策者在每一个步骤上有什么信息。当一位参与者不知道另一位已经或者将要做出什么决策时，我们将两种决策的结局放在单独的一个决策节点中。若采用树状图，那么这一点要通过两个或多个分支，以及单独一个椭圆加以表示。这个椭圆称为"信息集"，因为它说明了参与者拥有什么信息。更加确切地，它说明了参与者不具备什么信息，也就是他无法充分说明自己在椭圆内做出了哪项决策。

本章的结论是，博弈的扩展式和正则式只是看待博弈的两种不同方法。由于两者都适用于任何一个博弈，因此可以针对特定的情形选择效果最佳的表示法。在后续几章中，我们将专注于正则式的非常数和博弈。

◾ 本章术语

或然性事件（contingency）：它是可能发生或不发生的事件，譬如说，另一位参与者采取某种特定策略的事件。

或然性策略（contingent strategy）：它是只有在或然性事件发生时才采纳的策略。

或然性事件计划（contingency plan）：只有在知道或然性事件已经发生时才付诸实施的计划。

零和博弈（zero-sum game）：所有参与者的回报之和总是等于零的博弈。

正则形式（normal form）：在正则形式的博弈中，每位参与者的回报不仅取决于他自己的策略，而且取决于其他人所选的策略。

常数和博弈与非常数和博弈（constant-sum and nonconstant-sum game）：无论选择哪种策略，如果所有参与者的回报总和等于相同的一个常数，那么我们面对的就是一个"常数和博弈"。常数可以是零或者其他任何数字，因此零和博弈是常数和博弈的一种类型。如果其回报总和不等于某个常数，而是随着所选策略的变化而变化，那么我们面对的就是一个"非常数和博弈"。

信息集（information set）：包括一个以上分支的决策节点。

◾ 练习与讨论

1. 手足之争

艾瑞斯（Iris）和茱莉亚（Julia）两姐妹是尼尔拜学院（Nearby College）的学生。那里的所有学生都按照分布曲线进行评分。因为她俩是班里最好的学生，所以她们都会占据曲线顶端，除非注册了同一门课程。艾瑞斯和茱莉亚在本学期都必须选择更多一门课程，即在数学和文学之间定夺。虽然她们都很擅长数学，但是艾瑞斯更加擅长文学。两个人都希望努力提高自己的平均绩点。表 2-7 说明了她们的平均绩点。它把她们的友好竞争表示成正则式博弈。

表 2-7 艾瑞斯和茱莉亚的平均绩点

		艾瑞斯	
		数学	文学
茱莉亚	数学	3.8, 3.8	4.0, 4.0
	文学	3.8, 4.0	3.7, 4.0

（1）这个博弈的策略有哪些？

（2）试用扩展式表示这个博弈，假设姐妹俩同时做出她们的决定。

（3）试用扩展式表示这个博弈，假设艾瑞斯先做出决定，而茱莉亚在选择策略时已经知道艾瑞斯的决定。

（4）假设艾瑞斯虽然不关心自己的平均绩点，但是想让自己的平均绩点和妹妹的差距尽量拉开，好让那个小笨蛋露一手！茱莉亚仍想尽量提高自己的平均绩点而不关心姐姐如何行事。根据这种假设，写出这个博弈的正则式表格，并且重新回答前面三个问题。如果艾瑞斯先行，那么她会选择什么策略？

2. 大逃亡

一个囚徒试图越狱，他可以翻越围墙或在牢房内挖掘地道。监狱长可通过沿墙安排卫兵而阻止他翻墙，也可通过定期检查牢房，以防他挖地道，不过他的卫兵们只能做其中一件而非两件事情。

（1）这个博弈的策略和回报各是什么？

（2）试用非数字形式和数字形式表示回报。

（3）试用扩展式表示这个博弈，假设囚徒和监狱长同时做出决定。

（4）试用扩展式表示这个博弈，假设监狱长先做出决定，而囚徒在选择策略时已经知道监狱长的决定。

3. 跳棋

下面是我们熟悉的跳棋游戏的一个简略版本。

微型跳棋是跳棋的"浓缩"形式；棋盘宽度为四个方格，高度为三个方格。两位棋手都只有两枚棋子。图 2-5 说明了棋盘和棋子的最初位置。若用颜色表示，方格为红、黑两色，棋子亦然；在此，用浅灰色表示红色，用深灰色表示黑色。与普通跳棋一样，棋子只能在红色方格中做斜向移动，且黑子先行。和普通跳棋一样，棋子可以"跳过"对手的棋子，如果跨越对手棋子的位置是一个置空红格的话。图 2-6 说明了这一点。

游戏结束规则：如果哪位棋手无法再移动棋子的话，则成为输家；或者若哪位棋手将他的棋子移至棋盘上对方的底端，则那枚棋子就为"王"，而棋子为"王"的棋手就成为赢家。在图 2-6 中，黑子为"王"，该棋手成为赢家。

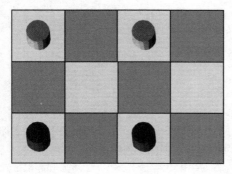

图 2-5　微型跳棋

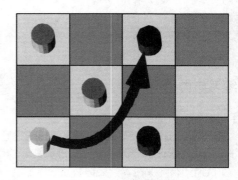

图 2-6　黑子的跳和赢

（1）试用扩展式描绘微型跳棋的博弈图。

（2）试用正则式描绘微型跳棋的表格。

（3）如果双方都采用最优策略，能否确定谁是赢家？是黑子还是红子？

4. 成为女王陛下真的好吗

英国伊丽莎白女王一世面临着一个两难的策略问题。一方面，如果结婚，她就会丧失权力，根据当时的惯例，其丈夫将拥有国王的所有权力。伊丽莎白知道她的父亲亨利是如何对待他的几位王后的，即因禁或者处决。另一方面，如果贵族们知道她不会结婚和留下王位继承人，那么他们可能会犯上作乱，并且不再有所顾忌。这正是伊丽莎白长期吊着其男友杜德雷（Dudley）的缘由所在。

（1）将这一问题表示成博弈，其中的参与者是伊丽莎白和她的贵族们。他们的策略各是什么？

（2）用扩展式和正则式表示这个博弈。是否存在着某个信息集？

5. 再度考虑"拿子"游戏

将（第 1 章的）"拿子"游戏由扩展式转换为正则式。

占优策略和社会困境

导读

　　为了充分理解本章内容，你需要学习和理解第 1 章和第 2 章的知识。

　　本书开篇两章主要关注的是一些概念问题。它们指出许多策略问题都可作为博弈来研究，并且探讨了表示策略和博弈的方式。不过，博弈理论家们对于参与博弈者之间的互动尤其感兴趣。以此为出发点，我们将重点关注各种互动关系。

　　我们希望发现各种稳定的和可预测的互动形态。在经济学中，我们通常把某种稳定的和可预测的形态称作"均衡"。博弈理论家们也遵循这一范例，因此可以认为我们所要考察的是博弈行为的各种"均衡"形态。

　　作为首例，我们采用出自环境政策和环境经济学的一个案例。英文中的"经济学"（economics）和"生态学"（ecology）这两个单词都源自希腊语的词根"oikos"，其含义是"家庭"。这里的一个基本理念是，在一个家庭内部，其成员们一直在互动，正是这些互动使得家庭能够运转。在使用"经济的"和"生态的"这两个词语时，我们想要说明的是，在经济学和生态学中，就像在家庭内部一样，互动也持续地存在，而且至关重要。

3.1　垃圾倾倒博弈

　　关于这个博弈，一如既往，我们从一个故事开始。故事的主角是两位不动产业主，我们称他们为"琼斯先生"和"史密斯先生"。在一个遥远地区的两片相邻的土地上，他们各自拥有周末度假屋。虽然他们可以同卡车公司签订收集垃圾的合同，但是费用相当高。为了雇用卡车，两人每年都需花费 500 美元。他们各自还有另一种清除垃圾的策略，即琼斯先生可以将垃圾倾倒在史密斯先生的住房附近而远离自有房产；类似地，琼斯先生也可反其道而行之。图 3-1 大致描述了他们的财产和策略。

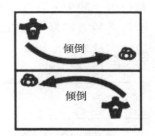

图 3-1　史密斯先生和琼斯先生的倾倒策略

　　由于这两位业主将同时做出决定，因此他们不知道对方的决策是什么。我们以正则式表示这一博弈。每位业主可在两个策略之间做出选择：支付垃圾清理费或者直接倾倒垃圾。那么，这个博弈的回报如何呢？

　　两位业主从周末度假屋中获得的效益是主观的。它们由他们在那个遥远风景区度假产生的愉悦感所构成。仅仅出于比较它们与雇用卡车的货币成本的目的，我们就需要根据货币费用表示这些效益。在此，可借助经济学中的一个概念做到这一点。我们知道，两位业主还可通过其他的货币方式从这些度假屋中获益。例如，两位业主都可在那个季节将房屋出租而不是自己居住，由此就可估算出他们由自己的财产而获得的愉悦感的货币价值，即让他们放弃自己居住而换取的可接受的最低租金数额。

当然，这种主观效益取决于是否有人在他们的房屋附近倾倒垃圾。考虑到这一点，我们不妨假设：若无垃圾倾倒，他们对自己每年在周末度假屋的体验的估计值等于 5 000 美元；若有垃圾倾倒，则为 4 000 美元。换句话说，若无垃圾倾倒，他们都不会为了低于 5 000 美元的租金而放弃自己一年的居住权利；但是，若有垃圾倾倒，他们可以为了 4 000 美元而放弃自己一年的居住权利。

⚠ **重点内容**

这里是本章将阐述的一些概念。

占优策略（dominant strategy）：某种策略只要能够产生高于第二种策略的回报，无论其他参与者选择哪种策略，第一种策略都优于第二种策略。（对于博弈中的某位特定参与者而言）如果一种策略能够优于其他所有策略，我们就说它是（对于那位参与者而言的）占优策略。

占优策略均衡（dominant strategy equilibrium）：在任何博弈中，如果每位参与者都具有占优策略，那么我们就说这些（优势）策略和相应回报的组合构成了这个博弈的占优策略均衡。

合作和非合作解（cooperative and noncooperative solutions）：博弈的合作解是，参与者能够确保自己选择合作性策略的话，他们将会选择的策略和回报列表。例如，签署可以实施的合同。如果没有可以实施的合同，则他们选择的策略和回报列表就是非合作解。

社会困境（social dilemma）：其占优策略均衡和占优策略解有别于这个博弈的合作解的一种博弈。

根据这些信息，我们可用正则式在表 3-1 中表示这个倾倒博弈。需要记住的是，在博弈论中，我们专注于理性的行为。这意味着每位参与者都会针对其他参与者已选的或预期将选的策略做出最优应对策略。首先，考虑一下史密斯先生针对琼斯先生所选策略的最优应对策略，如表 3-2 所示。

表 3-1　正则式的垃圾倾倒博弈

		史密斯先生	
		倾倒	雇用卡车
琼斯先生	倾倒	4 000, 4 000	5 000, 3 500
	雇用卡车	3 500, 5 000	4 500, 4 500

由表 3-2 可知，无论琼斯先生选择的策略是什么，"倾倒"都是史密斯先生的最优应对策略。下面考虑一下琼斯先生针对史密斯先生所选策略的最优应对策略。鉴于这个博弈是对称的，因此，琼斯先生的最优应对策略与史密斯先生的最优应对策略是一样的，从表 3-3 中可以看出这一点。

表 3-2 史密斯先生的最优应对策略	
如果琼斯先生的策略是	史密斯先生的最优应对策略是
倾倒	倾倒
雇用卡车	倾倒

表 3-3 琼斯先生的最优应对策略	
如果史密斯先生的策略是	琼斯先生的最优应对策略是
倾倒	倾倒
雇用卡车	倾倒

这个"倾倒博弈"中的两位参与者的决策看起来都相当容易。这是因为"倾倒"是占优策略的例子。所谓"占优策略"指的是，给定其他参与者所选任何策略时的最优应对策略。在"倾倒博弈"中，"倾倒"对于两位参与者来说都是占优策略。由于两位参与者在"倾倒博弈"中都具有占优策略，因此，这个博弈为我们提供了一个关于占优策略均衡的经典例子。如果博弈中的两位参与者都选择自己的占优策略，那么其结局就是实现"占优策略均衡"。我们也可以说，"倾倒"策略优于"雇用卡车"策略。如果第一种策略能比第二种策略提供更高的回报，无论其他参与者选择什么策略，第二种策略就会因为被第一种策略占优而称作"被占优策略"。在"倾倒博弈"中，"雇用卡车"策略就属于被占优策略。

3.2 占优策略

如果一个博弈具有一些占优策略，那么它们就为选择某种策略而非另一种策略提供了非常充分的理由。你或许已经注意到，"倾倒博弈"同"囚徒困境"非常相似。在"囚徒困境"中，"坦白"对于艾尔和鲍勃两人来说都是占优策略，而（坦白，坦白）就构成了占优策略均衡。类似地，第 1 章中的"广告博弈"也是一个占优策略均衡的例子。所有这些博弈，即"倾倒博弈"和其他两个博弈，都是社会困境的例子。我们可将"社会困境"定义为这样一种具有占优策略均衡的博弈，其中所有参与者的回报都低于大家都采取非均衡策略时的回报。

3.3 社会困境与合作解

从数学角度看，占优策略均衡就是博弈的"解"。它告诉我们，在博弈的参与者们都做出某种具有特定"理性"意义的选择的情况下，哪一种策略将会被选择，以及结局将会是什么。然而，从社会困境中的参与者角度看，占优策略均衡本身就造成了很大的问题。让我们再回到"倾倒博弈"的例子。可以相当确定的是，史密斯先生和琼斯先生均偏好于双方都选择雇用卡车的情形，而不是占优策略均衡。由于两位都雇用卡车使得双方都能获益，所以我们将（雇用卡车，雇用卡车）这一结局称作"倾倒博弈"的合作解。

继续分析这个例子，假设史密斯先生和琼斯先生就合同进行谈判。该合同表明，他们都将雇用卡车，而且不会倾倒垃圾。签约后，他们承诺将会采取"雇用卡车"的策略。假如其中一位有欺骗行为，则另一位就会提起诉讼，迫使欺骗者履行合同。因此，合同这种规制为某些情况下的社会困境提供了"解"。在这个例子中，它使得两位业主能够获得合作解而不是占优策略均衡。

事实上，这类业主合同相当普遍，它们被称作"契约"（covenants）。许多郊区的居民点都有针对垃圾倾倒之类事务的契约。当然，在许多非合作的居民点，也可为了达到这一目的而立法。

通常我们把博弈的合作解定义为，某位参与者承诺采用合作性的策略时所选择的策略和回报列表，无论是采用合同还是选择其他的承诺形式。

相反，我们已经考虑过的占优策略均衡属于非合作解。博弈的非合作解是，对于合作性的策略缺乏有约束力的承诺时，参与者所选择的策略和回报列表。在非合作解中，每位参与者都会针对其他参与者所选择的策略做出最优应对，并且假设其他参与者也会如此行事。因此，每位参与者都会针对其他参与者的最优应对而做出最优应对。这一点在"倾倒博弈"中确实成立。也就是说，每位参与者都假设另一位参与者会采取"倾倒"策略，而且做出针对"倾倒"策略的最优应对。

确定"社会困境"的是这样一个事实，即存在着有别于合作解的占优策略均衡。例如，在"囚徒困境"中，两个囚徒都必定偏好于协调他们的策略，即全都"抵赖"，从而只服刑 1 年。他们获得的"第三级待遇"⊖尤其旨在禁止他们协调策略。同样，在"广告博弈"中，不做广告属于合作解。当政府要强制实施某种非广告政策时，烟草公司通过采取"服从"策略而盈利。之所以如此，是因为政府的强制实施可以协调"不做广告"的策略，即双方都会同时采取这种策略。

3.4　定价困境

博弈论在经济学中最重要的应用之一是关于寡头的研究。处在寡头状态时，行业内只有少数卖家。他们能够维持垄断价格，使得整个群体的利润达到最大。这就营造了某种"欺骗"的动因，即通过提供较低的价格，从继续索取垄断价格的对手那里掠夺生意。例如，表 3-4 说明的是"定价困境"，其回报是以百万美元为单位的利润。虽然麦格内科普（Magnacorp）和格洛斯科（Grossco）都可以通过维持价格不变而获益，但在对方维持价格不变时自行降价则可获得更大的优势。因为其生产的是同质产品，所以这个博弈是对称的。可以看出，在这个寡头博弈中，"降价"属于占优策略。

表 3-4　定价困境的回报

		格洛斯科	
		维持价格	降低价格
麦格内科普	维持价格	5, 5	0, 8
	降低价格	8, 0	1, 1

这种研究寡头的方法的出现归功于沃伦·纳塔（Warren Nutter）教授。它说明了价格竞争如何能够成为一种强大的力量，即使不存在经济学理论中有时所假设的"大量的极小厂商"。在后续的各章中，我们还会不止一次地回到这个例子中。

社会困境是一类非常重要的博弈，不过其他博弈中的占优策略和被占优策略也很重要。有些博弈具有占优策略均衡，而有些博弈则没有。另外，有些具有占优策略均衡的博弈并不构成社会困境。占优策略均衡也未必就是较劣者。这里有一个生意方面的例子，它说明了可能存在着不劣于其他策略组合的占优策略均衡的情形。

3.5　合作开发产品

奥敏索夫特（Ominsoft）集团和麦克洛奎帕（Microquip）公司正在考虑建立一个合作

⊖　这里的"第三级待遇"指的是，从福利总量和分配公平的角度，相对于双方都"不坦白"或"坦白"而言，单独一方因为坦白而获益的两种情形。——译者注

研发产品项目。每家公司都有两个可选策略：承诺将大量资源投入项目中，或者因有所保留而只投入最少的资源。这个博弈存在的一个问题是，双方都无法监督或强迫对方付出努力和投入资源。然而，在这种情况下，我们假设该项目具有"外溢性"技术，即两家公司都可通过运用此技术而获利，即便无法建立合作项目，只是不合作情形的回报将有所不同。表3-5 说明了（以10亿美元为单位）这些回报。

表3-5 合作开发产品博弈

		奥敏索夫特	
		全力投入	有所保留
麦克洛奎帕	全力投入	5, 5	2, 3
	有所保留	3, 2	1, 1

如果考察这个博弈是否存在占优策略，那么可以看出，答案是肯定的。假设奥敏索夫特的策略是"全力投入"，那么麦克洛奎帕可通过选择"全力投入"策略而盈利50亿美元，而选择"有所保留"策略则只能盈利30亿美元；如果奥敏索夫特的策略是"有所保留"，那么麦克洛奎帕可通过选择"全力投入"策略而盈利20亿美元，而选择"有所保留"策略则只能盈利10亿美元。因此，"全力投入"是麦克洛奎帕的占优策略。根据对称的推理，"全力投入"同样是奥敏索夫特的占优策略。鉴于两位参与者都具有占优策略，因此，这个博弈具有占优策略均衡。占优策略均衡就是每一位参与者都选择"全力投入"策略，从而得到最佳的结局，即两家公司都盈利50亿美元。

这个例子与其他一些例子形成了对照，即占优策略均衡恰好是双方都乐意获得的结局。即使它们相互兼并，也无法进一步改善这一结局。（全力投入，全力投入）不仅是这个博弈的占优策略均衡，而且是其合作解。就算参与者们还有其他任何一对策略的选项，其依旧会选择这一结局。诸如这类博弈，即其中的占优策略均衡也是合作解在博弈论文献中所占篇幅并不大。这很有可能是因为，它们没有给人们和社会造成什么问题。博弈论是一种教条式研究，旨在发现和解决问题。但是，在逻辑意义上，完全可能出现合作解属于占优策略均衡的博弈，而且它在生意场上相当普遍，毕竟非合作均衡是增加利润的障碍，而且正如经济学家乔治·斯蒂格勒（George Stigler）所观察到的，"生意"原本就是由我们已知的清除所有影响利润增加的障碍的方法所构成的。

3.6 具有两种以上策略的博弈

至此，本书的例子大多是"二对二"博弈，即博弈中只有两位参与者，而且每位参与者只有两个可选策略。然而，就像政治博弈那样，现实世界中的互动大多涉及两个以上的参与者或两个以上的策略，或两者兼具，而参与者或策略的数字确实也很大。在第4章中，我们将考虑有两位以上参与者的博弈。我们将会看见，如果采用正则式，那么有两个以上策略的博弈只比"二对二"博弈略为复杂一点，只是表格必须具有两个以上的行和列。

这时不妨再次考虑一下"垃圾倾倒博弈"，我们对它略作改动，即添加第三种策略："焚烧垃圾"。因此，现在每位业主必须在三种策略之中做出选择：倾倒、雇用卡车和焚烧。焚烧会对两片土地产生相同的影响。如果一位业主选择焚烧，则会把两片土地的原有价值各减少250美元；若两人都焚烧，则各减少350美元。表3-6是回报表。它与前面例子的不同之处只是多了一行和一列。

表 3-6　具有三种策略的"垃圾倾倒博弈"

		史密斯先生		
		倾倒	雇用卡车	焚烧
琼斯先生	倾倒	4 000，4 000	5 000，3 500	4 750，3 750
	雇用卡车	3 500，5 000	4 500，4 500	4 250，4 750
	焚烧	3 750，4 750	4 750，4 250	4 650，4 650

我们想要考察每位参与者针对其他参与者所选策略的最优应对策略，表 3-7 说明了每位参与者的最优应对策略。我们再一次看出，"倾倒"是史密斯先生的占优策略。根据对称的推理，它也是琼斯先生的占优策略。因此，我们再度获得了占优策略均衡和社会困境。

表 3-7　史密斯先生的最优应对策略

如果琼斯先生的策略是	史密斯先生的最优应对策略是
倾倒	倾倒
雇用卡车	倾倒
焚烧	倾倒

3.7　政治博弈

人们在做生意、垃圾倾倒、娱乐博弈和战争中需要做出策略选择，在日常与和平政治问题上也是如此。我们现在考虑一个政治方面的例子。

在这个例子中，我们有两个候选人：参议员布兰克（Blank）和州长格雷（Gray）。虽然候选人对于某种意识形态没有特定的偏好，但是布兰克参议员作为民主党人，可以采取比作为共和党人的格雷州长更加可信的政治左翼立场；相反，格雷州长可以采取比布兰克参议员更加可信的政治右翼立场。他们可以选择的两个策略是采取左翼和右翼的政治立场。但是，两人都还有第三种策略，即其中一位或两位还可以采取"中间道路"的政治立场。

因此，这种情形是一个每位参与者都有三种可选策略的博弈。我们可以简单地将具有三种可选策略的博弈表示成正则式：表格具有三行和三列，而不是两行和两列。

这个博弈的回报是什么呢？假设两位候选人并不在意采取哪种特定的政治立场，即他们的目标不在于强化某种特定的意识形态，而是能够当选。某些讲德语的经济学家把这种动因称作"stimmungsmaximieren"，即追求最多的选票。这种说法或许有些夸张。一方面，候选人需要的可能并不是最多的选票，而是超过 50%。另一方面，大差额的"滑坡式胜利"对于获胜的候选人而言是很大的优势。无论如何，我们都可以将回报表述为候选人预期能够获得的选票比重。

当然，这一点还取决于选民所处的位置。假设投票者均匀分布，其中 30% 偏好政治右翼，30% 偏好政治左翼，而 40% 偏好采取"中间道路"立场的候选人。

表 3-8 列出了各种回报。我们可以假设，如果两位候选人都采取"中间道路"立场，则可以 50–50 平分选票，赢家取决于计算选票时的随机错误。在这种情况下，两位具有相等获胜机会；如果他们采取不同的立场，那么选民将把选票投给最接近他们立场的那一位，但有两种例外情形。第一，并非所有的左翼选民都会选择共和党候选人，即使后者采取左翼立场；类似地，并非所有的右翼选民都会选择民主党候选人，即使后者采取右翼立场。第二，如果两位候选人都不采取"中间道路"立场，则双方平分"中间道路"立场的选民们的选票。

表 3-8 两位候选人的投票回报

		格雷州长		
		左	中	右
布兰克参议员	左	55, 45	30, 70	50, 50
	中	75, 25	50, 50	70, 30
	右	50, 50	25, 75	45, 55

表 3-9 说明了布兰克参议员的最优应对策略。可以看出，对他来说，"中间道路"立场策略是占优策略。即使该博弈并非完全对称，我们仍可由对称的推理得出，"中间道路"立场策略也是格雷州长的占优策略。由于两位候选人都具有占优策略，所以我们可以得到占优策略均衡。

表 3-9 布兰克参议员的最优应对策略

如果格雷的策略是	布兰克的最优应对策略是
左	中
中	中
右	中

它并不构成社会困境，而是一个常数和博弈。由于选票总数仍为 100%，因此，无论两位候选人选择哪种策略，这个博弈的占优策略均衡与合作解都没有冲突。但是这一点只是从候选人而不是选民的角度而言的。从选民的角度看，这种占优策略解可能并不是很好，因为只有一种政治观点，即"中间道路"立场得到了表达，而偏好左翼或右翼立场的那些选民（在这个案例中总共为 60%）完全被忽视了。关于现实中的美国政治，我们确实听到了这种抱怨。许多偏好政治左翼和右翼的美国人似乎感到洗牌方式对他们不利。或许，这正是中间策略时常在美国政治中占据主导地位的原因。

3.8 教科书撰写博弈

占优策略均衡的概念很有影响力，不过我们可以看到，并非所有的博弈都具有占优策略均衡。下面是一个具有三种策略的博弈例子，它就没有占优策略均衡。

赫法朗帕教授（Professor Heffalump）和伯因伯因博士（Dr. Boingboing）分别是两部相互竞争的教科书的作者。他们的著作在各个方面的质量都一样，只是篇幅不同。[注] 两位作者知道，如果两部教科书的篇幅不一，那么教授们通常会选择篇幅较长者。虽然两人都希望自己能够获得更大的读者群，但是写作篇幅较长的教科书需要投入更多的精力，所以他们都无意撰写超过吸引较大读者群所需篇幅的教科书。每位作者可在下列三种策略之间做出选择：撰写 400 页、600 页或 800 页的教科书。表 3-10 列出了各种回报。

表 3-10 撰写教科书的回报

		赫法朗帕教授		
		400 页	600 页	800 页
伯因伯因博士	400 页	45, 45	15, 50	10, 40
	600 页	50, 15	40, 40	15, 45
	800 页	40, 10	45, 15	35, 35

⊖ 当然，这是一种不太现实的简化假设。这本书远远胜过其他任何一部博弈论教科书，每一页和各个方面都是如此。到目前为止，你或许已经注意到，我们会毫不犹豫地选择一些不太现实的假设，以便阐明要点。当然，各种教科书在许多方面都有所不同，包括写作质量、印制水平和作者是否具备幽默感在内。

这些回报或许是版税，以每年数千美元计算，或许是能体现出作者独占鳌头的水平的某些主观效益，但是无论如何，作者们都希望能够摆脱不必要的写作事务。

表 3-11 说明了伯因伯因博士的最优应对策略。这取决于赫法朗帕教授的策略选择。可以看出，如果赫法朗帕教授选择撰写 400 页的教科书，那么伯因伯因博士所选的策略将与赫法朗帕教授选择撰写 600 页或 800 页的教科书时有所不同。伯因伯因博士的想法是，如果可能的话，撰写一部只比赫法朗帕教授所著略长一点的教科书。因此，针对赫法朗帕教授可能选择的每种不同的策略，伯因伯因博士没有哪种可以作为最优应对策略的策略；换句话说，他没有占优策略。由于这个博弈是对称的，因此，我们按照相同的方式推理可得，赫法朗帕教授同样没有占优策略。

表 3-11 伯因伯因博士的最优应对策略

如果赫法朗帕教授的策略是	伯因伯因博士的最优应对策略是
400	600
600	800
800	800

因此，这个教科书撰写博弈就是不存在占优策略的博弈例子。如果我们想要找到类似于这种博弈的"解"，那么它也是一种不同类型的解。我们将在第 4 章继续了解这一点。

3.9 总结

对博弈进行理论分析的目标之一是发现参与者们互动的稳定和可预测的形态。根据经济学的范例，我们把这种形态称作"均衡"。

我们假设参与者都是理性的，他们的策略选择只有在面对最优应对策略的时候才是稳定的。对于其他参与者的每一种策略或可以选择的策略，若有某种策略是最优应对策略，则称它为占优策略。如果博弈中的所有参与者都有占优策略，那就构成了占优策略均衡。

占优策略均衡属于非合作性均衡。它意味着每位参与者各自独立行动，而没有协调策略的选择。如果博弈中的参与者们能够承诺自己将采取策略的协调性选择，那么他们所选的策略就称作合作解。合作解可能与占优策略均衡是一样的，但也可能不一样。

具有占优策略均衡的一组重要博弈是各种社会困境。我们熟悉的"囚徒困境"就是这一组的典型例子。它与其他社会困境的共同之处就在于，它具有一个与合作解相互冲突的占优策略。

我们已经了解了博弈在环境管理、广告、生意、合伙制和政治学等方面的一些运用。我们可以很清楚地知道，占优策略均衡具有广泛的运用范围。然而，我们也已看到，并非所有的博弈都具有占优策略或者占优策略均衡。

▪ 本章术语

被占优策略（dominated strategy）：如果第一种策略能比第二种策略提供更高的回报，无论其他参与者选择什么策略，第一种策略总是占优于第二种策略。在目前的情境中，我们把第二种策略称作被占优策略。

占优策略（dominant strategy）：（对于博弈中的某位特定参与者而言）如果一种策略优于其他所有策略，我们就称它是（对于那位参与者而言的）占优策略。

占优策略均衡（dominant strategy equilibrium）：在任何博弈中，如果每位参与者都具有一项占优策略，那么我们就说（优势）策略和相应回报的组合构成了这个博弈的占优策略均衡。

合作解（cooperative solution）：当参与者们承诺选择合作策略的时候，他们所选择的各种策略和回报列表。例如，签署可以实施的合同。

非合作解（noncooperative solution）：当参与者们无法承诺采取协调的联合策略的时候，他们所选择的策略和回报列表。这时每个人都假设其他人会采取最优应对策略。

社会困境（social dilemma）：它是这样一种博弈，具有某个占优策略均衡，而占优策略解不同于该博弈的合作解。

◾ 练习与讨论

1. 求解博弈

解释一下作为非合作性博弈的解的概念，以及占优策略均衡的优点和缺点。

2. 努力困境

当一群人参与某项需要每个人都付出努力的任务时，就会出现一类社会困境。这里的策略选择是"工作"或"偷懒"。处在"努力困境"中，一个人偷懒会加重其他人的工作负担，因此，其回报表如表 3-12 所示。

（1）这个博弈中是否存在占优策略？如果有的话，它们是怎样的？

（2）这个博弈中是否存在占优策略均衡？

（3）这个博弈中是否存在合作解？

表 3-12 "努力困境"

		琼斯先生	
		工作	偷懒
史密斯先生	工作	10, 10	2, 14
	偷懒	14, 2	5, 5

（4）20 世纪中期，在美国的靠近太平洋东北部地区，有 20～30 家胶合板公司为工人们所拥有。工人所有者们根据多数通过的规则控制着各公司，以此决定聘用和解聘管理人员。然而，管理人员通常拥有指派和规范工作的权力，而且这个权力可能比类似的营利性公司的权力更大。这个例子能否解释这一点？

3. 公共品

在经济学中，"公共品"的定义是，某种具有两个特征的物品或服务：①实际上无法向那些从它们那里获益的行为人收费，以及无法使得他们的付费成为获得物品或服务效益的条件 [这种物品是"非排他性的"（nonexclusive）]；②无论有多少获益者，提供这种物品的成本都是一样的 [这种物品是"非对抗性的"（nonrivalrous）]。下面是一个两方博弈形式的例子。乔（Joe）和埃文（Irving）均在生产 1 单位公共品与不生产公共品这两种策略之间进行选择。如果不生产公共品，则两位的回报都等于 5。如果乔或者埃文生产 1 单位公共品，则两位的回报都可增加 2，但是由于生产者需要支付成本，因此他的回报会减少 3。如果乔进行生产而埃文不生产，那么乔的回报就等于 4（5 + 2 − 3），而埃文的回报为 7（5 + 2）。

（1）试将它表述为回报表。

（2）从占优策略的角度分析这个博弈。

（3）它是否构成社会困境？为什么？

4. 毒气战

"大陆"和"岛屿"是两个敌对国，时常发生战争。两国都能够生产毒气并在战场上使用。在任何一场战役中，使用毒气的回报如表 3-13 所示。

（1）这个博弈中是否存在占优策略？如果存

表 3-13 "毒气战"

		岛屿	
		使用	不使用
大陆	使用	−8, −8	3, −10
	不使用	−10, 3	0, 0

在，它们是什么？

（2）这个博弈中是否存在占优策略均衡？

（3）这个博弈的合作解是什么？

（4）这个博弈是否构成社会困境？为什么？

（5）在历史上，"一战"时双方曾经使用过毒气，但在"二战"时未用过[⊖]，虽然德国在"二战"中反对法国和英国，就像"一战"时那样。关于这一点的公认解释是，如果某一方准备在作战时使用毒气，那么另一方也会在后续的战役中使用毒气进行报复，结局就是首先使用毒气者的处境会变得更糟。根据这种对照结果，讨论社会困境中占优策略均衡的局限性。

5. 竞选公职

作为一位取得很大成就的共和党政治家，理查德·尼克松（Richard Nixon）曾经说过，共和党人当选政府官员的方式就是"在初选时居于右翼，在大选时居于中间"。本章中关于政治博弈的例子解释了"在大选时居于中间"的含义。如何解释在"在初选时居于右翼"？注意：在美国许多州的政治制度中，包括加利福尼亚州（它是尼克松的家乡）在内，举行初选是为了确定各主要政党的提名人，并且仅限于注册成为各相关政党成员的选民。然后，获得提名者在选举中相互竞争。提示：共和党注册党员的政治立场分布状况并不像总人口那样。

6. 快乐时光

回到第 1 章的第 4 个问题。

（1）这个博弈中是否存在占优策略？如果存在，它们是什么？

（2）这个博弈中是否存在占优策略均衡？

（3）这个博弈的合作解是什么？

（4）这个博弈是否构成社会困境？为什么？

7. 培训博弈

两家公司从同一个非熟练工人群中招募工人。每家公司都可以培训他们或者不培训。虽然培训可以提高生产率，但存在外溢效应，即对手可以挖走经过培训的工人。因此，两家公司总是面临扣除培训成本后的相同生产率，虽然净生产率会提高，如果培训更多工人的话。表 3-14 说明了培训比率与净生产率之间的关系（因为每家公司要么培训所有工人，要么根本不培训，所以 0、50% 和 100% 是仅有的可能性）。每家公司的利润是用表 3-14 中显示的净生产率减去培训成本后的结果。如果一家公司选择培训工人，则培训成本等于 3，否则等于 0。

（1）这个博弈的参与者是谁？

（2）它们的策略是什么？

（3）以正则式表示这个博弈。

（4）这个博弈中是否存在占优策略？如果存在，它们是什么？

（5）这个博弈中是否存在占优策略均衡？如果存在，它们又是什么？

表 3-14　培训

培训比率	净生产率
0	5
50%	7.5
100%	10

⊖ 原文如此。——译者注

纳什均衡和可理性化策略

导读

　　为了充分理解本章内容，你需要很好地学习第 1 ～ 3 章的材料，尤其是复习第 3 章最后一个例子。

　　在第 3 章中，我们已经了解了某些博弈具有占优策略和占优策略均衡。如果存在占优策略均衡，那么它可以对非合作性的策略选择做出很有说服力的分析。然而，我们还知道，某些博弈没有占优策略均衡。为了分析这些博弈，我们需要了解一个不同的均衡概念，即"纳什均衡"。纳什均衡的概念是以发现它的那位数学家的名字命名的。约翰·纳什的生活具有某种悲剧意义，这一点在关于他的传记和影片中已经提及。[⊖]然而，约翰·纳什对于博弈论的影响无人可及。

　　和之前一样，我们还是从例子入手。事实上，在第 3 章末尾，我们就已经有了例子，即"教科书撰写博弈"。

4.1　教科书撰写博弈（续）

　　回顾一下，那个博弈的两位参与者打算撰写相互竞争的教科书。如果一位参与者所著教科书的篇幅超过对方，则预计可以获得更高的回报。每位作者的可选策略是撰写一部 400 页、600 页或者 800 页的教科书。表 4-1 列出了各种回报。表 4-1 与第 3 章的表 3-10 相同，为了方便而在这里再次列出。

表 4-1　撰写教科书的回报（复制第 3 章的表 3-10）

		赫法朗帕教授		
		400 页	600 页	800 页
伯因伯因博士	400 页	45，45	15，50	10，40
	600 页	50，15	40，40	15，50
	800 页	40，10	45，15	35，35

⊖　那部书是 S. 娜萨（S. Nasar）所著的《美丽心灵》（*A Beautiful Mind,* New York: Simon and Schuster, 1998），影片（2001）具有相同的名称。

◆◇ 延伸阅读

约翰·福布斯·纳什

1928 年 6 月 13 日，数学家约翰·福布斯·纳 什（John Forbes Nash，1928—2015）出生于美国西弗吉尼亚州的布鲁菲尔德（Bluefield，West Virginia）。他在普林斯顿生活。作为普林斯顿大学的毕业生，他证明了现在被称作"纳什均衡"的非合作性均衡概念适用于非常数和博弈。为此，他在 1994 年成为诺贝尔经济学奖获得者之一。他还建立了一种针对合作性博弈的数理议价理论，并在数学方面做出了其他许多贡献。纳什饱受心理疾病之苦多年，2001 年的影片《美丽心灵》对此做了描述。

我们已经知道，这个博弈没有占优策略均衡，因为伯因伯因博士的最优应对策略取决于赫法朗帕教授所选的策略，反之亦然。表 4-2 列出了每一位作者的最优应对策略。它们取决于另一位作者选择哪种策略。表 4-2 复制了第 3 章的表 3-11，除了由哪一位作者针对另一位做出反应这一点无关紧要之外。

表 4-2　教科书作者们的最优应对策略
（复制并修改第 3 章的表 3-11）

如果一位作者的策略是	另一位作者的最优应对策略是
400	600
600	800
800	800

从表 4-2 中可以看出，800 页的策略具有一个有意义的特征。如果两位作者都选择撰写 800 页教科书这一策略，那么两位都是针对另一位选择了自己的最优应对策略。赫法朗帕教授将会针对伯因伯因博士的策略选择最优应对策略，而伯因伯因博士也会针对赫法朗帕教授的策略选择最优应对策略。这一点对于任何其他策略组合均不成立。例如，如果伯因伯因博士撰写 600 页，而赫法朗帕教授撰写 400 页，那么伯因伯因博士就是选择了针对赫法朗帕教授策略的最优应对策略，但是赫法朗帕教授可通过将篇幅增加到 800 页而获益，即获得等于 $45^{\ominus}$ 的回报（见表 4-1 右列的中间方格中的内容）。然而，处在这一点上，伯因伯因博士可以做得更好，他针对 800 页策略的最优应对策略是把自己撰写的篇幅同样增至 800 页。因此，表 4-1 中左列或右列的中间方格中的内容都不属于两位作者将会选择的最优应对策略。只有表 4-1 底部右边的方格，即双方都选择 800 页的篇幅的策略，才具有那个"有意义的特征"。

这个"有意义的特征"意味着，（800，800）就是"教科书撰写博弈"的纳什均衡。纳什均衡的定义是有这样一列策略，其中每位参与者都有一种策略，而每一种策略都是针对列出的所有其他策略的最优应对策略。在目前的情境中，我们只有两位参与者，列出的策略也只有两种：一种属于赫法朗帕教授，另一种属于伯因伯因博士。

⚠ **重点内容**

这里是本章将阐述的一些概念。

纳什均衡（Nash equilibrium）：对于任何一个正则式博弈，如果存在这样一列策略，其中每个策略分别属于某位参与者针对其他参与者的策略的最优应对策略，则这个策略列就是纳什均衡。

⊖ 原文为"50"，当为"45"之误。——译者注

> **可理性化策略**（rationalizable strategies）：如果某个策略可以理性化成为对另一位参与者理性所选策略的最优应对策略，那么这个策略就是可理性化策略。纳什均衡策略总是可以理性化的。
> **无关策略**（irrelevant strategy）：如果某个策略绝对不是针对另一位博弈参与者的任何策略的最优应对策略，那么它就是无关策略。
> **无关策略的迭代消除**（iterative elimination of irrelevant strategies）：如果我们分阶段地简化一个博弈，并在每个阶段消除无关策略，那么留下来的策略就是博弈的可理性化策略。

或许你会诧异自己的教科书的篇幅为何这么长。假如是这样，你至少会发现博弈论确实同现实生活有着某种关联。实际上，在增加读者人数方面，教科书篇幅的作用不如它所包括的议题和例子那样大。对于教科书作者而言，他们总是担心遗漏了自己偏爱的某个议题或者忽略了自己偏爱的某个例子。这是因为某些教授会觉得教科书不适合自己的班级，因而使得作者失去了某些原本可以争取到的读者。因此，规则就是：若有疑虑，那就列入。然而，更多的议题和例子也就意味着更长的篇幅。[⊖]

4.2 纳什均衡

"教科书撰写博弈"是一个没有占优策略，但是存在纳什均衡的博弈例子。与占优策略均衡相似的一点是，纳什均衡体现了两位作者的理性行为。只要一方固守所选的策略，对方就无法通过改选其他策略而改善自己的处境，且双方都是独立地选择策略，相互之间没有协调。与占优策略均衡相似的另一点是，纳什均衡是非合作性的。回顾一下表4-1，可以看出，假如他们都撰写400页甚至600页，双方的处境都能得到改善。因此，这个博弈的合作解是大家都撰写400页的教科书。

然而，纳什均衡要比占优策略均衡更具普遍意义。值得注意的是，每一个占优策略均衡同时也是纳什均衡，就像每条可卡犬[⊜]都是狗一样。我们不妨再回顾一下"囚徒困境"。对每位参与者来说，"坦白"是占优策略，而且存在着占优策略均衡。但是同样成立的是，如果一个囚徒选择"坦白"，那么"坦白"也就是另一个囚徒的最优应对策略。针对另一个囚徒所选的策略，每个囚徒都会选择他的最优策略，所以它确实是纳什均衡。但是，并非每一个纳什均衡都是占优策略均衡，就像并非每条狗都是可卡犬一样。某些纳什均衡不同于占优策略均衡的地方是，一位参与者的最优应对策略取决于另一位参与者所选的策略。

现在让我们把这些概念运用于另一个例子，即两家相互竞争的广播电台的节目风格选择问题。

4.3 电台风格博弈

我们已经知道，并非所有的博弈都存在占优策略均衡。这里是另一个例子，两家广播

⊖ 当然，本书的作者是唯一的例外。本书的作者只选择你要理解博弈论所必须掌握的例子和议题而别无其他。作者认为，它们都是非常重要的内容。

⊜ 可卡犬（cocker spaniel）为原产于英国的一种小型猎犬。——译者注

电台需要在不同的节目风格之间做出选择。例如，两位参与者是两家广播电台，即 W***
和 K†††，而它们的策略就是选择节目风格："排行前 40""经典摇滚"，以及两者的"混
合"。因为这两家广播电台拥有多少有些差异和重叠的听众、不同的声誉和不同的迪斯科
爱好者，所以它们的回报并不对称。回报与它们的净广告收益成比例。表 4-3 说明了这个
博弈的回报，前一项回报属于 W***，后一项回报属于 K†††。

表 4-3 "电台风格博弈"的回报

		K†††		
		排行前 40	经典摇滚	混合
W***	排行前 40	30, 40	50, 45	45, 40
	经典摇滚	30, 60	35, 35	25, 65
	混合	40, 50	60, 35	40, 45

表 4-4 和表 4-5 说明了这两家广播电台的最优应对策略。

表 4-4　W*** 的最优应对策略

如果 K††† 的策略是	W*** 的最优应对策略是
排行前 40	混合
经典摇滚	混合
混合	排行前 40

表 4-5　K††† 的最优应对策略

如果 W*** 的策略是	K††† 的最优应对策略是
排行前 40	经典摇滚
经典摇滚	混合
混合	排行前 40

可以看出，每家广播电台的最优应对策略并不相同，而且取决于另一家广播电台所
选的策略。在这个博弈中，两家广播电台都没有占优策略。现在假设 W*** 选择"混合"
而 K††† 选择"排行前 40"。可以看出，在这种情况下，每家广播电台都会针对另一家
所选的策略而做出最优应对：结合表 4-4（或表 4-3）可以看出，如果 K††† 选择"排行
前 40"，那么"混合"是 W*** 的最优应对策略；结合表 4-5（或表 4-3）可以看出，如
果 W*** 选择"混合"，则"排行前 40"是 K††† 的最优应对策略。简而言之，（混合，排
行前 40）是这个"电台风格博弈"的纳什均衡。但是，这一点对于任何一对其他策略并
不成立。例如，考虑一下表 4-3 底端右边的方格中的内容，鉴于双方都选择"混合"，那
么它们都可以通过转换到"排行前 40"节目而改善处境。依次观察每一个方格可以发现，
至少有一位参与者可以通过转换到另一种策略而改善处境，除了表 4-3 底端左边的方格之
外，其中 W*** 选择"混合"而 K††† 选择"排行前 40"。

在这个"电台风格博弈"中，即使不是占优策略均衡，这个纳什均衡依然是可以预测
的理性、自利和非合作性行动的结局。

4.4　找出纳什均衡的直观方式

随着策略的数目变得越来越大，为了找到纳什均衡而检查各个策略组合的工作将非常
艰巨。这里有一些直观的方法，即借助直接观察消除非均衡策略和找出各种均衡，如果
它们存在的话。如果你对"直观"一词不太熟悉，可以这样想，相比数学求解方式，直
观的求解方法其实是一种非正式和非决断（informal and inconclusive）的方法，而且运用
起来比较快捷和可靠。在目前的情况下，这些方法是非正式的，包括描绘一些图形。

纳什均衡的基本含义是，对于一种策略而言，只有当它是最优应对策略时才会被选

中。一种简单的方法是标出针对每种策略的最优应对策略的回报。"教科书博弈"中的表 4-6 说明了这一点。可以看出，纳什均衡显示在一个方格中，其中的两个回报都已被标出。

表 4-6 经过标示的"教科书博弈"（基本复制了第 3 章的表 3-10）

		赫法朗帕教授		
		400 页	600 页	800 页
伯因伯因博士	400 页	45, 45	15, 50	10, 40
	600 页	50, 15	40, 40	15, 45
	800 页	40, 10	45, 15	35, 35

现在看一下针对"电台风格博弈"的标示，表 4-7 说明了这一点。

表 4-7 经过标示的"电台风格博弈"（基本复制了第 4 章的表 4-3）

		K†††		
		排行前 40	经典摇滚	混合
W***	排行前 40	30, 40	50, 45	45, 40
	经典摇滚	30, 60	35, 35	25, 65
	混合	40, 50	60, 35	40, 45

练习题

复习一下第 3 章的各个例子，并且做出标记。你可以在这本书上做记号，并且你会愿意一直保留这本书。

4.5 可理性化策略

"电台风格博弈"还对博弈论的关键假设之一做了很好的说明，即关于理性常识的假设。换句话说，我们假设每位决策者都是理性的，每个人都知道另一个人也是理性的，而且每个人都知道另一个人也知道他是理性的。在具有占优策略的博弈中，这一点并不那么重要。因为在那种博弈中，正如我们在第 3 章所见，决策者比较容易做出决策。我们把某位决策者称为"A"，把他的对家或敌手称为"B"。理性的决策者 A 想要针对 B 所选的策略做出最优应对。因为无论 B 如何选择，A 的反应都是相同的，所以他无须了解 B 就可做出选择，甚至无须知道 B 是不是理性的。

但是，在类似"电台风格博弈"这样的情况下，这一点不再成立。我们在表 4-4 和表 4-5 中可见，两位参与者都没有占优策略。针对 K††† 所选的策略，"排行前 40"或"混合"都可以是 W*** 的最优应对策略；相反，针对 W*** 所选的策略，三种策略中的任何一种都可以是 K††† 的最优应对策略。因此，为了做出选择：首先，W*** 必须猜测出 K††† 会选择哪种策略；其次，W*** 知道 K††† 会根据自己所选的策略的最优猜测做出决策。我们如何才能绕出这个循环呢？

在这种情况下，我们可以排除某些策略而将问题略为简化。因此，K††† 的推理或许是："W*** 将会选择'排行前 40'或'混合'，而不是'经典摇滚'。毕竟'经典摇滚'不是针对我所选任何策略的最优应对策略，所以理性的 W*** 绝对不会选择它。"K††† 经理还会进一步推理："事实上，W*** 也不会选择'排行前 40'，即使它对于'混合'是最优应对策略；但是，只有在 W*** 选择'经典摇滚'时，'混合'才是我的最优应对策略；作为理性者的 W*** 知道我知道那一点，因此我绝对不会针对 W*** 选择'排行前 40'而选择'混合'。"因此，K††† 可以得出结论："因为 W*** 确实会选择'混合'，所以我会针对这一点做出最优应对，那就是选择'排行前 40'。"但是，W*** 知道这一点，因为 W*** 知道 K††† 是理性的，所以会如此推理："因为 K††† 认为我会选择'混合'，所以他会选择最优应对策略，即'排行前 40'，因此，我的最优应对策略就是选择'混合'。"类似地，K††† 也会进一步推理："由于 W*** 预计我会选择'排行前 40'，所以他会选择最优应对策略，即'混合'。相应地，我针对'混合'也会选择最优应对策略，即'排行前 40'。"这样一来，如果他们实施自己的策略，就会发现自己是正确的。

运用这种推理思路证明的策略，即"因为他认为我将选择策略 i，所以他会选择策略 j，那是他对策略 i 的最优应对策略，因此，我将选择策略 k，因为这是我对策略 j 的最优应对策略"，被称为"可理性化策略"。作为博弈论的一个技术性术语，它并不表明我们可以随便使用某个观点加以论证的策略。若要使用一个可理性化的策略，我们的论点必须依据这样的概念，即每位决策者都是理性的，而且知道对方也是理性的。因此，我们的推理首先始于这样一种假设，即"我将采用对我来说合理的某个特定策略，因为它是我针对所面临各种策略的最优应对策略；然后，我推断对方会针对我的最优应对策略而选择他的最优应对策略，而我也会针对他的最优应对策略来选择我的最优应对策略"。因此，在"电台风格博弈"中，通过选择"混合，排行前 40"，两家广播电台都选择了可理性化策略。

4.6　寻找可理性化策略的方法

可理性化策略看似复杂且难以把握，其实要简单许多。在"电台风格博弈"这样的正则式博弈中，有一种直截了当的方法可以帮助我们找出所有的可理性化策略。为了说明这一点，我们还需要了解一个术语。

任何一种策略都有可能是针对其他参与者可能选择某种策略的最优应对策略。如果策略 i 不是针对其他参与者可能选择某种策略的最优应对策略，那么它就是一种"无关策略"（irrelevant strategy）。⊖

我们再观察一下表 4-3"电台风格博弈"中的第二行，即 W*** 的"经典摇滚"策略。可以看出，它对于 K††† 可能选择的任何策略都不是最优应对策略，因此，从 W*** 的角度看，"经典摇滚"属于无关策略。我们知道，作为理性的决策者，W*** 绝对不会选择"经典摇滚"，因此可在博弈中将它排除，并得到一个新的简约式"电台风格博弈"，如表 4-8 所示。在这个简约式博弈中，"混合"对于 K††† 来说也属于无关策略，因此，我们又针对 K††† 消除了"混合"，从而得到表 4-9 中的第二轮简约式"电台风格博弈"。现在我们考察一下这个第二轮简约式博弈，可以看出，"排行前 40"对于 W*** 也是无关策略，因此，我们去掉它，从而得到第三轮简约式"电台风格博弈"，如表 4-10 所示。此时，我们再次发现"经典摇滚"对于 K††† 是无关策略，所以也去掉它，由此得到表 4-11，即第

⊖　对于具有这种特征的策略，博弈理论中尚无公认的术语。在本书中，我们用"无关策略"来表示。

四轮简约式"电台风格博弈"。

表 4-8 简约式"电台风格博弈"

	K†††		
	排行前 40	经典摇滚	混合
W*** 排行前 40	30, 40	50, 45	45, 40
混合	40, 50	60, 35	40, 45

表 4-9 第二轮简约式"电台风格博弈"

	K†††	
	排行前 40	经典摇滚
W*** 排行前 40	30, 40	50, 45
混合	40, 50	60, 35

表 4-10 第三轮简约式"电台风格博弈"

第一个是 W*** 的回报，第二个是 K††† 的回报		K†††	
		排行前 40	经典摇滚
W***	混合	40, 50	60, 35

表 4-11 第四轮简约式"电台风格博弈"

第一个是 W*** 的回报，第二个是 K††† 的回报		K†††
		排行前 40
W***	混合	40, 50

当然，由于这个第四轮简约式"电台风格博弈"已不再有无关策略，所以到此为止。我们在这个例子中所做的就是对于"无关策略的迭代消除"（iterated elimination of irrelevant strategies，IEIS）。若将 IEIS 运用于某个正则式博弈，那么剩下来且无法消除的策略就是这个博弈的可理性化策略。因此，我们可以看出，"电台风格博弈"只有两个可理性化策略：W*** 的"混合"策略和 K††† 的"排行前 40"策略。

4.7 占优策略

在本章和前面 3 章中，我们已经研究了一些博弈，其中，对于任何其他参与者所选的策略，总有一种策略（称作策略 A）可以给出大于另一种策略（称作策略 B）的回报，因此，我们可以说策略 A"占优于"策略 B，而策略 B 是"被占优"策略。有时，我们通过说策略 A"强势"或"严格"占优于策略 B，或者策略 B 强势地"被占优"，来强调策略 A 的回报确实大于策略 B。

在此，需要记住的关键点是，如果某种策略被占优，那么它总是无关的。这一点必须成立，因为对于策略 A 的回报总是大于对于策略 B 的回报，所以策略 A 对于任何策略的反应总是胜过策略 B，而策略 B 绝对不会是最优应对策略。然而，正如我们所见，也会有未被其他任何单一策略占优的无关策略。

由于被占优策略总是无关策略，所以它们在 IEIS 中会被去掉。1953 年，通过迭代消除所有的被占优策略，约翰·纳什和劳埃德·夏普利（Lloyd Shapley）求解了经过简化的扑克牌博弈。后来数年间，它成为博弈论的一种标准方法。直到 20 世纪 80 年代，伯恩海姆（B. D. Bernheim）和皮尔斯（D. G. Pearce）给出了可理性化策略的定义，并且推导出能够确定它们的 IEIS 方法。因为与可理性化策略有关联，而且更加全面地简化了一个博弈，所以 IEIS 似乎是一种更好的方法，然而被占优策略的迭代消除法仍然在博弈论的某些文献中被使用。

4.8 另一种寡头定价博弈

这里的一个例子能够增进你的理解，如表 4-12 所示。它类似于第 3 章 3.4 节中的 "定价困境"，并且同那个例子一样，其基本理念出自沃伦·纳塔教授，只是稍微复杂一些。"定价困境"只将两种价格作为策略，即竞争性价格（降低价格）和垄断价格（维持价格），而这个例子将允许厂商们选择中间价格，所以总共有三种策略。

表 4-12　另一种纳塔定价博弈

		格洛斯科		
		低价	中间价	高价
麦格内科普	低价	20, 20	80, 10	90, 5
	中间价	10, 80	60, 60	150, 15
	高价	5, 90	15, 150	100, 000

参与者仍是麦格内科普（Magnacorp）和格洛斯科（Grossco）这两家公司。它们的策略是索取高（垄断性）价、低（竞争性）价，或者处在两者之间的中间价。

如果它们索取不同的价格，那么选择低价的公司就可在大部分市场中实施销售和赚得较大的利润，即使进一步削价（当对方索取高价时，从中间价削弱到低价）将会减少利润。这个博弈也是对称的。可以看出，它没有占优策略。对于每一家公司来说，如果对方索取中间价或低价，那么低价就是最优应对策略；若对方索取高价，那么中间价就是最优应对策略。

现在我们将 IEIS 运用于这个博弈中，以便找出可理性化策略。对于这两家公司来说，高价策略属于无关策略，因此，针对每一家公司都可以消除这种策略，从而得到简约式博弈。因为这个博弈是对称的，而高价策略对于双方都是无关策略，所以消除它的次序无关紧要。一旦消除了这两家公司的高价策略，就可得到表 4-13 中的简约式博弈。

推理到此尚未结束。观察一下表 4-13 就可以看出，对于这两家公司来说，中间价同样是无关策略。事实上，低价策略在这个简约式博弈中是占优策略，而被占优的中间价策略总是无关策略，所以可针对两位参与者都消除掉它，从而得到表 4-14 中的第二轮简约式博弈。

表 4-13　简约式 "纳塔定价博弈"

		格洛斯科	
		低价	中间价
麦格内科普	低价	20, 20	80, 10
	中间价	10, 80	60, 60

表 4-14　第二轮简约式 "纳塔定价博弈"

		格洛斯科
		低价
麦格内科普	低价	20, 20

由表 4-14 可以看出，这个博弈中的可理性化策略只有低价策略，可理性化策略对应着纳什均衡。这似乎是关于价格竞争的一种重要见解：当一家公司可以通过索取略低于对手的价格而获益时，只有最低的可盈利价格即竞争性价格才是可理性化的，在最终达到纳什均衡前，它总是会被选中。

4.9 零售店铺区位博弈

上面两个例子相对来说比较简单，我们在后面的一些例子中将了解到，更加复杂的博弈会产生更加复杂的结局。下面是说明复杂性的第一个例子。在 "零售店铺区位博弈" 中，两位参与者是两家百货公司，即 "奈斯塔夫商店"（Nicestuff Stores）和 "沃察尼兹"（Wotchaneed's）。它们都打算在中等城市（medium city）的市中心或者市郊⊖开设新的零

⊖　此处原文为 "snugburb"，疑为 "suburb" 之误。——译者注

售店面。表4-15是它们的策略和回报，其中，回报可表示成以百万美元计算的年利润。

表4-15 零售店铺区位博弈

		沃察尼兹			
		高档商场	市中心	市郊	住宅区
奈斯塔夫商店	高档商场	3, 3	10, 9	11, 6	8, 8
	市中心	8, 11	5, 5	12, 5	6, 8
	市郊	6, 9	7, 10	4, 3	6, 12
	住宅区	5, 10	6, 10	8, 11	9, 4

奈斯塔夫商店和沃察尼兹的最优应对策略体现在表4-16和表4-17中。通过标出最优应对策略的回报，我们要寻找这个博弈的纳什均衡。我们发现，这个博弈具有两个纳什均衡。只要一家公司在高档商场（upscale mall）设点而另一家在市中心设点，我们就可获得纳什均衡。

<table>
<tr><th colspan="2">表4-16 奈斯塔夫商店的最优应对策略</th></tr>
<tr><th>如果沃察尼兹的选择是</th><th>奈斯塔夫商店的最优应对策略是</th></tr>
<tr><td>高档商场</td><td>市中心</td></tr>
<tr><td>市中心</td><td>高档商场</td></tr>
<tr><td>市郊</td><td>市中心</td></tr>
<tr><td>住宅区</td><td>住宅区</td></tr>
</table>

<table>
<tr><th colspan="2">表4-17 沃察尼兹的最优应对策略</th></tr>
<tr><th>如果奈斯塔夫商店的选择是</th><th>沃察尼兹的最优应对策略是</th></tr>
<tr><td>高档商场</td><td>市中心</td></tr>
<tr><td>市中心</td><td>高档商场</td></tr>
<tr><td>市郊</td><td>住宅区</td></tr>
<tr><td>住宅区</td><td>市郊</td></tr>
</table>

现在我们运用IEIS方法考察一下这个博弈的可理性化策略。由表4-16可知，"市郊"对于奈斯塔夫商店来说是无关策略，因此可以消除它，从而得到如表4-18所示的简约式"零售店铺区位博弈"。

表4-18 简约式"零售店铺区位博弈"

		沃察尼兹			
		高档商场	市中心	市郊	住宅区
奈斯塔夫商店	高档商场	3, 3	10, 9	11, 6	8, 8
	市中心	8, 11	5, 5	12, 5	6, 8
	住宅区	5, 10	6, 10	8, 11	9, 4

从表4-18中可知，"住宅区"现在对于沃察尼兹来说是无关策略，因此可以消除它，从而得到如表4-19所示的第二轮简约式"零售店铺区位博弈"。

表4-19 第二轮简约式"零售店铺区位博弈"

		沃察尼兹		
		高档商场	市中心	市郊
奈斯塔夫商店	高档商场	3, 3	10, 9	11, 6
	市中心	8, 11	5, 5	12, 5
	住宅区	5, 10	6, 10	8, 11

由表4-19可知，"住宅区"对于奈斯塔夫商店来说同样是无关策略，因此可以消除它，从而得到如表4-20所示的第三轮简约式"零售店铺区位博弈"。

由表4-20可知，"市郊"对于沃察尼兹来说是无关策略，因此可以消除它，从而得到如表4-21所示的第四轮简约式"零售店铺区位博弈"。

表 4-20　第三轮简约式"零售店铺区位博弈"

		沃察尼兹		
		高档商场	市中心	市郊
奈斯塔夫商店	高档商场	3，3	10，9	11，6
	市中心	8，11	5，5	12，5

由表 4-21 可以看出，我们已无法再对它做进一步的简化，因为这个博弈中已经没有无关策略了。因此，"高档商场""市中心"这两种策略对于博弈双方而言都是可理性化策略。事实上，我们原本在开始时就可以确定这两种策略都是可理性化的，因为它们对应于总是可以理性化的纳什均衡。消除无关策略只是为了确保在这个博弈中不再有其他可理性化策略。

表 4-21　第四轮简约式"零售店铺区位博弈"

		沃察尼兹	
		高档商场	市中心
奈斯塔夫商店	高档商场	3，3	10，9
	市中心	8，11	5，5

对于这类具有两个或多个纳什均衡的博弈，我们会遇到两个新的问题。

第一，可理性化还不足以确保参与者找到纳什均衡。"高档商场""市中心"这两个策略的任何组合都是可理性化的。例如，奈斯塔夫商店的经理或许会做这样的推理：

由于沃察尼兹认为我会选择"高档商场"，所以他们的最优应对策略是选择"市中心"，而我对那个策略的最优应对策略是选择"高档商场"。

与此同时，沃察尼兹的经理也会做这样的推理：

由于奈斯塔夫商店认为我会选择"高档商场"，所以他们的最优应对策略是选择"市中心"；相应地，我对"市中心"策略的最优应对策略是选择"高档商场"。

他们两位都会因选择"高档商场"而平分市场，从而勉强弥补他们的固定成本，这时双方获得的回报都要比处在任何一个纳什均衡时低得多。当然，一旦他们进行这个博弈，虽然每位参与者都会发现他的可理性化被误解了，但到那时（根据可理性化方法）已经太迟了，因为策略已经选定了。

第二，即使解决了第一个问题，两位参与者也会因采取不同的策略而形成纳什均衡，那么它会是哪个纳什均衡呢？这是针对博弈理论家提出的问题，同时也是博弈参与者所面临的问题。如果他们足够精明，就会知道自己无法通过理性化求解这个博弈。回想一下，可理性化策略方法通常假设两位参与者都没有机会纠正他们的错误。如果能够纠正错误，那么或许因为曾经有过与其他搭档进行相同或类似博弈的经历，所以非纳什策略组合就不是稳定的。一般而言，如果可以纠正错误，那么纳什均衡就是稳定的，而其他策略组合都是不稳定的。我们在第 5 章中将更多地讨论这一问题。纠正错误的另一种方法是与对方进行对话。如果参与者没有相互交流的途径，那么可理性化策略和纳什均衡都可运用；如果他们能够交流，则会出现新的可能性。这些问题将在第 11 章中进行讨论。

4.10　纳什均衡和可理性化策略

总而言之：①并非所有的博弈都存在占优策略均衡，因此我们可以转而采用一个更加普遍的概念，即纳什均衡，它适用于许多博弈，无论它们是否具有占优策略；②我们可以集中考虑可理性化策略；③通过直接使用无关策略的迭代消除方法（IEIS），我们能够找出所有的可理性化策略；④纳什均衡策略总是可理性化的，对于某些博弈而言，纳什均衡是仅有的可理性化策略；⑤前一点会对我们有所帮助，因为它提出了参与者实现纳什均衡的某种方式，除了博弈的回报表之外无须其他信息；⑥当存在两个或多个纳什均衡时，将会有一些可理性化策略，且某些可理性化的策略对（strategy pair）不是纳什均衡；⑦如果参与者能够纠正他们的错误，那就只有纳什均衡才是稳定的。

在第 5 章，我们将回到"零售店铺区位博弈"这类博弈中，即存在着两个或多个纳什均衡的博弈。我们会发现这类博弈在日常生活中非常普遍。

正如前述，所有的占优策略均衡都是纳什均衡，但是反过来却不成立；此外，根据定义，所有的社会困境都具有占优策略均衡，但反过来也不成立。我们还可以再添加一句：所有的纳什均衡都是由可理性化策略构成的，但反过来照样不成立。图 4-1 中的维恩图（Venn diagram）概述了所有这些内容。

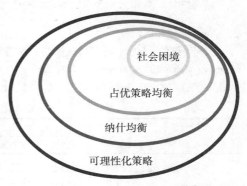

图 4-1　关于非合作性博弈解的各种概念

4.11　总结

在没有占优策略均衡的博弈中，如果每位参与者都针对其他参与者所选的策略做出最优应对，那么他们的策略选择就会是稳定、可预测和理性的。在这种情况下，我们把它称作"纳什均衡"。虽然占优策略均衡是纳什均衡的一种类型，但是还存在着并非占优策略均衡的纳什均衡。由于纳什均衡是一种非合作性均衡，因此不一定会与博弈的合作性均衡解一致。

我们可以通过消除法找到纳什均衡，即消除所有相互之间不是最优应对策略的那些博弈对。这一点可通过标示各行或各列中的最优应对策略而得出。

纳什均衡策略具有可理性化的特征，换句话说，我们可以运用这样一种理念论证它们是理性的，即每位参与者都知道另一位参与者是理性的，而且知道另一位参与者也知道对方（第一位参与者）是理性的。如果某种策略是无关策略，那么它就不会被选中而且不是可理性化的。我们运用 IEIS 方法能够找到所有的可理性化策略。在比较简单的博弈中，这种方法可以产生纳什均衡，从而消除其他策略对。在这种情况下，它构成了寻找纳什均衡的另一种方法，进而为理性的参与者提供了一条可靠的实现纳什均衡的途径，而所需要的信息均包含在博弈中。但是，在那些比较复杂的博弈中，情况或许不是这样的。如果参与者无法纠正他们的错误，那么可理性化策略有时就无法形成纳什均衡。

虽然纳什均衡是一个非常普遍的博弈"理性解"，但是，它可能不是唯一的。这一点会带来一些问题，我们将在第 5 章予以论述。

▪ 本章术语

直观的方法（heuristic method）：它们是快捷和可靠的方法，但却不是正式的，且可能不是决断性的。它们可能并不适用于某些异常的情形。

♪ 练习与讨论

1. 求解博弈

解释纳什均衡作为非合作性博弈解的概念的优缺点。

2. 区位、区位和区位

并非所有的区位问题都具有相同的解答。这里是另一个问题。在此，我们有两家百货公司，即伽塞（Gacey）和米姆贝（Mimbel）。其中每一家都必须在高瑟姆市（Gotham City）的四个区位策略中选择其一，即住宅区、市中心、东区和西区。表 4-22 列出了各种回报。

表 4-22　新区位博弈的回报

		伽塞			
		住宅区	市中心	东区	西区
米姆贝	住宅区	30, 40	50, 95	55, 95	55, 120
	市中心	115, 40	100, 100	130, 85	120, 95
	东区	125, 45	95, 65	60, 40	115, 120
	西区	105, 50	75, 75	95, 95	35, 55

（1）这个博弈是否具有纳什均衡？如果有的话，它们是哪些策略对？

（2）运用 IEIS 方法确定这个博弈中的可理性化策略。

（3）把这个博弈与本章的"零售店铺区位博弈"进行对照和比较。

（4）在上述两种情况下，店面拥挤问题对于公司区位决定的相对重要性如何？

3. 手足之争

参阅第 2 章的第 1 道练习题。

（1）试从非合作解的角度讨论一下这个博弈。

（2）它是否具有占优策略均衡？

（3）确定这个博弈中的所有纳什均衡。

（4）某些纳什均衡是否要比其他纳什均衡更加容易形成？为什么？

4. 发廊定位博弈

萨格莫普（shaggmopp, Inc.）和希尔·德莱特（Shear Delight）是位于同一个购物区内的两家发廊。它们都在努力争取同一个市场中的客户群。它们可在庞克式、复杂式和传统式三种发型中做出选择，而这些就是它们的策略。它们已经根据业主的个性树立了各自的形象，正如店名那样。表 4-23 列出了各种回报。

（1）这个博弈中是否存在占优策略？

（2）这个博弈中是否存在占优策略均衡？

（3）这个博弈中是否存在纳什均衡？

（4）有多少个纳什均衡？分别是什么？你是如何知道的？

表 4-23　"发廊定位博弈"的回报

		希尔·德莱特		
		庞克式	复杂式	传统式
萨格莫普	庞克式	35, 20	50, 40	60, 30
	复杂式	30, 40	25, 25	35, 55
	传统式	20, 40	40, 45	20, 20

5. 餐馆博弈

法阿维购物中心（Fahrview Mall）有两家餐馆，分别是卡萨·索诺拉（Casa Sonora）及塔纳卡和李（Tanaka and Lee）。虽然厨师们接受的烹制风味菜肴的培训不同，但是他们都能烹制出不同地域的菜肴。表 4-24 列出了他们的策略。虽然各个风味不同的市场多少有些区别，但也可能部分重叠，例如，中国广东菜和墨西哥菜可能会分享家庭晚餐市场，而西班牙小吃（tapas）和日本寿司（sushi）则会吸引那些"随意小酌"的客户群。表 4-24 是关于这两家餐馆盈利程度的最优猜测，按 1 ~ 5 级进行评估。

表 4-24 "餐馆博弈"

		卡萨·索诺拉		
		墨西哥菜	西班牙小吃	烧烤
塔纳卡和李	蒙古菜	4, 1	3, 4	2, 2
	中国广东菜	1, 1	2, 4	2, 3
	日本寿司	5, 2	2, 1	3, 3

（1）试运用纳什均衡的概念分析一下这个博弈。

（2）运用 IEIS 方法确定哪些策略是可理性化的。

（3）谈谈纳什均衡与可理性化策略的优缺点，参照这个博弈阐述一下你的意见。

6. 体育运动会博弈

托帕诺契大学（Topnotch University）和索瑟帕尔州（Southpaw State）是体育比赛的竞争对手，都在考虑参加一个新型运动会。这意味着这两个队的大部分赛事活动将与参会的各个运动队一起开展。它们希望能继续被安排在一起比赛，而参加同一个运动会就比较容易实现这一点，而且它们还有一些希望比赛的竞争对手。它们有几个可以选择的运动会：阿尔平运动会（the Alpine Conference，A）、大北方运动会（the Big North，B）、中部大学运动会（Central Colleges，C）和德斯特大碗运动会（the Dust Bowl Conference，D）。表 4-25 列出了各种回报，并且按照通常的 1 ~ 10 等级进行评估。

表 4-25 "体育运动会博弈"的回报

		索瑟帕尔州			
		A	B	C	D
托帕诺契大学	A	8, 7	6, 6	4, 7	2, 8
	B	5, 4	10, 9	4, 5	3, 6
	C	6, 9	5, 4	9, 10	7, 3
	D	5, 8	4, 7	5, 6	6, 4

（1）如果存在纳什均衡的话，这个博弈中有哪些纳什均衡？

（2）运用 IEIS 方法确定哪些策略是可理性化的。

7. 宠物食品公司博弈

阿菲尤米（Arfyummies）和沃夫斯达夫（Woofstuff）是两家相互竞争的宠物食品公司。这两家公司打算选择某种广告宣传方式，其策略是可以选择的广告媒介，即 Meta[⊖]、广播或者电视。表 4-26 列出了它们的回报。

表 4-26 "宠物食品公司博弈"的回报

		沃夫斯达夫		
		Meta	广播	电视
阿菲尤米	Meta	6, 6	2, 4	3, 3
	广播	3, 3	3, 8	7, 2
	电视	4, 2	9, 2	2, 7

（1）如果存在纳什均衡的话，这个博弈中有哪些纳什均衡？

（2）哪些策略是可理性化的？

⊖ 曾用名：Facebook。——译者注

具有两个或多个纳什均衡的博弈

导读

为了充分理解本章内容，你需要很好地理解第 1 ~ 4 章的材料。

从某些方面来讲，第 4 章是本书关键的一章。纳什均衡在非合作性博弈的所有分析中都发挥着作用，而且也可用于合作性博弈的例子。因此，我们在本书中将反复使用这个概念。然而，我们知道，某些博弈具有两个纳什均衡，而且一个博弈完全可能具有两个以上的纳什均衡。在本章中，我们将探讨几个这类博弈，包括某些时常被运用于博弈论的相对简单的博弈，以及堪称"经典"的案例。

5.1 靠右行驶

我们已经知道，"零售店铺区位博弈"具有两个纳什均衡，两家公司中一家选择高档商场，另一家选择市中心。现在，我们考虑另一个具有一个以上纳什均衡且简单一些的例子。这是一个"二对二"博弈，即有两位参与者，每位参与者具有两种策略，它有点像"囚徒困境"。

> ⚠ **重点内容**
>
> 这里是本章将阐述的一些概念。
>
> **协调博弈**（coordination game）：只有在双方都选择相同的策略时才会出现两个或多个纳什均衡的一种博弈。
>
> **反协调博弈**（anticoordination game）：只有在双方都选择适度不同的策略时才会出现两个或多个纳什均衡的一种博弈。
>
> **焦点均衡**（focal equilibrium）：在协调博弈中，如果某种线索可以使参与者相信某一个均衡要比另一个更有可能实现，那么我们把这个实现可能性更大的均衡称为"焦点均衡"。

在某些国家，靠右行驶是一种习俗，而其他一些国家（如英国、印度和日本等）的习俗则是靠左行驶。现在，我们根据博弈论和纳什均衡分析一下这个问题。"梅赛德斯"和"别克"这两辆轿车在一条原本要废弃的双通道公路上相互驶近。每位司机都需要在两种策略中做出选择：靠左行驶或靠右行驶。如果两人都选择同一种策略，那就一切无碍，否则就有撞车的风险（请注意，当他们相互驶近时，一位司机的右侧就是另一位的左侧，从各自的角度看，若双方都在同一侧行驶，则可平安交错而过，否则就会撞车）。表 5-1 列出了这个博弈，回报大致与各种结局成比例。

表 5-1　"右行博弈"

		梅赛德斯	
		右侧	左侧
别克	右侧	5, 5	-100, -100
	左侧	-100, -100	5, 5

我们可以看出它与"囚徒困境"的一个不同点，即"囚徒困境"具有唯一的占优策略均衡，而"右行博弈"却没有。在这种情况下，只要两位参与者都选择相同的策略，就可形成均衡。如果双方确实都采取对应于纳什均衡的策略，那就都可获益，否则就会遭遇危险。符合这种描述的博弈被称作"协调博弈"。

由此可知，（右侧，右侧）和（左侧，左侧）都是纳什均衡，且这两种策略对双方来说都是可理性化的。事实上，这里的任何策略组合都是可理性化的，所以可理性化概念在这个博弈中没有多大帮助。只有关于理性化的知识还不够，除了博弈的规则和回报外，司机们还需要更多信息才能在这个协调博弈中做出合理的决定。

在这种情况下，问题变得非常简单。当然，我们知道，某些国家的习俗就是靠左行驶。此时，习俗或法律可以成为他们所需信息的来源。司机们只需知道他们身处哪个国家即可。相反，两个纳什均衡的存在可以解释这个事实，即某些国家的习俗是靠左行驶，而另一些国家则是靠右行驶。鉴于两个都是纳什均衡，因此，它们都是稳定的。

在这个例子中，靠某一侧行驶的习俗为我们提供了信息，它使得两位司机可以专注于某一个而不是另一个纳什均衡。因此，习俗均衡通常被称作"焦点均衡"。因为这个理念出自托马斯·谢林（Thomas Schelling），所以有时我们将其称作"谢林点"或"谢林焦点均衡"。

5.2　努力博弈

我们再看一个具有一个以上纳什均衡的博弈例子，进一步思考焦点均衡问题。这是另一个"二对二"博弈，即具有两种策略的两位参与者。它同样与"囚徒困境"有点相似，并且事关驾驶。我们称它为"努力博弈"（heave-ho game）。在这个博弈中，吉姆和卡尔（Jim and Karl）都在一条乡间道路上行驶，但都被一棵横倒在路上的大树拦住了。如果他们能够将大树搬离路面，则可继续前行，否则只能原路返回。为了继续前行，两位都必须努力将大树拉出或推出路面。因此，两位都有两个策略：努力或者偷懒。

如果两位都努力，则可成功地将大树搬离路面，假设这种情形将给每位等于 5 的回报；如果只有一位努力而另一位偷懒，那么前者就会受伤并得到等于 -10 的回报，而后者只会有送伤者去往医院的较小不便且回报为 0；如果两位都偷懒，那么他们只能折返，如此每位得到等于 1 的回报。表 5-2 列出了各种回报。

表 5-2　"努力博弈"

		吉姆	
		努力	偷懒
卡尔	努力	5, 5	-10, 0
	偷懒	0, -10	1, 1

◆ 延伸阅读

托马斯·谢林

托马斯·谢林（1921—2016）于 1921 年出生在美国加利福尼亚州的奥克兰市。他曾在加州大学伯克利分校就读并获得学士学位，在哈佛大学获得经济学博士学位。他在政府部门（1945～1953）和兰德公司（Rand Corporation，1958～1959）的工作经历对他

的思想产生了重要影响。托马斯·谢林在哈佛大学和耶鲁大学工作了 31 年。在他的关于经济和策略行为的许多重要著述中，1960 年的《冲突的战略》（*The Strategy of Conflict*）使得他同罗伯特·奥曼（Robert Aumann）共同获得了 2005 年的诺贝尔经济学奖。

观察一下这个回报表，或标出几条下划线，我们可以看出，这里有两个纳什均衡：（努力，努力）和（偷懒，偷懒）。然而，这两个纳什均衡存在着一个明显的和重要的差别。第一个纳什均衡给予每位参与者的回报都高于第二个，并且事实上也高于其他任何策略组合。我们认为（努力，努力）均衡是"回报占优的"（payoff dominant）。这个唯一的特征使得（努力，努力）均衡成为焦点均衡。因此，一个很好的情形显然是（看来也会是），由于每位参与者都假设其他参与者将会努力，所以他自己也选择努力。

但是，现实的情形仍然有可能颠覆这个合理的思路。假设吉姆知道卡尔非常懒惰且不会真正付出努力，而卡尔也知道吉姆对他的看法，那么吉姆预计卡尔会偷懒而不努力，因此，吉姆也就不会努力，从而避免受伤而得到等于 −10 的回报。而卡尔也会预计到这一点。即使卡尔认为吉姆的看法是错误的，他也不会努力，因为他同样担心自己会受伤。因此，我们无法确定（努力，努力）就是将会形成的均衡，除非能够更多地了解他们相互之间的看法。

这个博弈还有另一种可能性，即两位参与者选择（偷懒，偷懒），以免得到回报为 −10 的风险。因为它避免了蒙受较大损失的风险，所以被称作风险占优的均衡。这个特征同样使得（偷懒，偷懒）均衡成为一个焦点均衡。在实验性研究中，回报占优的均衡和风险占优的均衡在不同的博弈中都具有吸引力。

"右行博弈"是关于合作性博弈的另一个例子。两位参与者只需协调各自的策略选择，就都能获得最优回报。这一点看似相当容易办到，但是正如我们所见，如果他们无意如此行事，那就没法成功。协调博弈的成败或许类似于一种自行应验的预言（a self-confirming prophecy）。

5.3　另一个驾车博弈

驾车已经为我们提供了一些有用的例子，而这里则是另外一个。我们把它称作"直行博弈"（the drive on game）。两辆轿车在皮格顿收费公路（Pigtown Pike）和海克珀车道（Hiccup Lane）的交叉口交错而过。每位司机都有两种策略，即"等待"或者"直行"。表 5-3 列出了各种回报。如果两位司机都停下来，那么获得的回报均为 0；若两位司机都直行，那就会撞车且回报都是 −100；如果一位司机直行而另一位等待，

表 5-3　"直行博弈"的回报

		梅赛德斯	
		等待	直行
别克	等待	0, 0	1, 5
	直行	5, 1	−100, −100

则第一个通过交叉口的"赢者"将得到等于 5 的回报，而第二个（但是安全）通过交叉口的人得到的回报为 1。

可以看出，这个博弈有两个纳什均衡。这个博弈的参与者必须根据"协调的"方式选择"不同的"策略，以便实现纳什均衡。虽然两个人在达到均衡时的回报不相等，但是他们的处境胜过非均衡的策略对。在有关博弈论的一些近期的著述中，此类博弈被称作"反协调博弈"。同样，参与者需要博弈之外的一些信息，以便适当地协调他们的策略。但是，对于反协调博弈，每一位参与者都有必要获得不同的信息，以明确一位直行而另一位等待。这种信息的一个可能的来源就是，皮格顿收费公路和海克珀车道交叉口处的红绿灯。

◈ **延伸阅读**

构成焦点的各种标志

与历史或者经验一样，自然或者社会中的一些明显的标志可以成为谢林焦点的基础。20 世纪 50 年代，在耶鲁大学的一个班级里，谢林让学生们做了一个心理学实验：你必须在某个特定的日期会见一位在纽约的朋友，但不知道时间和地点，而那位朋友也是如此。那么，你应该在何时、去何地见那位朋友呢？大多数学生明确地回答说，他们将在中午时分到大中央车站的大钟下面去寻找。身处 20 世纪中期，对于那些在纽黑文⊖的学生来说，大中央车站的大钟下面是习惯的见面地点。这个习惯足以打破不确定性，使得学生们能够在相同的地点相遇（纽约地区或其他地区的其他人可能会考虑其他地点。例如，来自美国其他地区的游客或许会转而考虑帝国大厦。背景确实在这里发挥了作用）。当然，大钟盘上的中午时分就是明显的标志：两根指针垂直重合在一起。同样，这个标志也足以化解不确定性，使得学生们能够在相同的时间抵达。这一点也可能有效，"我们 1 点钟在曼哈顿见，即明显的时间和地点。"

红绿灯是一个重要的有关博弈的发明。关于它或类似信号的发明有许多独立的发明者，包括雷斯特·怀尔（Lester Wire，1887—1958）、威廉姆·珀茨（William Potts，1883—1947）和伽仑特·摩根（Garrent Morgan，1877—1963）在内。前两位都是警察，后一位是美国黑人发明家。当然，这些发明者并没有根据博弈论进行思考，因为那时它还没有建立，但这提供了一个很好的例子，说明技术能够解决通过博弈论来理解的某个问题。

回顾一下表 4-15 中的"零售店铺区位博弈"，我们可以看出，它同样是一个反协调博弈。这一点可能会发生，因为市中心和高档商场是两个盈利最大的区位。但是，如果两家商店都选择其中的某个区位，那么它们围绕消费者而展开的直接竞争将会减少双方的利润。在第 11 章中，我们将再度对它进行分析。

5.4　经典案例：猎鹿博弈

从"囚徒困境"开始，"二对二"博弈在博弈论的研究中已经得到了非常广泛的应用。具有一个以上纳什均衡的"二对二"博弈的例子与"囚徒困境"形成了对照，其中一些对

⊖　纽黑文（New Haven）属于美国康涅狄格州，它是耶鲁大学所在地。——译者注

于目前正在进行的研究工作非常重要。它们属于我们需要研究的"经典案例"。例如,"猎鹿"(stag hunt)是一个具有两位参与者和两种策略的经典博弈,是一个令哲学家和博弈理论家都很感兴趣的问题,它出自让·雅克·卢梭(Jean Jacques Rousseau)的某些著述。

我们假设一些行为人可在狩鹿和狩兔之间进行选择。他们只有在大家都选择狩鹿时才能捉住一头牡鹿。卢梭在其著作《论人类不平等的起源》(*The Discourse on Inequality*,G. D. H. Cole 的译本)的第 2 部分写道:

> 每个人都知道,如果想要获得一头牡鹿,必须坚守自己的位置;但是,如果这时正好有一只野兔闯入某人的视线,那么他会毫不犹豫地去追逐它,为了逮住自己的猎物,他不会在乎如此行动会造成同伴们失去他们的猎物的结果。

人们习惯于把这(出于简便)看作两个人之间进行的一个正则式博弈。这里有两位猎手,每一位都确信独自狩猎可以抓住一只用作晚餐的野兔。但是,由于乡间的野兔们都瘦得皮包骨头,所以他们若能合作猎得牡鹿,则可更好地养活各自的家人。问题在于捕捉牡鹿需要两人合作,如果一个人单独狩鹿,则会失败和挨饿。博弈理论家通常按照表 5-4 的回报来阐述这个问题。

表 5-4 "猎鹿博弈"的回报

		猎手 1	
		牡鹿	野兔
猎手 2	牡鹿	10, 10	0, 7
	野兔	7, 0	7, 7

观察一下这个博弈就可看出,它有两个纳什均衡:(牡鹿,牡鹿)和(野兔,野兔)。这是关于合作性博弈的另一个例子。(牡鹿,牡鹿)均衡是回报占优的;(野兔,野兔)均衡是风险占优的,因为它可以避免回家后完全挨饿的风险。

如果根据过去的经验,两位猎手总是猎取野兔,那么这种经验就会创造出谢林焦点,使得(野兔,野兔)均衡变得十分稳定,即便(牡鹿,牡鹿)均衡是回报占优的。我们可以将"猎鹿博弈"看成对现代经济发展的一种隐喻,因为大规模和效率更高的生产方式只有在(几乎)所有参与者都承诺使用时才会成功,而事实上,每个参与者可能都不太乐意承担这样一种风险,即其他人拒绝将他们的策略改为可能更有效的生产方式。

5.5 经典案例:性别战

现在我们要分析的另一个经典案例是"性别战"(battle of sexes)。同"囚徒困境"一样,它也始于一个小故事:马莉娜和古威勒莫(Marlene and Guillermo)希望在周六晚上一起外出。古威勒莫喜欢观看棒球比赛,而马莉娜则偏好观看演出(当然,那都是老一套了,但也正是他们所喜欢的)。关键在于他们希望一同前往。他们现在无法取得联系,因为公司电话正停用,而电子邮件系统也已瘫痪,所以他们只能尝试在老地方见面。每位都可在两种策略之间进行选择,即直接去赛场或者去剧院。表 5-5 列出了这个博弈的回报。

这个博弈有两个纳什均衡,即(赛场,赛场)和(剧院,剧院)。由于两位参与者采用同一种策略时都可获益,因此,这是一个协调博弈。同样,这里存在需要确定哪个均衡更有可能出现的问题。在这个博弈中,从两位参与者

表 5-5 "性别战"博弈的回报

		马莉娜	
		赛场	剧院
古威勒莫	赛场	5, 3	2, 2
	剧院	1, 1	3, 5

的角度看，因为没有哪个均衡要比另一个更好，所以我们没有谢林焦点可以依靠。在缺少其他信号或信息的情况下，确实没有答案可言。或许正是因为它具有神秘性，因此，"性别战"博弈成为目前博弈理论研究中的一部分。我们在本书中会再度遇到它，而且不止一次。

5.6 经典案例：草鸡博弈

另外一个被广泛研究的"二对二"博弈是所谓的"草鸡博弈"，我们立刻就可以看出它与前面所述其他博弈的相似点和不同点。该词语是以20世纪50年代的某些飙车影片或是推荐它们的新词语为基础创造的。参与者是两位飙车者，我们不妨称他们为"麦克"（Mike）和"尼尔"（Neil）。博弈的内容是，两人各自驾着自己的汽车直接相向而行，即冒着迎面相撞的风险。在最后一刻闪开者就是输家，即草鸡；若无人闪开，双方则会遭受更大的损失，因为他们可能因撞车而受伤甚至死亡；对于第三种可能情况，即两人都闪开，那就没有输赢可言。表5-6列出了这个博弈的回报。

表5-6 "草鸡博弈"的回报

		麦克	
		直行	闪开
尼尔	直行	−10, −10	5, −5
	闪开	−5, 5	0, 0

我们略加观察便可看出，这个博弈具有两个纳什均衡，它们都是一位飙车者闪开，而另一位直行。同样，对于这两个纳什均衡，如果没有信息或线索帮助我们确定谢林焦点，那么就无法确定哪个均衡发生的可能性更大。这不仅是博弈理论家们面对的问题，而且是飙车者们自己面对的问题，因为他们确实具有相互碰撞的危险。

在20世纪50～80年代的美苏关系紧张时期，"草鸡博弈"似乎对美国的核武器政策产生了某种影响。核对峙看起来同这个博弈有些相似，即它包含了相似的危险。不过，所有相对于纳什均衡的策略都是可理性化的。它意味着这个博弈中的所有策略都是可理性化的。如果两位飙车者都依赖于理性化，那么他们可能就会选择非纳什均衡（直行，直行），且只有在为时已晚时才会察觉到自己的错误。类似地，在"核对峙博弈"中，两国都可能选择"进攻"，并希望对方"退缩"，只有在为时已晚时才会察觉到自己的错误。在那个时期所确立的"相互确保摧毁"（mutually assured destruction）政策似乎旨在自动地做出反应，即假如一方发起进攻，另一方几乎不可能真正退缩。这就将"草鸡博弈"转换成了另一种博弈，它只有一个纳什均衡，即没有哪一方会发动进攻，和平是唯一的可理性化策略。这一点似乎奏效了！

"草鸡博弈"属于反合作性博弈的一个例子。为了实现纳什均衡，两位飙车者必须选择相反的策略。无论如何，与"性别战"博弈一样，"草鸡博弈"仍然被用于研究因为纳什均衡的非唯一性所导致的各种问题。

5.7 经典案例：鹰鸽博弈

对于存在着两个纳什均衡的"二对二"博弈，还有一个例子来自那些研究动物行为及其环境基础的生物学家们。它被称作"鹰鸽博弈"（Hawk vs. Dove）。这个博弈包含的理念是，某些动物在发生资源冲突或对待猎物方面具有很强的进攻性，而其他动物则只是显示了进攻性之后就会规避。老鹰代表了第一种策略，即主动争斗，而鸽子代表了第二种策略，即避免争斗。

在种群生物学（population biology）中，相关的假设条件是，各类物种通常会随机地相遇，并且围绕着某些资源发生争斗，并运用进攻或者规避的策略。因此，它们在每次相遇时都会发生"鹰鸽博弈"。如果两只具有进攻性的老鹰相遇，它们就会发生争斗，直到两败俱伤，即使其中一方可能会退出这场资源争斗。如果两只鸽子相遇，双方都会在显示一下进攻性之后规避，规避在后的那只鸽子将获得资源。当老鹰遇见鸽子时，鸽子会规避而老鹰会留下来占有资源，其付出的成本很小，甚至为零。

表 5-7 列出了这个博弈的回报。它们基于关于所得资源的效益、争斗或假装争斗的成本在平均意义上的假设。不过，我们现在不打算深究细节（这些特定数字的含义将在第 10 章予以阐述。）

表 5-7 "鹰鸽博弈"的回报

A 鸟		B 鸟	
		老鹰	鸽子
	老鹰	-25, -25	14, -9
	鸽子	-9, 14	5, 5

我们可以看出，这个博弈中存在两个纳什均衡，它们是老鹰和鸽子采取不同策略所产生的两种组合。由于与"草鸡博弈"有相似之处，所以"鹰鸽博弈"属于反合作性博弈。

当然，作为博弈者，在某些重要方面，老鹰和鸽子与人类并不相同。博弈论中的理性人类是能够反思的，能够考虑到自己行动的各种后果，旨在使自己的回报达到最大，并且会选择相应的策略，而老鹰和鸽子则不是这样的。如果说像老鹰那样的进攻性行为是一种策略，或者说老鹰选择了它，那么其中的含义究竟是什么呢？我们把这个问题留到后面再议，因为基于种群生物学的"鹰鸽博弈"其实并不是两方博弈，而是种群之间的博弈。为此，我们在研究具有大量参与者的博弈之后，在第 10 章再回到这个议题。

5.8 逃脱—躲避博弈

现在，我们分析关于纳什均衡的另外一个例子。巡警皮特（Peter）正在追逐拦路抢劫犯弗瑞德（Fred），他也是一名偷盗嫌犯。弗瑞德跑到了河前路（Riverfront Road）的死胡同里，脱离了皮特的视线。弗瑞德可以转头向南或向北逃跑（这些是他的策略）。若他向南，则可以搭乘渡轮去另一个地区；若他向北，则可以藏身于其女友的公寓里，等她开车送他去另一个地区，这样两人都可在那里逃脱。由于他能够遇见女友，所以后一种策略给他的回报更大。就在弗瑞德做出决定和消失之后，皮特也赶到了死胡同。同弗瑞德一样，他也必须做出决定：向南或者向北追捕。若他向南而弗瑞德也向南，那么皮特就能在弗瑞德登船之前截住并拘捕他；若他向北而弗瑞德也向北，那么皮特就可在弗瑞德女友的公寓里抓住弗瑞德和作为同犯的弗瑞德女友。抓住两个人给他提供了适度的获奖动因。

但是，若他方向选择有误，那就无法抓住弗瑞德，而警察局也会对他感到失望。更加糟糕的是，若他向北并进入弗瑞德女友的公寓中，而弗瑞德却已南逃，那么皮特将会因为骚扰那个女孩而受到惩戒。

表 5-8 列出了各种回报。我们仔细观察之后可以看出，在这个博弈中，没有哪一个策

略对可以构成纳什均衡。无论从哪个方格入手，一位或另一位对手都想要转换。无情的

事实是，某些策略在任何一种"纯粹博弈"中都无法形成纳什均衡，而我们目前所分析的策略系列都属于纯粹博弈。有可能做到的是，我们把各种纯粹博弈结合成更复杂的非纯粹博弈，只是这个问题要到第 9 章才会论述。

表 5-8 "逃脱—躲避博弈"的回报

		皮特	
		北	南
弗瑞德	北	−1，3	4，−1
	南	3，−4	−2，2

这个例子说明了纳什均衡作为非合作性博弈的解的另外一个不足之处。正确的解答数目正好等于 1。在涉及纳什均衡的博弈中，我们可以具有 1 个以上的纳什均衡或者（就像现在所见的）根本就没有纳什均衡。我们将会看到这个新的问题确实可以得到解决，只不过需要更多一些工具和略多一点的数学知识。

5.9 总结

本章集中地讨论了具有两个或多个纳什均衡的博弈。对于博弈而言，纳什均衡是一种很普遍的"理性解"，也是在这个意义上，它也存在着一些不足之处。

- 纳什均衡可能不是唯一的。某些博弈具有两个或多个纳什均衡，包括协调博弈、反协调博弈和其他博弈在内。在这种情况下，博弈的参与者可能无法确定将会出现哪一个纳什均衡。这一点取决于他们所能得到的信息。若有某种信息或者线索使他们能够知道某个均衡要比另一个均衡更有可能出现，则这个均衡就被称作"谢林焦点均衡"。但是，似乎并非所有存在多个均衡的博弈都具备谢林焦点均衡。
- 并非所有的博弈（只有有限数目策略的博弈）都具有纳什均衡。到目前为止，我们只是分析了具备有限数目策略的博弈，通常是两个、三个或者四个。由于策略数目有限，所以博弈中或许根本就不存在纳什均衡。

我们已经分析了说明这些可能性的几个例子。最后，我们研究了一组"经典案例"，即具有两个纳什均衡的"二对二"非常数和博弈。这些协调博弈和反协调博弈包含了很多种可能性，"猎鹿博弈""性别战""草鸡博弈""鹰鸽博弈"似乎全都体现了我们在现实生活中时常需要应对的一些难题。

◼ 本章术语

协调博弈（coordination game）：只有在两位参与者都选择相同的策略时才会出现两个或多个纳什均衡的博弈。

焦点均衡（focal equilibrium）：在具有两个或多个纳什均衡的博弈中，通过某些不属于博弈本身，但是可由所有参与者获得的信息来吸引所有参与者的注意而形成的均衡。

回报占优的均衡和风险占优的均衡（payoff dominant and risk dominant equilibria）：如果存在一个以上的纳什均衡，并且其中一个均衡给予每位参与者的回报要大于其他均衡，那么就称它是回报占优的均衡；如果其中一个均衡能够给予每位参与者最小的最大损失（the smallest maximum loss），那么就称它是风险占优的均衡。

反协调博弈（anticoordination game）：只有在双方都选择适度不同的策略时才会出现两个或多个纳什均衡的一种博弈。

练习与讨论

1."互补性服务的区位"博弈

这里又是一个区位问题。约翰打算建一家新的影院，而卡尔的计划则是开一家自制啤酒馆。需要注意的是，这些服务不是相互竞争的，而是互补的，即在看电影之前或者之后，一些顾客会到啤酒馆用晚餐或者喝上一杯。两个人都可在几个城郊购物中心选择他们的建筑项目。但是，"得州烧烤区"（Salt-Lick Court）已经有了一家自制啤酒馆，而"苦泉镇商业区"（The Shops at Bitter Springs）也已经有了一家影院。表 5-9列出了各种回报。

表 5-9 "互补性服务的区位"博弈的回报

		卡尔		
		甜镇中心	索维勒中心	苦泉镇商业区
约翰	甜镇中心	10, 10	6, 5	2, 12
	索维勒中心	4, 3	12, 10	3, 8
	得州烧烤区	11, 4	5, 3	10, 12

（1）运用 IEIS 方法简化这个博弈。

（2）这个博弈中有哪些纳什均衡？

（3）能否预测它是一个协调或者反协调博弈？请给予解释。

2."石头、纸张和剪刀"博弈

这是一个常见的儿童游戏，称作"石头、纸张和剪刀"。两个儿童（我们称他们为苏珊和特斯）同时选择代表石头、纸张或者剪刀的符号。输赢规则是：

- 纸张包住石头（纸张战胜石头）；
- 石头砸断剪刀（石头战胜剪刀）；
- 剪刀剪破纸张（剪刀战胜纸张）。

表 5-10 列出了各种回报。

（1）试从非合作解的角度讨论一下这个博弈。

（2）它是否具有占优策略均衡？

（3）它是否具有纳什均衡？如果有的话，它们是哪些策略？

（4）你认为两个儿童应该如何参与这个游戏？

表 5-10 "石头、纸张和剪刀"博弈的回报

		苏珊		
		纸张	石头	剪刀
特斯	纸张	0, 0	1, -1	-1, 1
	石头	-1, 1	0, 0	1, -1
	剪刀	1, -1	-1, 1	0, 0

3."大逃亡"

参阅第 2 章的第 2 道练习题。

（1）试从非合作解的角度讨论一下这个博弈。

（2）它是否具有占优策略均衡？

（3）它是否具有纳什均衡？如果有的话，它们是哪些策略？

（4）两位参与者如何理性地选择各自的策略？

寡头策略和价格[⊖]

导读

　　为了充分理解本章内容，你需要先学习和理解第 1 ～ 4 章。当然，具备一些经济学知识也会有所裨益。

　　在不朽之作《博弈论与经济行为》中，约翰·冯·诺依曼和奥斯卡·摩根斯特恩的目标之一是解决经济理论中的一个未解问题：寡头定价方法（oligopoly pricing）。"寡头"的含义是"少数卖家"，这就意味着原先的供求研究方式可能过于简单了。如果市场中只有一些卖家，那么它们就有一定的能力来削减产量，提高产品价格和利润，就像垄断者一样。但是，如此操作的结果如何？寡头们是否会极力将价格提高到垄断水平？根据这两位作者的观点，虽然这种博弈具有"合作"解，但是如果它们"非合作"地或相互竞争地采取行动，那么价格就会下降到垄断目标以下，甚至可能低于竞争性价格水平。

　　这个问题由来已久。鉴于双寡头，即市场上只有两个卖家是寡头垄断最为极端的形式，因此许多研究者都关注双寡头定价法。如果这个问题得以解决，那么或许就能相对容易地推广到三位、四位甚至 N 位卖家的情形。在本章中，我们介绍一些传统的双寡头模型，并通过博弈论的术语对它们进行重新解释，然后做一些拓展。

6.1　古诺模型

　　有助于我们理解双寡头定价法的最早成果由法国数学家奥古斯丁·古诺（Augustin Cournot）在 1838 年得出。古诺假设两个厂商各自决定将多少产品投放于市场，且价格取决于它们的总产量。在 20 世纪的经济学中，古诺模型已经同行业需求曲线的概念联系在一起了（这也是古诺提出的想法，虽然某些讲英文的经济学家在后来几年也各自形成了这一理念）。图 6-1 给出了一个例子。

　　所谓"行业"就是指一群出售相同或可替代产品

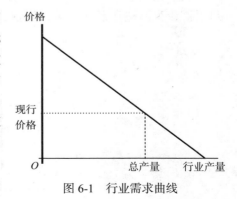

图 6-1　行业需求曲线

　　⊖　读者可以跳过本章内容，且不会给后续各章的阅读造成困难。

的厂商。行业内所有厂商的总产量显示在横轴上，而行业的现行价格显示在纵轴上，下倾的直线是需求曲线，它可由两种同样正确的方式进行解释。第一，若给定行业内所有厂商的总产量，则需求曲线上的那个相应点显示了行业的现行价格。这是用于古诺模型的解释。第二，若给定行业现行价格，那么从纵轴到需求曲线的距离说明了行业的最大销售量。根据其中任何一种解释可知，需求曲线表达了这样一个理念，即较高的价格对应于较小的销售量。

> ⚠ **重点内容**
>
> 这里是本章将阐述的一些概念。
>
> **双寡头**（duopoly）：只有两个厂商竞争客户的行业。
>
> **古诺均衡**（Cournot equilibrium）：两个厂商各自把一定的产量投放于市场，而且根据市场决定的价格进行销售，也就是把产量作为策略，由此产生的纳什均衡称为"古诺均衡"。
>
> **伯特兰德–埃奇沃思均衡**（Bertrand-Edgeworth equilibrium）：两个厂商各自设定价格，且由低价厂商主导市场，也就是把价格作为策略，由此产生的纳什均衡称为"伯特兰德–埃奇沃思均衡"。
>
> **反应函数**（reaction function）：一个厂商的最优应对策略可能是另外一个厂商所选策略（价格或数量）的数学函数，那么这个函数就叫作"反应函数"。

　　我们的双寡头模型由两家计算机公司构成，即麦克若斯帕特（MicroSplat）和皮尔公司（Pear Corp）。根据古诺的方法，假设作为双寡头，两个厂商都需要决定出售多少，然后把那个产量投放于市场，并且按照需求曲线上的相应价格进行销售。需要注意的是，我们假设两个厂商出售的是"同质产品"（homogeneous products），即完全可替代产品。因此，每一个厂商都必须猜测另一个厂商会出售多少。观察一下图 6-2，假设皮尔公司猜测麦克若斯帕特将把 Q_1 单位的产量投放于市场。接着，皮尔公司可以假设它将拥有 Q_1 右边的行业需求曲线部分，也就是它自己的需求曲线。基于对麦克若斯帕特的猜测，皮尔公司知道它的需求曲线把对应于行业需求曲线的 Q_1 处作为原点。这意味着皮尔公司面临的是剩余需求，即麦克若斯帕特在获得最大利润之后所留下的部分。因此，皮尔公司的问题就在于调整自己的产量，以便根据行业现行价格获得最大的利润。

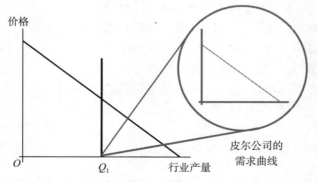

图 6-2　皮尔公司的猜测和所估计的需求曲线

古诺运用微积分考察了这个问题，而经济学的入门教科书通常使用几何图形法。在这里，我们需要运用一些基于经济学原理的垄断理论，并且运用"一价法则"(the law of one price)。它表明每一单位的同质产品都必须按照相同的价格出售。另外，我们还需要了解边际成本和边际收益的概念。根据下倾的需求曲线可知，厂商为了多销售一单位的产品就必须略微降低价格。如果采用（针对所售全部产品）降低价格的方式去抵消销售量的增加，则销售收入的增量将小于这个产品的销售价格。"边际收益"就是指由多销售一单位产品所带来的收益增量，而"边际成本"是由多销售一单位产品所导致的成本增量。运用它的剩余需求曲线，皮尔公司将像垄断者那样采取行动，即按照边际成本等于边际收益的方式调整它的价格和产量。

◆ **延伸阅读**

安东尼·奥古斯丁·古诺

安东尼·奥古斯丁·古诺（1801—1877）出生于法国格雷镇（Gray）的佛朗切·康皮特法语区，曾在位于贝桑松的皇家学院、巴黎高等师范学院和索邦大学学习数学，得到了伟大的数学家泊松的赞誉。1838 年，在担任公共教育监察长时，他出版了《财富理论的数学原理的研究》(*Recherches sur les principes mathematiques de la théorie des richesses*) 一书，论述了数理经济学，并且最早提出了需求函数的定义。他的双寡头理论如今被视为纳什均衡的一个特例，因此一些博弈理论家使用"古诺－纳什均衡"这个词来指称它。

当然，麦克若斯帕特同样需要猜测皮尔公司将会生产多少，并且按照相同的方式确定它自己的需求曲线和利润最大化产量。古诺的理念是，两家公司都会按照相同的方式进行思考，都要猜测对方将要出售的产量，并且将对方剩下的市场需求量作为自己的需求量，相应地选择能使利润达到最大的产量。

根据古诺模型的预测，价格和销售量都将处在完全垄断水平和完全竞争水平之间。我们可以采用几种方式把这一结果进行推广。在去掉一些简化性假设之后，我们仍然可以看出均衡价格处在竞争性价格和垄断价格之间。这个模型还可以推广到三个、四个甚至更多个厂商；而市场上的厂商越多，价格也就越接近竞争性价格。它最出色的地方在于，在定性分析方面符合实际证据。通过对不同的行业进行考察和比较，我们确实可以发现，在总体上，寡头价格要低于垄断价格；而竞争者越多，价格就越接近于边际成本。

在许多方面，古诺模型都是一个非常成功的模型。毫无例外地，它也遭受了批评。人们主要针对它的逻辑性和假设条件提出了一些质疑。

6.2 伯特兰德模型和正则式博弈

在一篇评价古诺著作的文章中，约瑟夫·伯特兰德（1883 年）曾质问，卖家们为何会专注于产量而不是根据价格展开竞争呢？根据博弈理论，伯特兰德认为，价格而非产量才应该是卖家们所选择的策略。在第 3 章和第 4 章中，我们已经看到了关于双寡头定价方法的例子，其中的价格正像伯特兰德所提出的那样被当作策略。在这些例子中我们发现，在最低的盈利性价格处存在着唯一的纳什均衡，而且只有这个"竞争性"价格才是可理性化的。在此类博弈中，只要价格能够超过边际成本，厂商的最佳应对策略就是将价格削减到低于其他竞争者的水平。

为了比较伯特兰德和古诺的两种方法，我们构建了一个例子，其中的价格和产量取决于相同的需求曲线。我们把价格作为一种情形中的策略，而把数量作为另一种情形中的策略。我们把这个博弈简化为只有三种策略的正则式博弈。

◆◇ **延伸阅读**

约瑟夫·伯特兰德

约瑟夫·伯特兰德（1822—1900）是一位卓越的法国数学家。他反对将数学运用于人文科学，包括经济学和心理学。1883 年，在评价里昂·瓦尔拉斯（Léon Walras）的《社会财富理论数学》（*Théorie mathématique de la richesse sociale*）一书时，约瑟夫·伯特兰德

还讨论了古诺的那部早许多年的数理经济学著作。约瑟夫·伯特兰德认为它有很大的谬误，转而提出价格而非数量才是策略变量。直到今天，这种方法还在数理经济学的某些著述中使用。

图 6-3 显示了行业需求（对于两个厂商产品的总需求量）。这种需求关系可用代数式表示为 $Q=9\,500-5p$ 或 $p=1\,900-0.2Q$，其中 Q 是两个厂商的总产量，而 p 是双方获得的价格。当然，利润取决于成本，还有需求。对于本例中的每个厂商，假设成本为 $100\times Q$，其中 Q 是每个厂商自己的产量和销售量。相应地，无论销售量如何，假设边际成本都是 100 美元。对于目前这种直线型的需求曲线，特定产量的边际收益等于产量为 0 时的价格，$^\ominus$ 随着产量的递增，它会以两倍于价格下降的速度而递减。换句话说，行业的边际收益 MR=$1\,900-0.4Q$，运用利润最大化规则可以得出垄断利润最大化的产量为 4 500，而价格为 1 000 美元。

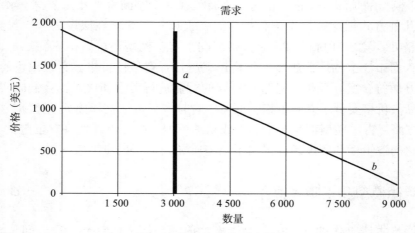

图 6-3　寡头产品的需求举例

我们仅讨论麦克若斯帕特和皮尔公司，它们都只有三种策略：设价格等于 400 美元、

$\ominus$　这句话的含义是，边际收益曲线的起始点在表示价格的纵轴上，体现了市场对于产品的初始需求强度。——译者注

700 美元或 1 000 美元，其中，1 000 美元为垄断价格。如果两家公司都索取这个价格的话，那么它们的总利润将达到最大。在本例中，我们就会得到表 6-1 所列出的回报。与前面各章一样，这使我们可以用表格即正则式表示这个博弈，回报以百万美元计算。我们可以看出，当两个厂商都索取竞争性价格 400 美元时，就会形成唯一的纳什均衡。

表 6-1 麦克若斯帕特和皮尔公司：作为策略的价格和回报

		皮尔公司		
		400	700	1 000
麦克若斯帕特	400	1.13, 1.13	4.50, 0	6.75, 0
	700	0, 4.50	1.80, 1.80	3.60, 0
	1 000	0, 6.75	0, 3.60	4.05, 4.05

现在我们看一下这个相同的例子如何出现在古诺的分析中。在此，产量成为策略。我们同样可通过假设只存在有限数目的策略来简化问题，即产量等于 2 000、3 000 或 4 000。每个厂商将在这三种产量中选择其一，而处在行业需求曲线上的总销量是两个厂商的产量之和。例如，倘若麦克若斯帕特选择生产 2 000，而皮尔公司选择生产 3 000，则行业总销量就等于 5 000。我们还可以看出，此时的行业价格为 900 美元。根据这种推理，表 6-2 列出了两个厂商的每一对可选产量策略的回报。

表 6-2 麦克若斯帕特和皮尔公司：作为策略的产量和回报

		皮尔公司		
		2 000	3 000	4 000
麦克若斯帕特	2 000	1.8, 1.8	1.4, 2.1	1, 2
	3 000	2.1, 1.4	1.5, 1.5	0.9, 1.2
	4 000	2, 1	1.2, 0.9	0.4, 0.4

在这里，回报也是以百万美元计算的利润，而第 1 个数字是麦克若斯帕特的回报。我们可以看出，纳什均衡发生在两个厂商都出售 3 000 单位的时候。如果我们针对此例寻求最优应对策略，则可以得到表 6-3 和表 6-4。

表 6-3 最优应对策略（一）

麦克若斯帕特的策略	皮尔公司的最优应对策略
2 000	3 000
3 000	3 000
4 000	2 000

表 6-4 最优应对策略（二）

皮尔公司的策略	麦克若斯帕特的最优应对策略
2 000	3 000
3 000	3 000
4 000	2 000

表 6-3 和表 6-4 是一样的，因为两个厂商是对称的，虽然这一点通常并不成立。我们可以看出，"相同"的博弈（即相同的成本和需求状况）会得出相当"不同"的结局，这取决于策略是价格还是产量。不过，这还不是一个令人感到十分满意的结论。难道价格和产量就不能同时在公司的市场策略中发挥作用吗？一位名叫埃奇沃思的爱尔兰经济学家在他所写的一些批评意见中暗示了这一点。

6.3 埃奇沃思

埃奇沃思（1897 年）在赞同伯特兰德对古诺的批评的同时，也提出了两点内容。第一，卖家们的生产能力可能很有限。在 6.2 节的例子中，根据 100 美元的价格，可以出售的总产量为 9 000。如果两家公司都把产量限制在 4 000，那么价格就不会下跌到 160 美元以下，而在这个价位上可以出售的产量为 8 000。它就是短期的供求均衡价格。第二，埃奇沃思认为，160 美元的供求价格也是不稳定的。这是因为每位卖家都会努力销售自己所能销售的数量，索价较高的卖家不会把消费者让给索价较低的卖家，而且会通过涨价增加利润。因此，没有哪个价格是稳定的，其可以高于或者低于短期的供求均衡价格。最终，埃奇沃思得出的结论是，不存在稳定的价格，而且价格是无法预测的，可以处在从垄断价格开始向下一直到短期供求价格之间的任何水平。

◆ 延伸阅读

弗朗西斯·伊西德罗·埃奇沃思

弗朗西斯·伊西德罗·埃奇沃思（Francis Ysidoro Edgeworth，1845—1926）出生于爱尔兰的埃奇沃思镇，父亲是爱尔兰人，而母亲是加泰罗尼亚[⊖]人。他接受过家庭教师、都柏林的三一学院和牛津大学的教育。经过长时期独立研究法律、数学和统计学后，他成为杰出的经济学家和统计学家。埃奇沃思认为，交换可能不会带来任何可以确定的结局。他在 1897 年对于古诺的批评，虽然遵循了与伯特兰德相同的思路，但是得出了可能不存在确定性结局的结论。

图 6-4 说明了埃奇沃思的推理方式。下倾的直线 D 是由两个厂商分享的行业需求曲线。每个厂商的最大产能为 Q_0，而单位成本为 c。整个行业的最大产能为 $2Q_0$。因此，行业的供给曲线是一个直角，由处在 c 的成本线和处在 $2Q_0$ 的垂线所构成，供求均衡价格为 p_0。

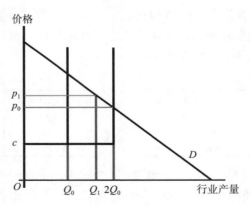

图 6-4 埃奇沃思的推理方式

现在假设两个厂商都索取价格 p_1，该行业在这个价位上的销售量为 Q_1，因为它由两个厂商平分，所以每个厂商出售 $Q_1/2$。但是，如果其中一个厂商打算把价格削减到略低于 p_1，那么它就能出售其最大产量，并把销售量增加（$Q_0 - Q_1/2$）。这种以略微减价为代价的使销售量剧增的方式将会提高利润，所以针对任何高于 p_0 的价格的最优应对策略通

⊖ 加泰罗尼亚处在欧洲伊比利亚半岛的东北部，为西班牙的一个地区。——译者注

常就是略微减价。因此，我们可以认为，没有哪个高于 p_0 的价格可以构成纳什均衡。但是，p_0 本身可能也无法构成纳什均衡。这是因为处在 p_0 上时，每个厂商都在出售其最大产量。如果其中一个把价格提高到 p_0 以上，那么另外一个依旧无法通过增加产量而获利，因为它已经达到产能极限。因此，无论还剩下多大的市场需求份额，那个涨价的厂商基本上可以像垄断者一样行事，并且通过把产量限制在略低于 Q_0 的水平而实现利润最大化。埃奇沃思的结论是，对于存在产能限制的双寡头而言，不存在可以预测的价格。如果运用博弈论的术语来解释这一点，那就是"纯粹策略"无法形成纳什均衡，因为每一个（价格）策略都会使厂商确立针对它的反向策略，而这种反向策略又会进一步招致针对它的反向策略。

根据微观经济学的理论，我们把短期定义为短得足以保持产能不变的时期。在短期内，价格是公司唯一可以采用的竞争策略。如果说古诺模型适用于产能可以变动的长期生产分析，那么伯特兰德的理论就适用于短期生产分析，这样我们或许就能够化解古诺与伯特兰德之争。然而，如果埃奇沃思是正确的话，那么即使在短期内也无法形成稳定的均衡价格。

接下来，我们将忽略对古诺模型的产能限制等，同时放弃本章前面几节的一些简化性假设。

6.4 反应函数

在 6.2 节的那些例子中，我们比较了古诺模型和伯特兰德模型，目的是运用正则式博弈对每个厂商在价格和数量方面加以限制。当然，我们还应考虑那些并非整数的价格和数量，比如 750.98 美元或 550.50 美元。现在我们看一下如何借助电子表格的例子进行操作。

两个厂商共同决定市场总量，而价格是需求曲线上的对应点。因此，任何一个厂商的需求曲线都是另一个厂商售出所供数量后的剩余部分。例如，假设厂商 1 售出 3 000 单位，厂商 2 的原点就是 3 000 单位，厂商 2 的产品需求曲线对应的是行业需求曲线的 ab 段（见图 6-3）。因此，如果麦克若斯帕特售出 3 000 单位，则皮尔公司的需求曲线就可用代数式表示为 $Q_P = 9\,500 - Q_M - 5p$，或者 $p = 1\,900 - 0.2Q_M - 0.2Q_P$，其中 Q_M 是麦克若斯帕特的产量，即 3 000 单位，Q_P 是皮尔公司的产量，由此可以得出，$p = 1\,300 - 0.2Q_P$。

因此，若给定其他厂商所选择的产量，则每个厂商都将选择利润最大化产量，而这一点又取决于其他厂商售出所选数量之后留下的剩余需求量。前面已经假设成本为 $100 \times Q$，其中 Q 是该厂商自己的产量和销售量，所以边际成本为常数 100 美元。皮尔公司的剩余需求曲线可用价格 p 作为因变量予以表示，即 $p = (1\,900 - 0.2Q_M) - 0.2Q_P$。因此，对皮尔公司来说，边际收益是 $MR = (1\,900 - 0.2Q_M) - 2 \times 0.2Q_P$，略做简化则可得 $MR = (1\,900 - 0.2Q_M) - 0.4Q_P$。因此，$MR = MC$ 意味着 $(1\,900 - 0.2Q_M) - 0.4Q_P = 100$，略做计算就可得到 $Q_P = 4\,500 - 0.5Q_M$。它给出了皮尔公司的利润最大化产量；而作为麦克若斯帕特已售出产量的函数，它被称为皮尔公司的反应函数。

麦克若斯帕特同样会选择利润最大化产量，无论它猜测皮尔公司将售出多少数量，所以我们能够按照相似的方法找到它的反应函数。鉴于各厂商的成本和需求状况都是对称的，所以反应函数也是对称的。麦克若斯帕特的反应函数就是 $Q_M = 4\,500 - 0.5Q_P$。

　　图 6-5 显示了本例中两个厂商的反应函数。实线表示皮尔公司针对麦克若斯帕特所选产量的反应函数，虚线表示麦克若斯帕特针对皮尔公司所选产量的反应函数。这两条线的交点就是本例中的古诺－纳什均衡，即每个厂商都选择了另一个厂商的最优应对策略那一点。处在该点上时，每个厂商都售出 3 000 单位，行业总产量为 6 000 单位。这一点对应于 700 美元的价格。在这个博弈中，垄断价格等于 940 美元，相应的销售量为 4 800 单位。如果行业属于完全竞争行业的话，价格将等于边际成本 100 美元，这意味着行业总产量为 9 000 单位。在图 6-5 中，垄断性产量用三角形表示，竞争性产量用方块表示，它们都在两个厂商之间均等划分。由于它们都没有处在反应函数曲线上，所以都不构成纳什均衡。

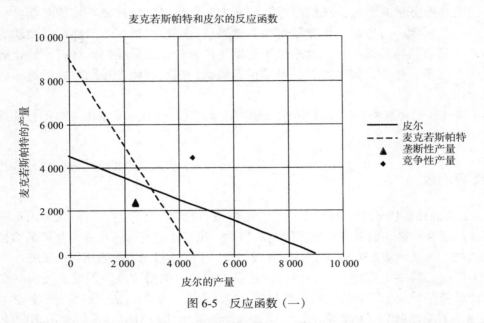

图 6-5　反应函数（一）

　　每当博弈中的两位或多位参与者使用某种数值类型的策略时，我们都可以使用这种反应函数。

　　有时一个模型会过于简单，而挑战就在于让模型具有适当的复杂程度。近期的许多研究对双寡头模型进行了拓展，考虑到一个更复杂的问题：产品差异化。

6.5　产品差异化

　　在本章所有的定价策略模型中，我们都假设相互竞争的厂商们出售的是相同的产品。但是，这种假设在许多行业中并不适用。在这些行业中，不同的厂商出售的是无法完全替代的产品，所以某些客户偏好于这种而不是那种产品，这就是所谓的"产品差异化"。在许多厂商的市场策略中，它与定价方式同样重要。

　　现在假设有两个相互竞争的厂商，由于它们出售具有某些差异的产品，所以那些用于构建古诺模型和伯特兰模型的假设在此就不适用了。如果一个厂商限制它的产量，那么就会将产品先卖给那些偏好于它们而非对方产品的客户。不难想象，这个厂商也能够相应地索取较高的价格。一个厂商的索价高于边际成本，而它仍然能够保留一些客户，即便另一个厂商的索价较低，这一点显然有别于伯特兰德模型。

产品差异化意味着每个厂商其实都拥有一条针对其自身产品的需求曲线。如此一来，古诺模型和伯特兰德模型也就没有区别了，因为厂商在选择价格的同时，也可以计划出售的数量，抑或是相反；而厂商的策略其实就是选择其需求曲线上的某一点。当然，一个厂商的需求曲线依然取决于其他厂商的索价。如果一个参与者提高价格，那么就可以预计该参与者的某些客户会转到另一个参与者处，这使得另一个参与者的需求曲线出现有利的移动。因此，先提价的这位参与者必须猜测对方索价是多少，并且努力选择作为自己最优应对策略的价格和数量。

出于简化的目的，我们继续假设两个厂商是一样的。图 6-6 描绘了厂商 1 的需求曲线。如果厂商 2 的产品定价为 100 美元，则实线是厂商 1 的需求曲线；如果厂商 2 的产品定价为 200 美元，则虚线是厂商 1 的需求曲线。

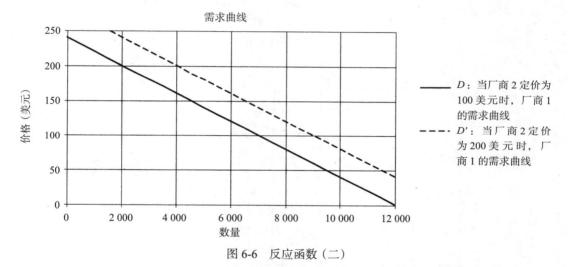

图 6-6　反应函数（二）

图 6-7 显示了厂商 1 的产品需求○如何随着厂商 2 的涨价而增加。假设厂商 1 的产品定价为 100 美元，厂商 2 的产品价格显示在横轴上，厂商 1 的产品需求量显示在纵轴上。

因此，每个厂商都会猜测对手的价格和提供的数量（进而判断对手的需求曲线），从而选择自己的最优应对策略，即沿着预期的需求曲线追求最大的利润。○就像采用古诺模型那样，我们可以将最优应对策略的价格当作其他厂商价格的函数，即反应函数。图 6-8

○　需求量是根据公式 $Q = 10\,000 - 50p + 20z$ 计算得出的，其中 Q 是厂商的需求量，p 是厂商的产品价格，z 是对方厂商的产品价格。根据这类线性的需求函数可知，厂商 1 的产品需求价格弹性取决于厂商 2 的产品价格。在经济学文献中，通常假设如果存在适当的常数 α、β 和 γ，则有 $Q = \alpha p^{\beta} z^{\gamma}$。在这种情况下，价格 $p = \left(\dfrac{1}{1+\beta}\right)$MC 就是占优策略，其中 MC 是厂商的边际成本。线性公式相对简单一些，同时也说明了如何把反应函数运用于这种情形。

○　当然，利润同样取决于成本。在本例中，每个厂商都有 $100Q$ 的总成本，故边际成本为常数 100 美元。

显示了两个厂商的反应函数。$^\ominus$ 厂商 2 的价格处在横轴上，而厂商 1 的价格处在纵轴上。我们用实线表示厂商 1 的反应函数，用虚线表示厂商 2 的反应函数。

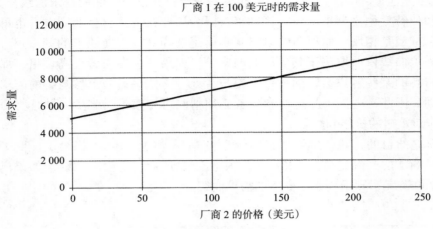

图 6-7　需求和对手的价格

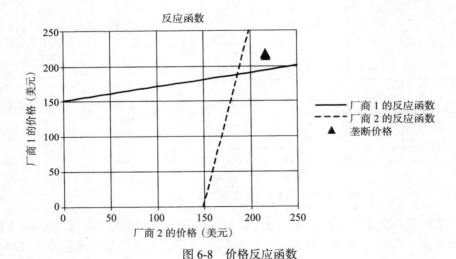

图 6-8　价格反应函数

如同前述，两个反应函数曲线的交点就是价格竞争博弈的纳什均衡。通过运用数值计

$\ominus$ 推导反应函数需要一点微分知识，我们在此进行简述。对于厂商 1 来说，利润为 $(p-100)Q=(p-100)\times(10\,000-50p+20z)$。根据 p 的二次项表示法可以得到：

$$利润 = -50p^2 + 15\,000p + 20pz - 1\,000\,000 - 2\,000z$$

为了确定使利润最大的价格，我们针对 p 求导并设它为 0：

$$\frac{\mathrm{d}利润}{\mathrm{d}p} = -100p + 15\,000 + 20z = 0$$

针对 p 求解可得：

$$p = 150 + 0.2z$$

这是厂商 1 的反应函数。厂商 2 的反应函数是：

$$z = 150 + 0.2p$$

本章附录将更详细地讨论这种方法。

算法，我们可以确定每个厂商的索价为 187.50 美元，它对应的就是这个交点。此时，每个厂商都向市场提供 4 375 单位的产品，各得利润 382 812.50 美元。

如果两个厂商合并成垄断者实施经营，那么情况将会如何呢？倘若如此，两者的价格选择将倾向于使它们（即兼并后公司的两个部门）的利润总额达到最大。在此，我们同样可采用数值计算法确定价格。我们发现，如果这家新生的垄断公司的两个部门都对各自的产品索价 216.67 美元，则可获得最大利润。图 6-8 中的三角形表明了这一点。因为偏离了两个反应函数，所以它不构成纳什均衡，但它能使两个部门的利润总额达到最大。处在 216.67 美元的价位上时，合并之后的公司的两个部门将各提供 3 500 单位的销售量，每个部门的利润为 408 333.33 美元。由此可以看出：两个厂商之间的竞争会在一定程度上降低价格和利润，从而增加产量；即使在达到纳什均衡时，它们的价格依然要高于 100 美元的边际成本，而且利润依然为正数。

6.6　一般反应函数

如果博弈的参与者的策略是从某个区间选取一定数值的话，那么我们可以将反应函数运用于任何一种情形。现在我们考虑一下两个相邻国家的国防政策的例子。伯格里塔尼亚（Bogritania）和珀美格尼亚（Pomegonian）是艾索格尼亚岛（Isle of Isogonia）上仅有的两个国家。[⊖] 相互敌对的它们都认为，为了国防必须拥有一支至少包括 10 000 名士兵的军队，以及对手一半的兵力。处在纳什均衡时，两国的军队各有多少人呢？

在这里，两国的策略就是军队人数（虽然不可能部署半个士兵，但可选择将一名士兵部署半年）。因此，反应函数是 $q_A = 10\ 000 + 1/2\ q_B$，其中 q_A 是该国本身的军队人数，q_B 是他国的军队人数。我们可以用代数方式求解这个问题。由于每个国家的策略都必须处在自己的反应函数上，所以通过置换可得：

$$q_A = 10\ 000 + \frac{1}{2}\left(10\ 000 + \frac{1}{2}q_A\right)$$

$$= 15\ 000 + \frac{1}{4}q_A$$

$$\frac{3}{4}q_A = 15\ 000$$

$$q_A = 20\ 000$$

因此，当两国各自部署一支 20 000 人的军队时，可以得到古诺－纳什均衡。换句话说，两国都会至少部署 10 000 人，再加上对方国家部署人数的一半，即 10 000 人。图 6-9 显示了两国军队规模的反应函数。

下面是另外一个例子，涉及灌溉用水。在此例中，相邻的伊斯特利亚（Eastria）和威斯特利亚（Westria）两国共有一条构成它们边界的河流，即细流河（the Trickle River）。它由北向南流淌，可被两国用于灌溉南方的土地。在两国的北方有数条支流，人们从中抽水灌溉当地的土地。但是，一国从北方分流得越多，则两国的南方可得到的灌溉水量

　⊖　本章中的地理名称都是原书作者虚构的。——译者注

就越少。如果两国都在北方抽取 1 000 000 千升的水，那么南方可以获得大致相同的水量用于农业灌溉。如果伊斯特利亚把它的分流减少到 1 000 000 千升以下，则威斯特利亚的最优应对策略就是把它的分流量增加伊斯特利亚削减量的一半；如果伊斯特利亚增加它的分流量，那么威斯特利亚的最优应对策略就是把自己的分流量再减少那个增量的一半。两国的分流量是对称的。

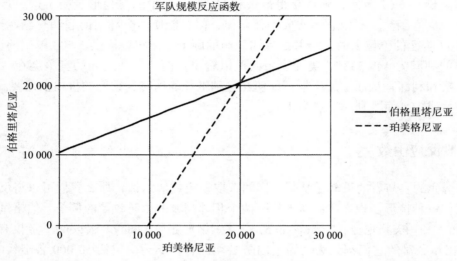

图 6-9　两国军队规模的反应函数

反应函数是 $Q_W = 1\ 000\ 000 + \dfrac{1}{2}$（$1\ 000\ 000 - Q_E$），以及 $Q_E = 1\ 000\ 000 + \dfrac{1}{2}$（$1\ 000\ 000 - Q_W$），其中 Q_W 是威斯特利亚的分流量，Q_E 是伊斯特利亚的分流量。

同样，通过置换和简化，我们便可得到这些反应函数的联合解答：[⊖]

$$Q_W = 1\ 000\ 000 + \frac{1}{2}\big(1\ 000\ 000 - Q_E\big) = 1\ 500\ 000 - \frac{1}{2}\big(1\ 000\ 000 - Q_W\big)$$

$$Q_W = \frac{1\ 500\ 000}{2} + \frac{1}{4}Q_W$$

$$\frac{3}{4}Q_W = \frac{1\ 500\ 000}{2}$$

$$Q_W = \frac{2}{3} \times 1\ 500\ 000 = 1\ 000\ 000$$

⊖ 根据原文的两个反应函数，译者认为计算过程似应为：

$Q_W = 1\ 000\ 000 + \dfrac{1}{2}$（$1\ 000\ 000 - Q_E$）$= 1\ 000\ 000 + \dfrac{1}{2}$（$1\ 000\ 000 - Q_W$）

$Q_W = 1\ 000\ 000 + 500\ 000 - \dfrac{1}{2}Q_W$

$\dfrac{3}{2}Q_W = 1\ 500\ 000$

$Q_W = 1\ 000\ 000$

在这个博弈中，纳什均衡是两国都不会偏离抽取 1 000 000 千升水的政策。因为只有如此，两国才都是选择了针对另一国政策的最优应对策略。图 6-10 描绘了这些反应函数。

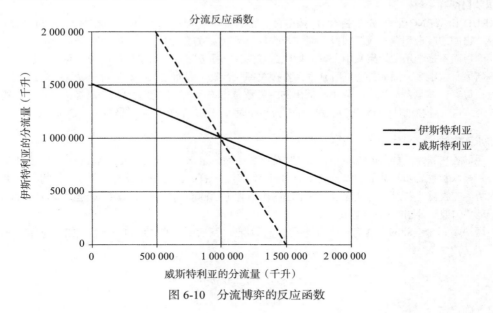

图 6-10 分流博弈的反应函数

6.7 总结

我们已经认识到，最优的定价策略总是在很大程度上取决于行业的性质和状态。针对理性定价和产量决策，并不存在全能的建构模型。不过，确实存在着一些可以运用于很多情形的原则，因此它们成为那些关注定价策略的经济学家和商人们的必备工具。第一，纳什均衡的概念，即每位参与者都选择针对他人策略的最优应对策略，适用于理性逐利的对抗性公司之间所有的价格竞争情形。第二，如果厂商控制了销售量，但对价格没有把握，那么古诺模型和反应函数是很好的起点。如果产品差异化十分显著，那么更加复杂的反应函数应该是最好的出发点。如果价格竞争十分激烈，那么伯特兰德模型能够提供重要的帮助，不过对于产能（或存货）的限制也会对定价策略产生切实而深远的影响。

◢ 本章术语

猜测（conjecture）：它是对某个现实问题，基于各种似乎存在关联的证据所做出的判断，但它不是结论性的，而且可能被证明是错误的。

边际收益和边际成本（marginal revenue and marginal cost）：根据垄断理论，边际收益是多销售一单位产品所带来的收益增量，而边际成本则是多销售一单位产品所造成的成本增量。

反应函数（reaction function）：如果根据某种数值类型选择各种策略，而且将每个参与者的最优应对策略表示为另一个参与者所选策略的函数，那么这种函数就叫反应函数。

产品差异化（product differentiation）：不同的公司出售的是无法完全替代的产品和服务，而且会将这种差异作为营销或市场策略的一部分。

需求曲线或函数（demand curve or function）：产品价格与处在每一单价上可售数量之间的关系就是需求关系，它可以表示成需求曲线图形，或者是数理形式的需求函数。

◤ 练习与讨论

1. 音乐节目博弈

KRUD 和 WRNG 是两家软性摇滚广播电台。它们争夺一个略为重叠的听众群体，不过在风格上存在着差异。它们的广告利润构成了回报，而广告收益与听众人数成比例。它们的策略是，确定把多少时间用于商业广告而不是音乐。如果其中一家广播电台减少音乐播放时间而用于播放广告，那么它的一些听众就会转移到另一家电台，而另外一些听众则会直接关掉收音机，因而这家广播电台的收益就会降低。考虑到这一点，每家广播电台都认为，每小时播出的广告数量应该是对方广播电台每小时播出广告数量的 1/3 再加上 5 个广告。处在纳什均衡时，每家广播电台每小时播出的广告数量应该是多少？请做详细解释。

2. 矿泉水双寡头

绿色峡谷矿泉水（Green Valley Water）和花岗岩山坡矿泉水（Granite Slope Water）是伯格里塔尼亚国的两个矿泉水卖家。如同其他的简单例子中的矿泉水卖家一样，因为没有成本，所以它们的回报就是销售矿泉水所得的收益。矿泉水在伯格里塔尼亚国的价格为（$1\,000 - q_v - q_s$），其中 q_v 是"绿谷"公司的销售量，q_s 是"山坡"公司的销售量。

命题 A：每个厂商的最优应对策略是正好出售其他厂商所留下的数量的一半，例如，最优应对策略 q_v 是：

$$q_v = \frac{1}{2}(1\,000 - q_s)$$

（1）确定这个双寡头的纳什均衡。

（2）附加题：运用微分知识说明命题 A 为何必定成立。

3. 另一个矿泉水双寡头

在珀美格尼亚国（Pomegonian）也有两个矿泉水卖家，即"棕色山"（Brown Mountain）公司和"燧石山"（Limestone Hill）公司。它们同样没有成本。两种矿泉水的口感差别很大，这足以使它们成为差异化产品。对每个卖家来说，需求量为（$100 - 2p_A - p_B$），其中 p_A 是厂商自己的产品价格，p_B 是对方厂商的产品价格。[⊖]

命题 A：每个厂商的最优应对策略取决于 $p_A = 25 + \dfrac{p_B}{4}$。

（1）确定两个厂商的纳什均衡价格。

（2）附加题：说明命题 A 为何必定成立。

4. 奖学金

西费尔德菲亚大学（West Philadelphia University）及其竞争对手费海大学（Feehigh University）相互竞争同样一些学生。与大多数大学一样，它们提供了许多可以包含部分学费的"奖学金"。此举意在努力争取那些不愿支付全额学费的学生前来注册，从而增加"净学费收益"（net tuition revenue）。虽然学生们会支付不同的净学费率，但两所大学都认为通过把"奖学金"增加到一定程度，就能吸引更多的学生前来注册。两所大学都会选择某个折扣率，即"奖学金"总额除以前来注册的全费学生所付的学费。两所大学都认为，如果按照 15% 的折扣率提供奖学金，再加上对方大学所设折扣率的 2/3，则它的净学费收益就能够达到最大。

（1）根据非合作性博弈的思路讨论一下这个互动问题。

（2）运用有关这个例子的博弈理论术语，推导出答案并给予解释。

⊖ 这里的原文均为"sales"，当为"price"之误。——译者注

古诺模型的数学分析

本附录根据微分知识和边际分析法论述古诺模型。因为这里的讨论针对需求函数和成本函数的形式所设立的假设条件较少，所以更具普遍意义。此外，通过把厂商所提供的数量作为策略变量，我们还将说明如何把这个模型进行推广，以便运用到差异化产品中。为了理解这个附录的内容，学生需要了解微积分学科中的普通微分、偏微分和无穷积分等知识。

对于本章中的古诺模型，行业的现行价格是总产量的函数，即

$$p = f(Q_A + Q_B) \tag{6A-1}$$

其中 Q_A 是厂商 A 的产量，Q_B 是厂商 B 的产量。考虑到产品差异化，我们转而假设：

$$p_A = f_A(Q_A, Q_B) \tag{6A-2a}$$

$$p_B = f_B(Q_B, Q_A) \tag{6A-2b}$$

在此我们认为，由于厂商 A 和厂商 B 的产品并非完全替代品，因此，对于厂商 A 的产量增加而言，厂商 B 的产量的等额增加对厂商 A 的市场价格影响似乎要小一些；反之亦然。式（6A-1）是式（6A-2）的一个特例，其中的两个函数是一样的，而且 Q_A 和 Q_B 可通过加总结合在一起。

假设成本取决于下列公式，即

$$C_A = g_A(Q_A) \tag{6A-3a}$$

$$C_B = g_B(Q_B) \tag{6A-3b}$$

每个厂商都致力于实现利润最大化，即

$$\Pi_A = p_A Q_A - C_A \tag{6A-4a}$$

$$\Pi_B = p_B Q_B - C_B \tag{6A-4b}$$

在运用微积分求解最大化问题时，我们要依靠一些使用导数的"必要条件"。图 6A-1 直观地说明了这一点。它表明了变量 y 如何随着 x 的变化而变化。我们想要找到 x_0，即相应于最大值 y 的那个数值。回想一下，我们可以将 y 关于 x 的导数描绘成针对那条曲线的切线的斜率。在该曲线的顶端，切线是水平的，即曲线的斜率等于 0。因此，对于像图 6A-1 那样的简单情形，最大化的必要条件是 $\dfrac{dy}{dx} = 0$。对于 x 的其他取值，斜率也可以

等于 0，只是那时的 y 并非最大值。例如，当 y 是最小值时，斜率也可以是 0。因此，只有必要条件还不够，我们还需要更多一些"充分条件"。但是，在本附录的剩余部分中，我们不再探究那些复杂问题，而只是考察必要条件的含义。

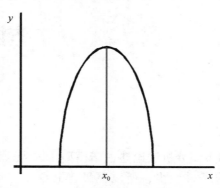

图 6A-1　最大值的示意图

式（6A-4a）或式（6A-4b）的最大化问题会复杂一些。省略掉细节，它的必要条件为

$$p_A = Q \frac{\partial f_A}{\partial Q_A} - \frac{\partial g_A}{\partial Q_A} = 0 \tag{6A-5a}$$

根据经济学理论，$\frac{\partial g_A}{\partial Q_A}$ 是厂商的边际成本 MC_A，而边际收益 $MR_A = p_A - Q\frac{\partial f_A}{\partial Q_A}$，因此式（6A-5a）就相当于我们所熟悉的经济学公式：$MC = MR$。

我们可将式（6A-5a）重新表述为

$$\frac{\partial g_A}{\partial Q_A} = p_A \left(1 - \frac{Q_A \partial f_A}{p_A \partial Q_A} \right) \tag{6A-5b}$$

根据微观经济学的理论，需求曲线上某一点的需求价格弹性为

$$\varepsilon = \frac{1}{\dfrac{Q_A \partial f_A}{p_A \partial Q_A}}$$

所以由式（6A-5b）可以得到：

$$p_A = \frac{\partial g_A}{\partial Q_A} \left[\frac{\varepsilon}{1-\varepsilon} \right] = MC \left[\frac{\varepsilon}{1-\varepsilon} \right] \tag{6A-5c}$$

因此，需求价格弹性决定了价格高于边际成本的利润最大化加价（markup）。因为这个理论是阿巴·勒纳（Abba Lener）得出的，因此被称为"勒纳法则"。

图 6A-2 显示了如图 6-2 所示的行业和单个厂商的需求曲线，不过在这里添加了颜色略深一些的单个厂商的边际成本曲线和边际收益曲线。边际收益曲线是一条下倾的直线，而边际成本曲线是一条上倾的曲线。因此，正如我们在微观经济学中所学到的，厂商将选择产量 Q，即边际收益曲线与边际成本曲线的交点所对应的产量。

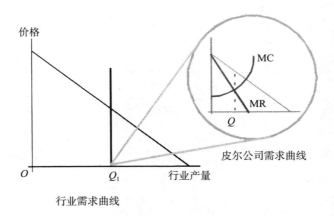

图 6A-2 古诺模型的微分解析图示

对于厂商 B 而言，利润最大化条件也是相似的。下面我们求解 Q。

$$Q_A = \frac{p_A - \dfrac{\partial g_A}{\partial Q_A}}{\dfrac{\partial f_A}{\partial Q_A}} = \frac{p_A - MC_A}{\dfrac{\partial f_A}{\partial Q_A}} \tag{6A-6}$$

已知 $\dfrac{\partial g_A}{\partial Q_A} = MC_A$，对式（6A-6）求导，可得

$$\frac{dQ_A}{dQ_B} = \left[\frac{Q_A \dfrac{\partial^2 f_A}{\partial Q_B \partial Q_A} - \dfrac{\partial f_A}{\partial Q_B}}{(Q_A + 1)\dfrac{\partial^2 f_A}{\partial Q_A^2} - \dfrac{\partial f_A}{\partial Q_A}} \right] \tag{6A-7}$$

再对式（6A-7）进行积分，就可得出厂商 A 的反应函数，即

$$Q_A = h_A(Q_B) \tag{6A-8}$$

出于简化的目的，这里无须经过积分步骤，因为 $h_A(.)$ 通常可通过替换而获得。图 6A-3 描绘了两个厂商的反应函数。古诺均衡处在 p_A^* 和 p_B^* 这两个反应函数曲线的交点（我们假设这个均衡是稳定的，且不探究它在何时成立或者不成立的条件）。

这个案例中的古诺均衡也是纳什均衡。我们可将具有产品差异化的纳什均衡看作对伯特兰德均衡和古诺均衡的推广。

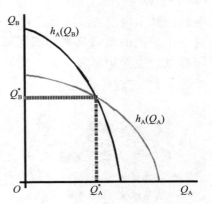

图 6A-3 非线性例子的反应函数

第7章
Chapter 7

三方博弈

导读

为了充分理解本章内容，你需要先学习和理解第 1 ～ 5 章。

在本书中，到目前为止只是考虑只有两位参与者的博弈。就某些方面而言，两方博弈是博弈理论中最为纯粹的例子，因为参与者都只关注一位对手的反应而选择某种策略。但是，具有三位或更多位参与者的博弈理论同样有很多应用。出于两个原因，我们尤其应该探讨（正如约翰·冯·诺依曼和奥斯卡·摩根斯特恩所做的）和考察一下三方博弈。首先，它们足够简单，能够使我们运用针对两方博弈所采用的一些技术，只是略为复杂一些而已。其次，在三方博弈中，我们可以发现博弈超过三人时带来的一些复杂性。例如，在三方博弈中，其中两位有可能针对第三位实施勾结，而这种可能性在两方博弈中是不会出现的。

7.1 国际结盟

茹尼斯坦、索吉亚和韦特兰（Runnistan，Soggia and Wetland）是涌流海湾（Overflowing Bay）沿岸的三个国家。它们都在海湾驻扎了陆军和海军。取决于军力部署方式，其中两国或三国都能有效地控制海湾，进而利用这种控制权促进自身的贸易繁荣。这三个国家的策略是选择部署军力的区域。茹尼斯坦可在北边或南边部署军力，索吉亚可在东边或西边部署军力，而韦特兰可在离岸的沼泽岛（Swampy Island）进行直接控制或在岸上实施控制。

> ⚠️ **重点内容**
>
> 这里是本章将阐述的一些概念。
>
> **共谋（coalition）**：一组参与者协调彼此策略的做法称作共谋。不与其他参与者协调的单一参与者称作单体（singleton）谋划。
>
> **搅局者（spoiler）**：虽然自己无法成为赢家，但可决定哪位参与者成为赢家的那位参与者。
>
> **公共品（public good）**：如果一种产品或服务具备如下特征，即总人口中的每一位都可享受相同水平的产品或服务，而且无须更多的成本就可为更多一个人提供相同的产品或服务，则经济学家就将它称作"公共品"。

如表 7-1 所示，这里有对应于韦特兰的两种策略的两个表格。实际上，韦特兰要在两个表格之间和表格内部做出选择。茹尼斯坦的回报排在第一位，索吉亚的回报排在第二位，而韦特兰的回报排在第三位。因此，如果这三个国家选择策略（南、东、离岸），那么茹尼斯坦的回报为 1，索吉亚的回报为 7，韦特兰的回报也为 7。

表 7-1　三个国家的回报

茹尼斯坦		韦特兰			
		岸上		离岸	
		索吉亚		索吉亚	
		西边	东边	西边	东边
	北边	6, 6, 6	7, 7, 1	7, 1, 7	0, 0, 0
	南边	0, 0, 0	4, 4, 4	4, 4, 4	1, 7, 7

根据博弈理论，一组参与者彼此协调策略的做法称作"共谋"。当然，这个术语出自政治学。在这个博弈中，两方共谋有三种可能性，即茹尼斯坦和索吉亚、茹尼斯坦和韦特兰，以及索吉亚和韦特兰。然而，这还不是故事的全部内容，因为三个国家也有可能一起协调它们的策略。根据从政治学中借用的另一个术语，这称作"大联合"。最后，根据出自数学的绝对一致性，博弈理论家们把独立行动的个体视为与他自己形成的共谋。这类共谋术语不会出现在政治学中，它出自扑克牌博弈。单独行动的一位参与者称作"单体谋划"。因此，在这个博弈中，存在着三种可能的单体谋划。

自然而然地，各种共谋会相互匹配在一起。如果茹尼斯坦和索吉亚建立两国共谋，那么韦特兰就被留在单体谋划中。因此，三位参与者的这个群体被划分为两个共谋，即一个两国共谋和一个单体谋划。它是这个博弈的共谋结构。这正是我们必须保持一致性而把单独行动的个人视为共谋的原因所在。否则，如果某些参与者独立行事，那么我们在讨论共谋结构时就会遇到麻烦。

现在，我们列出这个"国际结盟"博弈所有可能的共谋结构：

[茹尼斯坦、索吉亚和韦特兰]

[茹尼斯坦和索吉亚]；{ 韦特兰 }

[茹尼斯坦和韦特兰]；{ 索吉亚 }

[索吉亚和韦特兰]；{ 茹尼斯坦 }

{ 茹尼斯坦 }；{ 索吉亚 }；{ 韦特兰 }

如果形成三国大联合，那么三个国家所选择的策略是（北、西、岸上），因为这组策略可为每个国家带来等于 6 的回报，并且产生最大的总回报。但是，它不是纳什均衡。因为这里是非合作性博弈，不存在某种国际监督机制能够迫使各国按照协商一致的方式部署军力，所以这种协议无法得到实施。

不过，假设茹尼斯坦和索吉亚有意建立联盟，那么它们可以选择北边和东边作为协调性策略。若给定这种选择，那么韦特兰在岸上部署军力所得等于 1 的回报超出等于 0 的离岸回报。这就形成了一个纳什均衡，而且无须监督。茹尼斯坦和索吉亚都不会想要偏离它们已达成一致的军力部署。

类似地，茹尼斯坦和韦特兰也可以结盟，分别在北边和离岸部署军力。此时，如果索吉亚选择西边，则形成了一个纳什均衡。按照类似的方式，索吉亚和韦特兰同样可以结盟，并在东边和离岸部署军力。此时，如果茹尼斯坦选择南边，那么三个国家又构成了一个纳什均衡。

在上述过程中，我们注意到它是一个具有多重纳什均衡的博弈。原则上讲，对于在现实中究竟会看到哪个纳什均衡这一问题，总是存在着某种神秘性。在这个案例中，在两国或三国之间形成的任何结盟协定都是解决这个问题的谢林焦点。鉴于每个两国结盟都存在着一个作为谢林焦点的纳什均衡，因此，我们可以认为，其中任何两国都有可能结盟。另外，因为不存在对应于三国大联合的纳什均衡，所以如果缺乏某种相应于大联合的监督策略实施机制，那么我们并不指望能够看见大联合的出现。

◈ 延伸阅读

共谋和纳什均衡

虽然共谋有可能在非合作性博弈中形成，但却难得一见。在各种社会困境和其他非合作性博弈中，除了单体谋划之外，没有哪个共谋是稳定的。因此，我们完全可以忽视共谋。我们在非合作性博弈中也确实如此行事。

只有在具有一个以上纳什均衡的博弈中，以及存在大量的预先交流机会时，才需要在非合作性博弈中考虑共谋。然而，共谋在合作性博弈中非常重要，就像我们在后续各章中将会看到的那样，而且术语依然不变。

正如我们已经看到的，在具有三位或更多位参与者的非合作性博弈中有可能形成某种共谋。但是，在缺乏某种监督实施机制的情况下，我们只能看到对应于纳什均衡的共谋。如果存在着某种监督实施机制或者其他有效的方式使得参与者们能够自行承诺采取协调性策略，那么共谋形成的可能性就会加大。因此，我们还需要分析合作性博弈，这将在第 16 章和第 17 章中予以论述。

在本章的后续内容中，我们将从选举政治、公共政策和股票市场的角度探讨三方博弈的内容。

7.2 政治博弈中的"搅局者"

第三政党的作用之一就是成为"搅局者"。所谓的"搅局者"指的是这样一位参与者，虽然他自己无法成为赢家，但是能够阻止另一位参与者成为赢家。在 2000 年度的美国总统选举中，某些观察家认为，拉尔夫·纳德尔扮演了搅局者的角色。对于 1992 年的若斯·佩洛特和 1968 年的乔治·华莱士，也曾出现过类似的说法。在 1980 年的那场势均力敌的选举中，约翰·安德森原本也有可能成为搅局者。因此，在美国总统选举中，搅局者现象似乎相当普遍。[⊖]

那些认为拉尔夫·纳德尔是搅局者的人们或许还记得一个很接近表 7-2 的博弈。表 7-2 的读法与表 7-1 一样，拉尔夫·纳德尔作为博弈的第三方，要根据其他两位活动的

⊖ 拉尔夫·纳德尔（Ralph Nader, 1934—），美国工艺事务组织主席、律师、作家、公民活动家、现代消费者权益之父，曾催生汽车召回制度。他曾五次参加美国总统竞选，其中最出名的是在 2000 年的搅局，这影响了艾伯特·戈尔败于小布什的结果。罗斯·佩罗（Ross Perot, 1930—2019），美国政治家、企业家，美国电子数据系统公司（EDS）创始人、佩罗系统公司创始人和董事会主席。2019 年福布斯全球亿万富豪榜排名第 478 位，财富值 41 亿美元。他曾于 1992 年成立改革党并竞选美国总统。小乔治·科利·华莱士（George Corley Wallace Jr., 1919—1998），美国政治家和律师，曾三次出任亚拉巴马州州长，四次参选美国总统。在 20 世纪 60 年代的民权运动期间，华莱士作为保守派的代表声名鹊起。约翰·安德森（John Anderson, 1922—1992），演员和导演，1980 年作为独立候选人参加美国总统竞选，败于共和党候选人罗纳德·里根。——译者注

策略进行选择，他的回报列在最后。布什被描述成富有同情心的保守派人士，需在那个阶段的两种策略之间做出选择，他可以强调保守主义或者同情心。戈尔可以作为自由派或中间派人士参选。这个博弈的回报就是公众的选票。我们必须通过两种方式验证这一点。推动决策的各种主观效益未必准确地对应着投票。一方面，拉尔夫·纳德尔（及其支持者们）或许更希望戈尔而不是布什当选。若是将拉尔夫·纳德尔所得票数作为他的回报，则这一点并不突出。但是无论如何，拉尔夫·纳德尔的支持者们仍希望能够得到最多的选票。很大一部分选票原本可以给他们更好的机会参与未来的竞争。另一方面，戈尔的竞选活动会受到某种掣肘。美国总统不是由公众投票而是由选举团（electoral college）投票所选出的。⊖回首以往可以知道，候选人赢得的公众选票数目必须超过对手达到1%的程度才有可能获胜，而且他赢得的公众选票越多，在选举团中获胜的机会也越大。

表7-2　2000年选举的公众投票

布什		拉尔夫·纳德尔			
		参选		不参选	
		戈尔		戈尔	
		自由派	中间派	自由派	中间派
	保守主义	45，50，1	45，49，3	45，53，0	45，52，0
	同情心	48，46，2	46，47，3	48，48，0	46，50，0

拉尔夫·纳德尔的支持者们具有一个明显的占优策略，即拉尔夫·纳德尔应该参选，否则他得到的公众选票只能为零。布什也具备一个占优策略，那就是在所传递的信息中强调同情心而不是保守主义。戈尔没有占优策略，不过若给定布什的占优策略是强调同情心，那么戈尔的最优应对策略是作为中间派参选。通过运用IEIS方法和消除所有的被占优策略，我们可以看出，这个博弈存在唯一的纳什均衡。

这个博弈的纳什均衡策略是（同情心，中间派，参选），而回报则是（46，47，3），即布什成为赢家。需要注意的是，即使拉尔夫·纳德尔没有参选，布什和戈尔也会选择相同的策略。如果戈尔能获得所有的绿党选票（Green vote）的话，那么他在公众选票上的优势可以更大，虽然无人能够断定这个公众选票差额足以使其成为当选票数，但它看起来是可能的，而且许多公众都相信它可以做到。这也就是拉尔夫·纳德尔被称作"搅局者"的原因所在。

7.3　炒股顾问

当某个博弈存在三位或者更多位参与者的时候，其中一位可以通过随大流（going along with the majority）而获得某种好处。

卢维塔尼亚（Luvitania）是一个小国，有一个活跃的股票市场，但却只有一家股份公司，即"一般材料"公司（General Stuff，GS），以及三位股票投资顾问：吉欧、朱莉亚和奥古斯塔（June，Julia and Augusta）。每当这三位顾问中至少有两位向GS推荐"买入"时，股价就会上涨，而推荐"买入"的顾问可以赢得商誉、客户和金钱报酬；每当这三位顾问中至少有两位向GS推荐"卖出"时，股价就会下跌，而推荐"卖出"的顾问可以

⊖　在1876年和2000年曾经各有一次，选举团赢家获得的公众选票少于其对手的选票。

赢得商誉、客户和金钱报酬。

三位股票投资顾问的回报显示在表 7-3 中。我们可以看出，这里存在两个纳什均衡：一个是大家都推荐"买入"，另一个是大家都推荐"卖出"。由于其中一位与另外两位意见不合就会成为输家，所以她完全有理由转向认同。

表 7-3　三位股票投资顾问的回报

		吉欧			
		买入		卖出	
		朱莉亚		朱莉亚	
		买入	卖出	买入	卖出
奥古斯塔	买入	5, 5, 5	6, 0, 6	6, 6, 0	0, 6, 6
	卖出	0, 6, 6	6, 6, 0	6, 0, 6	5, 5, 5

这个例子告诉我们关于现实中的哪些事情呢？在现实中存在着远超过三位的股票投资顾问，在其他方面也远比案例复杂。例如，大多数股票投资顾问的建议可能是错的，这一点时常会发生。因此，股票价格必定取决于除了大多数股票投资顾问的建议之外的其他因素，例如公司盈利。但是，如果股票投资顾问相信他们的建议能够影响股票的价格趋势，那么作为个人的某位股票投资顾问就不会固执己见，除非他有充足的理由相信大多数股票投资顾问是错的。

股票投资顾问在大多数时间内都保持意见一致，无论他们都是对的或者都是错的。约翰·梅纳德·凯恩斯曾经说过，股市是一种犹如 20 世纪早期英国报纸发起的"选美比赛"那样的有利交易。报纸会刊载 100 位（或 1 000 位）女孩的标准照片，邀请读者们给最美的那一位投票。那些投票给最美女孩的人们可以得到一笔小额奖金，而最美女孩也就是得票最多的那一位。（凯恩斯说）目标不在于确定哪位女孩是最美的，而在于确定哪位女孩被大多数人认为是最美的，而股票市场就和选美比赛一样。在上述炒股顾问的例子中，目标不在于预测股价的变化方向，而在于预测大多数股票投资顾问将会预测的股价变化方向。这一点确实很像凯恩斯所说的那样。

◆ 延伸阅读

约翰·梅纳德·凯恩斯

约翰·梅纳德·凯恩斯（John Maynard Keynes，1883—1946）是 20 世纪上半叶最具影响力的经济学家。由于《和约的经济后果》（*The Economic Consequences of the Peace*）一书的出版，正像约瑟夫·熊彼特（Joseph Schumpeter）在其《经济分析史》（*History of Economic Analysis*）中所写的，他一举"成了国际知名人士，就在那些具有相同见解，但缺乏勇气的人，以及那些具有相同勇气，但缺乏见解的人保持沉默的时候"。在"大萧条"

灾难过去后，凯恩斯成为一群（大多数）年轻且十分活跃的经济学家们的领军人物。他们试图理解和解释那场灾难。根据从他们那里得到的想法，凯恩斯出版了《就业、利息和货币通论》（*The General Theory of Employment, Interest and Money*），（再度引用熊彼特的话）它"具备了领导者的功绩。以看似通论的形式教导英国人，他本人关于'对它应该做些什么'的观点"。在如此行事的过程中，凯恩斯参与建立了现代宏观经济学。

存在着两个纳什均衡这一事实也很重要，因为它表明每个人在这两个方面都是正确的，但是究竟哪一个能够在特定的情况下成立呢？假设当天最早的一条新闻是好消息，那么它就能够提供一个谢林焦点，向每一位顾问指出其他顾问可能会说"买入"。因此，他们也都会说"买入"。通常的情况是，市场对于新的信息会做出过度的反应，其变化之大远远超出我们用新闻的客观内容所能解释的程度。这一点之所以会发生，或许是因为它把金融活动的参与者们转移到了一个新的谢林焦点。

当然，这些结论都属于揣测，而不是事实。我们在股市变化时并不知道它产生的原因何在。但是，三方博弈确实有可能为我们所观察到的某些事物提供某种解释。

7.4 聚会博弈

我们已经了解了一些三方博弈的例子。首先，博弈的第三位参与者被排除在结盟之外；其次，第三方将会受到损失，除非他能够随大流；再次，第三方属于搅局者，虽然他自己无法成为赢家，但可以凭借策略决定谁将成为赢家；最后，还有一种可能性，那就是"两家是公司，三家成扎堆"，也就是说，扎堆也有可能成为一个问题，不过必须在参与者达到特定的数目之后。

艾尔·法罗拉（El Farol）是美国新墨西哥州圣塔菲市（Santa Fe）的一家酒吧，来自圣塔菲学院的混沌学（chaos）研究者们时常在这里打发时光。据说，艾尔·法罗拉最多也只是有一些人在聚会而不会过度拥挤。关键在于，该酒吧访客获得的效益是非线性的，即随着人群的扩大，效益会急剧增加到某一点，然后开始下降。下面是一个有点相似的例子。艾米、芭勃和卡洛琳（Amy，Barb and Carole）都可在两种策略之间做出选择：去酒吧或待在家里。如果三位都去酒吧，则那里就会过度拥挤，而每人得到的回报都是负数；如果只有两位去，那么她们就能获得最大的回报；如果只有一位去，那么她得到的回报反倒不如待在家里。图 7-1 显示了她们去酒吧的回报。请注意随着酒吧人数从无人到一人、两人，再到三人而显现出的三种趋势。如果参与者少于三位，那么我们就无法通过对比而阐明这种情形。

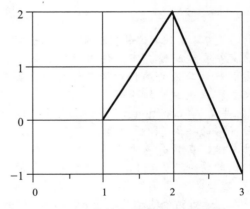

图 7-1 聚会博弈中的酒吧访客回报

假设"待在家里"的回报总是等于 1，那么表 7-4 以正则式列出了各种回报。这个博弈具有四个纳什均衡。在每个三种策略组合中，"只有两位去酒吧"的策略组合都构成了一个纳什均衡。因此，我们可以将它看成一个合作性博弈。第四个均衡看似有点奇特，即大家都待在家里，然而，事实上，因为待在家里胜过单独一人去酒吧，所以它同样是一个均衡。不过，由于它不如其他的纳什均衡（其中，如果正好有两位女孩去酒吧，则她们的处境都可改善且无人会变糟），所以我们有理由怀疑它是否确实会发生。然而，无人能够通过单方面发生改变而提高对于（待在家，待在家，待在家）均衡的回报，因为如果缺乏其他信息，则每一位都无法确定自己改变策略会实现其他三个均衡中的哪一个。

表 7-4 聚会博弈的回报

		卡洛琳					
		去酒吧			待在家里		
		芭勃			芭勃		
		去酒吧	待在家里		去酒吧	待在家里	
艾米	去酒吧	−1, −1, −1	2, 1, 2		2, 2, 1	0, 1, 1	
	待在家里	1, 2, 2	1, 1, 0		1, 0, 1	1, 1, 1	

就像国际结盟博弈那样，两位女孩有可能形成共谋而去酒吧，这就给第三位女孩留下了"待在家里"这个最优应对策略。当然，这类事情确实会发生，而此类共谋通常叫作"小圈子"（cliques）。我们在几乎每一所高中学校都会有所耳闻。

然而，根据去过那里的人们所言，艾尔·法罗拉酒吧博弈的实质在于：去或者不去都是临时起意，人们并没有太多的时间去建立共谋或小圈子。因为缺乏交流，所以人们拥有的唯一信息来自经验，不过可能并不可靠。因此，这里再度出现了协调性博弈中的不确定性问题。当所有人都在某个晚上去酒吧时，通常会遇到这个问题，即过度拥挤。因此，他们在第二天晚上都会决定待在家里，从而回避拥挤，所以到酒吧去尽兴者又会寥寥无几。圣塔菲学院的一些混沌学研究者把它作为数理混沌学的一个例子。对于协调性博弈而言，它同样提供了在缺乏交流时协调失败的一个绝佳例子。

◆ 延伸阅读

抗共谋的均衡

表 7-4 底端右边的那个奇特均衡说明了什么呢？在这种情况下，任何两位女孩都能形成转移到其他的纳什均衡而获益的共谋。这使我们立刻就可排除那个均衡，因为它无法"抗共谋"（coalition-proof），参与者可以形成放弃它的共谋（即便没有监督实施机制）。如此看来，在具有多于两位参与者和超过一个均衡的博弈中，我们可对纳什均衡进行各种"精练"，从而考虑到由共谋所造成均衡转移的情形。一种精练法是"强势纳什均衡"（strong Nash equilibrium）。其含义是，无法通过共谋偏离它转到另一个均衡而在总体上获益。现在这个博弈根本就不存在强势纳什均衡。"抗共谋"则是一个略为宽松的条件。为了确定某个均衡是否满足这一点，我们必须考虑两个问题。第一，是否存在因偏向另一个均衡而获益的共谋？第二，这些共谋是否稳定？在它们内部是否存在通过偏离到更多一个均衡而获益的较小共谋？显然，表 7-4 底端右边的均衡无法抵抗共谋，因为任何两位女孩都能建立偏离它而获益的共谋。只有在无法偏离更小的共谋（即一位女孩的单体谋划）而获益的时候，两位女孩的共谋才是稳定的。因此，其他三个纳什均衡在这种意义上是稳定的，同时也是抗共谋的。因此，我们可以知道该均衡在现实中很难形成。

7.5 公共品贡献博弈

在公共部门经济学中，"公共品"是一个用于描述某类产品或服务（事实上通常是服务）的术语，即它们的某些特征使其更加适合由政府提供，而不是由私营部门提供。这些特征包括以下几个。

（1）无法排除任何人获得这种产品的效益。这就意味着，那些未支付者与支付者具有相同的获益方式。

（2）它的成本取决于服务的水平，而不是获得服务者的人数。因此，我们无须增加成本就可以为更多一个人提供相同水平的服务。没有人能够以减少他人所得服务为代价而增加自己得到的服务。

公共品的最佳例子之一是那些无法吸引商业投资或广告的广播节目。虽然它的服务水平可通过广播电台延长广播时间而提高，但是这会加大成本。然而，更多一个人收听它并不会增加或减少其他人可以获得的广播服务水平。另一个例子是没有出现拥堵的公路。虽然已经铺就的公路可以根据更高的成本提供更高的服务水平，但是（只要公路未出现拥堵）更多一个人驶上公路并不会增加成本，也不会影响公路提供给他人的服务。其他方面的传统例子还有个人安保、财产与合同，以及国防等。

考虑下列三位参与者的公共品贡献博弈。

（1）参与者为杰克、卡尔和拉里（Jack，Karl and Larry，分别以 J、K 和 L 表示）。

（2）每位参与者都可以选择贡献或者不贡献 1 单位公共品，支付成本为 1.5 单位。

（3）如果其中一位参与者做出贡献，那么他的回报等于总的贡献减去他自己所做贡献的 1.5 单位的成本。

（4）如果某位参与者不做贡献，那么他的回报就等于总的贡献。

这些规则可以给出如表 7-5 所示的回报。

表 7-5　公共品贡献博弈

		拉里			
		做出贡献		不做贡献	
		卡尔		卡尔	
		做出贡献	不做贡献	做出贡献	不做贡献
杰克	做出贡献	1.5, 1.5, 1.5	0.5, 2, 0.5	0.5, 0.5, 2	−0.5, 1, 1
	不做贡献	2, 0.5, 0.5	1, 1, −0.5	1, −0.5, 1	0, 0, 0

可以看出，这个博弈具有一个占优策略均衡。对于杰克、卡尔和拉里而言，做出贡献属于被占优策略。与做出贡献相比，他们每一位在不做贡献时可获得更多的 0.5 单位的回报。大家都"不做贡献"是这个博弈唯一的占优策略均衡和唯一的纳什均衡。

它同样是没有效率的。如果大家都做出贡献，所有三位参与者都可以获益（得到 1.5 单位的回报而不是 0）。事实上，这是社会困境的另一个例子，即三人社会困境。

思考它的另一种方式是把它与本章的第一个博弈即国际结盟博弈加以对照。在那个博弈中，任何两个国家都可以通过结盟而获益。因此，我们现在从共谋的角度再看一下这个公共品贡献博弈。假设杰克和卡尔有意形成都做出贡献的共谋。这会使他们两位都获得比都不做贡献时更大的收益，而且拉里获益更大，因为回报将由（0，0，0）变为（0.5，0.5，2）。但是，这一点并不可行，因为如果没有某种监督实施机制的话，它不构成纳什均衡。对杰克和卡尔来说，形成共谋只不过是再次营造出他们两方博弈的社会困境。

确实，在这个博弈中，如果可能的话，三方完全有理由形成大联合。但是在这个类似于"结盟博弈"的案例中，（做出贡献，做出贡献，做出贡献）的大联合策略并不是纳什均衡，若无监督实施机制的话，它就无法形成。

当经济学家们说公共品不适宜由私营部门提供时，他们的大概意思是，对于公共品有效率的贡献水平是一种被占优策略，因此它的提供构成了一个社会困境。

在环境经济学中，这种推理方式也已经被运用于公共资源（common resources）问题。一个经典的例子是某个村庄的居民共同拥有牧场，即"村庄公地"。如果所有的村民都把自己的羊群放到公有的牧场，那么该牧场就会因为放牧过度而被毁坏。如果每位村民都限制自己的使用量，那么该牧场能得以保存，例如，只把不到一半的羊群放到"村庄公地"上。但是，以这种方式保存的"村庄公地"对于村民们来说是一种公共品，而占优策略是把自己的整个羊群都放到"村庄公地"上，趁着牧场尚在的时候获得一些效益。因此，"村庄公地"的保存是一种被占优策略，这被称为"公地悲剧"（the tragedy of the commons）。"村庄公地"被毁是个体理性行为造成的结局，它使得所有人的处境都变得更糟。

在现实生活中，公共品的提供和"公地的悲剧"问题通常会涉及超出三人的群体，就像现实生活中的股票顾问不止三位一样。因此，在第 10 章中，我们将考虑关于许多参与者博弈的一些分析方法，包括社会困境和其他类型的博弈。

7.6 总结

从某种角度看，三方博弈只是比两方博弈略为复杂一些。它们可用两方博弈所需要的略为复杂的表格表示为正则式，不过仍然简单得只需一页纸就足以进行操作。从另一种角度看，三方博弈要比两方博弈复杂许多。也就是说，三方博弈将许多在两方博弈中没有出现的问题带到了博弈论中，而且这些问题在超过三位参与者的博弈中同样会出现。这种简单性和复杂性的结合使得三方博弈成为非常值得研究的对象。

例如，在三方博弈中，其中的两位参与者有可能针对第三方形成共谋与合作。这一点在超过三位参与者的时候总有可能发生，但在两方博弈中却没有。当然，在非合作性博弈中，并非所有的共谋都能成立。只有那些对应于纳什均衡的共谋才是稳定的。因此，我们通过分析此类三方博弈可知，其中两个或更多个参与者的任何共谋都可使得共谋者获益，但是没有一个能够像纳什均衡那样稳定。

我们在三方博弈中遇到的另一种复杂情形是：三位参与者之一都有可能成为"搅局者"，从而决定其他两位参与者中哪位能够成为赢家，即便他自己无法成为赢家。在 20 世纪后半叶，这一点在美国总统选举中似乎是一种相当普遍的现象。

在三方博弈中，我们同样能为那些随大流行为构筑模型，其中每位参与者都会发现跟随大多数参与者的做法有利可图。我们还发现了单独行事更加有利的一些例子，其中若有两人参与则可结成伙伴，若三人都参与则会发生拥挤。

三方博弈并不总会造成什么不同。例如，在考虑"公共品贡献博弈"问题时，我们发现它是一个三方的社会困境，具有在普遍的社会困境中可以找到的唯一的占优策略。无论如何，三方博弈本身就值得我们进行研究。它能为我们探究三方以上博弈提供某些启迪。

本章术语

共谋结构（coalition structure）：将某个博弈中的参与者们进行划分，包括单体谋划在内。

大联合（the grand coalition）：它是某个博弈的所有参与者形成的共谋。因此，当所有参与者都协调它们的策略时，我们就说形成了大联合。

公共品（public good）：如果某种产品或服务具有这样的特征，即群体中的每一位都可享受相同水平的服务，而且给更多一个人提供相同水平的服务不会加大成本，那么它就是经济学家们所说的"公共品"。

练习与讨论

1. 另一个矿泉水销售博弈

汤姆、迪克和哈里（Tom，Dick and Harry）都从事瓶装水生意。如果其中一位或两位增加产量，那么就能从那位不增产者处掠走生意；但若三位都增产，则他们又会回到盈亏平衡点。表 7-6 显示了各种回报。

表 7-6　瓶装水销售者的回报

		哈里					
		增产			不增产		
		迪克			迪克		
		增产	不增产		增产		不增产
汤姆	增产	0, 0, 0	1, −2, 1		1, 1, −2		2, −1, −1
	不增产	−2, 1, 1	−1, −1, 2		−1, 2, −1		0, 0, 0

（1）这个博弈中是否存在纳什均衡？如果存在的话，请列出并解释。

（2）列出这个博弈中所有可能的共谋。

（3）哪个共谋作为纳什均衡是稳定的？

（4）将这个博弈与本章中的"公共品贡献博弈""国际结盟博弈"进行对照与比较。

2. 三方努力困境

在表 7-7 所示的三方努力困境中：

（1）是否存在占优策略？

（2）是否存在占优策略均衡？

（3）是否存在纳什均衡？有多少个？它们是什么？

（4）如果其中两位形成共谋并加大努力，将会发生什么事情？

表 7-7　三方努力困境

		卡尔			
		努力		偷懒	
		鲍勃		鲍勃	
		努力	偷懒	努力	偷懒
艾尔	努力	20, 20, 20	14, 25, 14	14, 14, 25	4, 20, 20
	偷懒	25, 14, 14	20, 20, 4	20, 4, 20	5, 5, 5

3. 青蛙交配博弈

进化生物学家们运用博弈论来了解动物们的某些行为，包括交配行为在内。这里是关于三只孤独青蛙的三方交配博弈，它们是柯米特、米奇安和弗利帕（Kermit，Michigan and Flip）。这三只青蛙都是雄性，而且有两种吸引雌性的可选策略：鸣叫策略（"鸣叫"）或卫星策略（"蛰伏"）。那些鸣叫者需要冒着被捕食的风险，而蛰伏者的风险较小。不鸣叫的蛰伏者可能会遇到被鸣叫者吸引的雌性。雌蛙确实很漂亮，我们都知道。因此，当许多雄性青蛙都鸣叫时，蛰伏策略的回报更高，因为周围会有更多的雌性青蛙陷入困惑中。

表 7-8 列出了三只青蛙的回报，第一个数字是柯米特的，第二个是米奇安的，第三个是弗利帕的。

表 7-8　三只青蛙的回报

		弗利帕			
		鸣叫		蛰伏	
		米奇安		米奇安	
		鸣叫	蛰伏	鸣叫	蛰伏
柯米特	鸣叫	5, 5, 5	4, 6, 4	4, 4, 6	7, 2, 2
	蛰伏	6, 4, 4	2, 2, 7	2, 7, 2	1, 1, 1

（1）列出这个博弈中所有的纳什均衡。

（2）这些均衡是否有共同点？你能对这个博弈中的各个均衡做出一般性描述吗？具体内容如何？

（3）青蛙在交配博弈中不会形成共谋。如果能形成的话，那结果会有何区别？

4. 等待博弈

瑞、斯坦和汤姆（Ray，Stan and Tom）都是切萨皮克海湾的牡蛎捕捞者（oysterers）。他们都知道在东北方向有一片牡蛎海床，而其他捕捞者却不知道。在牡蛎长得很大且更成熟的丰收月来临之前，它们在市场上的售价要贵很多。这三位捕捞者正在考虑是现在就进行捕捞还是再等待一段时间。这些是他们在这个等待博弈中的两种策略。表 7-9 列出了各种回报。

表 7-9　等待博弈

		汤姆			
		现在		等待	
		斯坦		斯坦	
		现在	等待	现在	等待
瑞	现在	5, 5, 5	7, 1, 7	7, 7, 1	12, 1, 1
	等待	1, 7, 7	1, 1, 12	1, 12, 1	10, 10, 10

表 7-9 将瑞列在第一位，接着是斯坦和汤姆。

（1）如果存在纳什均衡的话，这个博弈中具有怎样的纳什均衡？

（2）这个博弈的种类是什么？

5. 医疗工作

在传统意义上，产科—妇科（ob/gyn）医生同时从事产科（接生）和妇科（常规的治疗和手术）两种医疗工作。一些年长的医生会停止产科医疗工作而主要从事妇科医疗工作。这是因为每当有孩子降生就要找接生医生，而完全从事妇科医疗工作能够让医生的生活更有节奏。近年来，为了有更好的生活节奏，再加上产科医疗责任险的成本上涨，因此，年轻的医生们开始选择仅限于妇科的医疗工作。

现在考虑一下三位年轻的产科—妇科医生，即涅夫、麦考凯和斯珀客（Yfnif，McCoy and Spock）。他们是企业市（city of Enterprise，AK）仅有的三位具有资质的产科—妇科医生，企业市处在孤悬于美国本土之外的阿拉斯加州。每位都在独立从事医疗工作，而且可在两种活动中进行选择：仅限于从事妇科医疗工作或者从事产科—妇科医疗工作。妇科医疗工作的回报完全取决于从事这种医疗工作的医生人数，如表 7-10 所示。产科—妇科医疗工作的回报总是等于 5。

表 7-10　医疗工作的回报

从事妇科医疗工作的医生人数	只从事妇科医疗工作的回报
1	20
2	10
3	−5

（1）构建这个三方博弈的回报表，如果存在纳什均衡的话，确定纳什均衡。

（2）从现实的角度看，这三位医生可能不会同时确定他们的工作。假设三位按次序进行选择，那么这种次序会对纳什均衡产生什么影响？

（3）合伙可以视为一种共谋。在这个博弈中形成共谋的可能性如何？

6. NIMBY

NIMBY 的含义是"not in my back yard"（"别在我的后院做"）。表 7-11 列出了这个博弈的回报。其基本理念是，有一个建造某设施的建议，它将为博弈中的三位行为人提供某种公共品。不过，这个设施必须建在其中一位行为人所处的地点，而这会给他带来很多麻烦。因此，虽然能够享受这种公共品，但该行为人的处境却会变糟。我们把它作为非合作性博弈来分析和讨论。

表 7-11　"NIMBY"博弈的回报

		c			
		接受		拒绝	
		b		b	
		接受	拒绝	接受	拒绝
a	接受	2, 2, 2	2, 6, 2	2, 2, 6	2, 6, 6
	拒绝	6, 2, 2	6, 6, 2	6, 2, 6	3, 3, 3

第8章
Chapter8

概率和博弈论

导读

为了充分理解本章内容，你首先需要学习和理解第 1～4 章和第 7 章的材料。

不确定性对于很多博弈和人类的其他行为都会产生影响。在博弈中，我们可以通过投掷骰子或者洗牌而人为地创造出不确定性。现在考虑一下投掷单独一枚骰子的例子（英文中的"dice"是"die"的复数形式，它表示在骰子的六个面上各有一个数字）。当我们投掷骰子时，它是否会显示出大于"3"的数字呢？答案是不确定的，它只是一种可能性而已。那么，我们能否做得更好一点呢？

8.1 概率

在绝对意义上，我们无法做得更好。一种陈述要么对，要么错，要么无法确定。不过在相对意义上，某些不确定的陈述要比其他不确定的陈述更加难以成立。例如，在投掷这枚骰子时，"数字将大于 5"的陈述要比"数字将大于 3"的陈述更加难以成立。其原因在于，我们有三种不同的方法可以得到大于 3 的数字，它们是 4、5 或者 6，但只有一种方法能够得到大于 5 的数字。我们通常会对可能性加以比较，从而对那些可能性较大的预测更有信心。

> ⚠ **重点内容**
>
> 这里是本章将阐述的一些概念。
>
> **概率**（probability）：衡量不确定事件的某个结果的可能性大小的数值尺度。如果该事件可以无限次重复的话，那么它对应的就是那个结果的相对发生频率。
>
> **期望值**（expected value）：假设某个不确定事件具有几个带有不同数值的结果，则该事件的期望值（又叫"数学期望"）就是各个数值的加权平均值，并以各种结果的概率为权重。
>
> **风险厌恶**（risk aversion）：如果某人选择可靠的支付而不是期望值大于它的风险性支付，那么我们就称他是风险厌恶者。

概率是采用数值衡量相对可能性的一种方法。它是一个完全处在 0～1 之间的数字；

等于 1 的概率对应的是确定性，而等于 0 的概率则被指定为有关某种绝对谬误的陈述。在各种不确定的陈述中，一种陈述成立的可能性越大，赋予它的概率数值也越大。比如，我们可以说，如果投掷一枚骰子，所得数字大于 5 的概率为 1/6，而所得数字大于 3 的概率为 1/2。因此，可能性较大的陈述也就具有较大的概率。

有时，我们还能做得更好一些。我们可以将某个事件的概率与在一系列相似实验中观察到它的频率相联系。例如，假设我们投掷骰子 100 次，那么就能合理地确定，观察到一个大于 5 的数字的次数大约占全部投掷次数的 1/6。类似地，观察到一个大于 3 的数字的次数大约占全部投掷次数的 1/2。不仅如此，即使投掷 1 000 次，这些比例也会大致相同，而且趋近程度会更大。随着投掷次数的增加，这些比例将保持不变，而趋近程度则愈发加大。如果趋近的频率具有合理性，那么我们就把这个"极限化频率"（limiting frequency）确定为某个事件的概率。

在其他一些重要的情况下，极限化频率可能并没有多大意义。我们不妨考虑一下试图开发某种汽车引擎新技术的研究项目成果。直到研究完成的时候，我们都无法知道它能否成功。但是，一旦研究完成和结果得以显现，则同样一个研究项目就无须再次进行，而且也无法再次进行。因此，极限化频率在这种场合没有意义。不过，实际上，运用燃料电池生产汽车引擎的研究项目要比运用核辐射生产汽车引擎的项目的成功概率更大（more probable），即它的可能性更大，所以我们给它赋予较大的概率数值。当然，运用燃料电池技术要比运用核辐射技术更有可能成功的这一判断包含了一定的主观因素。因此，赋予它的概率也包含了主观因素。不过，即使存在主观因素，我们仍将假设研究项目之类的独特事件的概率具有与运用极限化频率所确定的概率相同的特征。这不仅是本书中关于概率的基本假设，而且是概率的许多实际运用中的普遍假设。

如果能够观察到相对频率的话，我们还可以运用相对频率法估算概率。关于这一点，气象学给出了一些很好的例子。明年圣诞节下雪的概率有多大？虽然知道未来可能有哪种冷气流或暖气流将会路过还为时尚早，但我们能观察在过去几十年间圣诞节下雪的频率，并使用这类信息估算明年圣诞节下雪的概率。气象记录表明，在费城地区（我的居住地），那天下雪的概率大约是 20%。因此，我们可以相当有把握地说，圣诞节下雪的概率大约是 20%。

投掷单独一枚骰子属于相当简单的事件，圣诞节下雪也是如此。在运用概率时，我们通常不得不应对许多较为复杂的事件。为了计算这些复杂事件的概率，我们可以使用代数、逻辑和微积分的方法。我们现在不涉及这些问题。然而，其中有一种概率计算方法在博弈论中非常重要，以至于我们在本书中都需要它，而且将在 8.2 节予以解释。

8.2 期望值

假设某人向你提议打赌。你可以投掷单独一枚骰子，若它显示为"6"，则他付给你 10 美元，若显示其余的数字，则不支付。你认为这个博弈的价值有多大呢？如果他要你为这个博弈支付 1 美元，它是否值得？如果要你支付 2 美元呢？

研究该问题的一种方法是，考虑一下如果你多次重复进行这个博弈，将会发生什么事情？比如，你进行了 100 次。由于我们知道每次投掷骰子出现"6"的概率为 1/6，所以可以预期在 100 次投掷中大概有 1/6 的机会看到 "6"。100 的 1/6 处在 16 ～ 17 之间。因此，可以预期你大概可以赢 16 ～ 17 次，即你事先可以确定自己能够赢得 160 或 170 美元。但是，如果让你为每一次投掷支付 2 美元，且总额为 200 美元，那么它看起来就没有那么合算了。

因此，我们其实想要知道的是只投掷一次的价值是多少。每次投掷有两种可能的结果，可获得 10 美元的 "6"，以及没有收益的其他数字。获得 10 美元回报的概率是 1/6，而没有回报的概率是 5/6。将每个回报乘以它的概率，再把它们加总，则得到总回报是 $1/6 \times 10 + 5/6 \times 0$，即约 1.67。因此，1.67 美元就是投掷一次的价值。

这是不确定回报的期望值的一个例子。期望值是所有可能回报的加权平均值，其中的权重是那些回报发生的概率。因此，在投掷一枚骰子的博弈中，我们分别用 1/6 和 5/6 对 1 和 0 的回报进行加权，然后予以加总，由此就可得出加权平均值或期望值。

现在我们再看一个关于期望值的例子。乔·库尔（Joe Cool）打算选修 3 个学分的《博弈论》课程。虽然他无法确定自己的成绩，但是可以确定它将是 A、B 或 C 中的一个，而概率分别是 0.4、0.4 和 0.2。学院计算平均绩点（GPA）的方法是，给 A、B、C 和 D 的每个学分各赋予 4 个、3 个、2 个和 1 个 "质量分"（quality points）。根据博弈论的知识，乔·库尔获得的质量分期望值将是多少呢？若他得到 "A"，则质量分为 $3 \times 4 = 12$；若得到 "B"，则为 9；若得到 "C"，则为 6。因此，期望值为 $0.4 \times 12 + 0.4 \times 9 + 0.2 \times 6 = 9.6$。

练习题

假设一位赌徒提议投掷一枚骰子，支付金额就是朝上一面所显示的数字。这笔支付的期望值是多少？

8.3　参与者的性质

在音乐喜剧《红男绿女》（*Guys and Dolls*）中，主角斯凯·马斯特森（Sky Masterson）是一个臭名昭著的赌徒，据说他甚至能够就窗户玻璃上两个雨滴哪个先落下来而打赌。这是关于自然的不确定性的一个绝妙例子，即大自然所蕴含的复杂性和不可预测性。它们同样会影响许多博弈和人类的其他活动。

然而，由于博弈论是从参与者互动的角度进行思考的，因此，我们应该如何将自然的不确定性引入博弈论中呢？如果博弈中包含了来自自然的不确定性，那么博弈论通常的做法是把 "自然" 也当作一位参与者。就像古罗马人把 "机会" 拟人化为 "命运女神" 那样，博弈理论家们也把 "机会" 视为一位参与者。不过，"机会" 或 "自然" 是一位脾性古怪的参与者。不同于博弈中的其他参与者，她并不在乎结局如何而且总是随机地采取策略，这就伴随着某些给定的概率。

◆◆ **延伸阅读**

福尔图娜

作为古罗马的命运女神（Goddess of　Chance），福尔图娜（Fortuna）是罗马人对于生活中遇到的各种不确定性的拟人化。她是一位受欢迎的女神,尤其受到那些希冀在赌博、战争、生育和其他不确定性活动中取得成功的人的膜拜。6 月 11 日是她的神圣日(Scared Day)。古希腊人则把她称为"堤喀"(Tyche)。

让我们举例来说明。假设某公司考虑推出一种新产品,但不知道这种产品的市场和技术等外部条件是"有利"还是"不利",那么它就可视为"自然条件"在这个博弈中采取的行动。她不仅决定各种条件"有利"或"不利",而且随机地行事。对于这个例子,我们假设存在"50-50"的概率法则。公司的策略则是"做"或者"不做"。根据"自然条件"的策略概率和两种策略的期望值,表 8-1 列出了该公司的回报。由于"做"可以获得等于 5 的期望值,而"不做"则一无所得,因此,该公司将选择"做"的策略并推出新产品。

表 8-1　一个针对自然条件的博弈的回报

		自然条件		
		有利	不利	期望值
决策者	不做	0	0	0
	做	20	−10	5
概率		0.5	0.5	

我们可以运用期望值的概念(与或然性策略一起)找出该公司因无知而产生的成本。由于不知道外部条件的好坏,所以决策者只能根据概率做出决策。然而,假设这位决策者可以请教某位专家,从而在做出决策前确定外部条件的好坏,那么他愿意给这位专家支付多少钱呢?换句话说,这位专家提供的"信息的价值"有多大?

拥有较多信息的好处究竟是什么呢?如果拥有比较丰富的信息,那么我们就可以运用或然性策略。表 8-2 说明了具有或然性策略的产品开发博弈。可以看出,或然性策略即"如果有利就做,如果不利就不做",给出了等于 10 的期望值。如果把获得的这种信息运用于或然性策略的选择,那么该公司就可将期望值从 5 增加到 10。因此,任何低于 5 的咨询费用都会让这位决策者获益。从期望值的角度判断,这个案例中的"信息价值"就等于 5。

表 8-2　具有或然性策略的博弈

		自然条件		
		有利	不利	期望值
决策者	不管有利与否都做	20	−10	5
	若有利则做,否则不做	20	0	10
	若有利则不做,否则就做	0	−10	−5
	不管有利与否都不做	0	0	0
概率		0.5	0.5	

8.4　一个海战的例子

自然因素经常会对战争产生影响,在这里举一个例子。1797 年,英国正与大革命时期的法国交战,西班牙作为盟友加入法国一边,并且试图将它的军舰驶入大西洋与法国海军会师,然后一道攻打英国。在 2 月 14 日"情人节"那天,英国和西班牙两国的海军打响了圣文森特角战役(the battle of Cape St.Vincent)。

西班牙的目标是夺取卡德斯港 [the port of Cadiz,在先前的古罗马时代被称为迦德斯

（Gades），它在本书的"伊比利亚半岛反叛"的例子中也很重要]。然而，他们被风暴吹到了外海，并在风暴过后试图夺回卡德斯港。英国人在葡萄牙海岸拦截了他们。由于西班牙舰队分成了两群，所以英国海军司令、上将约翰·杰维斯爵士（Sir John Jervis）决定对西班牙舰队实施分割，从他们当中插入并使其两端无法相顾。⊖

英国人训练有素，若能将敌方舰队分割成两部分，那就有了打败他们的绝佳机会。然而，当时风力甚微，西班牙人占据了更好的角度（用航海界的行话说，就是西班牙人处在上风）。如果海风增强，那么它将更加有利于西班牙人而不是英国人，因为西班牙人能够重新汇聚舰队，且极有可能打败英国人。如果海风依然不大，那么英国人就能插入西班牙舰队中间的缺口，并有望战胜他们。

因此，海风在圣文森特角战役中成为不确定性的来源，这对海员们来说是司空见惯之事。在这里，自然是一位参与者，它的两个策略是："微风"或"烈风"。英国人的策略是：冲入西班牙舰队的缺口；掉转船头避免同更强大的敌方开战。西班牙人的策略是：在尽力抵抗的同时继续向卡德斯港进军；改变航向驶入另外一个港口。不过，如果他们真的转向，那么英国人还会紧追不舍地继续骚扰，西班牙人有可能遭受一些损失。如果海风增强到转而对西班牙人不利，那么他们可以离开战场，当然也就放弃了"上风"位置。

表 8-3 显示了对这个博弈可能产生的结局的重构情形。英国人的胜利体现为回报（1，−1），西班牙人的胜利体现为回报（−1，1），双方脱离的回报则是（0，0）。

表 8-3 "圣文森特角战役"博弈的回报

		自然			
		微风		烈风	
		西班牙		西班牙	
		向前	转向	向前	转向
英国	向前	1，−1	0，0	−1，1	1，−1
	转向	−1，1	0，0	−1，1	0，0
概率		0.5		0.5	

为了判断哪种策略更好，在不知道风力将依然轻微还是加强的情况下，两位海军上将都能够计算每一种策略的期望值（几乎可以肯定，他们并不是有意识地如此行事，因为当时的海军上将们未曾学习过概率论的知识，但是这并不妨碍他们考察事态将如何变化）。假设概率是"50-50"，即风力加强的概率是50%，风力不变的概率也是50%，则表 8-4 列出了以这些假设为基础的期望值。我们可以看出，（向前，向前）是这个博弈中的占优策略均衡。

表 8-4 "圣文森特角战役"的期望值

		西班牙	
		向前	转向
英国	向前	0，0	0.5，−0.5
	转向	−1，1	0，0

⊖ 虽然英国人在数量上处在绝对劣势，但他们事先并不知道这一点。随着两支舰队逐渐靠近，他们慢慢看清了西班牙舰队。海军上将的参谋长说：
"8 艘战列舰，约翰爵士！""很好，阁下！""20 艘战列舰，约翰爵士！""很好，阁下！""25 艘战列舰，约翰爵士！""很好，阁下！""27 艘战列舰，约翰爵士！""行了，阁下，别再说了。骰子已经投出，即使有 50 艘战列舰，我也要战胜它们"。
引自英国纪念那场战役 200 周年的网站：http://www.stvincent.ac.uk/Heritage/1797/battle/begins/html（accessd June 9，2009）。

双方都通过选择进攻性策略而使得自己的期望值达到最大，这一点也正是双方在当时所为，除了一艘西班牙军舰落后于舰队而往东寻找安全港之外。事实上，海风依旧轻微，英国人确实切入了西班牙人的舰队。到了那一刻，就像在所有的战役中一样，失算、运气、困兽犹斗和英雄主义全都发挥了各自的作用，然而英国人赢得了胜利。战役结束时，四艘西班牙军舰被缴获并且损失了 3 000 人，而英国只损失了 300 人。[⊖]

8.5 风险厌恶

在某种意义上，期望值属于不确定支付的公正价值（fair value），同时它也是风险性价值（risky value）。事实上，人们通常趋向于回避风险。

这里是一个例子。凯伦（Karen）在古董展会上购买了一幅画。她以低价购得，而且知道自己做了一笔合算的交易。她基本上可以断定那幅画是两位艺术家中某一位的作品，其中一位是 19 世纪某地区的知名艺术家。如果那幅画是他的作品，那么它就可以再度以 10 000 美元售出。另一位艺术家是 20 世纪的临摹者，如果画作是他的作品，那就只值 2 000 美元。凯伦根据她对两位艺术家风格的了解，知道它是 19 世纪艺术家的作品的概率为 0.25，是 20 世纪艺术家的作品的概率则为 0.75。

但是，就在凯伦刚刚买下这幅画之后，另一个人抵达古董展会并向她提出愿以 3 500 美元买下这幅画。因此，凯伦必须在这幅画确定的 3 500 美元和不确定的重售价值之间做出选择，而后者可能高达 10 000 美元或者低至 2 000 美元。凯伦的策略是接受 3 500 美元的出价，或者在调查和确定艺术家的身份之后再把画作带到市场上出售。表 8-5 列出了各种回报。

表 8-5 "艺术品重售"博弈的回报

		回报		
		19 世纪	20 世纪	期望值
凯伦	以 3 500 美元出售	3 500	3 500	3 500
	调查艺术家身份	10 000	2 000	4 000
概率		0.25	0.75	

如果凯伦接受这笔交易，那么就可通过卖画得到 3 500 美元，而且没有不确定性或者风险。不过，从表 8-5 中可以看出，"调查艺术家身份"策略的期望值是 4 000 美元，且其价值更高。如果凯伦只在乎货币回报，那么她就会保留这幅画并调查艺术家身份。当然，她也能够接受 3 500 美元的出价。促使凯伦接受或者拒绝这个出价的效益是主观的，从这个角度看，画作重售价值的不确定性本身就是不足之处。如果考虑到这一点，具有风险性的重售价值其实并没有它的期望值那样高。如果凯伦如此思考的话，那么她就属于"风险厌恶型"。

风险厌恶是人类活动中的一个普遍事实。人们购买保险，商人们为了安全而选择盈利较低的投资项目等，都体现了风险厌恶心理。当然，个体之间会有所不同，某些人非

⊖ 这个例子借用了两个网站的信息：http://www.stvincent.ac.uk/Heritage/1797/battle/begins/html 和 http://www.napoleonguide.com/battle_stvincen.htm（accessed June 9，2009）。一些诠释和修订，以及把那场战役作为例子，都是杜德利·珀泊的小说《猛虎与鼓点》（*Ramage and the Drumbeat*，Dudley Pope）所提出。

常厌恶风险而另一些人则未必如此。如果某人选择风险性支付，而不是期望值相等但是确定的支付，那么我们就说他属于"风险喜好型"（risk loving），而不是风险厌恶型。如果某人总是选择较大的期望值而不考虑风险，那么我们就说他属于"风险中性型"（risk neutral）。

假设凯伦决定保留这幅画并且调查艺术家身份，她发现，这幅画作确实是那位 19 世纪艺术家的作品，因此价值为 10 000 美元。不过，凯伦不是将它重售，而是决定自己保存。倘若如此，她或许会考虑给这幅画购买保险，以防发生火灾或失窃。现在凯伦又涉及另一个针对自然的博弈。自然的策略是使得这幅画损失或安全。凯伦的策略则是投保或不投保。假设损失的概率只有 1/1 000，相关的保单附件所需的费用为 12 美元，则表 8-6 列出了这些回报。我们可以看出，因为不投保的期望值（伴随着极小的损失概率）大于特定的保单成本，所以：如果凯伦属于风险中性型，那么她将不会投保；若她属于厌恶风险型，则会选择投保。

表 8-6　货币回报：艺术品投保博弈

		自然		
		损失	安全	期望回报值
凯伦	不投保	−10 000	0	−10
	投保	−12	−12	−12
概率		0.001	0.999	

经济学家和金融理论家们通常会假设，风险厌恶属于个人性情的一个方面。他们认为，某人厌恶风险的心理倾向不会在一夜之间骤然生变，而是相当稳定的。不过，这只是一种假设，而不是公认的事实。如果身处赌场而非其他场所，则大多数人或许就不会那么厌恶风险，因为社会环境在起作用。经济学家们会说，在赌场承担风险的这种意愿体现的是追求娱乐的性情，而不是风险厌恶心理的变化。艾伦·格林斯潘（Alan Greenspan）作为美国联邦储备系统前任主席和富有实际经验的经济学家，有时会谈到股市上的风险厌恶情绪每天都在波动。无论是否稳定，只要具有不确定性，人们的风险厌恶心理都是一个关键因素。

8.6　期望效用

借用经济学家们的一个理念，我们可以将风险厌恶与其他类型的主观动因相联系，而它又是经济学家们从哲学家和数学家那里借鉴过来的。这个理念就是"效用"的数量尺度。我们假设赢得博弈的主观效益可以用某个数字加以衡量，则这个数字就称作"效用"。从个人参与者的角度看，它才是博弈的真正回报。虽然效用回报并不等同于货币回报，但是两者之间存在着一定的关联。如果货币回报增加，则效用回报也会增加，但是不成比例。

如果不运用微积分知识，我们就无法真正理解这种方法。不过，我们也可以借助例子和图形来说明这个理念。假设凯伦根据效用函数而不是货币价值评估她的各个策略，且她的效用取决于货币价值，那么只要货币价值增加，效用也会增加，虽然不成比例。若采用数学表达方式，我们可将她的效用函数表示为 $U(Y)$，其中 Y 是她的货币价值，U 是她的效用。她的效用函数具有经济学家们所说的边际效用递减的特征。因此，她拥有的货币越多，从追加的 1 美元中得到的效用就越少。

图 8-1 表明了凯伦的效用如何随着货币回报的增加而变化，也就是函数 $U(Y)$ 的图形。在图 8-1 中，货币回报显示在横轴上，而相应的效用或主观回报显示在纵轴上。从凯伦的角度看，假设货币回报是确定的，则深色曲线表示 2 000 ～ 10 000 美元之间任何货币回报的效用。她的效用在由 2 000 美元货币回报所产生的 6.7 单位效用到由 10 000 美元货币回报所产生的 10 单位效用之间发生变化。

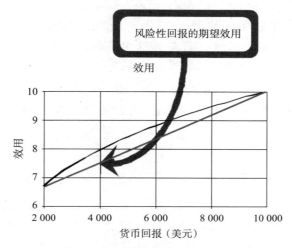

图 8-1 凯伦所得货币回报的效用

可以看出，随着货币回报的增加，这条曲线⊖会变得平坦。这正是边际效用递减规律的图形表述。在图 8-1 中，从凯伦的角度看，1 美元货币的边际效用就是效用曲线的斜率。因此，当货币回报逐渐增加且曲线变得越发平坦时，这就是递减的边际效用图形表述法。

现在我们把这一点用于凯伦拥有那幅画时所面临的 3 500 美元出价的问题。由于它是没有风险的出价，因此，3 500 美元的效用处在该曲线上相应于 3 500 的位置，大约等于 7.7。此时，对凯伦来说，2 000 美元货币回报的效用为 6.7，而 10 000 美元货币回报的效用为 10。不确定性回报的期望值是 $0.75 \times 6.7 + 0.25 \times 10 \approx 7.5$。因此，如果凯伦的效用函数像曲线上所显示的那样，那么她就会接受出价。无风险的出价可以给她更大的 7.7 单位的效用，而不是从等待和调查艺术家身份中所得到的 7.5 单位的效用，即便前面那项策略带来的货币回报要低于后者的货币回报期望值。

因此，如果货币回报具有递减的边际效用，那么参与者就会一直厌恶风险。我们已经看到，凯伦不确定策略的期望效用是 $0.75 \times 6.7 + 0.25 \times 10 \approx 7.5$。我们可以把这一点推广到其他的概率数字。例如，$p$ 是得到具有 10 单位效用的 10 000 美元的概率，则 $(1-p)$ 是得到 2 000 美元货币回报或者 6.7 单位效用的概率，那么效用的期望值就等于 $10p + 6.7$ $(1-p)$。这里的要点在于，期望值是两个端点效用的"线性"平均值。所有的期望值都必须处在直线上。特别地，在目前的场合中，所有的期望值都必须处在浅色直线上。需要注意的是，对于 2 000 ～ 8 000 美元的每一个货币价值来说，浅色直线都处在黑色曲线

⊖ 这条曲线的出处是什么呢？在实践中，衡量效用函数是一项带有猜测性的工作，我们在本章的附录中将主要讨论这一问题。在目前的案例中，为了使图形更加清晰，我们采用的凯伦的效用函数是其回报的四次根。四次根其实也就是平方根的平方根。

的下方。这意味着，相比具有相同期望值的风险性选项，无风险的支付（黑线）总会带来更大的效用。

这是一条具有普遍意义的法则。只要参与者的回报金额具有边际效用递减的特征，他们在一定程度上就是风险厌恶者。

我们假设凯伦先保存那幅画，再决定是否为它投保，由此延续这个例子。但是，根据我们对该例所采用的效用函数，凯伦不会保存那幅画。因此，我们对例子再略加改动。买下那幅画之后，在决定是否接受 3 500 美元的出价前，凯伦对那幅画做了更加细致的检查，因此发现那幅画上留着一个签名。虽然这个签名可能是伪造的，譬如说由某个缺乏道德的交易商所添加，但它却使得那幅画看起来更像是那位 19 世纪艺术家的作品。根据这条信息，凯伦改变了她对两种回报的概率的估算，如表 8-7 所示。

表 8-7 效用回报：具备更多信息时的艺术品重售博弈

		自然		
		19 世纪	20 世纪	期望效用值
凯伦	以 3 500 美元出售	7.7	7.7	7.7
	调查艺术家身份	10	6.7	8
概率		0.4	0.6	

在这个针对自然的博弈中，凯伦的策略和前面一样：接受 3 500 美元的出价或者把画作带回家后再进行调查。从表 8-7 中可以看出，进一步的调查现在可以给予凯伦更大的期望效用。因此，根据这条新的信息，虽然她厌恶风险，但仍然会拒绝 3 500 美元的出价。

现在我们再回到凯伦是否投保的决策问题上。我们假设凯伦回家后通过查阅参考书发现这是一幅真正的 19 世纪画作，价值 10 000 美元。因此，她的选择是针对损失 10 000 美元进行投保，或者顺其自然。表 8-8 列出了两种决策的效用回报。[⊖] 我们可以看出，如果投保，则凯伦可以获得较高的期望值。这一点并不奇怪。因为表 8-6 的结果是根据凯伦属于风险中性型的假设而得出的，所以她不会投保。在现在的表 8-8 中，我们假设她是风险厌恶者，因此可以看出，她确实会投保。通过采用投保策略所得的略高一点的回报是风险厌恶所造成的，由此可知，人们的风险厌恶心理是保险公司能够盈利的原因之一。

表 8-8 效用回报：艺术品投保博弈

		自然		
		损失	安全	期望效用值
凯伦	不投保	0	10	9.99
	投保	9.997	9.997	9.997
概率		0.001	0.999	

在三种可能的情形，即风险中性、风险厌恶和风险喜好中，风险中性最为简单。此时，由于效用与货币回报保持一定的比例，所以我们只需假设博弈参与者追求的是最大期望回报值即可。关于其他两种情形，即风险厌恶和风险喜好，通常的假设是博弈参与者追求的是最大期望效用值。在这方面还存在着许多争议，对于如此复杂的问题，我们

⊖ 计算投保的效用的方法是，如果投保的话，则凯伦的货币回报为 10 000 − 12 = 9 988 美元，而采用可靠的电子表格计算可得，9 988 的四次方根等于 9.997。

在博弈论中通常不予涉及。在后续大多数例子中，如果涉及需要考虑概率的问题，我们都假设参与者属于风险中性型的。

8.7 总结

概率是用数值表示某个不确定性陈述所具有的相对可能性的一种方法。它的取值范围为 0～1，较大的概率被赋予"更有可能成立的"陈述。概率本身就是一个很大的学科，本章仅限于介绍它在博弈论中的一些非常重要的应用。

概率有助于给各种不确定的回报赋值。如果我们知道某个决策或博弈的回报将是几个数字中的某一个，而且能够给它们赋予概率，那么就可以将期望回报值作为各种回报的加权平均值进行计算，并以概率作为权重。

在博弈论中，不确定性大多是通过把机会或者自然作为博弈的参与者之一而引入的。自然会按照不变的概率选择策略。当某个人在做出无法确定结局的决策时，我们把他看成在同自然进行博弈。这个博弈的一种可能解法是使得期望回报值最大化。

在其他存在着两位或更多位参与者的博弈中，自然也有可能是参与者。因此，对参与者们来说，一种可能的解法是运用期望回报值评估他们的各种策略，这取决于自然采取各种行动的概率。

但是，期望回报值可能并不是正确的答案。从前面的分析中我们知道，促使人们做出选择的回报属于主观意义上的。从人们的主观角度看，不确定性本身通常是不足取的。如果确实是这样，那么我们就说参与者或决策者属于风险厌恶者。在博弈中显示风险厌恶的一种方法是，根据效用函数进行思考。参与者将选择能够使得货币回报的期望效用值最大的策略。虽然期望效用会随着货币回报的增加而增加，但是期望效用递增的比例可能小于货币回报。在这种情况下，追求期望效用最大化的参与者属于风险厌恶者，而仅追求货币回报最大化的参与者是风险中性者。

概率和期望值在博弈论中的运用非常广泛。它们将在后续许多章节中发挥重要的作用。在大多数情况下，我们将做出简化性假设，即博弈参与者都是风险中性者，追求的是最大的期望回报值。这也正是我们在前面各章中一直运用的假设。有时，我们将运用期望效用的概念，并且假设参与者们致力于实现货币回报的期望效用最大化。在本书中，这种复杂情况并不多见，如果涉及这类案例，将会明确地提请读者注意。

◾ 本章术语

期望值（expected value）：假设某个不确定事件具有几种数值不一样的结果，则该事件的期望值（又称数学期望（mathematical expectation））就是各个数值的加权平均数，而且把每个结果的概率作为权重。

自然的不确定性（natural uncertainty）：博弈的结局出自某些自然因素而不是人类行为的不确定性。在博弈论中，我们通过把自然当作参与者而引入这种不确定性，并且假设自然是根据某种既定的概率采取行动的。

风险厌恶型、风险喜好型、风险中性型（risk averse, risk loving, risk netural）：如果

某人选择一笔安全支付而不是期望值大于它的风险性支付，则称他为"风险厌恶型"；如果他选择一笔风险性支付而不是安全支付，即使前者的期望值小于后者，则称他为"风险喜好型"；如果他总是选择更高的期望值，则称他为"风险中性型"。

效用和风险厌恶型、风险喜好型与风险中性型（utility and risk aversion,risk loving, risk neutrality）：对于货币收入而言，边际效用递减的效用函数对应的是风险厌恶型，边际效用递增的效用函数对应的是风险喜好型，而边际效用不变的效用函数对应的则是风险中性型。

◤ 练习与讨论

1. 二十面骰子

二十面骰子（icosahedral dice）被运用于 20 世纪某些奇妙的角色扮演博弈中。这种骰子是一个二十面体，即具有 20 个相等侧面的立方体。各个侧面分别标有 1 ~ 20 的数字。当我们投出骰子后，最上方的那一面会以相等的概率显示出 1 ~ 20 之间的某个数字。因此，任何特定数字的概率都是 1/20。

（1）如果投出一枚这种骰子，则显示一个大于"7"的数字的概率是多少？

（2）如果显示的数字大于"7"时支付 5 美元，则赌注的期望值是多少？

（3）如果投出一枚这种骰子，则显示的数字大于"7"的期望值是多少？

2. 国家风险

对外投资者关心投资对象国的各种变化，因为它们会影响自己的利润，这被称为"国家风险"（country risk）。当然，国家风险错综复杂，而损失概率至少有一部分是主观意义上的。这里列出了你可能进行投资的一些国家。你针对每一个国家，估算一下政治变化会导致严重投资损失的概率。如果你不了解某个国家，那就花几分钟时间查阅百科全书或互联网站，然后做出你的主观估计。

（1）巴基斯坦。

（2）比利时。

（3）加纳。

（4）墨西哥。

3. 大缸问题

假设你随机地从一个装有 50 个白球和 100 个黑球的大缸中摸出 1 个球，则摸出白球的概率是多少？

提示：如果摸出 150 个球，那么白球的比例是多少？

4. 彩票问题

假设你拥有一些彩票。中彩者取决于从一个大缸中所摸出那个球上标示的数字。缸内有 1 000 个球，分别标有 1 ~ 1 000 的数字，持有彩票的数字与摸出的球上的数字相同者成为赢家，可以获得 1 000 美元。你持有的彩票数字为 1 ~ 20。

（1）你的中奖概率是多少？

（2）你从彩票上获得的期望回报值是多少？

5. 对研究项目的投资问题

假设你有机会投资一家公司，该公司正从事一个研究项目。若你决定投资，则需立刻投入 100 万美元。如果项目成功，将会出现一种新型产品，进而给你带来 600 万美元的回报。项目成功的概率为 1/5。

（1）"自然"在这个博弈中的作用是什么？

（2）用表格说明你投资与否的博弈，并且运用你对上面一个问题的答案。

（3）计算这项投资的期望回报值。

（4）假设你是风险中性者而且拥有 100 万美元，你是否会进行这项投资？

6. 风险厌恶

再次考虑一下你对上一个问题的回答，假设你的效用函数是 SQRT（Y + 1 000 000），其中 Y 是等于 0 或者 600 万美元的回报，正如可能发生的，减去你必须立刻投入的 100 万美元。你现在是否会进行投资？

7. 农场主拉马达斯

农场主拉马达斯（Ramdass）正在考虑是否在其农场试种一种新型谷物。如果成功，则将获利 80 000 美元，从而能够偿清他的债务；如果失败，则将得到 20 000 美元，那就只能维持生计而根本无力偿债。他种植多年的原有谷物肯定能给他带来 30 000 美元的收益，足以偿还一小部分债务。假设农场主马达斯是风险中性者，那么需有多大的成功概率才能说服他试种新的谷物？关于他是风险中性者的假设是否正确？

8. 伯尼的雨伞生意

伯尼在美国西雅图派克广场市场（Pike Place Market in Seattle）的售货亭出售雨伞。若不下雨，则他每天总是能够售出 30 把雨伞；若逢雨天，则可售出 100 把。每把雨伞的售价为 12 美元。根据预测，明日下雨的概率为 50%。

（1）计算伯尼明日可售雨伞数量的期望值。

（2）平均而言，西雅图每天下雨的概率为 1/3，试计算伯尼平均每天可售雨伞数量的期望值。

（3）雨伞的批发价为 3 美元。平均而论，为了补充每天的存货，伯尼需花费多少？

（4）伯尼经营售货亭的成本，包括他自己的收入（机会成本）在内，等于 400 美元再加上售出雨伞数目的补货成本。伯尼需要索价多少才能在平均售货数量上使盈亏持平？如果有平均利润的话，他的平均利润是多少？

（5）伯尼正在考虑关闭售货亭转而去做厨师，如此每天可得薪酬 300 美元。请把这个决定作为针对自然的博弈进行分析，并描绘它的扩展式。在这种情况下，你认为伯尼的"外部选项"（outside option）是什么？

效用的衡量

　　利用货币的期望效用值与回报的期望效用值之间的关系，约翰·冯·诺依曼和奥斯卡·摩根斯特恩共同提出了一种衡量回报效用的方法。现在，假设我们想要知道凯伦赋予无风险的 4 000 美元的效用是多少。我们先送给她一张彩票，它以概率 p 支付 10 000 美元，而以概率（$1-p$）支付 0 美元，然后让她在那张彩票和无风险的 4 000 美元之间做出选择。她是选择彩票还是无风险支付，取决于彩票能否给她提供大于无风险支付的效用。因此，我们将同凯伦谈判，仔细调整概率 p 直到她不再在乎（不再区别）选择哪个选项为止。也就是说，到这时，彩票的期望效用与 4 000 美元的期望效用是一样的。

　　为了衡量 4 000 美元或任何其他金额的效用，我们需要针对测量单位和原点达成共识。我们对 0 支付赋予的效用为 0。它与任何其他原点一样便于记忆。以 10 分为尺度给效用分级，我们把 10 指定给 10 000 美元。因此，当凯伦认为这两种选项没有差异时（即她不在乎是得到彩票还是无风险的 4 000 美元），彩票的期望效用就是 $10\,000p+$（$1-p$）$\times$ 0 $=$ 10 000p $=$ 4 000 美元的效用。假设通过实验我们发现，让这个博弈得以成立的概率是 0.795，那么就可以说，4 000 美元的效用为 $10\times0.795=7.95$。

　　一般而言，根据约翰·冯·诺依曼和奥斯卡·摩根斯特恩的这种方法，为了衡量效用，首先需要构建对应于某个任意原点和衡量尺度的回报，然后找到能够使得某人在 X 和一张具有支付上限或者下限的彩票之间没有差异的概率，这样我们就能够衡量处在上限和下限之间任何数字 X 的效用。

贝叶斯法则

在高级博弈论中，被普遍运用的更高级的概率分析方法之一是贝叶斯法则（Bayes' Rule），它以统计学家托马斯·贝叶斯的名字命名。虽然我们在后面各章中还将提及这种方法，但在这部入门级教科书中不做运用。下面是一个能让我们大致了解它的例子。

◆ 延伸阅读

托马斯·贝叶斯

托马斯·贝叶斯（Thomas Bayes，1702—1761）出生于英国伦敦。他是一位数学家和神学家，其著述范围甚广，从推动概率论的进步到试图证明"上帝"的仁慈。他最值得纪念之处是关于概率论的一篇论文《关于求解机会论中一个问题的论文》（*Essay Towards Solving a Problem in the Doctrine of Chances*，1763）。该论文在他去世后由伦敦皇家学会的《哲学交流》（*Philosophical Transactions*）杂志发表。

假设艺术品收藏者凯伦正在观察她可能买下的一幅画作。因为它的独特风格，所以她认为它可能是希莫泰尔（Himmelthal）的作品。凯伦知道，在具有这种风格的所有画作中，有25%是他的作品。经过更仔细的观察，凯伦发现画作上签有"Himmelthal"的字迹。实际上，希莫泰尔并没有在所有的作品上签名。通过查阅参考书，凯伦知道希莫泰尔在90%的作品上签过名，而且市场上还存在着赝品。所有这种风格的作品（包括赝品在内）中，有35%签有"Himmelthal"的字迹，因此，可得

$$P_1 = 这种风格的作品属于希莫泰尔本人作品的概率 = 0.25$$
$$P_2 = 希莫泰尔签名作品的概率 = 0.90$$
$$P_3 = 这种风格的作品签有"Himmelthal"的字迹的概率 = 0.35$$

不过这些都不是凯伦想要了解的。她想知道的是，考虑到存在赝品的可能性，$P_4 =$ 具有这种风格、签有"Himmelthal"的字迹且属于希莫泰尔本人作品的概率。为此，她运用贝叶斯法则进行计算，即

$$P_4 = P_2 P_1 / P_3 = 0.9 \times 0.25 / 0.35 \approx 0.64$$

因此，该画作属于希莫泰尔本人作品的概率不到2/3。

一般而言，贝叶斯法则表明：

如果观察到 X，则 A 为真的概率

=（A 独立于 X 的概率）（A 为真时出现 X 的概率）/（X 独立于 A 的概率）

约翰·海萨尼（John Harsanyi）、约翰·纳什和泽尔腾（Selten）共同获得了 1994 年诺贝尔经济学奖。该奖项是为了表彰他们把贝叶斯法则运用于博弈论的开拓性工作。根据约翰·海萨尼提出的关于博弈论的方法，给定对于他人采取特定策略的估算概率，参与者们会致力于实现期望回报值的最大化。他们还运用贝叶斯法则不断地调整对于他人采取特定策略的概率估算，直到无人想要进一步改变估算的概率或者策略为止。

关于贝叶斯法则的通俗解释，可参阅阿兰·S.卡尼格利亚的《运用于经济学的统计学：一种直观的方法》（*Statistics for Economics*：*An Intuitive Approach*，Alan S. Caniglia，HarperCollins，1992，pp.69-72）。

混合策略的纳什均衡

导读

  为了充分理解本章内容，你需要先学习和理解第 1～5 章和第 8 章的材料。

  我们已经看到，博弈论是如何使用期望值的概念处理来自自然的各种不确定性。参与者们也可以人为地把不确定性引入博弈中。还有这样一些博弈，其中的最优策略选择是无法预测的。这时，概率和期望值的概念能够帮助我们解决这个问题。在美国的棒球比赛中，我们也能找到很好的例证。

9.1 棒球比赛与诚实

  在棒球比赛中，每一次投球都使得比赛落实到两位参赛者之间的对抗中，即投球手和击球手。出于简便的目的，我们现在考虑一位只有两种投球方式的投球手。这两种投球方式是快球和变速球。变速球因速度较慢而比较容易被击中，如果击球手知道它即将到来的话，则很容易应对。不过它可用于欺骗以为快球将会到来的击球手。这两种投球方式构成了投球手的两种策略。如果击球手的水平很高，那么他就能够击中快球并把它击出很远，然后利用这个很好的机会跑到得分位置，但是他必须在看清球之前就挥起击球棒。若他等到看清球之后再挥棒就会错失快球，不过他仍然有机会击中变速球，这是一个虽然结局不错，但得分不高的状况。假设计数为 3 和 2，了解棒球的人都知道，这意味着对于投球手和击球手来说都是最后一次机会。表 9-1 列出了相关的回报。

表 9-1 棒球比赛的回报

		投球手	
		快球	变速球
击球手	早挥棒	10，−10	−5，5
	晚挥棒	−5，5	3，−3

  可以看出，投球手总是应该投出最佳的球，尤其是在这种关键时刻。问题在于，如果他确实做到了这一点，那么击球手总是会及早挥棒并大量地击中投球和大量的本垒打。即便只有两三次预测到投球手投出的是快球，这也会让击球手更加容易决定如何挥棒。也就是说，在这两三次情况下，他都会及早挥棒。

  对击球手来说，情况也很相似。如果可以预测到他的挥棒情况，例如，假设他在每次面对投球时都会及早挥棒，那么投球手的工作也就变得十分容易了，即每次都投出变速球。因此，击球手必须努力做到让对手无法预测自己的行为。

  和之前一样，假设两位都是理性的，他们都必须在两种策略之间做出选择。"不可预测"意味着在策略选择中包含了随机成分。每位都将根据某种概率选择这种或那种策略。这被称为"混合策略",因为它把表 9-1 中的两种"纯粹策略"加以混合。对开局的选手来说,包括棒球比赛中的投球手和击球手、美式足球比赛中的四分卫,以及篮球比赛中的控球后卫,他们的一部分任务就是"把它们搅和"得无法预测,也就是让对方无法把握自己下一步的策略,从而使自己变得让人难以防备。这正是体育运动中最棘手的任务之一,随机选择确实让人们不易应对。

再重申一遍,一项纯粹策略是按照正则式博弈表示的策略之一,根据等于 1 的概率(确定性)而获选。一项混合策略则是根据特定的概率对一种或另一种纯粹策略进行随机选择,从而使各种策略以不同的概率为比例加以混合。

⚠ **重点内容**

这里是本章将阐述的一些概念。

纯粹策略(pure strategies):构成一个正则式博弈且具有相应回报的一列策略。

混合或随机性策略(mixed or randomized strategies):是一种正则式博弈,参与者根据特定的概率在一列策略中做出选择,其中两项或更多项策略的获选概率为正。

混合策略均衡(mixed strategy equilibrium):一位或更多位参与者都选择了混合策略时所达到的纳什均衡。

那么,他们将选择怎样的概率呢?为了确定这一点,我们必须从两个方面进行考虑。我认为,关键是防止其他参与者利用我自己做出的预测。因此,我希望选择让他一直需要猜测的概率。我们从击球手的角度考察一下。设 p 为投球手投出快球的概率。表 9-2 列出了击球手的两种策略的回报(当然,我们需要使用期望值的概念,因为策略都是不可预测的)。如果 p 足够大,则早挥棒可以比晚挥棒得到更好的回报。在这种情况下,击球手将选择早挥棒。如果 p 足够小,那么晚挥棒可以获得更好的回报。

表 9-2　击球手两种策略的回报

早挥棒的回报	$10p-5（1-p）=15p-5$
晚挥棒的回报	$-5p+3（1-p）=3-8p$ ⊖

现在,我们从投球手的角度考察一下。为了减少自己的损失并且让击球手忙于猜测,投球手需要连续地调整 p,这使得击球手的一种策略不会比另一种更好。我们可借助代数式表示这一点。如果说没有哪一种策略比另一种更好,那就意味着我们可得

$$15p - 5 = 3-8p \qquad (9-1)$$

求解 p 可得

$$p = 8/23 \qquad (9-2)$$

因此,投球手将以 $p = 8/23$ 的概率投出快球。现在,我们从投球手的角度观察一下击球手的策略,设 q 为击球手早挥棒的概率。表 9-3 列出了

表 9-3　投球手两种策略的回报

快球的回报	$-10q+5（1-q）=5-15q$
变速球的回报	$5q-3（1-q）=8q-3$ ⊜

⊖ 原文为 $-5p-3（1-p）=3-8p$。——译者注

⊜ 原文为 $5q+3（1-q）=8q-3$。——译者注

投球手的两种策略的回报。击球手将努力调整 q，从而使投球手的一种策略的期望回报值不会大于另一种。我们可用式（9-3）表示这一点。我们采用代数方法求解该式，可以得到等于 8/23 的概率。它也正是击球手及早挥棒的概率。

$$5 - 15q = 8q - 3 \qquad\qquad (9\text{-}3)$$

我们现在得到了相应的概率：投球手以 8/23 的概率投出快球，而以 15/23 的概率投出变速球；击球手则以 8/23 的概率早挥棒，而以 15/23 的概率晚挥棒。每一方都会选择"混合策略"。在每种情况下，混合策略都是一位参与者针对另一位参与者所选混合策略的最优应对策略。再回顾一下纳什均衡的定义，即每位参与者都选择了针对其他参与者所选策略的最优应对策略。因此，当两位参与者都选择 8/23 的概率时，我们就得到了纳什均衡。

◆ 延伸阅读

透彻的思考

因为混合策略理念包含了某种智力意义上的柔道（jui-jitsu），所以它会令人感到迷惑。看似有些奇特的一点是，投球手其实是在平衡击球手的期望回报值，让它们趋于相等。但是，在这个过程中，他其实也是让自己的期望回报值达到最大。投球手的目标实质上也是在迫使击球手让自己的击球随机化。

人们或许并不喜欢随机化，而且会得出这样一类推理："我不打算实施随机化，因为那就意味着放弃。我只想一直比那个家伙快一步，从而选择正确的策略打败他。"但是，如果另外那个家伙随机地选择策略，则你的这种做法就毫无用处，因为他会选择各种概率使得你的所有策略都给予你同样的期望值，无论你如何选择。你确实无法智取对方，除非他想要智取你！"你不能欺骗诚实的人"，同样，"你欺骗不了随机行动的人"。

在博弈论中，我们假设存在着关于"理性的共同知识"（common knowledge of rationality），即不仅两位参与者都是理性的，而且双方都知道对方是理性的。这一点对于混合策略来说尤其重要。

因此，一种推理是，"因为对方知道他无法智取我，所以他不会这样尝试。他会采取随机行动，除非我自己不够理性和可以被预测而让他有机可乘。他通过选择让我的策略期望值相等的概率来防止我智取他。但是，我当然也能采取随机行动。不过，采用怎样的概率呢？我要选择让他陷入最糟处境的概率，从而不让他智取我，而这样做的方式就是，选择让他的策略期望回报值相等的概率。"

关于混合策略，还有一种更直观的方法，即贝叶斯学习法。虽然直观，但它在数学方面也更高级。我可能认为对方并不是理性的，并且可以凭借经验估算出他选择这个或那个策略的概率。与此同时，他也在针对我如此行事。这就是以托马斯·贝叶斯的名字命名的"贝叶斯学习法"。他是一位统计学家，提出了这个根据经验修正证据的优良法则（参见第 8 章的附录 8B）。在棒球比赛之类的例子中，除了更复杂的情况之外，贝叶斯学习法最终可以让两位参与者都采取经济学家根据"理性的共同知识"推导得出的理性混合策略。约翰·海萨尼、约翰·纳什和泽尔腾共同获得了诺贝尔经济学奖，因为他们把贝叶斯学习法运用到了博弈论的开拓性工作中。

若把它分成两个阶段，或许会比较容易理解。比如：在第一阶段，击球手决定自己是否要采取随机行动；在第二阶段，他选择特定的概率。只要投球手按照 8/23 和 15/23 的概率选择混合策略，击球手的这两种策略就没有差异。由于早挥棒和晚挥棒都会给他相同的期望回报值，所以他也会采取随机行动。不过，从期望回报值的角度来考察，击球手可以选择任何概率，50∶50、100∶0 等。那么，他会如何选择概率呢？他会发现，如果自己不选择 8/23 和 15/23 的概率，那么投球手也就不会采取随机行动。

　　表 9-4 列出了击球手可以选择的三种可能概率的结果。若他选择 7/23，则投球手就可通过投出快球而得到 0.43 的期望回报值，而投出变速球却只有 −0.57。因此，在这种情况下，投球手不会采取随机行动，这就使得击球手只能得到 −0.43 的期望回报值。如果击球手选择 9/23，那么投球手可通过投出变速球而得到 0.13 的期望回报值，而投出快球却只能得到 −0.87。因此，他同样不会采取随机行动，而是会投出变速球，让击球手只能得到 −0.13 的期望回报值。击球手只有选择 8/23 的概率才能让投球手在选择快球和变速球之间没有任何差异，并且使他最优地应对不良处境，同时采取随机行动，从而使击球手有可能获得他的最优期望回报值，即 0.21。

表 9-4　具有不同概率的期望回报值

早挥棒的概率	快球的期望回报值	变速球的期望回报值	投球手的最优应对策略	击球手的期望回报值
7/23	0.43	−0.57	快球	−0.43
8/23	−0.21	−0.21	快球或变速球	0.21
9/23	−0.87	0.13	变速球	−0.13

　　在博弈论中，这种纳什均衡被称为“混合策略均衡”。事实上，它也是这个博弈唯一的均衡。回顾一下表 9-1 就可以看出，它不存在纯粹策略的纳什均衡。无论选择哪种纯粹策略组合，其中一位参与者都会想要偏离它。但是，它具有一个混合策略均衡，只要两位参与者选择均衡的混合策略，他们就都不会想要单方面地偏离它。

9.2　纯粹策略与混合策略

　　在 9.1 节中我们已经知道，人们在选择策略时可以利用不确定性，即选择混合策略而不是纯粹策略。纯粹策略是这样一列策略，它们确定了博弈的正则式或扩展式；混合策略则是根据某种概率在两种或更多种策略中选择其一的一种策略。我们还知道，一个博弈中可能存在着混合策略均衡，即使不存在纯粹策略均衡。

　　我们已通过一些例子知道，并非所有的博弈都具有纯粹策略的纳什均衡。这是大家都知道的纳什均衡理论的一个不足之处。但是，如果考虑到混合策略及纯粹策略，这个问题也就不复存在了。约翰·纳什发现，每一个正则式的两方博弈都存在混合策略均衡，即使不存在纯粹策略均衡。约翰·冯·诺依曼和奥斯卡·摩根斯特恩证明了这一点对于两方博弈的一个重要次级类型成立，即“零和博弈”；而约翰·纳什作了进一步拓展，证明了所有的两方博弈都在混合策略意义上存在纳什均衡，即使在纯粹策略方面没有均衡。当然，这正是我们把它称作“纳什均衡”的原因。

9.3　促销博弈

　　现在再了解关于混合策略的一个例子。某些经济学家把混合策略的推理方式运用于零售商的促销日程安排中。当然，它并不适用于所有的销售活动，因为某些销售活动的日程安排比较容易预测，例如节假日。然而，有些促销活动似乎难以预测。例如，当某个蓝光（blue light）亮起时，可能会有一次不期而遇的促销活动。零售商为何要让他的促销活动无法预测呢？这可能是一种混合策略。如果消费者知道何时会有促销活动，那么他就会在那些天准时光顾。但是，消费者也想让自己的行动变得不可预测，因为如果零售商知道消费者造访的日期，那么零售商就不会在那些天安排促销活动。

这种推理究竟能否形成混合策略呢？现在看一个特定的例子。出于简化的目的，我们把它当作两方博弈。零售商是一位参与者，消费者是另一位参与者。零售商的策略是在今天或明天举行促销活动。消费者的策略是在今天或明天光顾商店。表 9-5 列出了两位参与者的回报。[⊖]

现在，我们从零售商的角度考察一下各种回报，并且设 p 为消费者在今天而非明天造访商店的概率。零售商的两种策略的期望回报值显示在表 9-6 中。

表 9-5 促销博弈的回报

		消费者	
		今天购物	明天购物
零售商	今天促销	5, 10	8, 4
	明天促销	10, 5	4, 8

如果这些数字中的一个较大一些，那么消费者就会让零售商很容易选择消费者不来商店的日子进行促销。因此，消费者将会调整 p，从而使表 9-6 中的两个期望回报值相等，即

表 9-6 零售商两种策略的期望回报值

今天促销的回报	$5p+8(1-p)=8-3p$
明天促销的回报	$10p+4(1-p)=4+6p$

$$8 - 3p = 4 + 6p$$

求解可得

$$p = 4/9$$

因此可以认为，消费者将以 4/9 的概率在今天到来，而以（1-4/9）= 5/9 的概率在明天到来。

现在，我们再从消费者的角度观察一下各种回报，并且设 q 是零售商在今天而不是明天进行促销的概率。表 9-7 列出了消费者的两种策略的期望回报值。如果其中一种大于另一种，那么消费者就会很容易选择更好的日子，并且更有可能获得促销的效益。相应地，零售商将会调整 q，从而使消费者在今天和明天前来所获得的期望回报值是相同的，即

表 9-7 消费者两种策略的期望回报值

今天购物的回报	$10q+5(1-q)=5+5q$
明天购物的回报	$4q+8(1-q)=8-4q$

$$5 + 5q = 8 - 4q$$

求解可得

$$q = 3/9 = 1/3$$

因此可以认为，零售商将以 1/3 的概率安排在今天促销，而以 2/3 的概率安排在明天促销。

当然，这个例子经过了很大的简化。它其实假设零售商只有今明两天可以做生意。再者，这个博弈只考虑了一位零售商和一位消费者。不过，它表明了促销日程安排如何构成混合策略均衡。事实上，我们可以在较为复杂和现实的促销日程安排博弈中找到混合策略均衡，并考虑存在着许多零售商和消费者的现实情形，且他们可以在未来的任何一天持续地做生意。

⊖ 通常情况下，现在或近期的效益和利润要比更长远的未来的回报价值大，因此，这两位参与者都对今天而不是明天获得的效益赋予更大的价值。在经济学中，这一点被称作"时间偏好"（time preference）。为了便于分析，这个例子对这种普遍趋势略有夸大，因为一夜之隔的回报差异无疑要小得多。

9.4 具有混合和纯粹策略的均衡

棒球比赛博弈和不可预测的促销博弈都只具有混合策略均衡而没有纯粹策略均衡。不过，某些博弈兼具这两种均衡。这里是一个例子。有两位伙计都非常讲礼貌，但有点礼貌过度，我们不妨称他们为艾尔和乔治（Al and George）。他们都需要通过宽度只能容得下一个人的小门，而他们都因过于礼貌而不愿意先于另一位通过。他们只是不断地说客气话，如"您先请，艾尔""不，您先请，乔治"。如此这般，最终两人都无法通过小门。[⊖]

这是一个以艾尔和乔治的社会困境为基础的博弈。当然，他们都是参与者，都必须通过一个小门，而那个门的宽度不足以让两人同时通过，这就形成了如表 9-8 所示的各种回报。每人都要在两种策略中选择其一：等待和前行。如果两人同时前行，那么就会相撞，每位均得到等于 −1 的回报；如果两人都等待，就像杂耍小品中那样，就都无法通过小门而得到等于 0 的回报。如果一人前行而另一人等待，那么两人都可通过小门，先行的那位得到等于 3 的回报，等待和跟随的那位得到等于 2 的回报。

运用前面各章的方法，我们可以看出这个博弈具有两个纯粹策略的纳什均衡。这是一个合作性博弈，且与其他的合作性博弈十分相似。无论哪位参与者先行，另一位都在等待，这样就可得到一个纳什均衡。然而，这个博弈还有一个混合策略均衡。从乔治的角度看，设 p 为艾尔选择"等待"作为其策略的概率。因此，表 9-9 显示了乔治的策略的期望回报值（因为这个博弈是对称的，所以从艾尔的角度也可获得相同的结论）。

表 9-8　艾尔和乔治的回报

		乔治	
		等待	前行
艾尔	等待	0，0	2，3
	前行	3，2	−1，−1

表 9-9　乔治的策略的期望回报值

等待的回报	$0p+2（1-p）=2-2p$
前行的回报	$3p-（1-p）=4p-1$

因此，如果艾尔调整他的概率 p 而使得乔治从两种策略中获得的回报相等，就有

$$2-2p = 4p-1$$

求解可得

$$p = 3/6 = 1/2$$

由于这个博弈是对称的，因此，两位参与者都可按照相同的方式进行推理，即两人都将以 1/2 的概率等待而以 1/2 的概率前行。

因此，这个博弈具有三个纳什均衡，两个属于纯粹策略均衡，一个属于混合策略均衡。不难看出，艾尔和乔治在纯粹策略的纳什均衡中的回报不会低于 2。相比之下，他们在混合策略均衡中的处境如何呢？为了回答这一问题，我们需要计算当两位参与者都采用混合策略时的期望回报值。将 $p = 1/2$ 代入表 9-9 中的任何一个式子（因为 1/2 的概率使得它们相同）中，由此可得到表 9-10。

⊖ 这个例子源于 20 世纪初的一个喜剧片段和杂耍小品。若要了解更多的信息，可查阅 http://en.wikipedia.org/wiki/Alphonse_and_Gaston，还有一段小品视频，网址为 http://memory.loc.gov/cgi-bin/query/r?ammem/varstg:@field [NUMBER（1453）]。

由此可知，艾尔和乔治处在混合策略均衡时的回报确实较低。这一点并不奇怪，因为混合策略均衡意味着，总是存在着他们都无法通过那个门的一定的概率。

表 9-10 乔治策略的均衡期望回报值

等待的回报	$2-2 \times 1/2 = 2-1 = 1$
前行的回报	$3 \times 1/2 - (1-1/2) = 1.5-0.5 = 1$

这里是另一个兼具纯粹和混合策略均衡的例子，事关环境问题。它是一个关于环境政策的例子。利特腾和哈姆雷特（Littleton and Hamlet）两个小镇的人们都从井里获取饮用水。他们可从两个含水地层中抽取。一个含水层较浅，与它相通的那口井的井水相对便宜，但它只够供应一个小镇的人们饮用。如果两个镇的人们都挖掘较浅的含水层，那么就会抽干它，从而造成双方都将没有足够的水源。另一个含水层因为较深，所以挖掘成本较高，但它可为两个镇的人们提供充足的水源，而且他们能够分担成本。因此，这两个镇都有两种策略，即挖掘深井或浅井。表 9-11 列出了两个镇的回报。需要注意的是，这里存在着两个纯粹策略的纳什均衡，而且都不是合作解；合作解出现在两个镇的人们分享深的含水层之际，此时的总回报为 20。

从利特腾的角度看，设 p 为哈姆雷特选择"深井"策略的概率。因此，表 9-12 显示了利特腾的策略的期望回报值。通过代数运算，我们可以确定选择"深井"的概率为 11/18。由于这个博弈是对称的，所以这一点对于两个镇都适用。

表 9-11 利特腾和哈姆雷特的回报

		哈姆雷特	
		深井	浅井
利特腾	深井	10, 10	3, 15
	浅井	15, 3	0, 0

表 9-12 利特腾策略的期望回报值

深井的回报	$10p+3(1-p)=3+7p$
浅井的回报	$15p-0(1-p)=15p$

虽然混合策略的期望回报值为 9.17，大于一个镇单独挖掘深井所得到的回报，但是如果一个镇只挖浅井，则所得到的回报仍然更大。因此，这里再次存在着三个纳什均衡：两个为纯粹策略均衡，一个为混合策略均衡。

9.5 混合策略的图示

借助于几个图示，我们可以更清晰地了解这种混合策略的含义。首先，我们对 9.1 节中的棒球比赛例子进行图形分析。我们从击球手的角度入手，图 9-1 显示了击球手的期望回报值，横轴表示投球手投出快球的概率。

击球手选择"早挥棒"策略的期望回报值用黑线表示。学习过经济学原理的学生们都知道，当两条直线相交时，通常会发生某个重要的事情。在博弈论中也是如此。两条直线相交表明了"针对投球手"的均衡概率：处在任何其他概率上，若一种或其他某种击球策略的回报较高，则击球手会选择能够获得更高回报的策略，从而使投球手的处境变糟。因此，投球手会努力选择某种概率，从而使两种策略的回报相等，即两条直线相交的地方。我们已知道，它等于 8/23。由于这个博弈不是对称的，因此，关于投球手期望回报值的图形看起来略有不同，我们在此不做介绍。

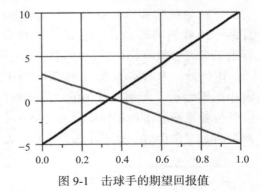

图 9-1 击球手的期望回报值

需要注意的是投球手以略高于均衡水平 2/7 的概率投出快球后将会发生的情形。假设他选择 0.4 的概率，这样一来，击球手就能够按照等于 1 的概率及早挥棒并获得等于 1 的期望回报值；如果他以小于 1 的概率及早挥棒，那么所得的期望回报值就会比较低。因此，他的最优应对策略就是以等于 1 的概率及早挥棒。但是，投球手此时的最优应对策略却是投出变速球。如此一来，这对策略没有一个是稳定的。正如我们所知道的，这个博弈不存在纯粹策略均衡。两位运动员将不断地变换各自的策略，直到他们再度回到混合策略均衡为止。

练习题

请自行描绘投球手期望回报值的图形，利用它对投球手的策略作相同的推理。

现在，我们回到艾尔和乔治的博弈问题中。图 9-2 列出了他们各自可选的两种策略的期望回报值。乔治（艾尔）选择"等待"的概率显示在横轴上，期望回报值显示在纵轴上。艾尔（乔治）的"等待"策略的回报用深色直线表示，"前行"策略的回报则用浅色直线表示。如前所述，两条直线的交点对应于"等待"概率的均衡，因为它是使两种策略的期望回报值相等的概率。由于这个博弈是对称的，所以从任何一方的角度观察所得到的图形看起来都是一样的。

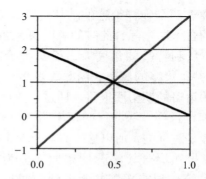

图 9-2 艾尔和乔治策略的期望回报值

现在，假设乔治以略大于 1/2 的概率选择"等待"，比如 0.6。图 9-2 告诉我们，此时艾尔选择"前行"策略的期望回报值为 1.4，而"等待"策略的期望回报值为 0.8。因此，艾尔将以等于 1 的概率选择"前行"，而乔治⊖的最优应对策略则是以等于 1 的概率选择"等待"，这样就可以得到一个纯粹策略的纳什均衡（前行，等待）。假设乔治以略小于 1/2 的概率选择"等待"，比如 0.4。图 9-2 告诉我们，此时艾尔选择"前行"策略的期望回报值为 0.6，而"等待"策略的期望回报值为 1.2。因此，艾尔将以等于 1 的概率选择"等待"，而乔治的最优应对策略则是以等于 1 的概率选择"前行"，如此同样可以得到一个纯粹策略的纳什均衡（等待，前行）。可以看出，对于均衡概率的任何偏离虽然很小，但都会立刻形成某个纯粹策略的纳什均衡。从这种意义上讲，混合策略的纳什均衡是不稳定的。在利特腾和哈姆雷特挖井的博弈中，混合策略同样是不稳定的。通常情况下，具有两个纯粹策略的纳什均衡的协调博弈也会具有第三个混合策略均衡，虽然它可能并不稳定。

作为另一个对照例子，我们对一个社会困境再作图形分析，即第 1 章中的"广告博弈"。两位参与者是两家出售相同产品的对立厂商，它们的策略是"做广告"或"不做广告"。表 9-13 列

表 9-13 广告博弈
（复制第 1 章的表 1-2）的回报

		弗姆考	
		不做广告	做广告
塔巴茨	不做广告	8, 8	2, 10
	做广告	10, 2	4, 4

⊖ 这里的原文均为"AI"，当为"George"之误；后一句亦然。——译者注

出了这个博弈的回报。我们已经知道，在这个博弈中，（做广告，做广告）是占优策略均衡。

由于这是一个对称的博弈，所以从弗姆考或者从塔巴茨的角度进行分析并无多大区别。因此，在图 9-3 中，横轴显示的是弗姆考（或塔巴茨）选择"不做广告"策略的概率。深色直线代表"不做广告"的回报，而浅色直线代表"做广告"的回报。我们可以看出，"做广告"的回报总是大于"不做广告"的回报。也就是说，"做广告"不仅针对纯粹策略"不做广告"是占优的，而且针对所有的混合策略都是如此。这一点在总体上适用于各种社会困境，即占优策略针对混合策略和纯粹策略都是占优的。

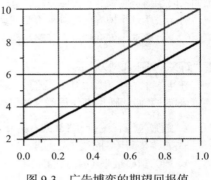

图 9-3　广告博弈的期望回报值

练习题

证明利特腾和哈姆雷特之间的挖井博弈的混合策略均衡是不稳定的。

9.6　总结

不确定性可能来自博弈中的人类参与者，当然也可能来自自然。回顾一下，正则式博弈始于每位参与者的一列纯粹策略。但是，可以预测地运用某种纯粹策略会令参与者很容易被对手利用。因此，理性的参与者会尽量使自己不可预测，根据经过仔细调整的概率在各种纯粹策略中做出选择，为的是消除可以被对手利用的机会。如果按照这种方式选择策略，那么我们就称它为"混合策略"。

因为混合策略的回报是不确定的，所以我们采用期望回报值的概念对它进行评估。最优应对策略是这样一种策略（或者是在各种策略之间做出选择的概率），它能够使期望回报值达到最大。对于按照这种方式定义的最优应对策略，所有的两方博弈都存在纳什均衡，包括那些不存在纯粹策略均衡的博弈在内。某些博弈具有一个以上的均衡，包括纯粹策略均衡和混合策略均衡在内。这一点对于协调博弈同样成立，只不过协调博弈中的混合策略是不稳定的。

◢ 本章术语

纯粹策略与混合策略（pure and mixed strategies）：所有的正则式博弈都是由具有不同回报的一列策略所定义的。它们是博弈的纯粹策略。不过，参与者还有其他选项，也就是根据某种为正的既定概率在各种策略中进行选择。所有这类决策规则被称作混合策略。

◢ 练习与讨论

1. 硬币匹配游戏

正如我们在第 1 章的练习题 3 所介绍的，硬币匹配是小学校园内的一种游戏。一位参与者选定"偶数",另一位选定"奇数"。两位参与者各展示一枚硬币的"正面"或者"反面"。如果两位参与者展示的侧面相同,则"偶数"方获得两枚硬币;若两位参与者展示的侧面不同,则"奇数"方获得两枚硬币。

(1)证明这个博弈没有纯粹策略的纳什均衡。

(2)计算这个博弈的混合策略均衡。

2. "石头、纸张和剪刀"博弈

在第 5 章的练习题 2 中,我们介绍过一个常见的儿童游戏,称作"石头、纸张和剪刀"。两个儿童(我们称他们为苏珊和特斯)同时选择代表石头、纸张或者剪刀的符号。输赢规则是:

- 纸张包住石头(纸张战胜石头);
- 石头砸断剪刀(石头战胜剪刀);
- 剪刀剪破纸张(剪刀战胜纸张)。

表 9-14 列出了各种回报。

计算这个博弈的混合策略均衡。

表 9-14 "石头、纸张和剪刀"博弈的回报

		苏珊		
		纸张	石头	剪刀
特斯	纸张	0, 0	1, −1	−1, 1
	石头	−1, 1	0, 0	1, −1
	剪刀	1, −1	−1, 1	0, 0

3. 更多的混合策略

计算第 5 章中的"努力博弈""草鸡博弈""鹰鸽博弈"的混合策略均衡,并加以比较。

4. "逃脱—躲避博弈"

回顾一下第 5 章 5.8 节中的"逃脱—躲避博弈",它的回报如表 9-15 所示。我们已经知道,这个博弈没有纯粹策略均衡,但是如果包括混合策略的话,那么它至少存在一个均衡。

计算这个博弈的混合策略均衡。

表 9-15 "逃脱—躲避博弈"的回报
(复制第 5 章的表 5-8)

		皮特	
		北	南
弗瑞德	北	−1, 3	4, −1
	南	3, −4	−2, 2

5. 大逃亡

参考第 2 章的练习题 2。

(1)这个博弈中是否存在纯粹策略的纳什均衡?为什么?

(2)计算这个博弈的混合策略均衡。

6. 布匿战争

在公元前 218 ～ 202 年的第二次布匿战争(Punic War)中,罗马人面对一支强大的迦太基军队。它将大象作为突击队,并且由伟大的战略家汉尼拔(Hannibal)将军率领。在战争的大部分时间内,罗马人都遵循"缓进者"费边(Fabius Cunctator)的策略,即避免与汉尼拔的军队在意大利交战,同时捣毁汉尼拔在地中海周边其他地区的供给站。这其实是一个"逃脱—躲避博弈"。费边和汉尼拔两位将军都必须在两个山隘之间做出选择。如果他们的选择相同,则会交战,而费边的军队将会因为实力远远不及敌手而战败。表 9-16 列出了相应的回报。

这个博弈中的纳什均衡是什么?

表 9-16 布匿战争博弈

		费边	
		北边山隘	南边山隘
汉尼拔	北边山隘	5, −5	0, 0
	南边山隘	0, 0	5, −5

7. "美式足球"博弈

在美式足球中,进攻方的目标是把球带过得分线(objective line),在连续的各节(play)中通过控球奔跑或者投掷(pass,传球)向对方的得分线推进;防守方的目标则是通过"拦截"(tackling,用身体阻挡)控球者或者传球以阻碍对方的推进。

与棒球不同,美式足球是一个由 11 位队员组成的整支球队协调性进攻博弈。即使四分卫(quarterback)的作用非常关键,但若没有线锋(lineman)的拦截,他也会无所作为,包括跑卫(run back)

或传球给接球手（receiver）在内。防守同样需要协调。为了让例子变得简单一些，我们只考虑两种进攻方式，即后退传球（the drop back pass）和后撤传球（the draw play）。这两种方式都指向同一目的，即进攻方拦截线锋从划分双方的"攻防线"（line of scrimmage）回退，四分卫则在攻防线后面跑动 10 码$^{\ominus}$左右。

针对后退传球，防守策略通常包括由线锋冲上前去破坏传球阵势，以及将速度较快的防守队员撤回到己方球门附近，以便拦截对方传球和防止成功的传球获益。但是，这种防守策略尤其容易遭遇对方的后撤传球，因为它会使其"攻防线"上缺乏防守力量。

因此，进攻方将在两种策略之间进行选择，即传球或后撤传球；而防守方也将在两种策略之间进行选择，即传球防守或奔跑防守。进攻方的回报是获得的期望码数值，防守方的回报则是那个数值的负数。表 9-17 列出了各种回报。

（1）计算这个博弈中的混合策略均衡。

（2）当达到均衡时，每节所得码数的期望值是多少？

表 9-17 "美式足球"博弈的回报

		进攻方	
		传球	后撤传球
防守方	传球防守	-1, 1	-3, 3
	奔跑防守	-4, 4	1, -1

8. 计算战争爆发的机会或者概率

在 18 世纪 70 年代，英法两国之间战事频繁。它们之间的任何一场危机似乎都会导致战争，而且概率很大。我们不妨假设两国正处在一场危机中，且两国都可以选取两种策略之一，即进攻或者求和。其回报如表 9-18 所示。

确定这个博弈中所有的纳什均衡。假设当两国都采取进攻策略时会爆发战争，否则就不会。两国正处在一场危机中，那么战争爆发的概率是多少？

表 9-18 "发生冲突的国家"博弈的回报

		法国	
		进攻	求和
英国	进攻	-3, -3	5, -1
	求和	-1, 5	0, 0

9. 民航公司的混合价格策略

曾经获得便宜机票的唯一方式是提前购买。然而，进入 21 世纪后，人们随时都能够获得打折的机票，包括非常接近于航班日期的机票在内，不过它们却无法预测。其部分原因在于机票的剩余量，因为各民航公司都试图载满订票不足的航班。然而，全部情况真是这样吗？混合策略是否也是原因之一？

假设绿色航空和蓝色航空（Greenair and Air Blue）两家公司都提供下午 4 ~ 5 点从美国费城到克利夫兰的航班。每架飞机都具有搭载 150 位乘客的能力，航班成本为 10 000 美元。它们都在考虑设定三种机票价格，即 100 美元、150 美元和 225 美元。假设如果索价相同，则它们可以平分市场；如果一家民航公司定价较低，则可售出所有的座位，而另一家只能将座位出售给剩余的乘客；需求状况如表 9-19 所示。

表 9-19 需求状况

价格	乘客
100	200
150	197
225	196

表 9-20 是民航公司的回报。请根据非合作性均衡的概念讨论这个定价博弈。

表 9-20 民航公司定价博弈的回报

		蓝色航空		
		低	中	高
绿色航空	低	0, 0	5 000, -2 950	5 000, 350
	中	-2 950, 5 000	4 775, 4 775	12 500, 350
	高	350, 5 000	350, 12 500	12 050, 12 050

$\ominus$ 1 码 =0.914 4 米。——译者注

N 方博弈

导读

为了充分理解本章内容，你需要先学习和理解第 1 ~ 5 章和第 7 ~ 8 章的材料。

为了将博弈论运用于现实问题，通常需要考虑三位以上的参与者，有时甚至是很多参与者。现实生活中的许多非常重要的博弈包括超过两方甚至三方参与者的情况，如经济竞争、高速公路拥堵、对环境的过度开发以及金融交易。因此，我们需要研究具有许多参与者的博弈。这一问题会变得非常复杂。例如，如果有 10 位参与者，那么在他们之间就有 10! = 3 628 800 种关系！⊖因此，为了能够对具有许多参与者的博弈进行分析，我们需要做出某些简化性假设。

10.1 排队博弈

这里是一个例子。它是一个具有 6 位参与者的博弈。和之前一样，我们从故事开始。或许你就曾经历过此类事情。6 个人在民航公司的登机门前等候，但是验票的职员尚未上岗。他们 6 位或许是搭乘中途停留时间较长的转接航班而抵达此地的，但无论如何，他们都在等着验票登机。这时，其中一位站了起来并走向服务台，所以他成为队伍中的首位。如此一来，其他人也会觉得自己必须去排队了，因此，这几位原本可以坐着的，但最终也站了起来。

这里是一个数字例子。它说明了可能造成这种结局的回报结构。假设一共有 6 位乘客，每位的总回报取决于他何时获得服务。总回报显示在表 10-1 的第二列，获得服务的次序显示在第一列。

然而，这里的总回报假设是没有排队。因为排队的辛苦需要付出 2 分的代价，所以那些排队者获得服务的净回报均是第二列数字减去 2，它们显示在表 10-1 中的第三列。

表 10-1 排队博弈的回报

获得服务的次序	总回报	净回报
第一	20	18
第二	17	15
第三	14	12
第四	11	9
第五	8	6
第六	5	3

⊖ 10！读作"10 的阶乘"，计算式为：$10 \times 9 \times 8 \times 7 \times 6 \times 5 \times 4 \times 3 \times 2 \times 1$。在任何博弈中，可能存在的关系数目为 $N!$，其中 N 为参与者的数目。

那些不排队者将在排队者们获得服务之后，随机地被选择获得服务（假设 6 位乘客都是风险中性者）。如果无人排队，则每位乘客都有相等的机会作为第一位、第二位……第六位而获得服务，所以其各自的期望回报值为

$$\frac{1}{6} \times 20 + \frac{1}{6} \times 17 + \cdots + \frac{1}{6} \times 5 \approx 12.5$$

在这种情况下，他们的总回报是 75。

⚠ **重点内容**

这里是本章将阐述的一些概念。

N 方博弈（N-person game）：拥有 N 位参与者的博弈。N 可以是任何数字，1、2、3 或者更多，不过通常的说法是很大的数目。

代表性行为人（representative agent）：在博弈论中，我们有时可做出一些简化性假设，即在特定的环境中，每一位行为人都从相同的策略系列中做出选择，并且获得相同的回报。这就是"代表性行为人"模型或理论。

状态变量（state variable）：它是一个单一数字或一列数字，合在一起表示博弈的"状态"，使得知道那个（些）状态变量值的参与者具备选择最优应对策略所需要的全部信息。

比例性博弈（proportional game）：将选择一种而非另一种策略的众数（population）比例作为状态变量的博弈。

但是，情况并非如此。这个博弈具有一个很大的纳什均衡族（family），它取决于谁在排队以及谁在坐着。不过，我们可以证明，当大家都坐着时不存在纳什均衡。事实上，只有当四人在排队而两人坐着时，才会形成纳什均衡。

我们通过消除其他所有的可能性来证明这一点。首先，"大家都坐着"不构成纳什均衡，因为每个人都可通过排队来增加自己的回报，假设他是队伍中的第一位。排在首位者的净回报为 18，大于 12.5。

这就留下了等于 11 的期望回报值给其他人（注意：你可以自行计算各种期望回报值来证明这一点。对于每一位回报的概率现在是 1/5）。但是，我们也可消除五人坐着而一人排队的可能性。排在第二位者可获得等于 15 的净回报，因为 15 > 11，所以某人如果站起来排在第二位就可以获益。

这就给剩下的人留下了等于 9.5 的期望回报值，同时也可证明两人坐着和四人排队的情形无法构成纳什均衡。因为排在第三位者可以获得等于 12 的净回报，而且 12 > 9.5，所以某人站起来排在第三位也可以获益。

这就给剩下来的三人留下了等于 8 的期望回报值，但它同样无法构成纳什均衡。因为排在第四位者可以获得等于 9 的净回报，所以某人站起来排在第四位就可以获益。

于是，现在给剩下来的人留下了等于 6.5 的期望回报值。因为排在第五位者仅可以获得等于 6 的净回报，所以此时已经无人再加入队伍。如果五位或六位已在排队，对于排在末尾者来说，此时一直坐着反倒可以获益。

练习题

通过计算期望回报值证明这一点。提示：如有 6 人已在排队，则最后一人可按照等于 1 的概率获得等于 5 的回报。

四人排队（无论次序如何）和两人坐着的每一种策略组合都是纳什均衡，而其他的策略组合则不是。它的净回报总额为 63，[注] 小于若能设法阻止排队而原本可以获得的总回报 75。

由此可知，只有两人可以获益，即排在第一和第二位者，第一位可以确保自己获得的回报比不排队时的不确定回报高出 5.5，而第二位也可高出 2.5。但是，剩下四位的处境却会变糟。排在第三位者获得 12，损失 0.5；排在第四位者获得 9，损失 3.5；剩下两位都获得平均值 6.5，各损失 6。由于 6 人从排队中获得的净回报总增加额为 8 而总损失额为 16，因此可以认为，排队策略是没有效率的。

10.2　关于 N 方博弈的简化性假设

10.1 节介绍了对于两方或三方博弈而言，在某些重要方面有所拓展的"排队博弈"，它还说明了关于 N 方博弈的两个普遍的简化性假设条件。

在"排队博弈"中，我们假设所有的参与者都是相同的，他们都是"代表性行为人"。这说明了一种简化性的假设条件，即代表性行为人模型。根据这种模型，我们假设所有的参与者都是一样的，具有相同的策略选项，而且获得相互对称的回报。这一点并不意味着他们最终具有相同的结局。正如我们在"排队博弈"中所了解的，最终只有一人排在第一，其他人都排在队伍后面，而某些人依然坐着。这正是代表性行为人模型的关键所在，"即使各位行为人是相同的，他们在均衡时所做的事情也会有所不同。"造成这种差异的原因在于博弈的纳什均衡，而不是行为人之间有何差异。

但是，对于这种"代表性行为人"研究方法的推广不应该过度。它在经济学理论中获得了相当普遍的运用，经济学家们有时会因为过度地使用它而受到批评。但是，它在许多实际例子中却是有所助益的，我们在后面几节中将予以运用。

在"排队博弈"中还有一个有力的简化性假设条件。我们注意到，没有哪位乘客需要了解其他乘客所选策略的任何信息，诸如谁排在第一、谁排在第二等。他只需要知道当时的队伍有多长。如果它足够短，那么最优应对策略就是排在队伍后面；如若不然，则最优应对策略就是继续坐着。因此，我们可以说，队伍的长度是一个"状态变量"。这种变量是单一变量或少数几个变量中的一个，从代表性行为人的角度看，它概述了博弈的状态。为了选择最优应对策略，行为人所需知道的只是一个或数个状态变量。

"状态变量"这个术语在博弈论中的运用范围比较狭小。它出自对于那些随着时间的流逝而持续演变的博弈的研究。因为这些博弈同时以名为"微分方程"的数学研究领域为基础，所以被称作"微分博弈"（differential games）。关于这种博弈的一个例子是追逐博弈，其中一位行为人（追逐者）想要尽快抓住另一位行为人（被追逐者）。在这类博弈中，追逐者通常需要知道的只是他与被追逐者之间的距离，而追逐者的最优应对策略就是尽

⊖　原文为 67，疑为"63"。——译者注

量缩短那段距离的策略。类似地，被追逐者需要知道的也是那个数值，即他同追逐者之间的距离，而他的最优应对策略是使那段距离尽量长的策略。因此，在这种追逐博弈中，"距离"具有状态变量的作用。当然，微分方程属于微积分的一个分支，分析追逐博弈所需要的数学工具超出了本书的范围。对微分博弈感兴趣的学生需要选修更加高级的博弈论课程和中等程度的数学课程，不过理解"状态变量"的概念并不需要很多数学知识。

在本书接下来的部分中，我们将用"状态变量"一词指称如上所述定义的任何一个变量。这个变量概述了博弈的状态，使得参与者们只需知道它就能够选择他们的最优应对策略。因此，这个术语很有益处，但是需要留意，其他许多博弈理论家是在更加狭隘的意义上使用它。

这两个假设条件，即代表性行为人和状态变量，能帮助我们深入思考具有许多参与者的复杂博弈。它们都是有力的工具。就像所有的有力工具一样，我们在运用时应该多加小心。我们在本章末尾会再回到这个问题。

10.3 具有许多参与者的博弈：比例性博弈

关于如何将博弈论运用于许多位而不是三两位成员的情形，"排队博弈"给出了另外一个例子。它对人们的某些现实互动具有启示作用。不过，对于多方参与的两种策略博弈，还有一种简单的研究方法，它更接近于经济学教科书，运用了代表性行为人和状态变量的假设条件，而且它本身就非常重要。

现在我们考虑一下大量相同的通勤者（commuter）所面临的交通方式选择问题，是自己驾车还是搭乘公交车。这里的基本理念是，自驾会加剧拥堵和滞缓公路交通。自驾去上班的通勤者越多，在路上所耗时间就越长，且选择自驾和公交两类通勤者得到的回报也都会越低。通勤者属于代表性行为人，他们的回报与路上的车辆数目按相同的方式发生变化，而状态变量则是所有通勤者中选择自驾而不是搭乘公交车的比例。自驾者的比例越高，通勤者的速度也就越慢，无论哪位特定的通勤者选择哪种通勤策略。

图 10-1 说明了这一点。在图 10-1 中，横轴显示的是自驾通勤者的比例，其坐标值从等于 0 的最低比例逐步变化到等于 1 的最大值（即 100%）。纵轴显示的是这个博弈的回报。可以看出，这种回报将随着自驾通勤者比例的提高而下降。较低的虚线代表公交通勤者的回报。[⊖] 显然，无论自驾通勤者的比例有多大，自驾的回报都高于搭乘公交车的回报。因此，自驾是这个博弈中的占优策略。换句话说，处在占优策略均衡时，所有人都会选择自驾。所有人都自驾的结局就是，大家都得到 −1.5 的回报；而如果全都搭乘公交车，则大家都可得到等于 1 的回报。如果所有的通勤者都根据自利理性的原则选择通勤策略，则可让个人的处境得到改善，但是会使得大家的处境都变糟。

⊖ 出于举例的目的，我们对回报进行了等级划分，设搭乘公交车者的最优回报等于 1。经过计算得到的公交通勤者的回报为（$1-3q$），而自驾通勤者的回报是（$1.5-3q$），其中 q 为自驾通勤者的比例。这些数字都是为了阐述此处所包含的理念而任意选取的。这些理念出自 T. 谢林所著的《微观动因和宏观行为》（T.Schelling, *Micromotives and Macrobehavior*. New York：Norton，1978）和 H. 摩林所著的《社会科学的博弈论》（H.Moulin, *Game Theory for the Social Sciences*. New York: New York University Press，1982，pp.92-93）。

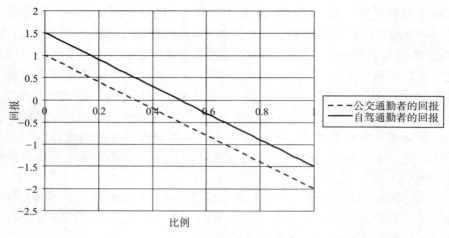

图 10-1 通勤者博弈的回报

　　这就构成了一个社会困境。它具有一个占优策略均衡，而占优策略的选择会使每个人的处境都变糟。不过，它或许并不是十分"切实的"通勤方式模型。某些人确实会搭乘公交车。因此，我们再做出更接近现实的假设，如图 10-2 所示。

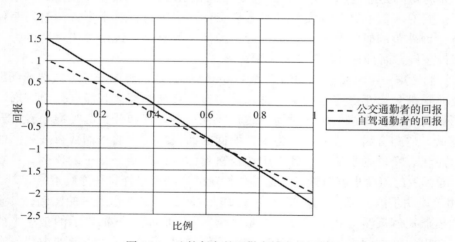

图 10-2 比较复杂的通勤者博弈的回报

　　图 10-2 中的坐标轴和线条的含义与图 10-1 中的一样。在图 10-2 中，车辆拥堵多少会延长通勤时间，而搭乘公交车的回报会随着拥堵的加剧而下降，但是自驾的回报下降得更快。[注]当自驾者的比例达到 2/3 时，他们的回报与搭乘公交车者的相等；自驾者的比例越大（在 q=2/3 的右侧），则他们的回报就越低于公交通勤者。

　　因此，这个博弈不再具有占优策略均衡，但是具有许多个纳什均衡。在 2/3 的通勤者自驾时，就构成了一个纳什均衡。这里的推理过程是：一方面，从 2/3 开始，如果某位公交通勤者转换为自驾，就会进入 2/3 右边的区域，在那里，自驾者的处境会变糟，尤其是转变者自己的处境也会变糟。另一方面，同样从 2/3 开始，如果某位自驾者转换为搭乘公交车，就会进入 2/3 左边的区域，在那里，自驾就成了最优应对策略，由此可知，那位转

　　⊖ 在这幅图中，虽然公交通勤者的回报没有改变，但是经过计算得出的自驾通勤者的回报为（$1.5 - 3.75q$）。

换者不做转换的处境反倒更好。因此，每个人都选择最优应对策略的比例是在自驾者比例 $q = 2/3$ 之际。

这就再度说明了重要的一点，即处在纳什均衡时，"相同的人们为了获得最大回报可以选择不同的策略"。这种纳什均衡类似于经济学中供给和需求的均衡，它也正是由那类模型所提出的，但在某些重要的方面有所不同。比如，它是缺乏效率的。因为它意味着，如果每个人都打算搭乘公交车，那就会移回到图 10-2 的原点（如同图 10-1 一样），而大家的处境都可得到改善。这种纳什均衡的回报等于 –1（对于搭乘公交者和自驾者来说都是如此），而 100% 搭乘公交车的回报却等于 +1。但是，同样作为一个社会困境，当完全根据个人理性而不加以协调地采取行动时，他们不会选择那种策略。

这个例子属于"公地悲剧"的情形。高速公路是所有自驾者和公交通勤者都能获得的公共资源。不过，自驾者会更加密集地使用这种公共资源，从而造成资源的降级（在本例中体现为公路发生拥堵）。但是，自驾通勤者可以通过选择更加密集地使用公共资源而获得私人优势，至少在资源相对降级时是这样的。悲剧在于，这种密集的使用会导致资源的级别下降到使得所有人的处境都变糟的程度。

总而言之，"公地悲剧"的含义就在于，公有财产资源通常会因为被过度开发而降级，除非它们的密集使用受到法律、传统道德或（或许还有）慈善等领域规制的限制。这方面的一个经典例子是公共牧场。根据经济学理论，每位农夫都可以扩大他的羊群，直到牧场因为放牧过度而资源枯竭为止。大多数"公地悲剧"都出现在环境和资源问题中。世界上许多区域近期的渔业濒临崩溃就是一个非常典型的例子。

无论如何，我们可以将"公地悲剧"正确地理解为（按照图 10-1 所提示的线索）多方参与的社会困境。反过来说，*N* 方的社会困境对于我们理解现代世界所面临的许多"公地悲剧"是一种宝贵的工具。

10.4 再析鹰鸽博弈

在第 5 章中，我们研究了一个经典的名为"鹰鸽博弈"的二对二博弈。为方便起见，我们在表 10-2 中再度列出这个博弈的回报。它是博弈论在生物学领域中的应用，不过似乎不是很恰当：毕竟老鹰和鸽子属于不同的物种，而鸟类自己无法决定是成为老鹰还是成为鸽子，且无法在它们认为其他策略提供的回报更高时改变自己的策略；老鹰和鸽子对货币回报不感兴趣，而且我们也不了解它们认为的主观"成本和效益"是些什么。

表 10-2 "鹰鸽博弈"的回报
（复制第 5 章的表 5-7）

		A 鸟	
		老鹰	鸽子
B 鸟	老鹰	–25, –25	14, –9
	鸽子	–9, 14	5, 5

事实上，在将博弈论运用于生物学的时候，对它的诠释必须略有不同。一方面，生物学应用的视角是进化和种群生物学。衡量回报的尺度不是美元或者效用，而是生殖适合度（reproductive fitness）。也就是说，对于老鹰或鸽子的回报是存活和长成的机会。长成的期望值越大，回报也就越大。另一方面，由于种群生物学关注的是动物们的整个种群，所以总是存在两个以上的参与者。就"鹰鸽博弈"而言，博弈虽然只是在两只鸟之间进

行，但是相互竞争的鸟都随机地出自很大的种群。对于单独的一只鸟，无论是老鹰还是鸽子，就像目前的情形，总会与另一只鸟展开竞争，而后者是老鹰还是鸽子的概率则取决于老鹰种群与鸽子种群之间的比例。

假设老鹰的生殖适合度大于鸽子，则意味着平均而论，老鹰能比鸽子哺育更多的幼鸟到长成年龄。它也意味着，老鹰的种群增长速度比鸽子的要快，因此增加了两类鸟中的任何一只与老鹰展开竞争的概率。这最终会打破平衡，使得鸽子的生殖适合度赶上甚至超过老鹰。

对于寻找下一个竞争者的鸟来说，我们可将这种竞争视为"与自然的博弈"，因为自然以某种概率决定了哪一类鸟将成为竞争者。表 10-3 从这个角度显示了"鹰鸽博弈"。我们假设与老鹰竞争的概率就等于老鹰占整个动物种群的比例。

表 10-3　取决于自然的鹰鸽博弈

竞争对象		竞争对象		期望回报值
		老鹰	鸽子	
	老鹰	−25	14	−25p+14（1−p）
	鸽子	−9	5	−9p+5（1−p）
概率		p	1−p	

因此，每一类鸟的回报取决于与老鹰竞争的概率。图 10-3 说明了这一点。与老鹰竞争的概率（即老鹰的比例）显示在横轴上，老鹰和鸽子的回报显示在纵轴上，老鹰的回报以实线表示，鸽子的回报以虚线表示。可以看出，如果老鹰在种群中的比例低于 35%，则两类鸟的种群都会增长；但是，由于老鹰的种群增长得更快，所以与老鹰竞争的概率也会提高。这将持续到老鹰的比例达到 35%。如果这个比例超过了 35%，那么鸽子的生殖适合度将超过老鹰。虽然两个种群都会缩减，但是老鹰的种群缩减得更快。因此，老鹰的比例会下降，直到再次达到 35%。

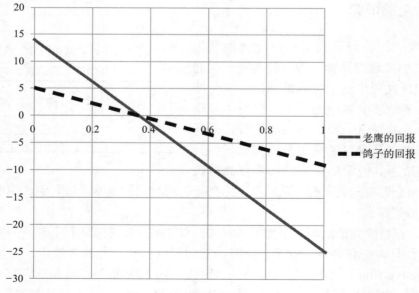

图 10-3　老鹰和鸽子的回报

在这个博弈中，老鹰的比例是状态变量。如果这个比例低于 35%，那么成为"老鹰"就是最优应对策略；超过 35% 后，最优应对策略则是成为"鸽子"。因此，35% 的老鹰形成了纳什均衡，唯有在这个比例上每位参与者都采用了最优应对策略。需要注意的是，这个均衡对应的是双方最初博弈的混合策略均衡。如果代表性行为人能够调整他们的策略，那么这个混合策略均衡就是不稳定的。不过，从生物演化的角度看，它将是稳定的。

不同于前面各章的例子，这个例子可以让我们更好地了解博弈论在生物学中的应用，这里针对的是种群生物学，而且有两位以上的参与者，即便在任何特定的时间都只有两位参与竞争（我们将在第 19 章再拓展这一点）。它还说明了如何使用服务于简化问题的假设条件，尤其是关于状态变量。另外，它很好地说明了如何将概率和期望值结合到具有众多参与者的博弈当中，通过参与者的随机竞争而进行比较简单的博弈或是"二对二"博弈。

最后，我们可以调整代表性行为人模型，以便分析超过不同类型行为人的参与问题。在种群生物学中，具有采纳"老鹰"策略倾向的行为人与具有采纳"鸽子"策略倾向的行为人属于不同的物种。在人类的博弈中，不同类型的行为人可能具有不同的性情、不同的信息或者掌控了不同的资源，甚至具有不同种类的理性。我们将在第 18 章中讨论最后一个问题。

10.5 再融资利率（REFI）博弈

在美国《费城都市报》的一篇文章中，[⊖]我们读到：

> 由于按揭利率一直徘徊在破纪录的低水平上……一些业主在一年之内会频繁地进行三到四次再融资，即使新贷款的利率仅下跌 0.25%……个人房产业主频繁再融资的结果之一就是通常会抬高（处理）费用。然而……它更多的是一个伦理问题而不是法律问题……由于开始出现如此多的（提前还贷），所以行业的回应是通过提高利率来弥补这些损失。从长远看，所有人都将支付因为这种搅动趋势所形成的更高利率。

它的含义似乎是：如果只有少数借款者为其贷款作再融资，那么他们可以便宜和有利地行事；如果很多人都这样做，则他们的效益就会减少。

阐述这一问题的最简单方式是把它看作一个三方博弈。我们有 A 和 B 两位借款者，以及一位放贷者。接着，我们可以看见类似于表 10-4 那样的情形。借款者的策略是"再融资"或"不再融资"；放贷者的策略则是"提高利率"或"维持利率"。如果两位借款者进行再融资，则放贷者只有在有利可图时才会提高他的利率。这不是占优策略均衡（因为放贷者的最优应对策略取决于其他两位的策略）。但是，"不再融资"对于两位借款者来说都是占优策略。因此，这些策略是无关的，采用无关策略的迭代消除（IEIS）方法可将它们去掉，由此得到如表 10-5 所示的简约形式。对于这个博弈，维持利率的策略是被占优的。所以，消除它之后就可找到唯一的纳什均衡：两位借款者都进行再融资，而放贷者则提高他的利率。

⊖ James Woodard/CNS, "Frequent refinancing leads to higher rates." *Philadelphia Metro*, (April 3, 2003), p.7.

表 10-4　再融资博弈

		放贷者						
		提高利率				维持利率		
		B				B		
		再融资		不再融资		再融资		不再融资
A	再融资	3, 3, 3		8, 2, 2		6, 6, 1		7, 2, 4
	不再融资	2, 8, 2		4, 4, 4		2, 7, 4		5, 5, 5

然而，它并不是真正的三方博弈，而是一个多方博弈。因此，我们把它作为 N 方博弈加以分析。这个例子的关键是存在着两种类型的行为人，即借款者和放贷者。对于这两类行为人来说，状态变量是进行再融资的借款者比例。图 10-4 以两方的形式显示了这个模型。当然，图 10-4 中的各个参数都是虚构的，不过给它们下定义的方式对应着那篇报纸文章所表达的想法。

由此可知，放贷者也有两种策略，即"提高"或"维持"利率水平线。图 10-4 中的上半部分显示了各种回报，进行再融资的借款者比例显示在横轴上，回报显示在纵轴上。可以看出，当 0.333 3 的借款者进行再融资时，两条直线相交。但是，它不是纳什均衡，因为 100% 的借款者可以通过再融资提高他们的回报。在这种情况下，位于 1/3 的交点构成了临界点，即低于 1/3 的再融资可以使维持利率成为放贷者的最优应对策略；但若这一比例加大，那么提高利率就是最优应对策略。

正如所见，如果再融资者的比例足够大，则提高利率的回报就会变得更大。如前所述，借款者也有两种策略，即再融资或不再融资。虽然费用的增加会造成再融资的回报突然下降，但是再融资属于占优策略，处在均衡时，每个人都会进行再融资。这些策略的回报显示在图 10-4 的下半部分。

表 10-5　再融资博弈的简约形式

		放贷者	
		提高利率	维持利率
		B	B
		再融资	再融资
A	再融资	3, 3, 3	6, 6, 1

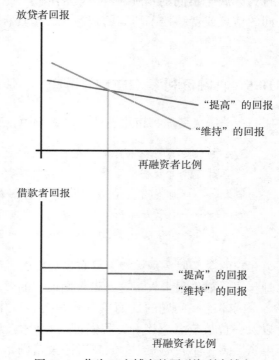

图 10-4　作为 N 方博弈的再融资利率博弈

我们可以采用博弈论模型阐述再融资问题，其中借款者和放贷者双方的决策都是可理性化的，而且构成了这两类参与者的多个纳什均衡。正如所见，纳什均衡可能有效率，也可能没有效率，而且可能不对称。这些情况会让人们觉得纳什均衡"不公平"。这或许就是那篇文章在写道"然而……它更多的是一个伦理问题……"时所要表达的内容。在现实世界中，或许存在着不止一类的借款者，某些类型的借款者会进行再融资，而另外一些类型则不会；而且存在着不止一类的放贷者。不过，在解释那篇报纸文章所述的决策时，我们无须考虑这种复杂性。

下面是我们可以记取和运用于其他例子的一些要点。第一，回报直线的交点虽然说明了两种不同策略的回报相等，但它可能并不是纳什均衡，除非包括所有类型的行为人策略在内。第二，交点可能是不同区域之间的临界点，而在那些区域内的不同策略为某些类型的行为人所偏好。

10.6 供给、需求和摸索

我们在本章中已经了解到，简化性假设条件并不是出自博弈论，而是出自经济学。微观经济学的供给和需求理论可以用代表性行为人和状态变量来表述。这里存在着两类代表性行为人，即买家和卖家，而市场价格就是双方的状态变量。因为卖家的利润是他的回报，所以他想要努力使利润最大化；在有限的收入范围内，买家想要让自己从所消费的所有产品中得到的主观效用最大化，这种主观效用就是买家的回报。

在"供求博弈"中，博弈的规则取决于被称为"tattonement"的过程。它是一个法文单词，归功于数理经济学家莱昂·瓦尔拉斯（Leon Walras）。其含义是"摸索"（groping），也就是寻求一种产品或服务价格的反复尝试过程（trial and error process）。"摸索"开始时，一位拍卖者[⊖]随机地喊价，所有买家的回应是宣布按照那个价格所愿购买的数量，所有卖家的回应则是宣布按照那个价格所愿出售的数量。拍卖者分别加总人们想要购买的数量和出售的数量。若需求总量大于供给总量，则拍卖者会再度尝试略高一些的价格；若需求总量小于供给总量，则拍卖者会尝试略低一些的价格。再一次地，买家和卖家的反应分别又是宣布他们按照那个价格所愿购买或出售的数量，而拍卖者会再次分别加总人们想要购买的数量和出售的数量，并且根据供给总量是大于还是小于需求总量来决定是降低还是提高价格。这种反复尝试价格的过程将一直持续到买家宣布愿意购买的数量与卖家宣布愿意出售的数量一致为止。到那时，每个人都会购买或出售他们根据那个最终得出的价格所宣布的数量。这就是供给和需求理论中的均衡价格。这个摸索过程的关键在于，在拍卖者最终确定能够平衡购买意愿和出售意愿的价格之前，没有人会真正购买或者出售。

假设每位买家和卖家都是理性的博弈参与者，目标在于使得他从购买或出售中获得的收益达到最大。那么，买家和卖家对于拍卖者的喊价如何做出回应呢？下面这两个概念有助于我们回答这个问题。至少学习过经济学原理的学生应该对它们很熟悉。这两个概念就是需求曲线（或需求函数）和供给曲线（或供给函数）。

供给函数指的是产品价格与一个人愿意出售的数量之间的关系。针对每一种价格，处在供给曲线上的相应数量就是在那个价格上能够给予卖家最大利润的数量。较高的价格反映了成本更高的生产方法，因此通常也会产生更大的供给数量。

需求函数指的是产品价格与一个人愿意购买的数量之间的关系。针对某个特定的价格，相应的数量就是根据那个价格所支付的费用能够给予买家最大净效益的数量。

现在我们再回到摸索过程。当拍卖者宣布某个价格时，一位理性的卖家应如何做出回

⊖ 由于许多市场都没有相当接近于"拍卖商"（auctioneer）的机制，所以它似乎不构成关于某些市场的切实模型。这种批评意见在经济学家们讨论"tattonement"的概念时经常出现。比较乐观的回应是，许多市场的运作中似乎确实有一位拍卖商通过摸索方式来确定价格。

应呢？他是提供在其供给曲线上对应于那个价格的数量，还是某个其他数量？为了决定如何做出回应，卖家必须根据两种或然情形进行思考，如表 10-6 所示。因为他不了解其他买家和卖家将会采取的策略，所以他不知道自己提出的那个数量能否平衡处在那个价格上的需求量，因此会有两种或然情形（contingencies）：产品正好按照他所宣布的价格出售，既无剩余也无短缺；或者，价格无法针对需求量而平衡他所提供的数量，所以他也就无所出售。

表 10-6　卖方的或然情形、策略和结果

		策略	
		宣布供给曲线上的对应数量	宣布其他数量
或然情形	数量平衡	最大利润	少于最大利润
	数量不平衡	无所损失	无所损失

一方面，如果无法针对需求量平衡供给量，则卖家宣布处在其供给函数上的数量也就无所谓损失；另一方面，因为价格无法针对需求量平衡供给量，他若宣布任何一种偏离供给函数的其他数量都会有所损失。因此，处在这两种或然情形中，他的最优应对策略都是宣布处在供给函数上的数量。

如果博弈的规则不同，那么情况也就不一样。假设搜索规则并不适用，只要需求量等于或大于供给量，人们就能出售自己宣布的任何数量，那么，当价格等于或低于均衡价格时，所宣布的数量都能出售。但是，如果需求量大于供给量，则价格会持续上涨，而卖家则会丧失获得更高价格的机会。因此，提供供给曲线上的数量可能就不是最优应对策略，为此，卖家必须平衡这两种或然情形的概率，使得他的期望回报值达到最大。如果博弈规则允许按照不能使得供求平衡的价格进行销售，则这被称为"非摸索过程"。

对于理性的买家来说，情况也大致相似。他同样必须根据两种或然情形进行思考，即根据某种能够针对需求量平衡供给量的价格进行交易，或者当价格无法针对需求量平衡供给量时，根本不做交易。如果他确实购买了产品，那么由于购买量偏离了其需求函数的对应数量，所以他将会有所损失。如果价格没有平衡供给和需求，那么他宣布处在其需求函数上的购买数量会使他无所损失。因此，每一位买家和卖家都会宣布他在"摸索博弈"达到纳什均衡时的准确需求量和供给量。

因此，我们可以将经济学原理中[⊖]的供给和需求模型看成一个有（$N + M$）位参与者的摸索博弈，其中包括了 N 位卖家和 M 位卖家，而且 N 和 M 都很大。我们也能把凯恩斯学派的模型表示为具有许多参与者的非合作性博弈。当然，该学派的博弈规则与供求博弈规则的差别很大[⊖]。为了确定它们中的哪一个适用于现实世界的某个特定情形，我们必须分析各种证据。

10.7　总结

在现实世界中，许多重要的博弈和策略性情形都包含了三位以上的行为人，有时是大量的行为人。如果每位行为人都试图考虑其他参与者所选的策略，就像我们在前面各章

⊖　例如，可参阅 W. 鲍摩尔和 A. 布林达所著的《经济学原理和政策》（W. Baumol and A. Blinder, *Economics, Principles and Policy*, 11th Edition, South-Western, 2009, p.64）。

⊖　对于由凯恩斯提出的两方非合作性博弈的某些例子，可参阅罗杰·A. 麦凯恩所著的《重构经济学：作为不完美合作的经济行为》（Roger A. McCain, *Reframing Economics: Economic Action as Imperfect Cooperation*, (Cheltenham: Edward Elgar, 2014)）。

所假设的那样，那么行为人策略组合数目的增加将会远远快于行为人数目的增加。这对行为人来说构成了一个问题，对于博弈理论家而言甚至是一个更大的问题。

为了理解和分析这些非常复杂的博弈，许多博弈理论家认为，有必要做出一些简化性的假设条件。其中之一是，存在着概述博弈状况的单个或不多的变量，只要知道它（们）的取值，每位行为人就能选择最优应对策略。通过运用随着时间的推移而演变的博弈论研究中已经普遍使用的词语，我们可将这些概述博弈状况的变量称为状态变量，而且其现在的运用范围要比过去常见的略为宽泛一些。

另一个有用的简化性假设条件是，所有的行为人都能获得根据相同策略和相同状态变量而产生的相同回报。因此，我们只需分析全体行为人的一项决策即可。虽然这样做有失偏颇，但是因为只需考察几类具有不同的信息、偏好或者机会的行为人，所以要比对数百万行为人中的每一位进行单独分析简单得多。

采用这种方式时，我们可以将社会困境分析拓展到交通拥堵和"公地悲剧"之类的问题中，其中都有数百万人在相互影响。我们可以分析全体旅行者、放贷者与借款者，或者老鹰与鸽子，最终会发现，出自基础经济学教科书的供求均衡只是纳什均衡的一个特例，该纳什均衡具有状态变量以及一种或多种类型的代表性行为人。

◾ 本章术语

期望值（expected value）：（见第 7 章的相关内容）假设某个不确定事件具有几种数值不一样的结果，则该事件的期望值（又叫数学期望）等于各个数值的加权平均数，而且把每个结果的概率作为权重。

代表性行为人（representative agents）：在博弈论中，我们有时可以做出某些简化性假设，即在某些特定环境中，每位行为人都从相同的一列策略中进行选择并且获得相同的回报。这被称作"代表性行为人"模型或理论。

状态变量（state variable）：在本书中，它是表明博弈"状态"的单独一个数值或一列数值中的一个。因此，参与者只需要知道一个或数个状态变量值，他就具备了选择最优应对策略所需要的全部信息。

◾ 练习与讨论

1. 专利注册博弈

厂商 A、B、C、D、E 和 F 都在考虑承担一个研究项目，但它只能让一个厂商获得专利。最先完成研究项目的厂商将获得专利，而每个承担了该项目的厂商都需支付 2.1 亿美元的成本，并且都有相等的机会最先完成，从而获得 7.9（=10-2.1）亿美元的利润。那些虽然承担了项目但是未能最先完成者将损失 2.1 亿美元。

对于这个问题，状态变量是从事研究项目的厂商数目。我们可以根据"排队博弈"的思路求解这个问题，但是需要记住的一个重要差别是，在这个博弈中，"坐在一旁"者得到的确定性回报为 0，而突然"加入"者则会得到不确定性回报，所以必须对期望回报值加以评估。

（1）针对状态变量从 1 ～ 6 的所有取值，计算从事研究项目者的期望回报值。

（2）确定处在均衡时有多少个厂商承担这个研究项目。

（3）这个研究项目的社会价值等于 10 亿美元减去总的研究费用。计算处在均衡时研究的社会价值。根据状态变量从 1 ～ 6 的变化，确定投资变化的净社会价值。

（4）确定对应于最大净社会价值的从事研究的厂商数目。现将有效的情形定义为净社会价值达到最大，对这种情形的均衡进行效率评估。

（5）经济学家罗伯特·弗兰克和菲利普·库克（Robert Frank and Philip Cook）提出，"赢家通吃"型（"winner take-all"）竞争指只有处在首位的行为人可以获得回报。它是没有效率的，因为它会使人们把过多的资源投入竞争中。根据这个例子给予的启示，试评论这种观点。

2. 具有 N 位行为人的公共品

考虑下列 N 位行为人的公共品贡献博弈。N 位行为人中的每一位都能够决定是否做出贡献。假设 $N \geqslant 10$。状态变量是做出贡献的行为人数目 M。对于不做贡献者，回报为（1 000 + 100M）；对于做出贡献者，回报是（800 + 100M），因为贡献成本是 200。

（1）在坐标图上画出一条直线或曲线，把不做贡献者的回报表示为状态变量 M 的函数（电子表格 XY 图案或可服务于这一目的，当然也可使用普通的图纸）。

（2）在同一幅图中画出另一条直线或曲线，把做出贡献者的回报表示为状态变量 M 的函数。确定两条线是否相交，如果相交，交点在哪里？总结一下处在纳什均衡时状态变量 M 的取值问题。

（3）把这个博弈的结局与"囚徒困境"进行比较。

3. 外出捕鱼

斯威灵汉姆（Swellingham）是"鱼味海岸"（Fishy Banks）附近的一个渔港，在那里有 N 位渔夫和潜在的渔夫，N 的数字很大。在某一天，$M \leqslant N$ 位渔夫会驾船外出到"鱼味海岸"捕鱼。每艘船每天的捕鱼量为 100/M 吨。在世界市场上鱼的价格为 100 美元/吨。在特定一天内驾船外出的成本为 200 美元，而每位行为人具有两种策略，即捕鱼或不捕鱼，而不捕鱼的回报总是等于零。将 M 设为这个问题的状态变量。

（1）确定一位代表性渔民（每天的）利润如何随着 M 的变化而变化。它是捕鱼策略的回报。

（2）在坐标图上画出一条曲线或直线，将捕鱼者的回报表示为状态变量 M 的函数；在同一幅图上画出另一条曲线或直线，表示不捕鱼者的回报。

（3）确定两条曲线或直线是否相交，如果相交的话，交点在哪里？总结一下状态变量 M 处在纳什均衡时的取值问题。

（4）把这个博弈的结局与"囚徒困境"进行比较。

4. 医疗活动

回顾一下第 7 章的练习题 5 [⊖]。医生们正在考虑究竟是从事产科—妇科（ob/gyn）的医疗活动，还是仅限于从事妇科医疗活动。现在我们把这个模型拓展到具有 N 位医生的情形中，他们都具备从事产科和妇科医疗活动的资质。假设有 $M \leqslant N$ 位医生同时从事产科—妇科医疗活动，其余的医生只从事妇科医疗活动。妇科医疗活动的总收益为 Q，所以只从事妇科医疗活动的医生所得回报为 Q/N。

产科医疗活动的总收益为 R，但是从事这一活动的医生有固定的间接费用 S，其金额相当于需要一周 7 天/一天 24 小时等待呼唤的负效用。因此，从事产科和妇科医疗活动的医生所得净回报为（$Q/N + R/M - S$）。设 M 是这个问题的状态变量，假设 $Q = 10\ 000\ 000$，$R = 1\ 000\ 000$，$S = 50\ 000$，$N = 50$。

（1）确定一位代表性的产科—妇科医生的收益如何随着 M 的变化而变化。这是"产科—妇科"策略的回报。

（2）在坐标图上画出一条曲线或直线，把一位从事产科—妇科医疗活动的医生的回报表示成状态变量 M 的函数。

（3）在同一幅图上画出一条曲线或直线，描绘出只从事妇科医疗活动的医生所得回报。

（4）确定两条曲线或直线是否相交，如果是的话，交点在哪里？总结一下处在纳什均衡时状态变量 M 的取值问题。

⊖ 感谢大卫·托伯博士（Dr. David Toub），他是我在给 MBA 学生讲授博弈论时的一位学生，是他提供了这个很好的例子。

（5）把这个博弈的结局与"囚徒困境"进行比较。

5. 聚会博弈

重温第7章的"聚会博弈"，把它重新表述为具有很多参与者的比例性博弈。

（1）这个博弈中的策略是什么？

（2）参与者们是否就是代表性行为人？请给予解释。

（3）是否存在某个状态变量？请给予解释。

（4）这个博弈中是否存在占优策略均衡？如果是的话，它是什么？理由何在？

（5）这个博弈中是否存在纳什均衡？如果是的话，它是什么？为什么？

（6）它是否有效率？理由何在？

6. 更多的比例性博弈

"右行博弈""努力博弈""猎鹿博弈""鹰鸽博弈"都是出自第5章的例子，而且都可以重新表述为具有大量参与者的比例性博弈。

针对其中的每一种博弈，指出它的状态变量。用图形表示每个比例性博弈，并讨论一下这些模型的实际应用意义。

7. 瓜卡莫勒河谷

瓜卡莫勒河谷（the Guacamole Valley）的农夫们依靠水井获得灌溉用水。一位农夫可以挖掘到两个含水地层，一个较深而另一个较浅。虽然挖掘到较深含水层的水井的成本较高，但是那里积聚了更多的水。这个河谷内共有100位农夫从事生产活动，每一位为了生产都必须进行灌溉。一口浅井的回报为

$$回报 = 12 - 0.15Q$$

其中 Q 是浅井的数目。一口深井的回报为

$$回报 = 7 - 0.1R$$

其中 R 是深井的数目。

把这种情形作为 N 方博弈进行分析。它有哪些策略？状态变量是什么？你对均衡有何看法？

8. 密德塞斯的摇滚乐

密德塞斯大学（Midsize University）位于美国中西部的密德塞斯市，由豪斯匹斯特警长（Sheriff Horspistol）负责当地的治安问题。密德塞斯大学的学生会成功地策划了一场密谋。本年度最受欢迎的摇滚乐偶像是他们的校友（持有民用工程专业学位），他答应回校给学生们举办一场免费音乐会。但是，这存在一个问题。密德塞斯大学共有5 000名学生想要出席，而音乐会举办地点却只有4 000个座位。即使有4 001位学生到场，也会违反消防法。更加糟糕的是，豪斯匹斯特警长已经对密德塞斯大学的学生们相当恼火，把他们视为一大帮惹是生非者。考虑到那位民政工程专业的学生依然是摇滚乐偶像，他也许是对的。豪斯匹斯特警长明确地表示，如果违反了消防法，那么他就会中断音乐会，逮捕那些在场者，而且关闭所有的校外场所，而那里是密德塞斯大学的学生们打发休闲时间的去处。

5 000名密德塞斯大学的学生都是这个庞大聚会博弈的参与者，他们的策略是参加音乐会或者不参加音乐会。表10-7列出了各种回报（最后一行是"不参加音乐会"的回报，它之所以等于-1，是因为所有的休闲场所都被关闭了）。运用代表性行为人和状态变量的概念，将这个例子作为 N 方博弈进行分析。

表 10-7　密德塞斯大学的音乐会参与博弈

或然事件	参加的回报	不参加的回报
如果有 0～3 999 名学生参加	2	0
如果正好有 4 000 名学生参加	2⊖	0
如果有 4 001～4 999 名学生参加	-2	-1

⊖ 原书为 -2，疑有误，更正于此。——译者注

第11章
Chapter 11

关于正则式博弈的更多议题[⊖]

导读

为了充分理解本章内容，你需要先学习和理解第 1 ～ 5 章和第 7 ～ 9 章的材料。

纳什均衡虽然是非合作性博弈理论的一个基本理念，但它却并非定论。首先，如前所述，一个博弈中可能存在着一个以上的纳什均衡。面对这种情形，我们希望能够"缩小范围"，并且（理想地）选择理性的决策者们最终能够达到的那个纳什均衡。通过略为改动关于理性的假设条件，或者使假设条件更加符合现实，我们能够做到这一点。这种方法称作对于纳什均衡的"精练"（refinement）。本章从其中尤为重要的一种精练开始，并再次假设存在着两个或更多个纯粹策略的纳什均衡。参与者们可以随机地选择他们的策略，采用并非独立而是使得他们的策略相互关联的方法。本章将介绍这些"相关策略均衡"（correlated strategy equilibria）。最后，我们将再次考察可理性化的策略。我们从历史上最先出现的求解方法入手，虽然它只限于常数和博弈。

11.1　零和博弈与最大最小方法

奥尔加和帕米拉（Olga and Pamela）是一场智力竞赛的竞争者。因为所提出的问题过于简单，所以两位女士都能够自信地回答出所有的问题。当然，这并非故事的全部。这个博弈的规则是：为了回答一个问题，参赛者必须抢先按铃；如果参赛者的铃声响起，那么她将获得答题机会。若回答正确可得 1 分，而铃声未响的参赛者则被扣除 1 分。若两位参赛者的铃声都未响起，则提问将被忽略且无人得分。还有一种情形是，若两人的铃声同时响起，则提问也被忽略且无人得分。

参赛者有两种策略，即按铃和不按铃。表 11-1 列出了各种回报。不难看出，这个博弈存在着一个占优策略均衡（按铃，按铃）。其结局就是，两位参赛者都选择按铃，即便无人得分。[⊜]它有点类似于"囚徒困境"，但不完全一样，因为如果两位都不按铃的话，那么参赛者的处境没有得到任何改善，只是回到了原来的局面。

这个博弈说明了另一个概念，可以在第 2 章中予以回顾的概念。两位参赛者的总回

报之和始终等于 0，这表明它是一个零和博弈。我们还可以换一种方式看待零和博弈的均衡。为了说明这一点，我们现在严格地从帕米拉的角度观察一下这个博弈。表 11-2 虽然只列出了帕米拉的回报，但已涵盖了表 11-1 中的全部信息，因为帕米拉知道任何能够改善奥尔加处境的策略都会使自己的处境变糟。因此，根据表 11-2，帕米拉已经具有足够的信息来了解奥尔加的回报和最优应对策略。无论帕米拉选择哪种策略，奥尔加的最优应对策略都是给帕米拉带来最糟结局的策略，即"最小化"的回报。表 11-2 的最后一行表明了这一点。因此，为了选择她的最优应对策略，帕米拉需要做的就是选择那种能够给出最大的最小回报的策略，也就是 0。换句话说，帕米拉选择这种策略能够使得"最小回报最大化"（maximizes the minimum payoff），简单地说，也就是"最大化"策略。当然，奥尔加也可以做出相同的推理，也会选择使得自己的最小回报最大化的策略，也就是让帕米拉最大回报最小化（minimzes the maximum payoff）的策略。

表 11-1　按铃者博弈

		帕米拉	
		按铃	不按铃
奥尔加	按铃	0, 0	1, -1
	不按铃	-1, 1	0, 0

表 11-2　帕米拉在按铃者博弈中的回报

		帕米拉	
		按铃	不按铃
奥尔加	按铃	0	-1
	不按铃	1	0
最小回报		0	-1

⚠ **重点内容**

这里是本章将阐述的一些概念。

最大最小解（maximin solutions）：对于常数和博弈，这个解是使得决策者的最小回报达到最大的策略。

纳什均衡的精练（refinement of Nash equilibrium）：在具有两个或更多个纳什均衡的博弈中，除了所有参与者都选择最优应对策略的假设外，如果再设置关于理性的更多一些假设条件，那么我们就能够剔除一些纳什均衡。这种程序就是纳什均衡的精练。

"颤抖的手"（trembling hand）：每个参与者都假设其他参与者具有一定的犯错概率，如此对纳什均衡实施精练就是"颤抖的手"精练。

相关均衡（correlated equilibrium）：在具有两个或更多个纯粹策略均衡的博弈中，它是给各种联合策略赋予特定概率的一项协议。因为联合策略对应于博弈的纳什均衡，所以它们是自行实现的（self-enforcing）。

无论选择哪种策略，只要两位参赛者的回报加总之后等于一个相同的常数，我们就能运用"最大最小方法"。在目前的例子中，常数碰巧等于 0。如果它是非零的其他常数，我们称之为"常数和博弈"。虽然每个零和博弈都是常数和博弈，但是每个常数和博弈未必都是零和博弈。例如，考虑一下赌场扑克牌博弈的例子，其中的"场子"（house）要从每局赌注（pot）中抽取 1 美元的费用。因此，输赢金额总是会在加总之后再减去 1 美元。从这个意义上讲，虽然它是一个常数和博弈，但却不是零和博弈。

在所有的两方常数和博弈中，无论它们是不是零和博弈，其均衡策略都是最大最小策略。

作为非常数和博弈的例子，"囚徒困境"就足以说明问题。在第 1 章给出的"囚徒困境"中，两个囚徒获得的总回报在 2 ～ 20 不等（即被囚禁年数）。因此，我们可以将"囚徒困境"看成一个"非常数和博弈"。

将零和博弈与"囚徒困境"这类非常数和博弈进行比较，通常会遗漏一些东西，也就是非零常数和博弈。根据目前所考虑的逻辑关系，这类博弈也很重要。在第 3 章 3.8 节，我们已经了解了非零常数和博弈的一些应用。

11.2　零和博弈的意义

正如所见，零和博弈大多十分简单，因而可能无法运用于现实中的许多互动问题。我们现已看到的例子大多属于娱乐博弈和战争，甚至发生在战争期间，比如，在第 2 章第 5 节介绍的"军事动员博弈"就是非常数和博弈的例子。⊖它们对于把博弈论运用于各种人类互动行为有哪些意义呢？

非常巧合的是，在开始撰写本书之际，我阅读的晨报就提供了一个很好的例子。2002年 2 月 18 日（美国的"总统日"）的《费城问询者报》商业版的首要意见专栏评论了关于费城税收改革的一些建议。该文章认为，拟议中的改革措施对于费城市政府和商业界是一个双赢博弈（win-win game）。⊜其通栏标题是"削减薪酬税对于这座城市并非零和博弈"，这位专栏记者是在告诫我们不要过于简单地看待那个问题。某些人或许认为，若税收改革能够让一些人受益，那么它就必定会损害其他一些人的利益。当然，在零和博弈中确实如此，但在双赢博弈中却不是这样的，因为双赢博弈是一种非常数和博弈。与此相似的是，经济学家莱斯特·瑟若曾经写过一部书⊜——《零和社会》，就专门论述了这种过度的简单化所造成的各种负面结果。

这些例子都表明，零和博弈最重要的意义就在于它是负面的。它同我们在许多日常事务中可以把握的较为丰富的潜能形成了鲜明的对照，因此给我们提出了警告，切莫过于简单化！零和博弈提供了一条底线，虽然重要，但它却是一条我们通常能够提高的底线。

11.3　弱势占优

回顾一下第 2 章的练习题 1 "手足之争"问题，它再次显示在表 11-3 中。这个博弈说明了我们在其他各章中基本上回避了的一个复杂问题。如果艾瑞斯选择数学，那么茱莉亚选择数学和文学是一样好的策略，因为两门课程都可提供 3.8 的回报。但是，如果艾

⊖ 即使在娱乐博弈中，零和记分方式或许也不是故事的全部。作者的个人回忆可以说明这一点。在读小学时，我曾经参加过操场篮球活动。就当时的年龄而言，由于我属于瘦高型，投篮不准且跑动不快，所以更加适合防守而不是进攻。我认为我应该做自己最擅长的事情，即做一名真正难缠的防守队员。但是，即使是我的队友们也不想让我如此。他们需要的是奔跑和投篮的乐趣，这些不亚于赢球。因此，我担任防守队员其实会减少双方的主观回报，而主观回报是一种非常重要的回报。因此，我觉得自己参加的操场篮球活动并不是零和博弈，即使只有一位赢家和一位输家。这个例子告诉我们为何会有那么多的教练强调防守的重要性。因为教练自己并没有享受到奔跑和投篮的乐趣，所以他考虑的只是如何赢球。最后再说一下我自己的事情，我放弃了篮球活动而参与了能够采取防守策略的博弈：桥牌。

⊜ Andrew Cassel, Commentary: cutting wage tax would not be a zero-sum game for city, *The Philadelphia Inquirer*, (Monday, February 18, 2002) Section C, pp.CI, C9.

⊜ Lester Thurow, *The Zero-Sum Society*, (Basic Books, 1980).

瑞斯选择文学，那么茱莉亚比较好的策略是选择数学，因为可以得到 4.0 的回报。与此相似，如果茱莉亚选择文学，那么艾瑞斯选择文学和数学都是同样好的策略；如果茱莉亚选择数学，那么艾瑞斯选择文学显然更加有利，因为可以得到 4.0 而不是 3.8 的回报。因此，茱莉亚选择数学和艾瑞斯选择文学都属于"弱势占优策略"。

表 11-3 艾瑞斯和茱莉亚的平均绩点

		艾瑞斯	
		数学	文学
茱莉亚	数学	3.8，3.8	4.0，4.0
	文学	3.8，4.0	3.7，4.0

这是一个需要我们谨慎对待的复杂问题，请记住"被占优策略"的定义，即"无论其他参与者选择哪些策略，只要一种策略能够产生大于第二种策略的回报，后者都被前者占优，所以称作被占优策略"。

根据对上述定义中"较大回报"的解释方式，我们可以区分两个密切相关的概念。如果第一种策略的回报总是严格大于第二种策略的回报，那么就说第一种策略严格或强势占优于第二种策略。我们到目前为止给出的所有例子都属于严格被占优策略，而另外一种可能是弱势被占优策略。如果第一种策略的回报至少同第二种策略的回报一样大，但未必总是更大，那么我们就说第一种策略弱势占优于第二种策略。

因此，我们可以得出这个博弈的弱势占优策略：茱莉亚选择数学，而艾瑞斯选择文学。这样确实构成了一个纳什均衡，而且是严格占优策略均衡。然而，相反的情形，即茱莉亚选择文学而艾瑞斯选择数学，同样是一个纳什均衡。策略（数学，文学）可以给予她们完美的 4.0 的绩点，而其他的纳什均衡（文学，数学）只能给予茱莉亚 3.8 的绩点。这个均衡并不是特别奇怪，因为她们之中没有哪位会有合理的理由选择某个策略而让茱莉亚的处境变糟。如果艾瑞斯独自改选数学，则她自己的处境也会变糟，即得到 3.8 的绩点。不过，它确实是一个纳什均衡，因为针对其他学生所选的策略，两位学生都选择了她的最优应对策略（这里也没有更好的反应）。因此，后面的这个纳什均衡被称作"弱势纳什均衡"。

再看一个弱势占优策略和弱势纳什均衡的例子。两家相邻的餐馆必须决定提供哪种特色的菜肴。它们都拥有美国南方的大厨，而且都能够选择法式风味、烧烤或两者兼具。表 11-4 显示了这个博弈的回报。

表 11-4 餐馆博弈的回报

		"苏珊娜晚餐"		
		法式	烧烤	兼营
"甜豆小店"	法式	7，7	8，8	6，9
	烧烤	8，8	7，7	6，9
	兼营	9，6	9，6	6，6

关于这个博弈，我们可以看出，两家餐馆的弱势占优策略都是同时提供两种菜肴。另外，这个博弈具有五个纳什均衡，其中一家或两家餐馆提供两种菜肴，而且所有这些纳什均衡都是弱势的。

需要注意的是次序问题。在运用迭代消除无关策略的方法（IEIS）时，我们已经知道，由于严格被占优策略总是无关的，因而可以消除它们，因为严格被占优策略绝对不会是最优应对策略。但是，正如所见，因为弱势被占优策略有可能成为最优应对策略，所以不应该被消除，除非我们还有其他理由如此处理。我们在 11.4 节中将给出一种可能的理由。

11.4 精练："颤抖的手"

正如本章 11.3 节所介绍的，艾瑞斯和茱莉亚的"手足之争"博弈存在着两个纳什均衡，不过其中一个的意义不如另一个，它是两者中的弱势纳什均衡。在上述餐馆博弈中存在着五个纳什均衡，它们都属于弱势纳什均衡。这在更加复杂的博弈论应用中是一个相当普遍的问题。如果存在着两个或更多个纳什均衡，其中一些纳什均衡或许看起来不太合理，那可能是因为纳什均衡的定义只是侧重于理性的一个方面，也就是"最优应对策略"的标准。我们还可以添加其他的理性因素，以消除那些看似不太合理的纳什均衡。我们把这种添加理性因素的检验方式称作对纳什均衡的"精练"。它在高级博弈论中是一个很大而且很重要的分支。

在这个案例中，我们添加一种理性检验方法，名为"预防失误法"（fail-safe test）。它可归结为一个问题，那就是我们为何要选择比另外一种策略更糟且绝对不会更好的一种策略呢？换句话说，为何要选择一种弱势被占优策略呢？在"绩点博弈"中，选择文学会使茱莉亚的处境变糟（得到 3.7），如果艾瑞斯同时错误地选择文学的话。但是我们已经假设茱莉亚无须担心这一点，因为她知道艾瑞斯是理性的，不会犯减少她自己绩点的错误。或许，对于茱莉亚来说，更加切实的做法是，她认为艾瑞斯选择均衡策略的概率很大，但是她不太确定。例如，假设艾瑞斯选择最优应对策略的概率是 95%，但她仍有 5% 的概率选择错误的策略，在这种情况下，茱莉亚选择文学的期望回报值是 $0.95 \times 3.8 + 0.05 \times 3.7 = 3.795$。如果选择数学，则茱莉亚的绩点不会低于 3.8，所以她将选择数学。

因此，假设茱莉亚考虑到她的姐妹出错的概率甚微，那就可以消除那些弱势和不合理的纳什均衡。这种假设被称作"颤抖的手"假设。它的理念是，在选择最优应对策略时，行为人的手偶然会发生"颤抖"，从而选择错误的反应。这是对纳什均衡进行精练的一个很好的例子。由于它假设了一种不同类型的理性，因此把关注点更加集中于比其他均衡看起来更合理的某个单一均衡。

如果艾瑞斯认为茱莉亚的手可能会"颤抖"，即猜测茱莉亚将有 90% 的概率选择均衡策略，而有 10% 的概率选择错误策略，那么艾瑞斯选择数学的期望回报值就是 $0.9 \times 4 + 0.1 \times 3.8 = 3.98$；然而，由于艾瑞斯选择文学可以确保自己得到 4.0，所以她会选择文学。这样一来，她们都可得到 4.0。

我们通常假设每位参与者都认为其他参与者有很大的概率选择最优应对策略，因此以某个较小的概率赋予他们出错的机会，然后让这个概率逐步减小并趋于零。如果一种或更多种均衡的概率小到绝对不会获选，那就消除它（们），由此留下的均衡就是"颤抖的手纳什均衡"（trembling hand Nash equilibrium）。如果我们使得出错的概率足够小，那么"颤抖的手纳什均衡"就是博弈的纳什均衡之一。假设行为人选择同样是最优应对策略的"预防失误"策略，则"颤抖的手纳什均衡"对于纳什均衡的概念实施了"精练"。

我们可以把类似的推理方式运用于两家正在考虑菜肴的餐馆之间的博弈。"甜豆小店"的经理知道，无论自己采取何种策略，选择"兼营"策略都是"苏珊娜晚餐"的最优应对策略。然而，假设"苏珊娜晚餐"以 0.05 的概率选择"法式"，以 0.05 的概率选择"烧烤"，

而以 0.9 的概率选择"兼营",那么,对于"甜豆小店"而言,这三种策略的期望回报值为

$$法式 = 0.05 \times 7 + 0.05 \times 8 + 0.9 \times 6 = 6.15$$
$$烧烤 = 0.05 \times 8 + 0.05 \times 7 + 0.9 \times 6 = 6.15$$
$$兼营 = 0.05 \times 9 + 0.05 \times 9 + 0.9 \times 6 = 6.3$$

因此,当"苏珊娜晚餐"具有"颤抖的手"时,"甜豆小店"的最优应对策略就是采取"兼营"的策略。经过一些实验(或进行一些代数运算),我们发现这对于任何小于 0.05 的概率都成立。由于这个博弈是对称的,如果"甜豆小店"具有"颤抖的手",那么这一点对于"苏珊娜晚餐"同样成立。因此,这个博弈只有一个稳定的"颤抖的手"纳什均衡,它出现在双方都选择"兼营"策略的时候。

再举一个例子。回顾一下出自第 2 章的"市场进入博弈",它以正则式表示且在表 11-5 中列出。再次可见,这个博弈具有两个纳什均衡:第一,"蓝鸟"选择"进入",而"金翅雀"的选择是"如果'蓝鸟'进入,那么容纳""如果'蓝鸟'不进入,则照常做生意";第二,"蓝鸟"选择"不进入",那么"金翅雀"的选择就是"如果'蓝鸟'进入,那么启动价格战""如果'蓝鸟'不进入,则照常做生意"。但是,第二个纳什均衡存在着一些问题,因为当"蓝鸟"进入时,"金翅雀"如果采取它的另一个容纳策略并不会有所损失。再者,如果"金翅雀"认为"蓝鸟"进入的概率很小,虽然面临着损失 5 的威胁,但"金翅雀"的最优应对策略无疑是选择"如果'蓝鸟'进入,那么容纳;如果'蓝鸟'不进入,则照常做生意"的策略。相应地,如果我们运用"颤抖的手"进行精练,则可以认为在两个纳什均衡中,只有前一个才会出现。

表 11-5 正则式市场进入博弈(复制第 2 章的表 2-1)

		金翅雀	
		如果蓝鸟进入,那么容纳;如果蓝鸟不进入,则照常做生意	如果蓝鸟进入,那么启动价格战;如果蓝鸟不进入,则照常做生意
蓝鸟	进入	3, 5	−5, 2
	不进入	0, 10	0, 10

"颤抖的手"这种假设条件不是唯一的纳什均衡精练方式。确实,在前面各章中,我们已经了解了其他几种可能的精练方式,诸如回报占优、风险占优、强势和抗共谋的纳什均衡都在其列。不过,"颤抖的手"精练方式在各种运用中尤其重要,而且可能是最著名的一种方式。

11.5 坦白博弈

罗杰、巴利和大卫(Rog,Barry and Dave)是布兰查德中学臭名昭著的捣蛋鬼团伙成员,这次他们又来了。作为"万圣节"的恶作剧,他们把电话打到了校长家中。大家都知道这可能是他们干的坏事,如果无人坦白的话,那么他们都会遭到严惩。如果其中一个或更多个男孩能够坦白,则他可得到从轻发落,而且作为诚实的回报,其他人可以免受处罚。我们不妨把受罚的回报计为 −2,从轻发落计为 −1,免受处罚计为 0,表 11-6 列出了这些回报。

表 11-6 坦白博弈的回报

		大卫			
		坦白		不坦白	
		巴利		巴利	
		坦白	不坦白	坦白	不坦白
罗杰	坦白	−1, −1, −1	−1, 0, −1	−1, −1, 0	−1, 0, 0
	不坦白	0, −1, −1	0, 0, −1	0, −1, 0	−2, −2, −2

  这个博弈与协调和反协调博弈都很相似，我们不妨称它为协调—反协调博弈。这里存在着三个纳什均衡，即只有一个男孩坦白而其他人免受处罚的 3 个方格。如前所述，这类博弈中存在着一个问题。理性化将没有多大帮助。如果男孩们缺乏将会出现哪个纳什均衡的线索，那么他们可能会猜错。例如，如果罗杰和巴利认为大卫将会坦白，而大卫认为罗杰会坦白，那么他们就都会选择"不坦白"，从而导致大家都遭到严惩，即获得等于 −2 的回报。除非他们具有某种线索，也就是某个"谢林焦点"，否则大家都面临着根本无法实现有效均衡的风险。虽然每个男孩都受到自愿坦白这种"预防失误"（风险占优）策略的诱惑，但是如果三个人都不坦白，则得到的就是没有效率而且并非最优的均衡。此外，这还会使人产生一种不公正的感觉，即一个男孩因为三人共同所为而受罚。

  但是，这些捣蛋鬼自有解决办法，即通过"抽稻草"（draw straws）来决定哪位坦白。一个男孩手握三根长度不同的稻草而只将一端暴露在外，其他两个男孩不知道哪根稻草最短。抽到最短稻草的那个男孩必须坦白。通过采用这种办法，每个男孩充当受罚者的机会均等。[⊖]

  这种解决问题的方式具有几个有趣的地方。

- 它与混合策略十分相似，因为决定是随机做出的，所以给各种策略都赋予了概率。
  - （−1, 0, 0）、（0, −1, 0）和（0, 0, −1）的概率都是 0.333。
  - 其他所有结局的概率都是 0。
- 与混合策略的纳什均衡有所不同的是，它给联合策略赋予了概率；而达到混合策略的纳什均衡时，各位参与者都是独立地给自己的策略赋予概率。
  - 为了实现混合策略均衡，每个男孩以 0.293 的概率选择"坦白"策略。
  - 因此，出现无人坦白而使得大家都受罚的严重情形具有超过 1/3 的概率。
- 一旦抽取了稻草，它就提供了谢林焦点均衡，使得大家都对谁将坦白这一点具有相同的期望。例如，假设罗杰抽到了最短的稻草，那么他将无法通过违背协议而获益。因为其他男孩都期望罗杰坦白，所以他们自己不会坦白。这意味着，罗杰如果欺骗他们而不坦白的话，那么他将得到等于 −2 而不是 −1 的回报。因此，罗杰的最优应对策略就是老老实实地准备受罚。类似地，其他两位不会因为坦白而获益，因为那样做会让他们得到 −1 而不是 0 的回报。
- 在抽取稻草前，每个男孩都有等于 −1/3 的期望回报值，这优于他采取所谓的"预防失误"策略而自愿坦白的回报。

⊖ 那位手持稻草的男孩确实具有掩饰哪根稻草最短的强烈动机。如果他无意间让其他两位看见哪根最短，那么他无疑就会因为给自己留下最短的那根而受罚。

- 由于每个男孩都有相同的坦白概率和相同的期望回报值，所以这个解答以一种纯粹策略的纳什均衡无法实现的方式实现了"公正"。
- 即使概率有所不同，这个结局仍然可以为最初的博弈提供一个谢林焦点均衡。例如，假设巴利手持稻草而且能够欺骗他们，那么这就增加了罗杰得到那根短稻草的概率。就算罗杰心存疑虑，一旦拿到短稻草，坦白依然是他的最优应对策略。这些概率可以是 [0，1] 之间的任何数值，无论公正与否，它们都能够"奏效"。

这个博弈中的抽取稻草的方式为我们提供了一个有关"相关均衡"的例子，而相关均衡是关于非合作性博弈的一种新型求解方式。一般而言，一个相关均衡是一项协议，它给博弈中对应于纳什均衡的各种联合策略赋予了概率。[⊖]当然，选择各种联合策略的概率之和必须等于1。如果只有一个均衡（例如在"囚徒困境"中那样），那么它就是唯一的相关均衡，而赋予它的概率必须等于1。如果某个均衡在回报上占优于其他均衡，就像在"努力博弈"中那样，则占优均衡就是唯一的相关均衡，因为不需要给那些被占优均衡赋予任何概率。但是，在诸如"坦白博弈"这样的协调—反协调博弈中，不同的相关均衡可能会造成很大的差别。因为（正像我们已经看见的）每位参与者在某个相关均衡处都选择了他的最优应对策略，所以相关均衡也是一种非合作性博弈。另外，在具有两个或更多个纯粹策略纳什均衡的博弈中，可能存在着无数个相关均衡，分别对应于不同的概率赋值方式（虽然可能只有一种方式会让参与者们觉得是公正的）。

这一点很重要，因为它强调了共谋在非合作性博弈中的作用。我们在第 7 章曾经了解到，共谋可以在三方或更多方的非合作性博弈中形成，而共谋的联合策略是由那些个人的最优应对策略所构成的。换句话说，形成共谋就是为了从一些可能的纳什均衡中选取其中的一个。在这个例子中，巴利、大卫和罗杰所做的就是组成一个大联合，以免在他们的协调—反协调博弈中出现相互不一致的情形。这个共谋选择了一个相关的而且可几的联合策略而不是一项联合纯粹策略，因为前者对他们来说似乎更加公正，否则的话，他们将难以达成协议。

我们回顾一下第 5 章中的"直行博弈"，表 11-7 再度列出了那个博弈的回报。这是一个反协调博弈。正像在第 5 章中所提出的，假设在皮格顿收费公路和海克珀车道的交叉口安装了红绿灯，这时就可获得一个相关策略解，即每个人都会根据红绿灯决定是等待还是直行。

表 11-7 "直行博弈"的回报（复制第 5 章的表 5-3）

		梅赛德斯	
		等待	直行
别克	等待	0, 0	1, 5
	直行	5, 1	−100, −100

11.6 一个商业案例

这里是另一个例子，也是一个现实的商业案例。新西兰有两家电信公司，即惕姆托

⊖ 相关均衡的理念由 R. 顿坎·鲁斯和豪沃德·瑞法的《博弈和决策》（Luce, R. Duncan and Howard Raiffa (1957), *Games and Decisions* (New York: Wiley and Sons)）提出。这本教科书的内容延续了他们的论述。罗伯特·R. 奥曼的"随机化策略的主观性和相关性"（Aumann, Robert J., Subjectivity and correlation in randomized strategies, *Journal of Mathematical Economics*，1（1974），67-96）拓展了相关均衡解，并且证明有时相关均衡要优于任何一种纯粹策略的纳什均衡。它要求按照一种略为复杂的方式给予参与者私有信息。我们在 11.6 节将予论述这个问题。

克有限公司和 MCS 数码有限公司（Teamtalk Ltd and MCS Digital Ltd），它们陷入了一场纠纷中。它们不是去法院，而是在私下进行争斗以决定胜负。"当然，虽然失败确实带来了损失，但是它的金额基本上同支付律师账单一样。"斗败了的惕姆托克公司总经理大卫·威尔（David Ware）对路透社如是说。他的这种想法似乎意味着：如果双方提起诉讼的话，则律师费好像会让赢家的处境变糟。如果双方真正提出诉讼，各自都有赢的机会，而且会以扣除律师费之后的期望回报值方式，明确地把这种机会带入我们现在考察的模型中，由此可以得到类似于表 11-8 的回报。

表 11-8　解决争端的博弈

		MCS 数码	
		起诉	让步
惕姆托克	起诉	-2, -2	2, -1
	让步	-1, 2	0, 0

如果双方都提起诉讼，则（-2，-2）这个回报反映了赢家的期望回报值，即得到的赔偿金额减去律师费之后的净值。

这是一个具有两个纳什均衡的"鹰鸽博弈"，它们都处在其中一位竞争者让步的方格中。虽然私下争斗是一个相关均衡，但是成为赢家的概率未必正好是 50-50。双方对于这些概率其实有着不同的主观估计值，而且无须正好等于 50-50。我们所要求的只是两位经理对于争斗的期望回报值优于诉讼的。一旦争斗结束，它就确定了一个谢林焦点，而博弈也就结束了。

11.7　一个更高级的相关策略均衡⊖

在某些比较复杂的博弈中，信息在相关策略解中发挥了关键性作用。这里是另一个关于区位策略博弈的例子。洛察电子和耶尔康计算机（Lotsa' Lectronics and Yall-Com Computers）是两家连锁店公司，销售不同但有些重叠的产品系列。它们考虑在戈瑟姆（Gotham）市郊开设新的店面。两个选项是格仑德斯威尔购物中心内的区位，以及位于第 40 大道商业走廊的独立区位。如果双方都在购物中心开店，则两家的生意都会很不错，因为可以吸引那些乐于到它们那里以及在中心区内的其他店家购物的顾客。但是，如果一家公司知道对方将在购物中心开店，则那个独立区位就会变得更加有利可图，因为它能在当地形成对于整个产品系列的垄断。表 11-9 列出了各种回报。

表 11-9　店铺区位策略博弈

		耶尔康计算机	
		独立区位	购物中心
洛察电子	独立区位	2, 2	12, 7
	购物中心	7, 12	10, 10

可以看出，由于它是一个反协调博弈，所以具有两个纯粹策略的纳什均衡。处在每个均衡时，一家公司在购物中心开店而另一家在独立区位经营，如此双方均相安无事。不过，这里还存在着一个混合策略均衡，即其中每家公司都以 5/7 的概率在购物中心开店。在这种情况下的期望回报值等于 9.14，优于单独一家公司在购物中心开店的回报。然而，如果能够运用相关策略，那么无疑对于两家公司都更加有利。譬如，倘若它们通过投掷硬币的方式在两个纯粹策略的纳什均衡中做出选择，就能避免双方都去那个独立区位开

⊖　这部分内容摘自奥曼在 1974 年的著述。

店的不良结局,而且都能获得等于 9.5 的期望回报值。

练习题

证明这些结论。

在这种情况下,同样没有两家公司都在购物中心开店的结局的概率,它是这个两方博弈的合作解。

但是,这个博弈还有第三方,即格仑德斯威尔购物中心,它当然希望两家都到它那里去开店。格仑德斯威尔能够影响它们决策的唯一方式是,给两家公司发一份或更多份"特别邀请"。这种邀请并未给获邀的公司提供什么特别好处,也不会耗费格仑德斯威尔购物中心的任何东西。在博弈论中,我们可以将这种"特别邀请"称为"廉价谈话"(cheap talk),因此我们并不认为它会影响这两家公司的决定。既然它不会造成任何伤害,格仑德斯威尔购物中心为何不向两家公司都发出"特别邀请"呢?

它不是格仑德斯威尔购物中心所做的事情。在阅读了罗伯特·奥曼的文章后,它们意识到可以将"特别邀请"作为这个反协调博弈的信号,从而改善双方博弈的结局。格仑德斯威尔购物中心将使得发出邀请的策略随机化,以 1/2 的概率向两家公司发出"特别邀请",以 1/4 的概率只向洛察电子发出,以 1/4 的概率只向耶尔康计算机发出,而全都不发出的概率为 0。格仑德斯威尔购物中心公布了它将采用的概率,而且要求收到"特别邀请"的公司保守秘密。

两家连锁店公司现在具有可以帮助选择区位的信息。假设双方都考虑根据规则 A 做出决定,即"如果我收到'特别邀请',那就选择购物中心;否则就选择那个独立区位"。

假设洛察电子知道耶尔康计算机将按照规则 A 做出决定。如果洛察电子没有收到"特别邀请",则它知道所发生的唯一事情就是,耶尔康计算机单独收到了"特别邀请"并将在购物中心设点,即遵循规则 A。如果洛察电子自己也收到了"特别邀请",则它知道将会发生两件事情之一,要么自己收到了唯一的邀请,要么两家都收到了邀请。洛察电子知道有一件事情没有发生,那就是耶尔康计算机没有收到唯一的邀请。了解了这一点,洛察电子必须调整自己的概率估计值。调整后的概率分别是,洛察电子收到唯一邀请的概率为 $\dfrac{\frac{1}{4}}{1-\frac{1}{4}}=\dfrac{1}{3}$,两家公司都收到邀请的概率为 $\dfrac{\frac{1}{2}}{1-\frac{1}{4}}=\dfrac{2}{3}$。因此,如果它们都遵循规则 A 而在购物中心开店,则期望回报值等于 $\dfrac{1}{3}\times 7\times\dfrac{2}{3}\times 10 = 9$。

如果洛察电子不遵循规则 A 而选择那个遥远的独立区位,则期望回报值等于 $\dfrac{1}{3}\times 2+\dfrac{2}{3}\times 12=8\dfrac{2}{3}$。再次可以看出,洛察电子的最优应对策略是根据规则 A 行事。再者,如果耶尔康计算机按照规则 A 行事,那么洛察电子的最优应对策略同样是根据规则 A 行事。反过来也是一样,如果洛察电子根据规则 A 行事,那么耶尔康计算机的最优应对策略就是根据规则 A 行事。

实际上,通过随机化方式发送"特别邀请",格仑德斯威尔购物中心把一种新型策略和纳什均衡引入洛察电子与耶尔康计算机之间的博弈中。它同样是回报占优均衡，因为这两家公司的期望回报值现在都是 $\frac{1}{4} \times 7 + \frac{1}{2} \times 10 + \frac{1}{4} \times 12 = 9\frac{3}{4}$，优于它们通过投掷硬币的方式所得到的相关策略解。格伦德斯威尔购物中心的处境也会得到改善，因为它至少能够争取到一家公司，而且还有 50% 的概率获得两家。相形之下，如果两家公司通过投掷硬币的方式做出决定，那么它只能获得一家。

这就向前迈出了重要的一步。我们可以发现，如果第三方提供某种信号，那就有可能获得相关策略解；它不仅优于任何一个纳什均衡，而且优于任何一个纳什均衡集合的平均值。不过，为了实现这一步，第三方可能需要调试（fine-tune）信号，既让每位参与者收到不同的信号，又不让他知道其他参与者收到了什么信号。这是一个比较微妙的问题，目前尚未出现对于这种理论假说的运用。不过，我们有理由认为，如果相同的参与者们反复地参与相同的博弈，那么他们就能学会按照相关策略均衡行事，其中每一位都会利用各种线索对其他参与者的选择形成预期。⊖

11.8 再析可理性化策略

在第 4 章中，与纳什均衡一起，我们引入了可理性化策略。不过，这两个概念是相互独立的。下面的例子可以说明这一点。

劳拉和马克（Laura and Mark）在海边观光点瑟菲市（Surfy City）拥有相邻的两处不动产。劳拉的财产是一片空地，马克拥有的是一幢尚待装修的建筑物。两位都在考虑自己财产的四种可能的用途。这些构成了他们各自的策略。表 11-10 列出了相关的回报。

表 11-10　瑟菲市不动产博弈的回报

		马克			
		酒吧	餐馆	办公中心	商店
劳拉	停车场	7, 6	9, 11	10, 9	9, 8
	小型高尔夫球场	5, 7	6, 6	5, 6	5, 6
	卡丁车道	8, 6	7, 4	7, 5	8, 7
	影院	9, 7	11, 7	8, 8	6, 7

观察一下这个博弈我们可以看出，它不存在纯粹策略的纳什均衡。不过，我们可用 IEIS 方法分析一下是否存在着任何可理性化的策略。可以看出，对劳拉来说，小型高尔夫球场和卡丁车道属于不相关的策略。因此，我们可以消除它们而得到表 11-11 中的简约式博弈。

表 11-11　简约式瑟菲市不动产博弈

		马克			
		酒吧	餐馆	办公中心	商店
劳拉	停车场	7, 6	9, 11	10, 9	9, 8
	影院	9, 7	11, 7	8, 8	6, 7

⊖ 详情可参阅罗杰·A. 麦凯恩所著的《博弈论和公共政策》（Roger A. McCain, *Game Theory and Public Policy*, Elgar，2009）第 5 章。

现在我们可以看出，在这个简约式博弈中，由于酒吧和商店是马克的被占优策略，所以它们是不相关的，因此可以消除它们而留下如表 11-12 所示的博弈。因为所有留在这个博弈中的策略都是针对其他参与者可能选择的某种策略的最优应对策略，所以消除无关策略的过程已经达到了极致。正如所见，这四种策略的所有组合都是可理性化的。

表 11-12　第二轮简约式瑟菲市不动产博弈

		马克	
		餐馆	办公中心
劳拉	停车场	9, 11	10, 9
	影院	11, 7	8, 8

（1）一方面，劳拉可以推测："他以为我认为他会选择办公中心，所以我会开设停车场。如此一来，他会开设餐馆，所以我建造影院就可得到最大回报。"

（2）另一方面，劳拉也可这样推测："他以为我认为他会选择餐馆，所以我会建造影院。如此一来，他会建造办公中心，所以我将开设停车场。"

（3）一方面，马克可以推测："她以为我认为她会建造影院，所以我会开设办公中心。如此一来，她会开设停车场，所以我应该开办餐馆。"

（4）另一方面，马克也可这样推测："她以为我认为她会开设停车场，所以我会开办餐馆。如此一来，她选择建造影院，所以我选择建造办公中心。"

取决于劳拉和马克采用各自两条推测思路中的哪一条，可以形成影院、停车场、餐馆和办公中心这四种策略的任何一种组合。

这个结局不尽如人意。假如人们确实必须在只知道回报和策略而没有其他任何信息的情况下做出决定，并且无法纠正自己的错误，那么诸如"瑟菲市不动产博弈"这样的复杂博弈就会带来很多非常棘手和深刻的问题。

然而，我们不妨再回顾一下，每个博弈都必须具备至少一个混合策略解，该博弈也不例外。根据表 11-10 进行计算会比较困难（线性规划在这方面会有所帮助），但是不必如此行事。我们注意到，由于表 11-11 在策略方面等同于表 11-10，[⊖] 所以表 11-11 中的任何纳什解答必定也是表 11-10 的解答。因此，运用表 11-11 可以计算得出，这个博弈中存在着一个混合策略均衡，其中劳拉以 $\frac{2}{3}$ 的概率选择停车场且以 $\frac{1}{3}$ 的概率选择影院，而马克选择餐馆和办公楼的概率各为 $\frac{1}{2}$。

需要注意的是，以某种概率采纳可理性化策略所得到的任何一种混合策略都属于可理性化策略。例如，因为马克可以推测"劳拉预期我采纳 $\left(\frac{1}{2}, \frac{1}{2}\right)$，所以她会选择混合策略 $\left(\frac{1}{3}, \frac{2}{3}\right)$，这会给我的餐馆和办公中心策略带来相同的期望回报值，即 $8\frac{1}{3}$，因此它们的任何概率混合都是一样的，对我来说都是（弱势）最优应对策略"，所以这类博弈存在着无限个可理性化策略，但是只有一个混合策略均衡是纳什均衡。

我们再次分析第 4 章中关于"零售店铺区位博弈"的表 4-15，并将它复制在表 11-13中。回顾一下，这个博弈具有两个纳什均衡，都是一家商店选择"市中心"，而另一家选

⊖　原文此段中三次用的都是"Table11.9"，当为"Table11.10"之误。——译者注

择"高档商场"。它是否存在相关策略解呢？回答当然是肯定的。

表 11-13　零售店铺区位博弈（复制第 4 章的表 4-15）

		沃察尼兹			
		高档商场	市中心	市郊	住宅区
奈斯塔夫商店	高档商场	3, 3	10, 9	11, 6	8, 8
	市中心	8, 11	5, 5	12, 5	6, 8
	市郊	6, 9	7, 10	4, 3	6, 12
	住宅区	5, 10	6, 10	8, 11	9, 4

作为第一步，或许有所帮助的是，我们只考虑了那些可理性化策略，因而能够运用 IEIS 方法简化这个博弈。我们由此可以得到表 4-21 中的简约式博弈，现在重列为表 11-14。接着，两家连锁店公司都可根据这个简约式博弈选择相关策略。如果它们能够协商一致，并分别以 $\frac{1}{4}$ 和 $\frac{3}{4}$ 的概率在（市中心，高档商场）和（高档商场，市中心）之间做出选择，那么双方都可以获得相同的期望回报值，即 $9\frac{1}{2}$。

表 11-14　第四轮简约式"零售店铺区位博弈"（复制第 4 章的表 4-21）

		沃察尼兹	
		高档商场	市中心
奈斯塔夫商店	高档商场	3, 3	10, 9
	市中心	8, 11	5, 5

11.9　再析可理性化策略和纳什均衡

正如在第 4 章中所见，纳什均衡策略总是可理性化的。但是，就像 11.8 节瑟菲市的例子一样，相反的情形却未必总能成立，纯粹策略也许可以理性化，即使不存在纯粹策略的纳什均衡。这是我们需要注意的另一个复杂的问题。在某些例外的情形中，可能存在着唯一的纳什均衡以及可理性化的非均衡策略。下面的例子可以说明这一点。

凯西和李（Kacy and Lee）是高中同学，而且都已在康考德威尔学院（Concordville College）注册成为大一学生。这是一所小型人文学院，由于在"一流"体育运动项目中缺乏竞争力，所以总是鼓励学生们参加校方开设的各种小型运动项目俱乐部。虽然凯西和李都希望能够参加同一种运动项目，但是他们对于运动项目的偏好略有不同，因而可能无法如愿。此外，相互竞争也可能会影响他们长期的友谊。他们的偏好由表 11-15 用任意设计的回报数字表示，较大的数字表示这两位学生运动员各自偏好比较强的项目。

表 11-15　康考德威尔学院的体育运动项目博弈

		李			
		箭术	长曲棍球	舢板	壁球
凯西	箭术	9, 4	7, 4	5, 5	6, 9
	长曲棍球	6, 7	9, 9	3, 3	5, 5
	舢板	8, 7	8, 6	10, 4	7, 6
	壁球	6, 9	7, 5	5, 5	3, 8

通过采用在底部划线或类似的方式就可以看出，这个博弈只有一个纳什均衡，其中，凯西和李都选择长曲棍球项目。我们可以运用 IEIS 方法确定哪些策略属于可理性化的。对凯西来说，壁球被舢板占优，所以前者是无关的；对李来说，舢板被壁球占优，所以

前者同样是无关的。消除这些无关策略后，可以得到如表 11-16 所示的简约式博弈。但是，可以看出，这些策略中的每一项都是针对另一位大一学生所选策略的最优应对策略，没有哪一个是无关的了。因此，这个博弈无法再做进一步简化，而所有的六项策略，即对于凯西的箭术、长曲棍球和舢板，以及对于李的箭术、长曲棍球和壁球，都是可理性化的。

表 11-16 简约式康考德威尔学院的体育运动项目博弈

		李		
		箭术	长曲棍球	壁球
	箭术	9, 4	7, 4	6, 9
凯西	长曲棍球	6, 7	9, 9	5, 5
	舢板	8, 7	8, 6	7, 6

例如，凯西可能会猜测，"李以为我会选择箭术，因为我在高中时曾击败过他，所以他会选择他的最优应对策略，即壁球，因此我应该选择针对壁球的最优应对策略，即舢板"。与此同时，李的推测是，"凯西以为我会选择舢板并在那个项目上向他挑战，所以他会选择针对舢板的最优应对策略，即箭术，相应地，我应该选择针对箭术的最优应对策略，即壁球"。当然，两人都会发现自己实施理性化的过程是错误的。这里的关键一点是，理性化过程有可能出错，即使只有一个纳什均衡。我们还应该注意，IEIS 方法并非总能够找到纳什均衡，即使它是唯一的。作为找出纳什均衡的一种方法，IEIS 方法比较直观。

可理性化策略方法的一个基本理念是：在某些博弈中，各方只知道参与者们是理性的，知道策略和回报是什么，但是没有纠正错误的机会。如果博弈只进行一次，则这一点尤其容易发生。不过，可理性化策略方法对于其他方法而言是一个补充，诸如混合和纯粹策略的纳什均衡、相关策略的纳什均衡等。因为通过 IEIS 方法得到的简约式博弈在策略方面等同于原来的博弈，所以在考虑将其他解的概念运用于简约式博弈之前，我们可以通过消除这些不可理性化的策略来简化比较复杂的博弈。

11.10 总结

正则式博弈理论为我们分析策略性互动提供了大量的工具，尤其是纳什均衡，具有普遍的适用性。不过，对于非合作性博弈的分析而言，它并非唯一的工具。

在常数和博弈中，纳什均衡，以及对于这类博弈的真正唯一的解法，可以通过将最小回报最大化的方式来获得，即"最大最小法"。

正如第 3 章所述，占优策略均衡是一个非常稳定的结局。但是，就像在日常生活中一样，每当使用任何有力的工具时都应当谨慎小心。如果考虑到那些弱势被占优的策略，则情况就会变得不是那样清晰。通过考虑参与者们可能会选择错误策略的概率，我们或许能够对纳什均衡的概念实施精练。如果每位参与者都考虑到这种可能性，则赋予其他参与者具有"颤抖的手"和选择错误策略的极小概率，这样他们就能避免采纳弱势被占优策略，进而消除一些不合理的纳什均衡。这是对纳什均衡"精练"很好的说明，也是高级博弈论研究中的一个重要领域。

在非合作性博弈中，共谋也会发挥作用，但是只在它的所有成员都选择各自的最优应对策略的时候。共谋可以选择联合的混合策略。作为一个相关均衡，它要求成员们找到一种按照特定概率随机联合地选择策略的方式。传统的方法是抽取稻草或根据摇彩结果分配稀缺资源。有时，共谋者可以指定某人为他们做出抉择。相关均衡可以为协调性博弈提供对称的解答，而那些回报原本是不相等的，就像在"坦白博弈"中那样。如果受托的第三方按照虽然有区别但是恰当的方式向两位参与者发送信号，那么由此得到的相关策略解可以提高任何纳什均衡的数值或者纳什均衡的加权平均值。

回顾一下，纳什均衡策略总是可以理性化的。但是，在一些复杂的博弈中，可能存在着不属于纳什均衡策略的可理性化策略，无论这些博弈的纳什均衡是纯粹策略的还是混合策略的纳什均衡。然而，我们可以运用可理性化策略和 IEIS 方法来简化这些复杂的博弈，并且将混合或纯粹策略的纳什均衡或相关策略均衡运用于简约式博弈中，而所得到的解答正是最初的博弈的解答。

当然，虽然最优应对策略和纳什均衡是所有这些理论的基础，但是对于实现研究目标而言，纳什均衡只是起点而不是终点。

◾ 本章术语

零和博弈（zero-sum game）：各参与者的回报加总之后总是等于零的博弈。

最大最小策略（maximin strategy）：先确定博弈中每一种策略的可能最小回报，然后选择最小回报为最大的策略，就是"最大最小策略"。因为它同时能够使得对手的最大回报达到最小，所以它又被称作"最小最大策略"。

严格被占优策略（strictly dominated strategy）：只要一种策略能够产生大于另一种策略的回报，无论其他参与者选择哪些策略，第二种策略都被第一种策略严格或强势占优，所以称作严格或强势被占优策略。

弱势被占优策略（weakly dominated strategy）：只要第一种策略能够产生不低于第二种策略的回报，无论其他参与者选择哪些策略，针对其他参与者所选的某些策略，第一种策略产生的回报严格大于第二种策略，第二种策略就被第一种策略弱势占优，因此称作弱势被占优策略。

◾ 练习与讨论

1. 聚会博弈

参阅第 7 章 7.4 节，表 11-17 列出了各种回报。针对这个博弈，我们提出了一个相关策略均衡解。

表 11-17　聚会博弈的回报

		卡洛琳			
		去酒吧		待在家里	
		芭勃		芭勃	
		去酒吧	待在家里	去酒吧	待在家里
艾米	去酒吧	−1, −1, −1	2, 1, 2	2, 2, 1	0, 1, 1
	待在家里	1, 2, 2	1, 1, 0	1, 0, 1	1, 1, 1

2. 医疗工作

参阅第 7 章的练习题 5。医生们正在考虑究竟是从事产科—妇科医疗工作还是仅限于从事妇科医疗工作。针对这个博弈，提出一个相关策略均衡解。

3. 政府的重组计划

"大方金属公司"（Generous Metals Corp）因为无力支付其债券持有者和养老金领取者而濒临破产。由于该公司"大到不能倒闭"（too big to fail），所以政府提出了一项"重组计划"。根据这项计划，债券持有者和养老金领取者都要牺牲他们持有的一些资金。任何一类人都可以接受或拒绝重组计划。如果任何一类人拒绝，则破产事务将由法院裁决。如果一类人拒绝而且参与重组竞争，那么他们可以获得一些优势；如果两类人都拒绝，则处理破产事务的法律成本会令他们的处境变得更糟。表 11-18 列出了各种回报，根据他们将能收回的债务比例（"美分/1 美元"），表 11-18 可能有助于求解这个相对复杂的问题。

表 11-18 政府的重组计划

		债券持有者	
		接受	拒绝
养老金领取者	接受	46，44	30，47
	拒绝	50，25	22，20

（1）从相关均衡理论运用的角度讨论一下这个例子。

（2）除了迫使双方接受重组计划且无论他们是否乐意之外，政府能否运用其他方法来改善这个结局？其内容是什么？

（3）将这个例子与本章的"惕姆托克与 MCS 数码"的例子进行对照与比较。

4. 广告传媒方式

厂商 A、B 和 C 正考虑在三种广告传媒方式中选择一种。选项（策略）是报纸、电视和互联网。从这些厂商的意图来看，虽然某种方式比其他的要好，但是任何媒介方式都只有在一家厂商选择它时才是最佳的，更多厂商的使用会减少它的效用。表 11-19 列出了各种回报。

表 11-19 各种传媒方式的回报

		C								
		报纸			电视			互联网		
		B			B			B		
		报纸	电视	互联网	报纸	电视	互联网	报纸	电视	互联网
A	报纸	5，5，5	6，10，6	6，12，6	6，6，10	7，7，7	7，12，10	6，6，12	7，10，12	7，8，8
	电视	10，6，6	7，7，7	10，12，7	7，7，7	6，6，6	7，12，7	10，7，12	7，7，12	10，8，8
	互联网	12，6，6	12，10，7	8，8，7	12，7，10	12，7，7	8，8，10	8，7，8	8，10，8	7，7，7

（1）确定这个博弈中的所有可理性化策略。

（2）纯粹策略的纳什均衡是什么？它们如何与可理性化策略相关联？

（3）给出一个关于推测过程的例子，用以支持其中一个可理性化策略的解答。

5. 转包商

莫瑞斯和尼尔（Morris and Neal）是两位有所不同且互补专长的计算机科学家。"大规模生意软件公司"（Bigscale Business Software，BBS）有意聘请他们，不过他们都在考虑自己独立创业。如果其中一位为 BBS 工作，则作为独立生意人的另一位可以充当转包商并获益。按照年收入，表 11-20 列出了各种回报。

表 11-20　计算机科学家的回报

		尼尔	
		BBS	独立
莫瑞斯	BBS	140, 130	110, 150
	独立	160, 105	55, 50

作为相关均衡理论的运用，讨论一下这个例子（对于这个非对称的例子，建议使用电子表格）。

6. 夏普利博弈

考虑图 11-21 中的正则式博弈，它是夏普利博弈的一个变形。

表 11-21　夏普利博弈

		B		
		左	中	右
	顶端	3, 2	2, 3	0, 0
A	中间	0, 0	3, 2	2, 3
	底端	2, 3	0, 0	3, 2

（1）如果存在纳什均衡的话，则这个博弈的纳什均衡是什么？

（2）如果参与者们可以签订一项可实施的协议，使得该博弈可以作为合作性博弈，那么你预期它的解是什么？

（3）如果没有对协议的强制性实施策略，且没有重复博弈，那么非合作性博弈能否获得合作性结局？请给予解释。

序 贯 博 弈

导读

为了充分理解本章内容，你需要先学习和理解第 1～4 章，尤其要复习第 2 章。

到目前为止，我们分析的大多是以正则式或表格形式表示的博弈。所有的博弈都可采用正则式进行分析。正如约翰·冯·诺依曼所观察到的那样，正则式对于参与者在同一时间选择策略的博弈尤其有用，诸如"囚徒困境"。正如我们所看见的，在现实中，人们的许多互动活动与它相似。然而，在另一些重要的互动中，参与者们必须按照某种特定的次序选择他们的策略，而他们的承诺也只能在有限的环境中或者一段时间过后才能够做出。这些就是"序贯博弈"（sequential games）。我们可以认为，这类博弈具有一种"承诺结构"（commitment structure）。由于博弈的扩展式可以帮助我们理解承诺结构及其各种含义，因此，根据扩展式研究序贯博弈已经成为一种惯例。下面先看一个商业案例。

12.1　阻滞性战略投资

在第 2 章的一个商业案例中，我们已经知道，新的竞争者进入将会减少现有厂商们（established firms）的利润。相应地，我们预计各家公司会努力找到某种方式以防止或者阻滞新的竞争者进入市场，即使如此操作的成本很大。下面是这类例子之一。

斯皮泽拉公司（Spizella Corp）主要生产用于工作站的专用计算机芯片。制造这些芯片的生产成本为10 亿美元，每年产量为 300 万片，单片的平均成本为 333.33 美元。表 12-1 说明了市场上的芯片数量 Q 与买家将支付价格之间的关系（或者如同经济学家们所称的，这是"需求关系"）。

表 12-1　芯片的需求

Q（片）	单价（美元）
3 000 000	700
6 000 000	400
9 000 000	200

斯皮泽拉公司的管理者获悉，帕萨公司（Passer Ltd.）打算建造一家工厂，以便进入市场并与斯皮泽拉公司开展竞争。目前的情况是，若以 700 美元的单价出售 300 万片芯片，则斯皮泽拉公司每年的利润为 11 亿美元；但若第二家制造厂进入，则芯片产量将增至 600 万片，单价将下跌到 400 美元，每家公司的销售收入各为 12 亿美元，利润各为2 亿美元。更糟糕的是，若两家新的工厂加入，市场总产量将达到 900 万片，单价则会下跌到 200 美元，每家工厂各亏损 4 亿美元。

然而，斯皮泽拉打算投资于第二家工厂。他们的推理过程如下：

（1）如果斯皮泽拉先于帕萨公司做出决定，后者就会认识到，它的工厂将成为第三家；如果再建一家工厂，大家在每家工厂上每年都会亏损 4 亿美元。因此，帕萨公司将不会建厂，而斯皮泽拉得以维持 4 亿美元的年度利润，这是一个不可小觑的数字。

（2）斯皮泽拉如果不建造第二家工厂，帕萨公司就会建造，而斯皮泽拉将只能凭借现有的工厂获得 2 亿美元的利润。

为了建造新的工厂从而将帕萨排除在外，斯皮泽拉需要从事"阻滞性战略投资"（strategic investment to deter entry）。通过先行建造，斯皮泽拉可以维持自己的市场主导地位，把潜在的竞争者赶出市场。因为两家工厂，再加上竞争者的第三家工厂，将无法全力开工，否则只会将价格压低到所有竞争者的成本水平以下。

> ⚠ **重点内容**
>
> 这里是本章将阐述的一些概念。
>
> **扩展式**（extensive form）：如果一个博弈被表示为一系列的决策，那么它就是以扩展式表示的。扩展式博弈普遍地被表示为决策树。
>
> **子博弈**（subgames）：任何一个博弈的子博弈都是由处在完美信息节点之后的节点和回报所构成的。如果子博弈只是博弈的一部分（而非全部），则将其称作"真子博弈"（proper subgame）。
>
> **子博弈完美均衡**（subgame perfect equilibrium）：如果扩展式博弈的纳什均衡构成了所有子博弈的均衡，那么它就是子博弈完美均衡。
>
> **基本子博弈**（basic subgame）：扩展式博弈的子博弈是"基本的"，如果它不包含其他真子博弈；否则，它就是复杂的子博弈。
>
> **逆向递归法**（backward induction）：一种寻找子博弈完美均衡的方法，求解基本子博弈，将各种回报代入复杂博弈中对它们进行求解，并且一直这样逆向地操作到博弈的起点。
>
> **行为策略**（behavior strategies）：有时我们把在博弈的某个特定阶段做出的策略选择称作"行为策略"。

我们观察一下这个扩展式博弈。图 12-1 描绘了这个博弈。每个圆圈代表由参与者所做出的决定，即博弈的一个"节点"。每个箭头代表该参与者做出决策的一种方式。标有"1"的节点为斯皮泽拉公司是否建造新工厂的决策，"2A"和"2B"则为帕萨公司是否建造新工厂的决策，而且这取决于斯皮泽拉公司是否建造工厂。最右侧的回报首先是斯皮泽拉公司的回报，然后是帕萨公司的回报。

在分析扩展式博弈时，一个有用的概念是"子博弈"。一个子博弈包括从定义明确的单一选择点开始的所有分支，以及在它之后所有选择点的各个分支。因此，在图 12-1 中，两个灰色椭圆分别定义了一个子博弈，一个处在浅灰色区域中而始于选择点"2A"，另一个处在深灰色区域中而始于选择点"2B"。此外，整个博弈就是一个子博弈。归根结底，它包括出自选择点"1"的所有分支，而"2A""2B"都处在"1"之后，因此始于选择点"1"的子博弈同样包括那些分支。

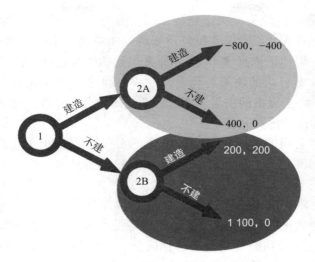

图 12-1 扩展式的"阻滞性战略投资"博弈

一般而言，每个博弈至少都有一个子博弈，也就是它本身。那些不同于整个博弈的其他子博弈被称为"真子博弈"。前面所说的序贯博弈具有承诺结构，也就是说，序贯博弈通常具有一个或更多个真子博弈，而所有真子博弈的集合也就是"承诺结构"。

回顾一下，在这个例子开始时，斯皮泽拉公司"推理得出"帕萨公司将如何行事，而且是以子博弈为基础的。根据推理：

如果我们不建造第二家工厂，帕萨公司就会建造。

斯皮泽拉公司观察到，下方分支的"1 100，0"的回报不是那个较低子博弈的均衡。类似地，可以推理：

如果我们赶在帕萨公司做出决策之前就建造，那么帕萨公司就会意识到他们的工厂将是第三家；如果建造它的话，则大家每年在每家工厂中都会亏损4亿美元。因此，帕萨公司不会建造工厂。

它的含义是，在上方的分支中，两家公司都建造工厂不是上方子博弈的均衡。考虑到两个子博弈都有可能实现均衡，因此，斯皮泽拉公司可以预计各种结局并做出相应的决策。也就是说，斯皮泽拉公司根据每个子博弈都将达到均衡的假设选择了它们的或然性策略。这种作为整个博弈的均衡称为"子博弈完美均衡"，其中，参与者们总是按照这种方式持续预计对手的决策。

当然，该博弈也有可能存在不具备这种特征的纳什均衡（我们将在后面的12.4节中给出一个例子）。因此，可以认为，子博弈完美均衡是对纳什均衡的一种"精练"。换句话说，我们运用了一种要求更高的理性概念在各个均衡之间做出选择。这里是它的定义，即为了使某个纳什均衡成为子博弈完美均衡，它的每一个子博弈都必须达到纳什均衡。

为了找到子博弈完美均衡，我们可以采用"逆向递归法"。首先，从每个序贯的最后一个决策开始，确定那个决策的均衡，再逆向地确定每一个步骤的均衡，直到第一个决策为止。因此，在这个战略性投资博弈中，决策"2A"或"2B"是最后一个决策，取决于在"1"处的决策。在"2A"处，帕萨公司决定不建造工厂，因为没有亏损优于亏损4

亿美元。在"2B"处，帕萨公司决定建造工厂，因为2亿美元的利润优于一无所得。现在，我们往回移动到阶段1。斯皮泽拉公司知道：如果他们选择"建造"，那么得到的回报将是4亿美元；如果他们选择"不建"，那么得到的回报将是2亿美元。他们知道这一点，因为他们知道帕萨公司的决策者是理性的和自利的，所以斯皮泽拉公司可以确定帕萨公司在这些情形中将会做出的决策。因此，斯皮泽拉公司选择"建造"，而序贯"建造，不建"就是这个博弈的子博弈完美均衡。

严格地说，帕萨公司的子博弈完美策略属于或然性策略，即"如果斯皮泽拉公司建造，那就不建；否则就建造"。回首以往，正是在这种意义上，约翰·冯·诺依曼和奥斯卡·摩根斯特恩把一个序贯博弈的策略定义为"或然性策略"。然而，参与者们在真子博弈范围内所选择的策略，诸如帕萨公司是否建造工厂，被称为"行为策略"；在更加新近的博弈论中，它们通常被简称为"策略"。在那些没有序贯决策的博弈中，因为缺乏可据以做出决策的信息，所以我们无须做出这种区分。这可能会造成一些混淆情况。我们以后将会注意说明"策略"一词是否代表或然性策略或行为策略。

在这个"阻滞性战略投资"博弈中，两位竞争者都有反悔的理由。帕萨公司希望的是自己建厂而对方不建厂，从而平分市场并获得2亿美元的利润；斯皮泽拉公司则希望双方都不建厂而独得11亿美元的利润。但是，这两种结局都不可能形成。处在每个阶段时，两家公司都会针对对方所选的行为策略做出最优应对。这正是"均衡"通常的含义所在。不过，在目前的情况下，我们还必须考虑到这样一个事实，即斯皮泽拉公司必须先做出承诺，即承诺结构。因此，从行为策略的角度看，子博弈完美均衡就是最优应对策略均衡。

12.2　关于序贯博弈的几个概念

这个例子说明了关于序贯博弈的一些关键性概念。首先，我们可以更加细致地了解一下"子博弈"的概念。作为与图12-1的对照，我们可以再度考察一下以扩展式表述的"囚徒困境"。图12-2重复了第2章的图2-3。假设艾尔在节点"1"处做出坦白或不坦白的决策，而鲍勃在节点"2"处做出决策。请注意它与图12-1的不同之处。在两种不同的情况下，鲍勃的决策都用单独的一个椭圆来概括。它表明鲍勃在做出决策时，并不知道艾尔做出了哪种决策。若用图形表示，则鲍勃并不知道自己究竟处在这个椭圆的上方还是下方。这种不确定

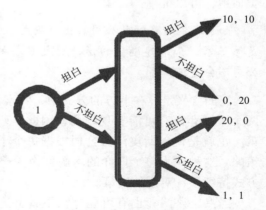

图12-2　扩展式的"囚徒困境"（重复第2章的图2-3）

性意味着节点"2"右边的各个分支都不是子博弈。在图12-1中，"2A""2B"处在相互分离的椭圆中。这一点告诉我们，通过运用博弈理论，帕萨公司在做出决策之前就已经知道斯皮泽拉公司的决策。为了实现博弈的目的，帕萨公司已经拥有了"完美信息"（即帕萨公司知道先前所有的决策）。

整个博弈同时也是它自身的子博弈之一，而只属于整个博弈一部分的子博弈称为"真

子博弈"。再次对照一下图12-2与图12-1。节点"2A"或"2B"是"完美信息节点"。包含在两个灰色椭圆中的各个决策分支就是这个"阻滞性战略投资"博弈的两个真子博弈。它们还说明了一个子博弈可能具有的另一个重要特征,即它们两个都不包括其他的真子博弈;节点"2A""2B"处的各个分支都直接形成了回报。因此,它们都是基本子博弈。相形之下,在图12-1中,从节点"1"开始的子博弈(它是整个博弈)是一个"复杂子博弈"(complex subgame)。

这就是图12-2中节点"2"右边的分支为何不是子博弈的原因。这个"囚徒困境"没有真子博弈。然而,节点"1"是完美信息节点,即不存在艾尔需要知道的先前的决定,因此节点"1"加上在它右边的各个分支就构成了一个子博弈。因此,这个"囚徒困境"只有一个子博弈。它是一个虽然由整个博弈构成但意义不大的子博弈,而且没有"承诺结构"。

然而,对于如图12-1所示的那种具有真子博弈的博弈,均衡的概念是对纳什均衡的一种精练,即子博弈完美均衡。对于子博弈完美均衡,我们要求每一个子博弈都达到纳什均衡。"阻滞性战略投资"博弈说明了这一点。

但是,我们只能直接确定基本子博弈——任何序贯的最后一个子博弈的纳什均衡。例如,在图12-1中,处在节点"1"时,我们无法确定纳什均衡,因为回报取决于帕萨公司的决策,而斯皮泽拉公司无法针对要在较迟时间后才能选定的策略做出最优应对策略。相应地,我们从每个序贯,即"2A""2B"的基本真子博弈入手。在这些节点上,不存在任何后续决策可以利用的承诺,因为已经没有后续决策了。相应地,我们可以计算这两个节点的纳什均衡和回报。这也就告诉我们对于节点"1"的回报。通过求解节点"2A""2B"处的两个博弈,我们可以把图12-1的博弈简化成如图12-3所示的较小博弈。

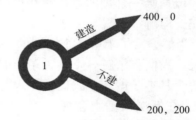

图12-3　简约式"阻滞性战略投资"博弈

我们立刻就能求解这个博弈。这个解是"为了4亿而非2亿去建造"。它说明了一种求解具有承诺结构的博弈的普遍方法:求解所有分支上最后一个阶段的子博弈,按照这种方式把博弈简化为较小的博弈,然后重复这一过程直到求解出所有的子博弈为止。这样就可得到子博弈完美均衡。借用一位管理咨询专家的理念就是,"前向思考,逆向递归"。也就是说,通过前向思考以便确定出真子博弈是什么,通过逆向递归对它们进行求解,从而得出最优应对策略和均衡。

在序贯博弈中,逆向递归法和子博弈完美均衡是进行理性策略规划的重要原则。战略家们确实应该做到"前向思考,逆向递归"。这一点在商业领域之外同样成立。它适用于军事战略、公共政策和个人生活。在本章的后面,我们将看到一些相关例子。

12.3　再析伊比利亚半岛反叛博弈

再次分析一下本书开始时的那个博弈,即古罗马时代的那个"伊比利亚半岛反叛"事

⊖ Courtney, Hugh, Games managers should play, *World Economic Affairs*, 2(1)(Autumn, 1997), p.48.

件。我们记得，参与对抗的是赫图琉斯和皮乌斯。赫图琉斯的策略是，进军新迦太基，或者驻守莱明纽直到皮乌斯开拔后在贝迪斯河予以阻击；皮乌斯的策略则是，直接进军莱明纽并与赫图琉斯进行苦战，或者行军到迦德斯后乘船前往新迦太基。图 12-4 显示了这个博弈的扩展式和回报。前一个回报是赫图琉斯的，他必须先采取行动（因此，这里的次序与第 2 章的表 2-3 相反）。

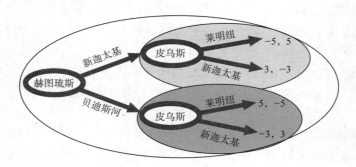

图 12-4 具有子博弈的"伊比利亚半岛反叛"博弈

在图 12-4 中，子博弈均用浅灰色椭圆表示。我们可以将这个博弈从整体上视为一个子博弈，其中包含了两个真子博弈，而且都是基本的。考琳·麦卡洛在她的小说里写道，赫图琉斯唯一合理的选择是在贝迪斯河阻击皮乌斯。现在我们分析一下它是否属于子博弈完美均衡。

当然，为了求解这个博弈的子博弈完美均衡，我们将"前向思考，逆向递归"。也就是说，我们将求解各个基本子博弈，并且进行逆向操作，进而求解整个博弈。观察一下这两个基本子博弈，我们首先求解上面的那个子博弈。其中，皮乌斯前往莱明纽可赢得5，前往新迦太基则会损失 3。因此，莱明纽是这个子博弈的解。在下面的那个子博弈中，皮乌斯前往新迦太基可赢得 3，前往莱明纽则会损失5。因此，新迦太基是这个子博弈的解。通过运用这些信息，我们可将"伊比利亚半岛反叛"博弈简化成如图 12-5 所示的那个博弈。在这个博弈中，赫图琉斯前往新迦太基将会损失 5，而前往贝迪斯河则只会损失 3。

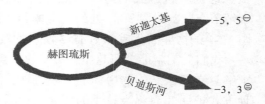

图 12-5 简化的"伊比利亚半岛反叛"博弈

因此，贝迪斯河是这个简化博弈的解。皮乌斯在前往新迦太基的途中，若赫图琉斯在贝迪斯河予以阻击，则构成了子博弈完美均衡。所以，考琳·麦卡洛说贝迪斯河行为策略是赫图琉斯唯一合理的选择，确实把握住了这个博弈的均衡。

因此，赫图琉斯的处境不妙。由于夹在皮乌斯及其在伊比利亚半岛东部的目标当中，赫图琉斯首先必须决定自己是否要赶往新迦太基，他必须在糟与更糟之间进行选择。但是，如果情况反转又会如何呢？如果是皮乌斯必须先做出选择呢？答案是，如果是这样，皮乌斯就必须在糟与更糟之间做出取舍。由此可知，在这个博弈中，首先做出选择者将得到最糟的结局。

⊖ 原书为（5，−5），疑有误。——译者注

⊖ 原书为（3，−3），疑有误。——译者注

练习题

以扩展式描述这个博弈，不同之处是皮乌斯必须首先选择他的行为策略，通过求解它的子博弈完美均衡，验证赫图琉斯的处境可以得到改善。

12.4 纳什均衡和子博弈完美均衡

我们已经知道，与纳什均衡一样，子博弈完美均衡属于最优应对策略均衡。为了找到子博弈完美均衡，我们首先需要确定各个基本博弈的纳什均衡。显然，这两个均衡的概念是密切相关的。为了更好地理解两者之间的关系，我们再度观察一下出自第 2 章的围绕新进入者的商业竞争例子，即蓝鸟和金翅雀之间的市场进入博弈。图 12-6 以扩展式再现了这个博弈。表 12-2 显示了这个博弈的正则式，除了两个纳什均衡被加黑之外，它大致与第 2 章的表 2-1 相同。

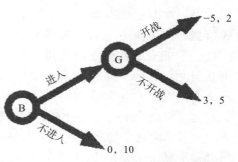

图 12-6　扩展式"市场进入博弈"（大致复制了第 2 章的图 2-1）

表 12-2　正则式"市场进入博弈"（大致复制了第 2 章的表 2-1）

		金翅雀	
		如果蓝鸟进入，则容纳；如果蓝鸟不进入，则照常做生意	如果蓝鸟进入，则启动价格战；如果蓝鸟不进入，则照常做生意
蓝鸟	进入	3, 5	−5, 2
	不进入	0, 10	0, 10

但是，这个"市场进入博弈"的两个纳什均衡并不相等。我们要注意把逆向递归法运用于这个博弈时将会发生什么。处在节点"G"时，我们注意到"金翅雀"选择"不开战"而非"开战"，因而得到 5 而不是 2 的回报。这就把我们带到了这个博弈正则式的左边一列，它表明其上方加黑的纳什均衡是唯一的子博弈完美均衡，而右下方加黑的纳什均衡却不是子博弈完美均衡。原因何在呢？它确实是纳什均衡，因为对它的单方面偏离不会让任何一方变得更糟，但是这一点意义不大，因为是"蓝鸟"先做出选择的，所以它会自行承诺采用"进入"行为策略，这就使得"金翅雀"转向"不开战"的行为策略。换个角度看，"金翅雀"的价格战威慑是不可以置信的（credible），因为它不是这个基本博弈的均衡。

在这个例子中，虽然存在着两个纳什均衡，但只有一个是子博弈完美均衡，另一个则对应于"不可置信的威慑"。这就大致说明了子博弈完美均衡与纳什均衡之间的关系。虽然每一个子博弈完美均衡都是纳什均衡，但是并非每一个纳什均衡都是子博弈完美均衡。博弈理论家们表述这一点的方式是，子博弈完美均衡是对纳什均衡的"精练"。一般来说，它是一个符合某些更高求解标准的纳什均衡。

12.5 蜈蚣博弈

近期的博弈论和实验性研究对于扩展式博弈的某些例子的分析产生了很大的影响。其中一个例子被称为"蜈蚣博弈"（centipede game）或简称"蜈蚣"（这个奇怪的名称将在后面几段内容中给予解释）。下面是"蜈蚣博弈"的一个最简单的例子。两位参与者是安娜和芭勃（Anna and Barb）。在第一阶段，作为参与者 A，安娜可以抽取或传递一笔款项。如果她选择抽取，则芭勃就会得到较小的款项。如果安娜在第一阶段传递它，则总的回报就会增加，而芭勃也有机会抽取一部分款项，并给安娜留下较小的份额。但是，如果芭勃在第二阶段传递它，那么她们可以平分剩余的金额。图 12-7 显示了这个博弈的扩展式。第一个节点是参与者 A（安娜）的决策，用圆圈内的字母表示；第二个节点是参与者 B（芭勃）的决策。各项回报均列在箭头的末尾，左边的数字是安娜的，右边的是芭勃的。因此，假如安娜在第一阶段进行传递而由芭勃拿到钱罐，那么安娜得到 2 美元而芭勃得到 6 美元。这个"蜈蚣博弈"很简单，因为它只有两个阶段，不过我们可以把它拓展到三、四、五、六甚至更多的阶段。如果设想一下将图 12-7 拓展到 100 个阶段的情形，那么我们或许就会明白它为何被称作"蜈蚣博弈"了。

　　为了求解这个博弈，我们依然进行"前向思考，逆向递归"。这个两阶段"蜈蚣博弈"只有一个真子博弈，用图 12-7 中的灰色椭圆表示，它也是基本子博弈。在这个子博弈中，芭勃将选择"抽取"，因此安娜的回报为 2 而芭勃的回报为 6。根据这个解，我们把这个"蜈蚣博弈"简化为如图 12-8 所示的博弈。在这个博弈中，安娜选择"抽取"并得到 4，而不是进行"传递"获得 2，因此它就是这个博弈的子博弈完美解。如果将这个博弈拓展到任何数目的阶段，如 100 甚至更多，则我们仍然可以按照相同的方式予以分析，得出相同的结论，且每次切割一个阶段直到得出图 12-8 为止。这时我们就会发现，子博弈完美均衡就是安娜"拿了钱就跑"（借用伍迪·艾伦（Woody Allen）的一部影片名称⊖）。

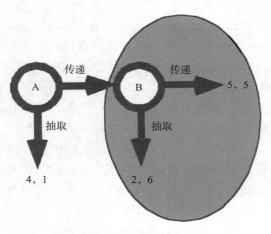
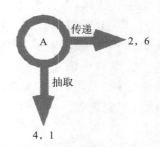

图 12-7 "蜈蚣博弈"　　　　　　图 12-8 简化的"蜈蚣博弈"

　　"蜈蚣博弈"同"囚徒困境"可谓并行不悖。就像"囚徒困境"已经成为对于正则式的非合作性博弈可能具有无效率结局的标准化说明一样，"蜈蚣博弈"则运用扩展式博弈的子博弈完美均衡说明了这个结局是如何形成的。在本书中，我们还将多次回到"蜈蚣博弈"问题中，而且还会有很多的说明。下面是一个四阶段的例子以及对于经济学理论的有关应用。

⊖　该片原名为 *Take the Money and Run*，又译作《傻瓜入狱记》（1969）。——译者注

12.6 采摘椰子博弈

序贯博弈在经济学、政治学和公共政策领域中有很多应用，也有不少虚构的说明性例子。奥地利学派的经济学家们喜欢运用与鲁滨孙·克鲁索（Robinson Crusoe）相关的例子。这里是一个关于鲁滨孙和他的美洲伙伴乔·星期五（Joe Friday）的故事。它根据序贯博弈和奥地利经济学派理论而展开。

鲁滨孙和乔同乘一艘船，因为船将下沉而不得不弃船逃生。除了一艘划艇和一小堆工具之外，他们别无长物。划了一个晚上和一个上午之后，他们抵达了一个散布着几座岛礁的濒海湖，最近的是一个只有四棵椰子树的小岛。该湖泊的另一侧是一个较大的岛，那里有足够的资源，可供两人生存到获救。不过，因为他们此刻异常饥渴，所以商定先登上那个小岛并获取椰子。椰汁和椰肉可让他们恢复元气，从而能够继续划行。

他们的方案是轮流爬到椰树顶端并把椰子往下扔。鲁滨孙首先爬树，乔接着再爬……直到结束。站在树下的那位将拾取椰子，并将它们存放到船上（如果无人拾取，那么它们就会滚到激浪中，因被水冲走而造成浪费）。然后，他们决定平分椰子。由于每棵树上正好都有 5 个椰子，所以他们在划向大岛之前可以收集到 20 个椰子（当然，事物只有在教科书上才会那么准确）。问题在于，他们没有任何强制措施来防止站在树下的人作弊。在任何阶段，树下的那位都能够带着所有已经拾取的椰子驾船逃走，进而独享所有的椰子而不是与同伴平分。这一点看似相当卑鄙，不过这些遭遇船难者都是理性的博弈参与者。两位都力求获得最大数量的椰子，而且都认为对方也是如此考虑的。

这个博弈的扩展式显示在图 12-9 中。在每个阶段，两位遭遇船难者都必须在两种策略之间做出选择，即拾取椰子和接着对方再爬到树上（最终平分椰子），或者带着已拾取的全部椰子溜走。我们将这些策略分别称作"传递"和"独吞"。假设乔在第一个节点做出选择，鲁滨孙在第二个节点做出选择，依次类推。前面一个数字是乔的回报，后面一个数字是鲁滨孙的回报。各个灰色的椭圆表示子博弈。我们注意到，在这个博弈中，所有的子博弈都是被嵌入的。这一点可以简化求解过程，因为只有最后一个子博弈才是基本子博弈。我们可从它入手。显然，对鲁滨孙来说，独吞 20 个椰子要比传递和平分获益更多。因此，在第三个节点处，乔如果传递的话就只能指望获得 0 个椰子，而独吞 15 个椰子会获益更多。但是这意味着，在第二个节点处，鲁滨孙如果传递的话就只能指望获得 0 个椰子，而独吞已经积累的 10 个椰子则会获益更多。我们现在考虑最后一步，它意味着乔若在第一个节点处进行传递就只能指望获得 0 个椰子，而独吞最初的 5 个椰子可以获益更多。这个博弈到此就停止了，而它也就是子博弈完美均衡，一个很不令人满意的非合作性均衡，其中，他们只收获了 1/4 的椰子，而且鲁滨孙一无所得。因此，鲁滨孙无论如何都会拒绝这个方案。

这个博弈与工业化国家生产的某些方面非常相似，奥地利学派及其前辈们都认为这是十分重要的，即劳动分工和迂回（round-about）生产。亚当·斯密（Adam Smith）已经非常注重强调劳动分工，并宣称劳动分工是当时那些处在工业化时代的国家劳动生产率及生活水平得以提高的主要原因。奥地利学派认为，迂回生产即生产中间产品，如机器，然后用它们生产最终消费产品，这对劳动生产率的影响很大。他们承认劳动分工也发挥了作用。在实践中，迂回生产和劳动分工是同时发生的，就像目前这个例子一样。采摘椰子属于迂回生产，也就是说，在生产出任何东西之前，一位遭遇船难者必须将他的力量用于爬树，而落在地面的椰子是成为可消费椰子的过程中的"中间产品"，除非两位进行劳动分工，完成两项工作，即爬树和收集，否则就无法收获任何数目的椰子。

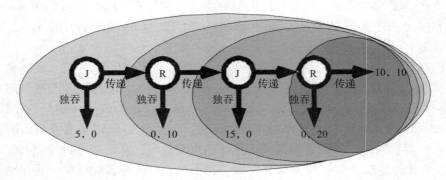

图 12-9 "采摘椰子博弈"

  这个例子的要点是，迂回生产和劳动分工造就了卑劣的机会主义倾向，而后者又会使具有较高生产率的迂回生产化为泡影。那么，一些社会是如何实现工业化的呢？关键在于它们建立了具有法律监督实施作用的合同规制。参与迂回生产的人们需要签署服务合同，如果他们带着"椰子"逃跑就会遭到起诉。例如，在目前的例子中，鲁滨孙和乔面临的问题是，他们没有一个外部的权威监督实施合同。在现实世界中，某些政府腐败、缺乏有效合同履行规制的欠发达国家确实在经济发展过程中逐渐落后。

  "采摘椰子博弈"属于"蜈蚣博弈"的一个特例。正像它所表明的，"蜈蚣博弈"告诉我们有能力做出承诺的重要性，例如签署合同。作为本章的结尾，我们现在将"蜈蚣博弈"运用于美国在"冷战"时期的军事和政治策略。

12.7 反击

  在"冷战"时期，即 1949 ~ 1989 年，美国与欧洲几个强国结盟，包括德意志联邦共和国（当时的西德）在内，以对抗苏联。苏联在欧洲拥有数量占优的地面部队。人们通常认为，如果他们选择进攻，则能迅速占领西德。为了防止这一点，美军在西德驻扎了军队。但是，美国驻军并未强大到足以抵御苏联的全面进攻，那样做需要一支远远超出美国愿意向西德承诺驻扎的步兵军队。因此，美国在西德驻扎的是一支只要苏联愿意就必定可以战胜的军队，用两个世纪前一位伟大的易洛魁人战争领袖的话来说，那是一支人数"少得打不起，但又多得死不起"（too few to fight and too many to die）的军队。[⊖]

  阻止苏联进攻的并不是美国在西德的驻军，而是美国实施大规模反击的威慑力，甚至可能动用核武器。但是，正如在本章中已经看到的，虽然存在着各种威慑，但它们未必都是可以置信的。

 ⊖ 根据记录，莫霍克族头领提雅诺噶（Tiyanoga），在英文中被称为"亨德里克国王"，（在"菲利普国王战争"期间针对拟议中的军事远征）曾说："如果要我的战士们去作战，那人数太少。如果要他们去战死，那又人数太多。"这段话有时也被归于后来的莫霍克族头领泰恩达尼伽（Thayendanega），又称"约瑟夫·布兰特"。但是，泰恩达尼伽可能只是引用了自己前辈的这番话，或者完全出自他的杜撰。

图 12-10 说明了这个博弈，它多少类似于美国认为自己不在西德驻军将会面临的情形。如果苏联（SU）发起进攻，那么美国可能会也可能不会实施反击。若它实施反击，则两国的处境都会变糟，回报（-2，-2）表明了这一点。如果美国不实施反击，则它的处境劣于先前，即获得等于 1 的回报，而不是苏联不进攻时得到的 3 的回报，但还不至于像实施反击的结局那样糟糕。采用博弈论有关术语来说，美国的决策是这个博弈中唯一的基本子博弈，而这个子博弈的纳什均衡并不是"反击"。子博弈完美均衡是（进攻，不反击）。因此，美国的反击威慑是不可置信的。

然而，美国能够通过在西德驻军改变上述规则。当时经常出现的一个措辞提供了某种暗示。美国的驻军被称作"一张绊网"（a tripwire）。其含义是，如果这支驻军被摧毁，虽然在苏联的能力范围之内，但是仍旧不可避免地会引发一次反击，足以将苏联阻挡在战争爆发之地。对于在西德部署的象征性部队，如果不发起反击和拯救他们，则美国就只能坐视他们被征服和战败，而回报也更加接近于图 12-11。

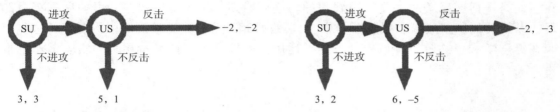

图 12-10　美国未在西德驻军时的欧洲"冷战"前沿　　图 12-11　美国在西德驻军时的欧洲"冷战"前沿

虽然美国在西德驻军可以提高苏联的回报，如果他们的进攻没有遭遇反击的话，那就能够摧毁敌方更多的力量，但是，它减少了美国在所有情况下的回报。即使没有进攻，美国也需要承担维持驻军的成本。如果它发起反击，那就会损失原先可以拯救的部队。最大的变化在于这样一种情况，即由苏联发起进攻但是不反击，美国在西德的部队全军覆没（有一种观点是，另外还有政治成本。如果任由美国在西德的驻军被消灭，那就没有哪个政府能够长期执政。相应地，我们可以将图 12-10 中的回报视为政治性的，而不只是军事性的）。由于美国的回报在所有情况下都会降低，所以美国在西德部署军队的策略是非理性的。

然而，实际结局对美国来说比较好。基本子博弈的解被改变了，现在"反击"成为最优应对策略。反击的威慑是可以置信的。因此，对苏联来说，子博弈完美均衡就是不发动进攻。这正是已经发生的事情。

当然，这些数值回报都是猜测的。无人能够知道两个核大国在当时发生全面战争的回报将会是什么。但是，相对数量级可用于说明美国在当时的战略思考方式，一种在整体上成功的思考方式。

12.8　总结

在本章中，我们研究了这样一些博弈，其中一位或更多位参与者做出承诺，以便另一位参与者可以做出回应。在分析这些博弈时，我们运用了子博弈完美均衡的概念。它可以直观地表述为"前向思考，逆向递归"。我们可以将博弈划分为各个子博弈并加以分析，即"前向思考"。子博弈完美均衡的实现条件是，博弈中的每个子博弈本身都达到了纳什均衡。如果子博弈不包括整个博弈，那么它就是真子博弈；如果一个子博弈不包括真子博弈，那么它就是基本子博弈。基本的真子博弈是处在博弈树末尾的那些子博弈。为了找到子博弈完美均衡，我们应采用逆向递归法，也就是"进行逆向的推理"。具体地说，首先求解所有基本的真子博弈，通过用它们的均衡回报替代各个基本的真子博弈来进行。然后，我们按照相同的方式分析经过简化的博弈，逐步进行直到没有真子博弈为止。这个博弈的解，加上各个子博弈的相继解，就是子博弈完美均衡。

我们知道，一个行动序贯的存在可以使博弈产生不同的结局。它可以是先行者具有优势，就像斯皮泽拉和帕萨两家公司的市场进入博弈那样；也可以是先行者处于劣势，就像在"伊比利亚半岛反叛"博弈中那样。正像在许多非合作性博弈中那样，双方或许都有理由对最终结局感到后悔。

威慑和报复博弈（包括价格战在内）是一类重要的博弈。在这类博弈中，威慑只有在它们是子博弈完美时才是可以置信的。这个原则的运用范围很广，可拓展到军力部署，以及其他许多威慑和报复博弈中。"蜈蚣博弈"是另一类重要的序贯博弈。这些博弈在经济学和公共政策领域中都得到了运用，而且对于近期大量相关的实验工作也很重要。

◢ 本章术语

扩展式博弈（extensive form）：表示成一个决定序贯的博弈就是扩展式博弈，通常用树状图表示。

子博弈（subgame）：任何一个博弈的子博弈都是由处在某个完美信息节点之后的所有分支和回报所构成的。

真子博弈（proper subgame）：只包括一个完整博弈（complete game）的一部分的子博弈称为"真子博弈"。

子博弈完美均衡（subgame perfect equilibrium）：当且仅当每一个子博弈都达到纳什均衡时，一个博弈才能实现子博弈完美均衡。

基本子博弈和复杂子博弈（basic subgame and complex subgame）：如果一个博弈中不包括其他真子博弈，那么它就是基本子博弈；如果包括了其他真子博弈，那么它就是复杂子博弈。

逆向递归（backward induction）：为了找出一个序贯博弈的子博弈完美均衡，首先需要确定所有真子博弈的纳什均衡，代入基本子博弈的均衡回报之后对博弈进行简化。重复这一过程直到不再有真子博弈为止，然后求解所得到博弈的纳什均衡。因此，最初博弈的所有真子博弈的纳什均衡序贯构成了整个博弈的子博弈完美均衡。

◢ 练习与讨论

1. 公路暴力

下面考虑一个简单的博弈，即"公路暴力"（road rage）博弈。这里有两位参与者——艾尔和鲍勃。鲍勃有两个选项，攻击（或许在路上拦截艾尔）或不攻击。如果鲍勃选择"不攻击"，那么艾尔也就无所谓策略选择；但若鲍勃选择"攻击"，则艾尔可以在"报复"（或许通过危险的驾驶或者向鲍勃的车开枪）和"不报复"之间做出选择。表 12-3 以正则式显示了这个例子。

表 12-3 "公路暴力"博弈

		鲍勃	
		攻击	不攻击
艾尔	若鲍勃攻击，则报复；若不攻击，则不报复	−50, −100	5, 4
	若鲍勃攻击，则不报复；若不攻击，则不报复	4, 5	5, 4

和以前一样，左边的回报是艾尔的，而右边的回报是鲍勃的。画出这个博弈的树状图。

（1）这个博弈中有哪些子博弈？

（2）哪些子博弈是基本的？

（3）确定这个博弈的子博弈完美均衡。

（4）这个子博弈完美均衡看起来与现实世界中发生的哪种情形相似？解释一下你的回答。

（5）虽然许多政府都试图通过惩罚报复者来阻止"公路暴力"，但美国华盛顿州的警察却通过加重对于攻击性驾驶员行为的处罚来达到这一目的。从博弈论的角度看，这种做法是否合理？

2. 欧姆尼考帕

欧姆尼考帕公司（Omnicorp）是一家全能扫描器（Omniscanner）垄断销售商。这种产品被广泛地运用于商界。然而，纽考帕公司（Newcorp）已经具有生产更加便宜的全能扫描器的工艺垄断权。纽考帕公司尚未开始销售产品，欧姆尼考帕就已经让它知道，如果要进入市场，那么欧姆尼考帕就会把价格削减到它自己的成本之下，从而令新的竞争者破产。如果纽考帕公司进入市场，那么两家公司都具有把价格定为 p_1 或者 p_2 的策略，其中 c_1 是使用旧技术（欧姆尼考帕可能正在使用的技术）生产每台全能扫描器的成本，而 c_2 是使用新技术的成本，且有 $p_1 > c_1 > p_2 > c_2$。如果两家公司相互竞争并索取相同的价格，则可以平分市场，各自售出 $Q/2$ 单位；如果一家公司索价较低，那么它就可售出全部 Q 单位而另一家则无所售出。

如果纽考帕公司进入全能扫描器市场，那么欧姆尼考帕已经威胁将发起价格战并实施报复。这种威慑可以置信吗？原因何在？

3. 离婚博弈

琼斯太太正在计划同琼斯先生离婚。根据婚前协议，若她能够证明琼斯先生有外遇，则能获得 100 000 美元的协议费用，否则只得到 50 000 美元。作为她的代理人，律师只有在她花费 10 000 美元雇用私家侦探进行调查后，才有能力证明外遇存在，而这笔费用将从支付给律师的费用中扣除。现在琼斯太太有两个选项，支付给她的律师一笔价值 20 000 美元的固定费用且无论官司的结局如何，或者只得到 1/3 的协议费。那位律师只有在他有利可图时才会雇用私家侦探。

（1）哪位属于先行者？

（2）画出这个博弈的扩展式图。

（3）以正则式表示这个博弈。

（4）采用哪种支付方式能让琼斯太太赢得这场官司？（运用逆向递归法。）

（5）除了固定费用和 1/3 的协议费之外，是否还有其他方法可以使琼斯太太既能够补偿律师，又能让自己获得最大效益？

4. 赌场博弈

这是一个真实的故事，为了保护无辜者，我们对姓名做了必要的更改。这个博弈是以新泽西州大西洋城的博彩和娱乐产业为基础的。内华达州有一位参赌的百万富翁，我们姑且称他为"NM"，想要买下大西洋城内最大且最豪华的房产之一。它目前为比格纽公司（Biggernyou Corporation，BC）所拥有。BC 拥有两处庞大的房产，一处位于木板路（the boardwalk）中段，另一处位于南端的海滩。后者几乎占据了一个正方形街区，除了一家小型的杜纳克瑞帕赌场（Dunercreep Casino）之外。不过那家赌场面对着海滩而且占据了街区的中部。位于木板路的那处房产是一家奢华而著名的比尔特酒店（Biltwell Hotel）。

虽然 NM 想要得到比尔特酒店，但是 BC 却无意出售。虽然 NM 也可买下为第三方所拥有的杜纳克瑞帕赌场，但是这对于他的计划来说显得太小。BC 有两种策略，即开价出售比尔特酒店或者不开价，而它的行为策略一直就是"不开价"。NM 则有三种策略。他可以等待直到 BC 开价（"等待"），或者买下杜纳克瑞帕赌场并把它办成豪华的赌场（"豪华"），或者买下杜纳克瑞帕赌场并把它办成廉价的老虎机大厅（"老虎机"）。

市场研究结果表明，把杜纳克瑞帕赌场办成豪华赌场可以赚得更多的钱，但是 NM 更加倾向于把它办成老虎机大厅。他的推理过程是：

> 因为老虎机只能吸引较低阶层的顾客，而比格纽公司的富裕客户们不愿意与他们分享海滩，所以比格纽公司将会因在他们街区当中的老虎机大厅而损失客户和钞票。为了保住客户，他们就必须让我舍弃杜纳克瑞帕赌场，因此他们就不得不给予我买下比尔特酒店的机会，而那才是我真正想要的东西。

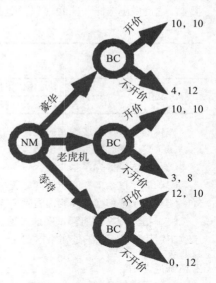

图 12-12　赌场博弈的回报

图 12-12 以扩展式显示了这个博弈。NM 具有第一个决策节点，BC 具有第二个。前一个回报是 NM 的，后一个回报是 BC 的。NM 的策略性机会能否奏效？请根据子博弈完美均衡给予解释。

5. 消耗战

"消耗战"（war of attrition）有两个或更多个阶段（也可以有无穷个阶段），如果一位参与者退出，则博弈即告结束。一位参与者投降或因博弈受损而撤出，则另一位参与者获胜；但是，博弈持续的时间越长，所赢的就越少，所输的就越多。它的规则是，持续的冲突会耗尽或者摧毁资源，它们原本可由胜利者用于增加自己的回报，或者原本由失败者用于提高自己的地位。我们将考虑一个简化的两阶段消耗战。

在每一阶段，每位参与者都具有"开战"或"撤出"的策略选择。每一阶段的决策都可同时做出。在第一阶段：如果两位都撤出，则可因平分 150 而各得 75；如果一位开战而另一位撤出，则开战者获得 100 而撤出者获得 50；如果两位都开战，那么博弈进入第二阶段，而总的回报最多只有 90，因为部分资源已经浪费在第一阶段的冲突中了。在第二阶段：如果两位都开战，那么进一步的冲突会把回报减少到每位只能得到 10；如果一位开战而另一位撤出，则开战者获得 55 而撤出者获得 15。

（1）描绘这个博弈的扩展式图。

（2）列出每位参与者的所有策略，并考虑另一位参与者在第一阶段中可能做出的不同反应。

（3）运用问题（2）中的信息，写出这个博弈的正则式表格。

（4）这个博弈中是否存在纳什均衡？它们是什么？

（5）运用逆向递归法求解这个博弈。

6. 罢工

工会和雇主双方都预计会发生一场罢工。在决定罢工前，工会可以建立或者不建立罢工基金，雇主则可以选择是否积累存货，以便在罢工期间能够继续为客户提供服务。这些决定将同时做出。在此之后，由工会决定是否举行罢工。

（1）通过运用表 12-4 且忽略做出承诺的次序来确定是否存在纯粹策略的纳什均衡。如果存在的话，它是什么？

（2）描绘这个博弈的树状图。

（3）这个博弈中的子博弈有哪些？

（4）哪些子博弈是基本的？

（5）通过求解基本子博弈来简化这个博弈，编制简化博弈的回报表，并且运用它来确定这个博弈的子博弈完美均衡。

（6）比较问题（1）和（5）的答案，解释它们的差异点或相似处。

表 12-4 罢工博弈

		工会				
		建立		不建立	
		罢工	不罢工	罢工	不罢工
雇主	积累	−5, −5	−2, −2	−2, −10	−2, 0
	不积累	−10, 10	0, −2	−5, 5	0, 0

7. 板球

板球就像棒球一样，每一局都从两位选手之间的对抗开始。投球手投出球，击球手则努力击中球。[⊖] 但是，从某个角度看，两者存在着许多差异。其中很重要的一个区别是，击球手必须保护位于其垒位的三柱门（wicket），如果投球手将部分门柱击倒，那么这位击球手就会出局。板球只允许 10 次出局。另一个区别是，球可以落在击球手面前的地上，而他会努力在球第一次弹起时击中它。这取决于球的旋转方向，它可能弹到击球手的右侧（leg-break，球从腿上弹到地面）或者左侧（off-break，球从地面弹到腿上）。因此，一位好的击球手会盯着投球手的动作，努力判断出球将如何弹起，并且相应地调整自己的挥棒策略。但是，某些投球手可能会投出"曲线球"，就是球刚出手时看似会右弹，其实却是左弹。因此，投球手有三种策略，即右投球、左投球或者曲线球。若击球手针对右边而调整，则可能会被曲线球击中左侧。另一种方式是调整姿势。在投球手投球之前，击球手可以尽量后退，以靠近来球，这样能看清投球方式和球将如何弹起。如果他能够做到这一点，则能更好地判断出曲线球或其他两种发球；但是风险在于，如此行事会使得投球手更容易击倒三柱门，如果击球手挥棒失误的话。再者，如果球击中了击球手，而没有击中三柱门，即击球手用身体保护了三柱门，击球手就会因为"门前腿"（leg before wicket）而出局。这种情况在他越是靠近三柱门时越有可能发生。

（1）针对板球运动中的投球和击球进行博弈分析。如果击球手看似有可能出局，则计 −1；若他看似很可能击中球并得分，则计 +1；否则计 0。

（2）描绘出这个博弈的扩展式。

（3）是否存在真子博弈？

（4）是否存在信息集？

8. 市场上的药品

威尔斯匹灵医药公司（Wellspring Pharmaceuticals Company）有一种名为"格若伯雷多"的专利，这是一种治疗眼睑痉挛的药品，这项专利将在两年内到期。克雷夫研究公司（Klever Research Company）提议对这种药品开展更高等级的研究，于是双方签署了一个把专利赋予威尔斯匹灵公司的合同（如果研究成功的话）。实际上，这可以将专利期限大大延长。但是，这就要求威尔斯匹灵披露信息，从而将使得克雷夫可以同威尔斯匹灵在仿制药市场上展开竞争（如果专利到期的话）。出于这个缘由，研究失败对克雷夫有利

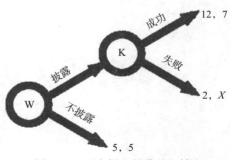

图 12-13 "市场上的药品"博弈

可图，因为它能够集中资源准备在仿制药市场上展开竞争。图 12-13 显示了该博弈的扩展式。

⊖ 作者感谢维布哈斯·马丹博士（Dr. Vibhas Madan），一位快速投球手、同事和朋友，他让作者大致了解了板球项目。

（1）假设 X 的价值为 4，则该博弈的子博弈完美均衡是什么？

（2）假设 X 的价值为 8，则该博弈的子博弈完美均衡是什么？

9. 制造或采购

阿尔法公司主要制造计算机芯片。贝塔公司则负责出售计算机。贝塔公司可以自制芯片或从阿尔法公司采购。阿尔法公司有两个选项，发起一次昂贵的广告活动，以便说服公众"内有阿尔法"的计算机质量更好，或者不发起此活动。如果贝塔公司选择从阿尔法公司采购芯片，则阿尔法公司可以索取高价或低价。图 12-14 显示了它们之间的扩展式博弈。第一个回报数字是阿尔法公司的。

（1）确定这个博弈的子博弈完美均衡。

（2）阿尔法公司是否会开展广告活动？请做出详细解释。

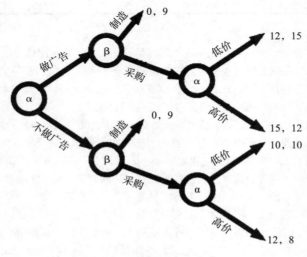

图 12-14　制造或采购

被嵌套博弈

导读

为了充分理解本章内容，你需要先学习和理解第 1 ～ 4 章和第 12 章。

序贯博弈在人类活动的许多领域有着广泛的应用。它们同样被用于具有演化心理学意义的实验性研究，而且有可能揭示关于人类特性方面的一些重要事实。本章给出了关于扩展式序贯博弈运用的一些例子，以便介绍逆向递归法和其他一些相关的方法。

博弈论从有关理性的假设条件开始，而序贯博弈中的理性则是通过子博弈完美均衡而确定的。我们根据经验可以知道，人们的行动并非总是理性的，而且将在第 14 章知道，关于这一点具有实验性证据。然而，在得出行为人在行动时不够理性的结论之前，我们首先应根据理性探究一下各种可能的解释。仅仅是因为这样行事有助于我们选择自己的最优应对策略，它就已经是一种很好的研究程序了。例如，在某些赌博场合中，人们的行为似乎不够理性，但是，如果我们认识到这个博弈属于更大博弈的一部分，那么这种行为就可以被看成理性的。人们在其中的行为看似不理性的这个博弈"被嵌入"（imbedded）或者"被嵌套"（nested）在一个更大的博弈中。在这个更大的博弈中选择最优应对策略意味着，选择某种在较小的博弈中未必属于最优应对策略，假如这个较小的博弈与其他参与者和其他互动行为无关的话，尤其是这个较小的博弈作为子博弈而被嵌入一个较大的序贯博弈中时。本章将通过几个例子说明这个理论，我们从一位学生的课程规划的例子开始。

13.1 攻读博士学位的规划

雄心勃勃的安娜正在考虑攻读博士学位。她可以在诺贝尔·诺娜（Nobel Nora）的指导下学习软件工程（SE），因为诺娜在该领域以及信息检索（IR）领域中颇有建树。如果安娜学习的是软件工程，预计能够获得一个绝佳的职位。但是，出于个人原因，安娜在信息检索领域的前景没有那样明朗。毕竟安娜现在已经有了一份不错的工作，若要攻读博士学位就得放弃它。对诺娜来说，同一位像安娜这样能干的研究生一起工作能够获益，而且眼下还没有其他同样出色的研究生来参与这个项目。不过，诺娜近期在信息检索领域工作，而且为了指导软件工程的一个尖端项目，她还必须对这个课题做一些更新。另外，诺娜正在巴黎休假，安娜在选修预备课程之前难以同她见面。如果她们选择了不同的研究方向，那么安娜就要在另一位略为逊色的学者指导下工作，这会使安娜的前景相对较差，而诺娜也会失去第一流的研究生助手，这会降低她的工作效率。图 13-1 显示了这个博弈的扩展式。

安娜的策略是保持她的那份日常工作（"工作"策略）或者辞职读博。如果她选择了"读博"，那么两位参与者的策略就是对研究领域进行选择，即信息检索或者软件工程。这是一个两阶段博弈，而第二阶段的子博弈是一个不完美信息博弈。表 13-1 显示了该博弈第二阶段的回报。

第二阶段博弈是我们虽然熟悉但又有点困惑的协调性博弈。纳什均衡处在左上角和右下角，其中两位参与者选择相同的研究领域。但是，双方因为在参与博弈之前缺乏信息，所以无法确定将会形成哪一个纳什均衡。再者，如果双方猜测相反的话，则有可能陷入僵局，其回报为（0，0）。

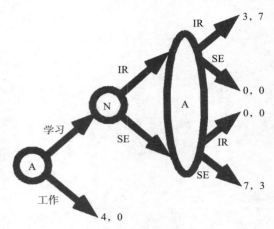

图 13-1　雄心勃勃的安娜攻读博士学位规划

表 13-1　攻读博士学位博弈第二阶段的回报

		诺娜	
		IR	SE
安娜	IR	3, 7	0, 0
	SE	0, 0	7, 3

然而，在目前这个阶段，诺娜具有一些信息。虽然她不知道安娜将选择哪个研究方向，但是她知道安娜已辞去了工作并准备加入项目中。由于安娜继续从事原有工作的回报为 4，因此，诺娜可以推测出安娜的预期回报如果不能大于 4，那她就不会参与项目。诺娜的推测是：

> 她想必认为我将从事软件工程研究，所以她的回报将是 7 > 4，因为如果她认为我将从事信息检索研究而她的最优回报是 3 < 4，那么她就不会参与项目。因此，她准备的是软件工程研究，而我自己若想获得 3 而不是 0 的回报，那就最好给她软件工程方面的项目。

这是一个"前向递归"的例子。它的基本理念是，诺娜可以根据她的伙伴在先前已经做出的选择来推测出某些事情，而这种推测可以化解在协调项目时的不确定性。诺娜可以推测，安娜对博士学位的期望很高，而这种期望只有在她们协调一致地进行软件工程研究时才能实现。

⚠ **重点内容**

这里是本章将阐述的一些概念。

被嵌入博弈（nested games）：如果某个博弈属于更大的博弈的一部分，则在较小博弈中的均衡策略或许取决于更大的博弈。较小的博弈称作被嵌入在较大的博弈中。

被嵌套型博弈（imbedded games）：如果被嵌入博弈是一个较大博弈的真子博弈，且被嵌入博弈必须在较大博弈的均衡中才能达到子博弈完美均衡，那么这个较小的博弈就是被嵌套型博弈。

前向递归（forward induction）：在某个博弈中，若参与者能够根据其他参与者较早做出的决策推测某些事情，而这个博弈被嵌入或被嵌套在更大的博弈中，则这个过程就称作"前向递归"。

改变规则（changing the rules）：如果一个博弈具有某个无法令人感到满意的结局，而参与者可以改变那个结局，例如，通过签署合同以便履行协议，那么最初的这个博弈就被嵌套或被嵌入到一个更大的博弈中，从而改变了原有博弈的结局。

逆向递归和前向递归不仅不冲突，而且可以相互补充。这里是一个仅靠逆向递归无法解决的问题，即如表 13-1 所示的基本子博弈给予安娜的回报可能大于或者小于她保持日常工作所得到的 4。图 13-2 显示了简化的博弈。它没有给予安娜可以做出选择的依据。但是，如果安娜考虑到诺娜根据自己的选择所做出的猜测及其对诺娜的选择所产生的影响，即安娜如果进行前向递归的话，则简化的博弈就会像图 13-3 那样。因此，在前向递归和逆向递归两者的基础上，这个博弈的子博弈完美均衡就是，安娜辞去工作而诺娜再度启动软件工程研究。我们还可以换个角度看待这一点，即安娜和诺娜的协调博弈被嵌入在一个更大的博弈中。在这种情况下，通过逆向递归，出自那个更大的博弈的信息能让诺娜预测安娜将会如何行事。

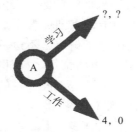

图 13-2　只有逆向而无前向递归的攻读博士学位的博弈

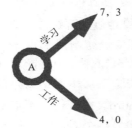

图 13-3　兼具逆向和前向递归的攻读博士学位的博弈

虽然"被嵌入博弈"或"被嵌套型博弈"等词语在某些研究中得到了运用，但是现在似乎还没有标准的术语。本书按照下列方式使用这些词语。

假设我们遇到了一群参与者，他们的某些可选策略，如果孤立地看，可以作为正则式或扩展式博弈进行分析。再假设这群参与者及其策略只是一个更大的博弈的一部分，那么我们就说这个较小的博弈"被嵌入"（nested）更大的博弈中，而那个更大的博弈则是"嵌入"（nesting）博弈。一般而言，唯有那些嵌入博弈的均衡才是可以成立的均衡，以孤立的被嵌入博弈分析为基础所提出的均衡有可能误导参与者。

然而，假设被嵌入博弈是嵌入博弈的真子博弈，那么我们就说这个子博弈"被嵌套到"（imbedded）更大的博弈中，而那个更大的博弈则是"嵌套的"（imbedding）博弈。在这种情况下，嵌套博弈的子博弈完美均衡要求被嵌套博弈处在均衡中。然而，只分析孤立的被嵌套博弈还不够完整，因为行为人可能有能力使用出自嵌套博弈的信息（就像在前向递归中那样），或者被嵌套博弈的均衡并不属于策略选择的子博弈完美均衡的一部分。

在"攻读博士学位博弈"的例子中，安娜和诺娜同时在信息检索和软件工程之间做出选择，它属于如图 13-1 所示博弈之中的被嵌入博弈。它是一个真子博弈，也是一个被嵌套型博弈。现在，假设我们转而孤立地考虑安娜在两个领域中的选择，如图 13-4 所示。它是一个被嵌入博弈，但不是一个子博弈（请记住，子博弈必须从完美信息节点开始）。因此，就我们在本书中使用这个词语的意义而言，它不属于被嵌套型博弈。

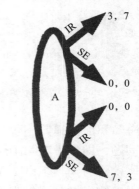

图 13-4 博弈中的被嵌入但未被嵌套的决策

下面是关于被嵌套型博弈的另一个例子，产生于一部经典的电影《马耳他之鹰》。导演是约翰·赫斯顿（John Huston），由汉弗莱·博加特（Humphrey Bogart）、彼得·罗瑞（Peter Lorre）、西德尼·格林斯特里（Sidney Greenstreet）和玛丽·阿斯特（Mary Astor）主演。没有比这部影片更好的例子了。

13.2 《马耳他之鹰》

在影片《马耳他之鹰》中，情节转到了有人试图偷窃一只鸟的塑像，据说它非常珍贵（如果你未曾看过这部影片，请不要再读下去，跳过这个例子，直到你看了这部影片后再回来。我就要透露剧情了）。那个塑像用黄金打造，而且镶嵌了珠宝，不过一层很厚的油漆掩盖了黄金和珠宝。在影片开始时，以卡斯帕·古特曼（由西德尼·格林斯特里扮演）为首的一帮骗子从伊斯坦布尔的克米多夫将军那里偷得了这只鸟。古特曼的同伙乔·凯洛（Joel Cairo，由彼得·罗瑞扮演）和名叫欧萨恩茜的女人（由玛丽·阿斯特扮演）欺骗了古特曼和另一个人，然后欧萨恩茜带着鸟的塑像逃跑了。但是，由于古特曼和凯洛一直在追逐，所以她只好将它脱手。

古特曼和凯洛再度纠集人手，在侦探山姆·斯帕德（Sam Spade，由汉弗莱·博加特扮演）的帮助下，在圣弗朗西斯科重新获得了那只鸟。他们刮掉了一点油漆之后，发现自己偷到的只是一只铅制赝品，根本就不是真正的塑像。凯洛悲叹道："难怪我们这样容易偷到它。"他没有表明他的意思，即他们是如何轻易得手的。接下来是我们对这个故事的重构。或许克米多夫将军（不妨称作"GK"）有两种可选策略，即设置或者不设置保安。古特曼团伙（称作"GG"）可以带枪或者不带枪前去偷取。虽然带枪前往会有成本和风险，但它意味着他们有机会偷得那只鸟，即使那里设有保安。如果没有保安，即使不带枪前往，他们也能偷得那只鸟。因此，古特曼团伙认为，他们进行的是如图 13-5 所示的这种博弈。前面的回报数字是 GK 的，后面的属于 GG。

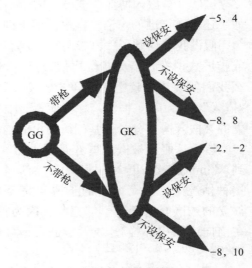

图 13-5 偷盗博弈

这个"偷盗博弈"属于不完美信息博弈，表 13-2 显示了其正则式，同样，前面的回报数字属于 GK，后面的那个属于 GG。就这个博弈而言，"设保安"是 GK 的占优策略。GG 由于明白这一点，所以知道自己的最优应对策略是带枪前往。但是，他们发现那座塑像处未设保安，所以（他们以为）他们的回报是 8。

然而，GK 还有另一个选项，一种可在"偷盗博弈"发生前选择的策略，而古特曼团伙却忽略了它。他的选项就是，伪造一个塑像且将它留在骗子们容易得手的地方。因此，骗子们其实卷入了如图 13-6 所示的一个更大的博弈中。这个博弈中具有两个基本子博弈，而且都属于不完美信息的。我们已经求解了处在上方的那个子博弈，并注意到它的纳什均衡是（设保安，带枪），其回报是（−5，4）。处在下方的子博弈如表 13-3 所示。

对 GK 来说，"赝品和无保安"这个行为策略序贯是占优策略，其回报为 −1。在这个子博弈中，（无保安，不带枪）是占优策略均衡。因此，我们可将图 13-6 中的博弈简化为图 13-7 中的这个博弈。显然，对 GK 来说，"赝品和无保安"是子博弈完美均衡，能让古特曼团伙偷得赝品。

在凯洛看来，克米多夫将军的行为是非理性的，他居然愚蠢得让塑像如此容易失窃。不过，凯洛和古特曼团伙并没有（直到后来）意识到他们的偷盗博弈被嵌入一个更大的博弈中。在这个更大的博弈中，那位将军采取了理性的行动。如果知道自己参与的是一个更大的博弈而不是被嵌入博弈，那么他们或许就会像我们一样很容易看出伪造才是克米多夫将军的占优策略，并且会采取不同的行动，即不带枪去偷窃，甚至干脆放弃偷窃的想法。

一种行为在更大的博弈中可以是理性的，即使在较小的被嵌入博弈中显得非理性。这个理论具有许多应用场合。它给我们提供了另一种可能性，即通过把博弈嵌入更大的博弈中，人们可以找到各种方法去改变自己所处的境地。为了说明这种可能性，我们再回到第 12 章的"蜈蚣博弈"问题中。

表 13-2　偷盗博弈

		GG	
		带枪	不带枪
GK	设保安	−5，4	−2，−2
	无保安	−8，8	−8，10

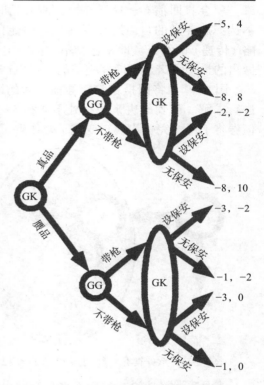

图 13-6　带有赝品的偷盗博弈

表 13-3　带有赝品的偷盗博弈

		GG	
		带枪	不带枪
GK	设保安	−3，−2	−3，0
	无保安	−1，−2	−1，0

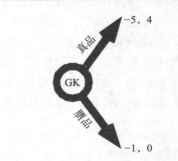

图 13-7　带有赝品的偷盗博弈的简化形式

13.3 蜈蚣博弈解答

图 13-8 复制了第 12 章的"蜈蚣博弈"。再回忆一下,虽然它的子博弈完美均衡是立刻抽取,但这种策略是没有效率的。问题出在没有什么承诺。对于这个问题,有一种简单、公正且为我们所熟悉的解决方式。假设芭勃可以请第三方加入,并且贴出一张 2 美元的债券。我们知道,如果芭勃没有传递钱罐,就会失去债券;到最后,如果传递了钱罐,就会收回债券。这样在博弈刚开始时就引入一种新的策略,即芭勃可以选择也可以不选择放弃她的自由度和灵活性,而让自己在博弈的每个阶段都受到选择的某个特定策略(传递)的约束。即使芭勃单方面贴出债券,她也会因为如此行事而改善处境。单方面做出的最初承诺是子博弈完美的,可以产生具有效率的合作解。

图 13-9 是将回报扣除债券损失后的博弈。再一次地,我们通过在末尾开始逆向操作进行求解。芭勃的决策现在处于 4 和 5 之间而 5 更好,故她将选择传递并得到 5。因此,债券将子博弈完美均衡转变成了合作解。

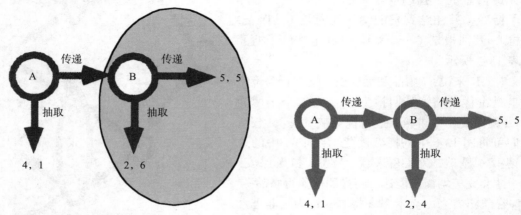

图 13-8 "蜈蚣博弈"(复制第 12 章的图 12-7)　　图 13-9 贴出债券后的"蜈蚣博弈"

然而,严格地说,这还不是具有贴出债券选项博弈的完整图示,因为我们现在面对的是一个三阶段博弈。在第一阶段,由芭勃决定是否贴出债券。相应地,这个更大和更复杂的博弈在图 13-10 中以扩展式表示。

它看起来有点复杂,不过我们已经完成了大部分工作。我们从末尾开始,运用逆向推理的方法操作到芭勃在博弈开始时的决策,从而简化了这个树状图。在求解了两个主要分支上的子博弈之后,我们知道,图 13-10 中的博弈等同于图 13-11 中的这个博弈。

芭勃现在的选择就变得非常简单了。因为等于 5 的回报优于 1,所以芭勃选择贴出债券。不过需要注意的是,芭勃理性的自利使她放弃了其中一个选项,从而单方面地限制了自己未来的自由度。这是"蜈蚣博弈"中一个令人惊讶的结局。此外,即使支付了债券,芭勃并没有得到它,而且无人得到它。债券(如果支付的话)对于两个参与者来说都构成了损失,即一种没有补偿性收益的无谓损失(deadweight loss),而且正是这种无效率[⊖]使得有效率的合作结局成为可能。

⊖ 如果安娜确实得到了债券,则合作结局仍然是子博弈完美的,而且不存在无效率的情况。不过,这一点不是我们在这个模型中所假设的。这个模型所表明的是,即使承诺无效率,它仍然能够产生处于均衡中的有效率的结局。这似乎是一个更令人惊讶的结局。

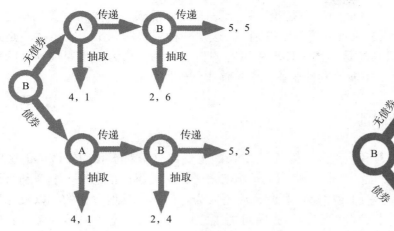

图 13-10 具有贴出债券选项的"蜈蚣博弈"　　　图 13-11 具有债券的博弈的简化形式

"蜈蚣博弈"是扩展式博弈理论的例子之一，其中，单方面做出限制灵活性的承诺可以提高承诺者和其他参与者的回报。在本章的 13.4 节，我们分析一个非常相似的公共政策例子。现在，我们再度思考一下"冷战"问题，即我们在第 12 章中给出的关于"反击"的例子。

13.4 再析"反击"

回忆一下，美国在西德部署了形同"一张绊网"的军队。如果没有驻西德军队，美国对于苏联的反击威慑将是不可置信的。通过在西德部署军队，美国其实改变了博弈的规则。虽然这支军队没有强大到足以击溃苏联的进攻，但却足以使得反击成为"子博弈完美"，进而使得反击的威慑可以置信并阻止苏联发动进攻。

美国之所以有能力"改变规则"，是因为它的反击博弈被嵌套一个更大的博弈中，而部署军队只是后者的动因之一。图 13-12 显示了这个博弈。

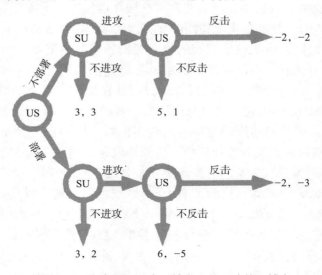

图 13-12 嵌套了"反击子博弈"的"冷战"博弈

在"冷战"博弈中，最早的行动是美国决定是否部署军队。子博弈完美均衡是（部署，不进攻），苏联得到 3 的回报而美国得到 2。这是一种艰难的和平，它虽然不是我们所想象的最优成果，但已经是在那种环境中可行的最优结局。作为"改变规则"的另一个例子，我们现在考虑一下非营利性企业在经济体中的作用。

13.5　非营利企业的职能

在美国企业界，非营利企业是一个迅速增长的主要部分，对于我们经济体的影响逐渐增强。但是，在某些方面，"非营利"（nonprofit）一词却有不同的意义。非营利组织是"非营利"的并不是因为它们无须赚取利润，而是因为它们具有其他方面的，以及更加广泛的积极目标。例如，非营利的慈善性医院可能把它们的使命确定为向那些无力支付者提供医疗服务，或者非营利的博物馆可能将它们的使命确定为保存特定的文化遗产项目。因此，我们将它们改称为"使命驱动型企业"（Mission-Driven Enterprises，MDE）。MDE不仅免于缴纳利润税，而且在其他方面也可获得公共政策的优惠。那么，为何会这样呢？MDE 有什么优势呢？

许多 MDE 由慈善性馈赠所启动，而馈赠的意图确定了企业的使命。一旦组建了公司，这种使命就成为该组织的最终法定目标。相比那些以利润为导向的公司而言，这种由公文所定义的使命认可那些范围较为宽广的潜在目标。其中许多目标虽然看似值得去追求，但是无法由那些受市场驱动的营利性企业来完成。为了服务于这些目的，政府或MDE 可以提供另一种选项。这一点正是公共政策优待 MDE 的理由。

但是，如果专注于那些公司的使命驱动型特征，而不是它们的非营利性法律地位，则会产生一个问题。非营利性法律地位不仅意味着该公司无须缴纳利润税，而且意味着该公司不能分配所赚取的任何利润，另外，投入储备金和捐赠基金的累积利润不能超过法律限额。不甚明确的是，这些限额是否总能促进 MDE 完成使命。对于许多类型的目标，公司促进目标实现的一种非常有效的方式或许是长时期地积累利润，然后去承担那些原本无力承担的大规模项目。但是，具有非营利性法律地位的公司通常会排除这种策略。

那么，典型的 MDE 为何是非营利性的呢？因为 MDE 通常会确立那些无法回馈竞争性报酬率的使命，它们无法从追求利润的投资者们那里筹措资本，而是从捐赠和以捐赠为基础的那些基金中获取资本。相反，捐赠者希望把他们用于支持非营利性目标的资产委托给机构管理者，由专业管理者进行管理，而且在捐赠者过世后仍然能够继续经营。因此，我们把一家 MDE 的组建视为具有两位参与者的博弈，即一位潜在的捐赠者和一位潜在的机构管理者。捐赠者的策略是捐赠或者不捐赠；机构管理者的策略则是将这些资源用于实现捐赠者的目标，或者挪作他用，包括获取私人利润在内。

这种"捐赠博弈"与第 12 章的"蜈蚣博弈""采摘椰子博弈"很相似。捐赠者首先做出决策，在逻辑上也必须如此。捐赠者有 10 个单位可以捐赠，因此如果她决定不捐赠，那么就会保留 10 作为自己的回报。在这种情况下，机构管理者一无所获。如果做出捐赠而且将用于捐赠者的决定，则捐赠者获得等同于那个数额的主观效益（这正是她做出捐赠的动因），而机构管理者获得等于 5 的回报，它由主观满足感以及薪酬所构成。但是，机构管理者还有"攫取"（grab）的选项。由于追逐利润的公司的目的原本就是把它的资本转化为利润,对于这种行为没有任何制约,所以机构管理者有可能攫取等于10的整个捐赠的回报而给捐赠者所留无物。

现在,我们转而假设企业是非营利性的。这意味着在把资源转化为私人效益方面存在着各种制约因素,包括禁止分配利润、对转化的惩处以及取消托管等。虽然这些制约因素未必完全奏效,但它们意味着转化过程将是没有效率的。如果机构管理者选择"攫取"而把MDE的资源用于获取个人私利,那么大量的资源就会被浪费。在这个"攫取博弈"中,唯一的变化在第二阶段。由于将资源挪用于获取个人私利是非常低效的,因此,机构管理者只能利用40%的资源并得到等于4的回报,而捐赠者则一无所获。

就像在"采摘椰子博弈""反击博弈"中那样,所有这些决策都被嵌入一个更大的博弈中,即一个三阶段博弈。在第一阶段,机构管理者选择是建立营利性企业还是MDE。这些是她在第一阶段的策略,接着是做出捐赠与否的决定,最后是做出攫取与否的决定。图13-13显示了这个扩展式博弈的完整形式。捐赠者的回报在左边,机构管理者的回报在右边。标有数字0的节点是公司形式的选择,即营利性或非营利性。因此,这个博弈具有三个阶段,即公司形式的决定,捐赠与否的决定,把资源用于完成使命或者作为利润分配。这个博弈具有四个真子博弈,用浅灰色椭圆表示。请注意,始于2A的子博弈本身就是始于1A那个子博弈的子博弈,始于2B和1B的子博弈也与此相似。但是,只有始于2A和2B的两个子博弈才是基本子博弈。

首先考虑这些基本子博弈。在决策节点2A处,机构管理者为了得到10而选择"攫取",而不是为了得到5而选择"支持",此时捐赠者一无所获,因此这个子博弈的回报为(0,10)。在决策节点2B处,机构管理者为了得到5而选择"支持",而不是为了得到4而选择"攫取",因此这个子博弈的回报是(20,5)。

我们现在得到了一个简化的博弈,如图13-14所示。在这个简化的博弈中,处在上方的分支时,捐赠者将在回报为0的"捐赠"与回报为10的"不捐赠"之间做出选择。当然,这里的答案非常明确,她将选择"不捐赠",因此处在上方分支的回报是(10,0)。处在这个简化的博弈的下方分支时,捐赠者将在回报为20的"捐赠"与回报为10的"不捐赠"之间进行选择。毫无疑问,她会选择"捐赠",因此下方分支的回报为(20,5)。

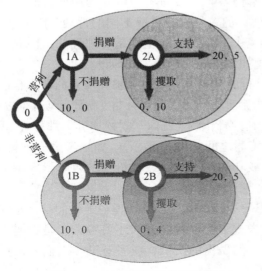

图13-13 选择公司形式的博弈

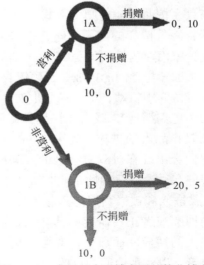

图13-14 求解基本子博弈后的简化博弈

通过运用这些子博弈的解，我们可将博弈再度"简化"为图 13-15 中的博弈。同样，这个简化博弈十分明确。如果选择非营利的形式，则捐赠者和机构管理者的处境都会更好。

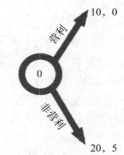

图 13-15　选定公司形式后的简化博弈

因此，逆向递归法（加上假设：非营利性法律地位能够成功地将非营利性资产无效率地转变为私人利润，如果实际上并非不可能的话）可以使我们得出如下结论：捐赠将构成非营利性组织的可靠基础。这一点可以解释 MDE 构建为非营利性组织的这种倾向。只要资本是由慈善者所提供的，当工作完成时，她的利润就得到了主观的满足，而不是对利润进行有效分配，非营利形式在把资源转换为私人效益方面的无效率性也就变成了 MDE 的关键性优势。这个例子再次表明，在序贯博弈的早期阶段做出承诺是有利的，它可以限制个人在后来做出选择的自由度。它也给公共政策提供了启示，即非营利性企业在经济体中可以同其他类型的企业一起发挥重要作用。

13.6　总结

当博弈被嵌入时，由参与者们做出策略选择，但是当这些选项被结合到一个更大的博弈中时，便向博弈理论家和博弈参与者们提出了挑战。对于博弈理论家而言，挑战在于不能孤立地分析被嵌入博弈，也就是说，不能把它视为整个博弈。孤立的分析思路可能会产生错误，起码是不完整的结果。如果被嵌入博弈是扩展式博弈的真子博弈，那么我们就说它是一个被嵌套型博弈。孤立地分析被嵌套型博弈只是确定嵌套博弈的子博弈完美均衡的第一步。在现实世界中，人们的活动总是"被嵌入"更加广泛的环境中，博弈理论家面对的挑战就在于确定各种博弈的界限，按照尽可能地减少错误的方式对它们做出分析。例如，接受这样一种事实：被嵌套型博弈的参与者们可以利用出自嵌套博弈的信息，按照前向递归的方式，或者通过在博弈的较早阶段采取不同的行动而改变规则。由于将嵌入博弈的均衡策略在被嵌入博弈环境中进行观察时也许是非理性的，因此，博弈理论家面对的挑战就是，在嵌入博弈环境中如何正确地运用理性假设。

对于参与者们的挑战是，理解自己正在进行的博弈是什么。如果参与者们认为自己只是在子博弈中行动，那么孤立地看，他们可能无法选择最优应对策略（就像《马耳他之鹰》中的角色们那样），或者无法确保得到相互有利的合作解（就像"蜈蚣博弈"那样），或者无法阻止敌人的进攻（就像"冷战博弈"中美苏之间的对抗那样）。如果考虑嵌入博弈，则它们会出现在对双方有利的合同或债券、成功的军事战略或者恰当的组织形式中，就像我们在讨论非营利性企业时所叙述的那样。

被嵌入和被嵌套型博弈总是会对人们的想象力提出挑战。一旦理解了我们自己正在进行的博弈或者正在研究的博弈，是否就大功告成了呢？我们也许还要考虑它是否属于一个更大的博弈，而那个博弈可以更好地解释人们做出的决策，或者有助于人们做出更好的决策，以实现他们的目的。

练习与讨论

1. 担任院长好吗?

许多年前,匹克谢尔大学就尼特·斯塔夫学院(College of Neat Stuff)院长的职位与一位候选人进行谈判。谈判已经持续了数月,那位候选人坚持要求为学院建造一栋新的大楼,以此作为他接受这个职位的条件。最终,该大学为这栋大楼发行了债券,并且同那位候选人签署了合同。

图 13-16 将这个谈判表示为一个扩展式博弈。P 代表匹克谢尔大学,D 代表院长。在最后阶段,如果它没有发行债券("不发行"策略),但是候选人接受了工作提议("签约"策略),则匹克谢尔大学就有了这样一些选项:因向那位院长承诺建造大楼而得以聘用他,然后并不是建造新楼,而是对原有主楼进行翻新("聘用"策略);聘用他并建造大楼("学院"策略);拒绝聘用他,但是继续对原有主楼进行翻新("主楼"策略)。假设一旦该大学发行债券,他们就无法拒绝建造大楼,因为发行的债券不能用于其他目的,因此,如果大学选择"发行"而候选人选择"签约",那么该大学就只能建造大楼或者拒绝聘用那位候选人。

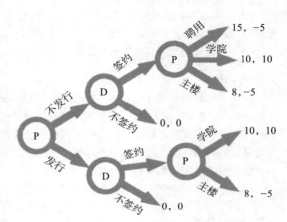

图 13-16 院长职位谈判

(1)这个博弈的子博弈完美均衡是什么?那位院长为何签约?

(2)谁改变了这个博弈的规则?

(3)他(们)为何能够做到这一点?

提示:把这个谈判博弈嵌入一个更大的博弈中,并从这个角度进行思考。

2. 公司合作伙伴

"运输设备公司"(Transport Equipment Corp,TECORP)主要向城市公交服务系统出售电车,现在有意将它的电车改用燃料电池作为动力,因为它的客户担心空气污染问题。"女王山麓电力公司"(Queen Hill Power,QHP)已经完善了用于这种电车的技术,而 TECORP 也已经为了给自己的电车建造发电厂而同 QHP 进行接触。不过,这要求 QHP 建造一个成本高昂的专用设施,而 TECORP 是唯一的买家。QHP 担心 TECORP 会要求重新议价,如果这样的话,那么 QHP 将被迫同意并成为输家。

- 如果没有协议,则回报为(0,0)。
- 如果达成协议,而且:
  - 没有重新谈判,则回报为(100,100);
  - 要求重新谈判而 QHP 拒绝让步,则回报为(0,-100);
  - 要求重新谈判而 QHP 让步,则回报为(200,-50)。

回报以百万美元计,第一个回报属于 TECORP,第二个回报属于 QHP。

(1)以扩展式构建这个博弈。

(2)运用逆向递归法确定子博弈完美均衡。

(3)QHP 的最大股东提议将两家公司合并。这种合并将如何改变均衡和分析?请根据嵌套博弈理论予以解释。

3. 山姆·斯帕德

在影片《马耳他之鹰》中,侦探山姆·斯帕德向欧萨恩茜小姐指出,她不应该把他当作骗子,因为他的声誉说明了他是谁。他说,声誉不仅可以带来定价高的生意,而且有助于与敌手打交道。讨论一下这种推理方式，并描绘出这个嵌套式博弈的图示。

4. 热狗小贩博弈

弗兰克和恩斯特（Frank and Ernest）在周边的商业街上销售热狗。每个星期，他们都要在两种定价策略之间进行选择，即 1.50 美元或 2.00 美元。表 13-4 列出了各种回报。恩斯特的回报排在第一位。

表 13-4 热狗小贩博弈的回报

		弗兰克	
		1.50 美元	2.00 美元
恩斯特	1.50 美元	10, 10	18, 5
	2.00 美元	5, 18	12, 12

（1）这个博弈的非合作解是什么？

（2）弗兰克向恩斯特提出达成一项定价协议。提议的内容是，双方都贴出一张 9 美元的债券，如果哪位削价，则它就归于另一方。它是否可以为这个博弈求得合作解？

（3）根据嵌套式博弈理论解释你的回答。

5. 成绩证明

大学成绩证明机构（College Accreditation Agency）通常会提出一些让大学和学院觉得成本高昂且不易遵循的条件。例如，AACSB（它从事的是提供中学成绩证明的生意）要求至少需有一定比例的课程由全日制且持有博士学位的老师教习等，晚间课程组必须达到与白天课程组相同的标准。这就剥夺了商学院院长雇用廉价的钟点工老师教习晚间班级的权利，而这对学院来说是一项高盈利的策略。另外，AACSB 的政策由各个商学院院长组成的一个委员会所决定。

试运用嵌套博弈和扩展式博弈的理念，解释一下商学院院长们为何愿意自行剥夺按照原有方式营利的机会。下面有一些相同的事实可用于你的分析中：①为了增加学院的资源，院长们通常要同更高级别的行政管理者、董事会主席和副主席进行谈判。②如果人们认为大多数晚间开课的商学位项目是由资质不足的老师所承担的，那么他们可能就不太乐意注册这些项目。③如果使用高标准限制那些无法满足条件的较差大学进入商学院市场，则大型的商学院项目可以获益。

6. 代理人

"代理人模型"在经济学博弈论的大量文献中得到了运用。例如，公司行政管理者是股东的代理人。在对公司的各种批评意见中，亚当·斯密就强调了这一点。他写道：

> 然而，这类公司的董事们因为管理的是其他人的而不是他们自己的钞票，所以无法期待他们会像私人合营伙伴那样对这些钞票给予同样极度警惕的关心……因此，在这类公司的事务管理中，玩忽职守和铺张浪费必定盛行……建立联合股份公司（股份有限公司）……必定是不合理的……

然而，许多现代公司都向行政管理者提供股票期权，以作为他们薪酬的一部分，从而激励他们"关心"公司的资产。

现在看一个十分简单的例子，假设某公司的首席执行官可以选择高度或低度努力（H 或者 L）：如果他选择 H，则公司的股票价值将为 20（单位：百万美元）；若他选择 L，则为 10。比方说，如果他获得的薪酬支付为 3 并选择 L，则股东们的回报就是 $10 - 3 = 7$。首席执行官若选择 L，则他的博弈回报就是给他的薪酬支付。若他选择 H，则他的博弈回报等于薪酬支付 -2。如果首席执行官的薪酬支付等于 3 并选择 H，则他的回报就是 $3 - 2 = 1$。股东们可以选择支付给他等于 3 的薪酬，或者占股票总值某个比重 q 的股票期权。因此，如果首席执行官被支付股票期权和选择 H，则他的博弈回报为（$20q - 2$），而股东们将得到 $20(1 - q)$。股东们首先选择他们的策略，并且通过签署就业合同做出上述承诺。

（1）画出这个博弈的树状图。

（2）能够激励首席执行官选择 H 的最低 q 值是多少？

（3）对于提供股票期权的股东们来说，能够使它成为子博弈完美的最大 q 值是多少？股东们回报的上限是什么？如果支付薪酬而首席执行官选择 H 的话，则股东们能否获得相同的回报？

（4）由于 2001～2002 年的公司会计丑闻，以及 2008～2009 年的经济下行，对于以股票期权形式给予公司首席执行官的支付已经有了很多议论。根据这种模型，你认为是什么决定了首席执行官能够以股票期权形式获得最大补偿额？

7. 颁发专利许可证

阿格洛考帕（Agrocorp）是一家牛饲料生产商，拥有生产这种饲料的工艺专利，它同样可用于生产兔饲料。它正在考虑将专利许可证颁发给奔尼世界（Bunny World）公司，因为它目前生产兔饲料，但不生产牛饲料。然而，阿格洛考帕担心奔尼世界公司可能会进入牛饲料市场并与自己的产品展开竞争。图 13-17 显示了这个博弈的扩展式。

确定这个博弈的子博弈完美均衡。它提出了一种通过将这个博弈嵌套在一个更大的博弈中而改善结局的方式。

由于下面这道练习题运用了本章和第 8～9 章的概念，所以你应该先学习那两章。

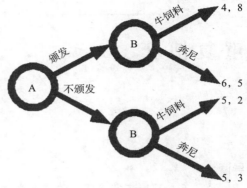

图 13-17 颁发许可证

8. 免费样品

阿克姆动画设备（ACE）公司依靠其他公司提供的半成品，并根据合同将其组装成动画设备。然而，它面对着两类供应商，即 R 类（可靠的）和 U 类（不可靠的）。在同一位潜在供应商会面后，ACE 有两种策略，即购买或不购买。一些供应商会提供免费样品，而另一些则不会。对于一位 R 类供应商，图 13-18 显示了扩展式的博弈，其中，第一个回报是 ACE 的，第二个是供应商的。节点 S 是那位供应商的决策节点，即提供或不提供免费样品。如果该供应商属于 U 类，则图 13-19 显示了相关的回报。

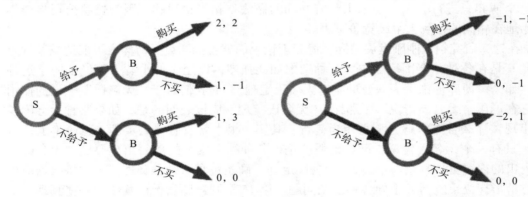

图 13-18 与 R 类供应商的博弈　　　　图 13-19 与 U 类供应商的博弈

（1）如果分开考察，则这两个博弈的子博弈完美均衡是什么？

（2）给定供应商属于 R 类和 U 类的概率各为 50%，则 ACE 的最优策略是什么？它从中能够获得多少回报？

（3）假设 ACE 打算采用只购买提供免费样品的供应商产品的策略，而供应商也知道这一点，那么结局将会如何？请根据嵌套式博弈理论予以解释。

第14章
Chapter14

重复博弈

导读

为了充分理解本章内容，你需要先学习和理解第 1 ～ 4 章和第 12 章。

本书到目前为止考察的所有博弈都只进行一次，参与者们似乎在未来不会再次互动。在某些实际应用中，这一点看起来是恰当的。在"伊比利亚半岛反叛"博弈中，也就是本书的开篇内容，它或许没有第二次或后续各次。对于在某个交叉口相遇的两位司机，如果随机地匹配开展"驾车博弈"，则他们再度相遇的机会小到几乎可以忽略不计。但是，假如两位司机住在同一个街区，那么他们的匹配就不会是随机的，而且可能一次又一次地相遇，从而适应对方的驾车习惯。当我们考察诸如"广告博弈"之类的社会困境时，预设这个博弈只进行一次且在未来没有互动的做法是相当错误的，因为这些公司将会年复一年地在相同的市场上继续竞争下去。

早在这一研究领域刚刚发展之际，博弈理论家们就曾推测重复博弈有可能造成某种差异，尤其是在各种社会困境当中。这种疑虑如此强烈，以至于似乎有人已经证明了这种情形。如今，博弈理论家们谈及的是"无名氏定理"，而我们对于"无名氏"一词的使用就像它在词语"无名氏传说"中那样。"无名氏定理"应该表明的是，如果某种社会困境重复出现，那么合作解就会变得相当盛行。其实，根本就没有什么定理，也谈不上什么证明，只有一个无名氏传说。已经证明的是，各种社会困境的反复出现要比"无名氏定理"提出的内容更加复杂。不过，"无名氏定理"确实包含了某种真理。本章将根据简单的两方情形探究重复博弈中的各种复杂问题。第 15 章则试图发掘出其中的一些真理。下面是关于公共产品供给这类社会困境的一个重复博弈的例子。

14.1 野营者困境

阿曼达和芭菲（Amanda and Buffy）在暑假里担任野营顾问，且同住在一个带有电视机和影碟播放器的宿舍里。影碟可在周末花费 5 美元从校园商店中租得，她们各自都可从周末影碟中获得价值 4 美元的愉悦感。因此，如果两位在某个特定的周末各租用一张影碟，则每人都可以 5 美元的成本得到价值 8 美元的愉悦感。她们的策略是"租用"或"不租用"。表 14-1 显示了这个博弈的各种回报。

表 14-1　野营者困境

		芭菲	
		租用	不租用
阿曼达	租用	3，3	−1，4
	不租用	4，−1	0，0

可以看出，它与"公共产品贡献博弈"十分相似，也是一个社会困境。事实上，影片对两位野营者来说确实是一种公共产品。图14-1显示了这个博弈的扩展式。

在一个社会困境中存在着两种策略，即"合作"（在此例中是"租用"）和"背离"（在此例中是"不租用"）。"背离"一词的含义是选择非合作性策略的那位参与者背离了一项（潜在的）合作协议。

这个社会困境确实带来了问题，不过，情况还没有那样严重。毕竟暑假才刚刚开始，距离她们在秋季开学回到各自所在不同州的学校还有10个周末。她们可能都会选择"合作"，至少在最初的几周将会是这样的。毕竟如果（例如）阿曼达在本周选择"租用"，则芭菲可以在下周继续选择"租用"作为报偿；如果阿曼达选择非合作性的"不租用"策略，则芭菲也可以在下周通过转而采用"不租用"策略对她实施处罚或"制裁"，而且这可能会延续数周时间。

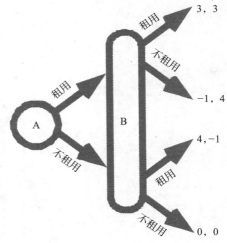

图 14-1　野营者困境

⚠ **重点内容**

这里是本章将阐述的一些概念。

重复型博弈（repeated games）：如果一个博弈重复地进行，那么我们必须将整个序贯作为一个整体进行分析，并重点关注它的子博弈完美均衡。

无名氏定理（folk theorem）：人们普遍具有的一种直觉，即重复进行的非合作性博弈通常会形成合作性均衡。

重复次数有限的博弈（games played a limited number of times）：如果一个具有纯粹策略纳什均衡的博弈重复进行，那么纳什均衡的重复出现总是子博弈完美的。如果这个博弈属于社会困境且重复有限的次数，则重复出现的占优策略均衡就是唯一的子博弈完美均衡。这一点同"无名氏定理"形成了对照。

但是，这些是理性的最优应对策略吗？为了回答这个问题，我们必须运用扩展式博弈理论和子博弈完美均衡。令人惊讶的是，它们并不是最优应对策略。为了了解这一推理过程，我们假设野营者困境博弈只进行两个阶段。图14-2显示了这个两阶段博弈的扩展式。

这个两阶段的野营者困境博弈具有四个基本的真子博弈，用图中的灰色椭圆表示。我们首先用逆向递归法求解这些真子博弈。若把它们表示为正则式就可看出，其中每一个都属于社会困境且具有占优策略（不租用，不租用）。如果用均衡回报替代这四个真子博弈，则可得到如图14-1和表14-1所示的博弈。因为第二轮的均衡回报是（0，0），所以它只是简单地再现了最初的社会困境。我们的结论是，这个博弈的重复进行并没有产生什么差异，子博弈完美均衡就是在两个阶段都选择非合作性的"不租用"策略。

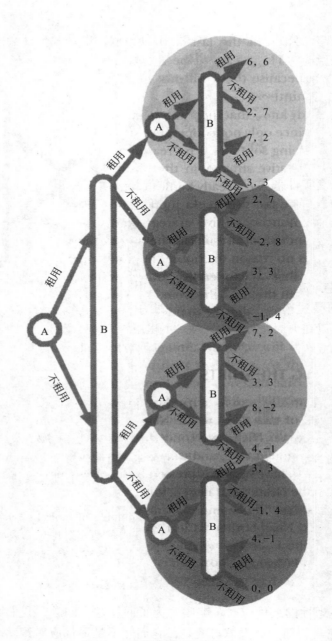

图 14-2　重复出现的野营者困境

　　我们可将这种推理方式拓展到为期 10 周的野营中。无论野营将持续多少周，使用的方法都是逆向递归法。正如我们已经看见的，无论在较早的星期内发生什么事情，在最后一周的最优应对策略都是非合作性的"不租用"策略，且下一轮不会出现任何报偿或者制裁，因为不会再有下一轮。现在，我们继续逆向到第 9 周。

　　我们已知在第 10 周将没有报偿或制裁，因为到那时双方都只会选择不合作策略。既然如此，那就没有理由在第 9 周选择不合作策略之外的其他策略。现在，我们继续进行到第 8 周。同样，因为已知在最后两周没有报偿或制裁，所以也没有理由在此时采取不合作策略以外的任何策略，以此类推，可以将整个过程的结局递归到第 1 轮的行动中，因而在当时就没有理由选择合作策略。[⊖]因此，可以得出的结论是，在这个博弈中，合作性策略一次都不会被采纳。

虽然"无名氏定理"在其他一些情形中可能成立，但却不适用于这个特定的博弈。下面是另一个例子。

14.2 熨烫博弈

尼古拉斯·涅塔尼克（Nicholas Neatnik）喜欢在每周都熨烫他的衬衫。他可以自己操作，也可以将它们送到楼下街道上的"邻家洗衣店"（Neighborhood Cleaners）。不过，尼古拉斯担心洗衣店因工作不够细致而将他的一些衬衫弄坏。因此，尼古拉斯的策略是请洗衣店熨烫他的衬衫（"熨烫"）或者不请（"不熨烫"）。图 14-3 显示了这个博弈的扩展式和回报。尼古拉斯为 A，洗衣店为 B；前一个回报数字是尼古拉斯的，后一个是洗衣店的。

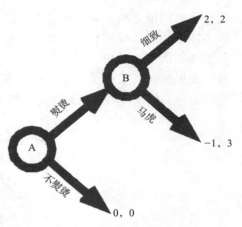

图 14-3　熨烫博弈

这个博弈具有一个基本的真子博弈，其中洗衣店要决定是否细致工作，它的理性决策是"马虎"，这样可以得到等于 3 而不是 2 的回报。这就使得尼古拉斯可以预计到，若将衬衫送交洗衣店，自己得到的回报为 −1，而自行熨烫等于 0 的回报胜过 −1。因此，子博弈完美均衡就是尼古拉斯自行熨烫。

不过，这里是一个重复博弈。在未来 5 年内，尼古拉斯希望每周都能让衬衫得到熨烫；5 年后，他计划退休而且再也无须穿经过熨烫的衬衫。因此，熨烫博弈将连续进行 5 × 52 = 260 次。直觉告诉尼古拉斯，他可以威胁说要实施"报复"而要求洗衣店在工作时细致一些。例如，尼古拉斯可以通过在下一周自行熨烫来回应"马虎"策略。这就能让洗衣店因为工作马虎而有所损失。这种报复策略能否给熨烫博弈带来合作解（熨烫，细致）呢？

这种策略称为"针锋相对"（tit-for-tat）策略。一般而言，如果一位参与者在一轮合作性博弈中选择"背离"，另一位参与者在下一轮合作性博弈中也选择"背离"作为回应，那么他就是在重复多次的博弈中采取了"针锋相对"策略。针对一个重复多次的博弈，这样的策略属于高度复杂的或然性策略。现在考虑一下尼古拉斯在 5 年间的第 201 周是否会将衬衫送交洗衣店熨烫。它取决于前面 200 轮行动的每一轮。在第一轮，存在着三种博弈状态，即（熨烫，细致）、（熨烫，马虎）和（不熨烫，无生意）。因此，尼古拉斯在第二轮的选择取决于这三种或然情形。[⊜]在第三轮，他的选择是根据 3 × 3 = 3^2 = 9 种或然情形做出的，其中的三个选项针对第一轮，而每一个选择后面的三个选项针对第二轮。在第四轮，他的选择是根据 3 × 9 = 3^3 = 27 种或然情形做出的。针对第 201 轮，他的选择是

⊖ 原文此处为"noncooperative"（不合作），当为"cooperative"（合作）之误。——译者注

⊜ 洗衣店的策略选择是以 6 种或然情形为基础的，其中有 3 种针对尼古拉斯在第二轮将衬衫送来的情形，另外 3 种针对他不送来的情形，其中只有 4 种需要洗衣店做出选择。

根据前面原本可能会发生的 3^{200} 种序贯情形做出的。但是，如果他在第 201 轮根据"针锋相对"规则行事，那么第 199 轮就无关紧要。"针锋相对"规则不仅把前面可能发生过的 3^{199} 个序贯整合在一起，而且表明"如果我选择熨烫，洗衣店在最后一轮行动时将会马虎，因此我选择不熨烫；否则，我选择熨烫"。这条规则在前面的 199 轮中针对所有 3^{199} 个序贯给出了相同的结局。通过运用这种简单的规则将这个庞大的或然性策略族群集结在一起，我们就能够极大地简化重复博弈。不过，这样做是否可行呢？

为了研究这一点，图 14-4 显示了这个博弈中相继两轮行动的树状图。显示的回报是两轮行动的回报之和，如同前述，前面一个数字属于 A 而后面一个属于 B。如果尼古拉斯根据"针锋相对"规则行事，则会形成一种暗含的威慑和一种暗含的允诺。暗含的威慑是，如果洗衣店工作马虎，那么尼古拉斯在下周就以不给它提供生意作为报复；暗含的允诺则是，如果洗衣店工作细致，那么他在下周就会以再给它提供生意作为报偿。一个必须提出的问题是，如果洗衣店是理性的，那么它是否会认为这种威慑或者允诺可以置信呢？

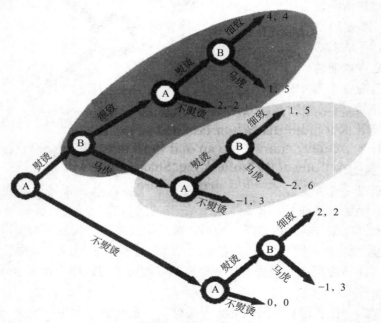

图 14-4 两阶段的熨烫博弈

在博弈论中，可置信性是与子博弈完美联系在一起的。因此，我们再一次强调这个问题，研究具有威慑和允诺的"针锋相对"规则能否导致子博弈完美的行动。就威慑而言，其关键在于图 14-5 中用圆圈表示的行动序贯。它是一个子博弈，等同于图 14-4 中的博弈。我们已经注意到，尼古拉斯（参与者 A）的"不熨烫"行动在这个子博弈中是子博弈完美均衡的。因此，它确实是实施威慑的子博弈完美，所以这种威慑是可以置信的。

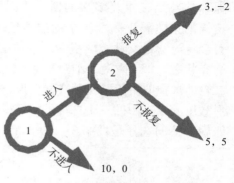

图 14-5 市场进入博弈的单轮行动

◆◇ 延伸阅读

分解或失灵

通常认为，诸如"野营者困境"或"熨烫博弈"之类的博弈是具有确定的最后一轮行动的博弈，合作的可能性因从最后一轮行动退回到第一轮而逐步"化解"，我们不妨将一项合作协议想象成一条尾端未能扎紧的辫子，所以它会变得松散。其实，"ravel"（分解）这个单词有点奇特，它同"unravel"（失灵或解开）的含义是一样的。莎士比亚就曾写道，"编织起松散关怀襟袖的睡眠"（sleep that knits up the ravell'd sleeve of care）。但是，无论对于一条辫子，还是一项合作协议，分解总是一件负面的事情，而英文中具有否定意味的前缀符号"un"凸显了这一点，所以通常使用的是"unravel"一词。

如果这种允诺是可以置信的，那么威慑加允诺就足以说服洗衣店（参与者 B）在第一轮就细心工作。此时，如果它马虎，则最终将处在具有回报为 3 的浅灰色椭圆的底端；若它细心，则会处在深灰色椭圆的上方（它并非一个完整的子博弈）。在深灰色椭圆内，如果尼古拉斯实施"允诺"策略而送去洗衣店熨烫，那么洗衣店的回报就不会低于 4，胜过它在浅灰色椭圆底部中获得的 3。然而，尼古拉斯只有在能够获得上方右端的回报（4，4）时才会送去熨烫。如果洗衣店在这个步骤上采取"马虎"策略，则他将根据允诺进行报复而不送去熨烫，这会改善尼古拉斯的处境。洗衣店是否会在第二轮重复它的"细心"策略呢？确实会如此行事，如果尼古拉斯在第 201 和 202 次行动中实施"针锋相对"规则的话。因此，理性的行动就是，尼古拉斯继续采取"熨烫"策略而洗衣店继续采取"细心"策略。如此，我们就得到了一个子博弈完美均衡，其中尼古拉斯在每一轮行动中都运用针锋相对规则，再加上洗衣店的一个连续"细心"序贯。

这听起来很好，不幸的是（再一次），它在最后一轮会被打破。尼古拉斯在第 260 轮已经无法运用"针锋相对"规则，因为没有可对洗衣店的工作状况给予报偿或惩罚的第 261 轮。但请记住，只有在尼古拉斯能够不间断地实施针锋相对的行动序贯时，他做出的报偿允诺才是可以置信的。但是，在最后一轮，洗衣店将选择"马虎"（处在右上方的深灰色椭圆内），而且因为尼古拉斯能够预计到这一点，所以他在第 260 轮就会选择"不熨烫"。然而，我们现已知道，无论在第 259 轮发生了什么，尼古拉斯在第 260 轮都将选择"不熨烫"，因为他已无法针对第 259 轮实施"针锋相对"规则。他在第 259 轮做出的、以第 260 轮的生意作为报偿的允诺对洗衣店来说就变得不可置信，所以洗衣店在第 259 轮就会马虎，而且因为尼古拉斯能够预计到这一点，所以他在第 259 轮必定会选择不熨烫，而这又意味着他无法可置信地针对第 258 轮运用"针锋相对"规则。同理，我们可以遵循这条思路一直将这个序贯折返到第一轮。对于前面刚开始时提出的威慑和允诺是否可以置信的问题，答案是否定的，因为缺乏一个能延续到未来的连续行动序贯。这个序贯在第 260 轮被打破，而且从那里一直逆向地分化到第一轮。再一次地，我们可以看出，"无名氏定理"不适用于那些重复次数有限的博弈。

由此可知，只有当重复博弈序贯可以永远持续时，"无名氏定理"才能奏效。但是，没有什么事情会永远持续，不是吗？我要打破教科书作者们的禁忌，在这里坦诚直言，甚至都不放在脚注中。在与商人们打交道时，我自己采用的基本上就是"针锋相对"规则。它略为复杂而且比较难以预测。如果对得到的服务不满意，我会在一段时间内不同那位商人打交道，然后再给他一次机会。就像采用"针锋相对"规则那样，我运用了暗含的威慑和允诺。我不够理性吗？也许，但是……

我们可以将这种结局视为一道难题。虽然"针锋相对"在重复博弈中似乎很有奏效的希望，但是在本章所关注的例子中，因为重复最后会有终结，所以"针锋相对"规则并不奏效。难道是这个规则有问题吗？或者是这些例子中缺失了某些东西？这是我们在第15章将要讨论的议题。

报复的威慑在其他一些重要的博弈中发挥了作用。下面这个例子在子博弈完美纳什均衡的发展过程中曾经发挥过重要作用，对于莱因哈德·泽尔腾获得诺贝尔经济学奖也是如此。

14.3 连锁店悖论

这里是关于重复博弈推理方式的另外一个例子。一家称作"茜考"（Chainco）的大型连锁店在美国的 20 个社区设有店面。由于当地的一些公司打算在未来陆续进入这 20 个市场，所以茜考预计在未来许多年中将会参与 20 个"市场进入博弈"。茜考认为应该在早期的博弈中采取报复策略，即使如此行事会造成一定的损失。这是因为树立了报复者的形象就能阻止未来的进入者。然而，这种做法是否属于子博弈完美策略呢？不是！

图 14-5 显示了茜考连锁店博弈中的单独一次行动。在节点 1，新的公司决定是否进入。如果它们不进入，那么茜考能够在当地市场上赚得等于 10 的利润（按照 1～10 的等级计量）。如果当地公司都不进入它们的市场，则茜考在每个市场上可赚得 10，总额为 10 × 20 = 200。如果当地公司真的要进入，在节点 2，茜考将决定是否通过发起价格战来实施报复。如果肯定的话，则茜考在这个市场上就只能赚得等于 3 的利润，而新的进入者将蒙受等于 2 的损失，以 –2 表示。如果茜考决定不报复，则市场将被平分，两家公司各赚得等于 5 的利润。

◈ 延伸阅读

莱因哈德·泽尔腾

1930 年，莱因哈德·泽尔腾（Reinhard Selten，1930—）出生于德国的布雷斯劳市（Breslau），现在是波兰的弗罗茨瓦夫市（Wroclaw）。泽尔腾具有犹太人血统，因而在青年时期饱受苦难。在高中读书期间，他阅读了《财富》杂志（*Fortune*）上的一篇关于博弈论的文章，并且学习了约翰·冯·诺依曼和奥斯卡·摩根斯特恩的著作《博弈论与经济行为》。在法兰克福大学担任研究助手时，

他获得了数学博士学位。虽然是数学家，但他却一直致力于经济学的实验研究和应用领域的工作。通过针对扩展式博弈的研究（当时还属于冷僻的领域），他完成了开拓性的工作，这使他在 1994 年成为诺贝尔经济学奖获得者之一。他在伯恩大学建立了实验业务研究室（Laboratorium für experimentelle Wirschafts-forschung），并且担任了数年的主席。他现在已经退休了。

现在考虑这个博弈 20 次重复系列的最后一次。显然，在这种情况下，实施报复将一无所获，因为此时已不再有进入市场的威慑。我们注意到，（进入，不报复）是这个单独

一次行动的子博弈完美解。我们现在考虑第 19 次重复，因为已经知道最后一轮将不会有报复，所以针对第 19 次的报复无法阻止第 20 次的进入。

因此，在第 19 次实施报复也没有意义。我们把相同的推理方式运用于第 18 次、第 17 次等。因此，可以得出结论，在这个博弈中，为了营造形象而进行报复不是最优应对策略，所以理性的茜考连锁店将不会实施报复。

14.4 恐怖主义[⊖]

这一节我们将讨论一个困难而麻烦的议题，即恐怖主义以及政府对于它的反应。我们将运用 14.3 节的模型。如果"你今天真的不想考虑"，那么不妨跳过这一节且不会遗漏博弈论的任何重要概念。

关于恐怖主义，一种普遍看法是，恐怖主义者一定都是非理性的，受到各种让人匪夷所思的宗教理念的煽动，或者无法确切把握自身行为的后果。然而，虽然这种看法或许能够给我们些许安慰，但是可能无助于深刻思考应当如何应对恐怖主义。人们通常会断定，恐怖主义者的目标，在某种意义上都是一些非理性的目标。[⊜]但是，"非理性目标"一词在博弈论中（或者在新古典主义经济学中）并没有十分明确的含义。在博弈论中，我们把各种目标都看成给定的，然后根据这些目标去分析最优应对策略。在本节中，我们就是"在这种狭隘和有限的意义上"假设恐怖主义者是理性的。

恐怖主义的历史可以追溯到 20 世纪之前。在法国大革命时期，政府一度采用"恐怖"作为其政策，而这个单词正是起源于这个时期。但是，各国政府、军队和其他武装团伙，诸如海盗，在那之前就已经给人们制造了恐怖，这甚至可以追溯到数千年前。到了 21 世纪，"恐怖主义"一词通常被用于指称既非盗贼且非政府，又非军人者所施加的政治暴力。在 19 世纪中期，东欧和中欧的绝对独裁制的敌对力量，包括立宪主义者、国家主义者、平均地权论者以及声名最为恶劣的无政府主义者在内，组成了各种"恐怖政党"，把爆炸和暗杀作为政治策略的一部分。或许这就是现代意义上的恐怖主义的发端。

恐怖主义者们在目标和策略的细节方面各有不同，因此我们不能想当然地将一种博弈理论环境的分析运用于所有的情形中。本节将阐述一个重要的差异。我们从 1960 ～ 1995 年的一种普遍情形说起，即扣押政治人质。在那个时期内的一些事件中，人质遭到扣押，大多是通过劫机来完成的。劫机者会提出一些要求，若得不到满足，就会杀死人质。然后通常是谈判，虽然某些要求未必能够得到满足，但是恐怖主义者却可以因此宣扬他们的主张，而人质有时会被释放。但是，某些国家的政府选择绝不谈判的立场，若有可能就会向劫机者发起进攻，即使有伤及人质的风险。采取这种政策的一个理由是，谈判会给恐怖主义者达到某种目的的机会，而坚持进攻劫机者的政策可以遏止劫机行为。但是，它是一种子博弈完美策略吗？不是。

⊖ 读者可以略过本节而不会错失对进一步学习很重要的任何议题。

⊜ 无疑，那些目标是我个人极度无法认同的。然而，这与说他们是非理性的并不是一回事。例如，考虑一下金融诈骗者的目标，他试图通过某些股票行骗方案欺诈投资者们的财富。他的目标是增加自己的财富而不管手段合法与否，这通常被视为是理性的。但是，我相信，在发达的现代社会中，大多数人（和我一样）不会赞同和反对不惜违法而积聚个人财富。理性的未必是道德上可以接受的，而这一点同样适用于欺诈和恐怖主义。

支持这种政策的推理过程可借助图 14-6 来完成。在这个绑架人质博弈中，第一个决定是由恐怖分子 T 做出的，他要决定是绑架人质，还是通过其他手段达到自己的目标。如果他们绑架人质，则由政府 G 决定是进攻还是谈判。这个博弈的各种回报由树状图的分支所表示，恐怖分子的回报在前，政府的在后。

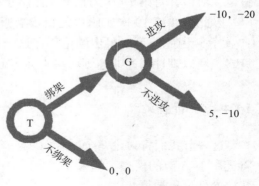

图 14-6　人质博弈

注意这个人质博弈与"连锁店悖论"的相似之处。我们可以将它作为一次性博弈，通过逆向推理法来求解。政府通过谈判而求得损失最小化，它意味着如果恐怖分子绑架人质，那么他们将得到 5，而这个 5（得到宣扬）优于 0，因此子博弈完美策略是（绑架，谈判）。

如何论证绝对不同恐怖分子谈判的政策呢？在 20 世纪后期，绑架人质不是单独一起事件，遏止绑架人质已经演变成了重复进行的博弈。因此，如果一国能建立进攻绑架者的形象，则恐怖分子只能在绑架人质上得到数值为负的回报，因此，这样可以遏止恐怖主义。在单独一起事件中，进攻的威慑不是可以置信的，因为它不是子博弈完美的。但是，在重复性博弈中，政府可以通过建立这种进攻者形象所产生的遏止效应在未来的重复事件中获益。

但是，到目前为止，这些都与"连锁店悖论"的情形相同，正如我们已经看到的，价格战的威慑是不可置信的，因为从最后一次威慑开始的逆向递归告诉我们，报复不可能是子博弈完美的。这种推理方式是否适用于恐怖主义呢？毫无疑问，政府希望消除恐怖主义，因此无须再建立这方面的声誉；而恐怖分子们可能希望成为赢家，甚至自己能够组建政府，因此也将不再从事恐怖主义活动。虽然这一点未能很好地回答这个问题，但是它确实告诉我们，即使是重复性博弈，"进攻"都不是子博弈完美的，因此"进攻"的威慑绝对不会是可以置信的。这一点似乎与我们所看到的现实相吻合，即恐怖主义在 20 世纪并没有得到遏止。同样有证据表明，恐怖分子并不认为政府做出进攻的威慑是可以置信的。

◆ 延伸阅读

防范的类型

如果可以运用"连锁店悖论"博弈的例子，那么试图建立"强硬"的形象就没有意义。但是，某些国家的政府确实采取了不同恐怖分子谈判的政策。

这个例子的假设条件之一是，所有恐怖主义受害者的类型都是一样的，他们具有相同的策略和相同的回报。但是，情况或许并非如此。约翰·L. 司各特认为，⊖ 劫机事件的受害者可能不止一种类型，假设某些受害者确实没有与恐怖分子进行谈判的可能，再假设恐怖分子并不知道哪位潜在的受害者属于这种类型。因此，攻击一位没有让步能力

⊖　John L. Scott，Deterring terrorism through reputation building. In *Defence Spending and Economic Growth*，edited by James Payne and Anandi Sahu（Westview Press，1993）pp.257-268.

的受害者是没有意义的，这就意味着劫机者的确定损失等于 10。因为他不知道哪些受害者能够谈判而哪些不能谈判，恐怖分子不得不根据受害者以往的行为判断谈判的可能性。但是，这意味着能够谈判的受害者可以通过拒绝谈判而有所收益，即建立起无法谈判者的形象，从而遏止未来的攻击。

但是，受害者为何会没有能力谈判呢？在目前的情况下，受害者是政府。与恐怖分子的互动可能被嵌入在执政党与反对党、选民进行互动的更大的博弈中。如果谈判将招致反对，进而导致执政党在下次选举中失去大多数选票或者败选，那么从现实的角度考虑，谈判就不是一个选项。

某些采取不谈判立场的政府可能就恰好处在这种被嵌入的博弈中，而其他一些政府则想要建立自己受到限制的形象，即便并非如此。

当然，这种分析还取决于对恐怖分子动机的猜测。如果遭遇进攻，则他们的回报为负数，而且存在着一些机会使得他们释放人质。如果猜测有误，那就必须调整这种分析。对于敌人动机的理解是不可替代的，尽管那些动机可能非常卑劣。

14.5 总结

如果社会困境是"一次性"的，则非合作性行动就会造成一定的后果。然而，一种很强烈的直觉告诉我们，重复性博弈可以改变所有这一切，因为合作性行为在未来的回合中可以获得报偿，而非合作性行为则会受到制裁。这种直觉被表述为"无名氏定理"。

对于这种重复行动的序贯，我们可以采用序贯博弈理论方法进行分析，诸如子博弈完美均衡。它让我们可以检验"无名氏定理"所包含的这种直觉。但是，如果重复只能进行特定数目的轮次，那么重复行动其实无法导致合作，因为唯一的子博弈完美均衡是一个非合作性的行为序贯。这种矛盾的结局会从社会困境延伸到各种博弈中，诸如市场进入博弈，其中的子博弈完美均衡就是这样一个均衡：已经存在的市场主导者无法阻止其他公司进入，并因此而蒙受利润损失。

这是逆向递归法给出的令人惊讶的结论。在每一个场合中，我们都从最后一次行动开始进行重复分析。在这种情况下，行动完全就像在一次性博弈中一样，而均衡也必定是相同的。任何关于报复和报偿的合作规则，诸如"针锋相对"规则，都不适用于最后一个回合。通过这种逆向的推理方式，我们把这个结局拓展到每一次重复的行动中。策略规则从结尾一直到开端都会失灵。因此，只要存在着终点，合作性行动在重复性博弈中就无法实现均衡。类似的一些情况发生在威慑博弈中，诸如"连锁店悖论"博弈。"报复"在最后一个回合中不是子博弈完美的，而连锁店可以营造的任何形象都无法改变这一点。再一次地，建立报复者形象的动因在折返到第一个回合时就会消失。因此，如果重复性行为具有终点，那么上述那种与无名氏定理相关的直觉就会具有很大的误导性。

■ 本章术语

重复出现的社会困境（repeated social dilemmas）：如果某个社会困境重复出现有限次数，那么对两位参与者来说，子博弈完美均衡就总是背离，就像在最初的社会困境中一样。

无名氏定理（folk theorem）：指人们普遍具有的一种直觉，即重复进行的非合作性博弈通常具有合作解。

重复次数有限的博弈（games played a limited number of times）：如果一个具有纯粹策略纳什均衡的博弈重复进行，纳什均衡的重复出现就总是子博弈完美的。如果这场博弈属于社会困境而且重复有限的次数，重复出现的占优策略均衡就是唯一的子博弈完美均衡。这一点同"无名氏定理"形成了对照。

"针锋相对"（tit-for-tat）：在博弈论中，"针锋相对"指的是在重复型社会困境或类似博弈中选择策略的一种规制，即采取"合作"策略一直到对方采取"背离"策略，然后在下一个回合中采取"背离"策略作为报复。

一次性博弈（one-off game）：如果博弈只进行一次而不再重复，我们就称它为"一次性博弈"。

◢ 练习与讨论

1. 重复进行的性别战

希尔维斯特（Sylvester）和忒蒂·派（Tweetie Pie）想在下班后一起去观看棒球比赛或欣赏歌剧，但是他们无法当面进行取舍，因为希尔维斯特的电子邮件无法运行而忒蒂·派的手机没电（他们同时拥有棒球场和歌剧院的季节性门票）。他们的策略是球赛和歌剧。表 14-2 列出了各种回报。希尔维斯特和忒蒂·派打算连续两天一起外出。因此，他们将进行的是重复博弈。

表 14-2　重复进行的性别战

		忒蒂·派	
		球赛	歌剧
希尔维斯特	球赛	5, 3	2, 2
	歌剧	1, 1	3, 5

针对这个正则式的重复博弈，列举出每一位的策略。它们一共有多少？画出树状图并找出这个重复博弈的四个不同的子博弈完美均衡解。我们是否有理由认为其中一个解更有可能形成？请注意，罗伯特·富尔加姆（Robert Fulgham）曾经写道，"所有我需要知道的都是在幼儿园里学的"，而且表示，他在幼儿园里学会的最重要事情之一就是"轮流"（taking turns）。从常识的角度看，这个例子告诉我们关于轮流的哪些优点和缺点？具体内容是什么？

2. 热狗小贩的最后五周博弈

参阅第 13 章练习题 4，弗兰克和恩斯特在相邻的两辆售货卡车上出售热狗。他们每周都在相互竞争，但在五周后，弗兰克将会退休并卖掉他的卡车。他们每周都在给自己的热狗定价为 1.50 美元或 2.00 美元这两种策略之间进行选择，表 14-3 列出了各种回报。

这个重复博弈唯一的子博弈完美均衡是什么？为什么？

表 14-3　热狗小贩博弈的回报（复制第 13 章的表 13-4）

		弗兰克	
		1.50 美元	2.00 美元
恩斯特	1.50 美元	10, 10	18, 5
	2.00 美元	5, 18	12, 12

3. 议会网格阻塞

近年来，"网格阻塞"（gridlock）一直是美国议会政治的一个常见问题。当两党都未能在议会中占据绝对多数席位时，就会出现网格阻塞，即它们都有能力封堵对方提出的动议。如果双方无法合作，则表明一方堵塞了对方的动议，最终将一事无成或者事情没有进展，我们将这种现象称为"网格阻塞"。请根据本章的内容分析这个问题。

提示：回忆一下老话，即"选举过后就没有明天"（there is no tomorrow after the next election）。

4. 威士忌和杜松子酒

回顾一下第 1 章的广告博弈。在那个例子中，我们知道是否做广告也会成为一个社会困境，即如果两家公司都做广告，则双方得到的利润反倒低于大家都不做广告的水平。蒸馏酒精饮料行业在 20 世纪 60 ~ 90 年代也曾遇到过类似的困境。在 20 世纪 90 年代，一项不在电视上做广告的缄默协议被打破了，因为一家主要的蒸馏酒精饮料公司面临破产的风险。

假设表 14-4 给出了金考和威士考（Ginco and Whisco）这两家公司的回报（以 10 分为尺度加以衡量）。假设威士考在三年后将会破产。与此同时，将会发生什么事情？这些公司中的某一家在今年、明年和后年是否会做广告？是哪一家？为什么？

表 14-4 另一个广告博弈

		威士考	
		不做广告	做广告
金考	不做广告	8, 8	2, 10
	做广告	10, 2	4, 4

5. 喜欢挥霍的乔·库尔

乔·库尔（Joe Cool）是尼尔拜学院（Nearby College）的一个学生。他时常因为缺钱而向他的宿舍室友借钱，当然他也会支付合理的利息。但是，他的室友不太乐意借钱给他，因为不知道他是否能够可靠地偿还。这是一个关于借钱的重复博弈，每次借钱都是如图 14-7 所示的扩展式博弈。在图 14-7 中，乔·库尔的同学 C 先做出决定且第一个回报是这位室友的，乔第二个做出决定且得到第二个回报。

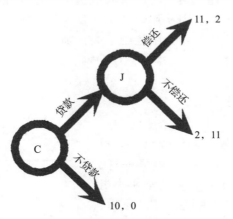

图 14-7 借钱给乔·库尔的博弈

乔·库尔可能没有太多的钱，不过他是一位优等生，确定可在四年后如期毕业。乔·库尔想建立能够可靠地如期还钱的声誉，如果有人愿意在本学期借钱给他的话，事实上，无人愿意一试。试运用重复性博弈理论解释一下为何乔·库尔无法借得款项。

第15章
Chapter15

无限重复博弈

导读

为了充分理解本章内容，你需要先学习和理解第 1 ～ 4 章、第 7 ～ 8 章和第 12 ～ 14 章。

回顾一下第 14 章的各类例子，我们可以看到有一个引起所有麻烦的共同因素。它造成了合作性协议难以形成的困难和各种有悖于直觉的结局。这个共同因素就是，这些互动都具有某个终点。在"野营者博弈"中，野营活动将在 10 周之后结束，两位女孩不会再度相遇，由于最后一周的合作性行为不会获得报偿，所以采取合作行为的动机从最后一周逆推到第一周都会消失。与此类似，在"熨烫博弈"的例子中，互动关系终结于尼古拉斯在第 260 周之后的退休行为；而在"连锁店悖论"的例子中，当新的竞争者们进入所有的其他市场的时候，还有最后一次进入威慑，但是，在最后那个市场中，将不再有实施报复的动因，所以报复动因从那时开始一直逆推到第一次进入威慑都会消失。如果没有终点，也就是假如博弈将会无限延续下去，则这个特定的问题就不会出现。现在我们考虑这类博弈的一个例子。

15.1 重复努力困境

"努力困境"是以为某项共同事务贡献力量作为基础的社会困境。与其他社会困境一样，它可能会重复进行。表 15-1 是由两位工作小组成员安迪和比尔形成的努力困境。可以看出，它属于社会困境，因为占优策略是"偷懒"。安迪和比尔可能进行一次博弈，也可能进行多次。

表 15-1 一个努力困境

		比尔	
		努力	偷懒
安迪	努力	10, 10	2, 14
	偷懒	14, 2	5, 5

虽然他们并不知道自己将进行多少次这种博弈，但是知道自己将在进行某些次数后退出。这一点如何运作呢？

这里的理论是，这一轮的行动是最后一轮的概率为 10%，而还有下一轮的概率为 90%。这一点对于未来每一轮的行动都成立，即存在 10% 的概率将不再有更多一轮行动。那么，至少还有两轮行动的可能性有多大呢？为了确定这一点，我们必须整合两起事件的概率，即还有下一轮行动的 90% 的概率，以及在下一轮（如果存在的话）之后还有再下一轮行动的 90% 的概率。问题在于，当这两起事件都会发生的概率是多少时，才会有两轮行动呢？这两起事件都会发生的概率是两种概率的乘积，即90%乘以90%，等于81%。一般的规则是，两起事件相继发生的概率是它们发生的概率的乘积，而n起事件相继发生的概率是n个概率的乘积，因此，至少会有n轮行动的概率是0.9^n。针对目前的例子，表15-2列出了未来进行1，2，…，20轮行动的概率。

表15-2　更多轮行动的概率

轮回	概率	轮回	概率
目前	1	目前	1
1	0.90	11	0.31
2	0.81	12	0.28
3	0.73	13	0.25
4	0.66	14	0.23
5	0.59	15	0.21
6	0.53	16	0.19
7	0.48	17	0.17
8	0.43	18	0.15
9	0.39	19	0.14
10	0.35	20	0.12

⚠ **重点内容**

这里是本章将阐述的一些概念。

无限重复性博弈（indefinitely repeated games）：如果某个博弈被重复进行，且没有确切的终点，那么我们就把这种博弈当作将无限次重复进行的博弈，而这个序贯的子博弈完美均衡就是这个博弈的均衡。

贴现因子（discount factor）：在未来进行的博弈中，回报将针对时间的流逝，以及博弈不会再进行那么多次的概率进行"贴现"。下一轮行动的贴现因子为

$$\delta = p\left[\frac{1}{1+r}\right]$$

式中，p是博弈将会再进行一次的概率，r是对于两次行动时间间隔的贴现率。

触发策略（trigger strategy）：在无限重复型博弈的各次单独重复中选择策略的规则，即非合作性行为触发受害者为实施报复而采取一轮或更多轮的非合作性行为。

针锋相对策略（tit-for-tat）：一种通过下一轮的背离来回应所遭到的一次背离的触发策略。

冷酷性触发（grim trigger）：一种在遭到背离之后，在所有时间内都以背离作为回应的触发策略。其他的触发策略则被称作"宽恕性触发"。

假设安迪和比尔总是采纳占优策略"偷懒"，只要他们进行博弈的话，每一轮的回报就总是等于5。当然，如果他们不进行博弈，则回报就等于0。因为无法确定在目前一轮之后的回报（如果有的话）将是多少，且总的回报必须根据期望回报值进行计算，因此，期望回报值就是代数和⊖：$5 + 0.9 \times 5 + 0.9^2 \times 5 + 0.9^3 \times 5 + 0.9^4 \times 5 + \cdots = 5 \times (1 + 0.9 + 0.9^2 + 0.9^3 + 0.9^4 + \cdots)$。

⊖ 虽然这一点似乎只有在第一轮出现非合作性行为时才适用，但并不正确，因为一个无限系列中总是还留有无限轮等待进行，而每一次行动都是这类无限系列的第一个。正如常言所说，"今天是你余生的第一天"。

我们可以利用一个有用的代数事实[注]对它进行简化，即对于任何序贯 y，y^2，y^3，$\cdots$，假设 $0 < y < 1$，存在着 $y + y^2 + y^3 + \cdots = \dfrac{1}{1-y}$，尤其是因为 $0 < 0.9 < 1$，（$1 + 0.9^2 + 0.9^3 + \cdots = \dfrac{1}{1-0.9} = \dfrac{1}{0.1} = 10$，因此 $5 + 0.9 \times 5 + 0.9^2 \times 5 + 0.9^3 \times 5 + 0.9^4 \times 5 + \cdots = 5 \times 10 = 50$。换句话说，如果安迪和比尔总选择"偷懒"，则未来所有行动的期望回报值就是 50。

"无名氏定理"指出，两位小组成员可以在下列基础上转向合作：如果其中一位偷懒，另一位将在下一轮采纳"偷懒"策略实施报复。这种威慑是可以置信的，因为"偷懒"属于占优策略均衡，因此也总归是子博弈完美的。

假设比尔根据"针锋相对"规则在每一次重复中选择他的行为，而安迪知道他会这样做，我们想知道，比尔仅仅选择一次"偷懒"策略是否就足以阻止安迪背离。如果安迪背离一次，则他的回报为

$$14,\ 5,\ 10,\ 10,\ \cdots$$

而期望回报值为

$$Y_1 = 14 + 0.9 \times 5 + 0.9^2 \times 10 + 0.9^3 \times 10 + \cdots [注]$$

如果安迪在每一次都选择"努力"，那么比尔就绝对不会偏离"努力"，因此安迪的回报将为

$$10,\ 10,\ 10,\ 10,\ \cdots$$

而期望回报值为

$$Y_2 = 10 + 0.9 \times 10 + 0.9^2 \times 10 + 0.9^3 \times 10 + \cdots$$

注意，因为 Y_1 和 Y_2 只有前面两项不同，因此可以忽略第二项之后的各项。安迪的背离将会被阻止，如果

$$Y_1 < Y_2$$

即

$$14 + 0.9 \times 5 < 10 + 0.9 \times 10$$

$$4 < 4.5$$

因为此点正确，安迪若背离就将损失 0.5，而且他背离的次数越多，损失也越大，因此，安迪甚至不会背离一次。

如果安迪同样根据"针锋相对"规则选择行为策略，那么他们将总是选择合作性的"努力"策略。它是一个可以自动实施（self-enforcing）的协议，因为双方都会出于维护自身利益的目的而采取合作行动。因为总是会有下一轮行动（按照 90% 的概率），所以总

⊖ 如果学习过宏观经济学原理，那么你对这一点应该多少有些熟悉。它与凯恩斯经济学的乘数效应有几分相似，因为乘数公式也使用了这个代数事实。

⊖ 该公式中的第二项原文为"（0.9）10"，当为"（0.9）5"之误。——译者注

是存在着合作的动因，而且该协议不会消失，只要还有下一轮博弈。

为了确保取得这个结果，p 需要有多大呢？安迪的偷懒将会被阻止，如果

$$14 + 5p < 10 + 10p$$
$$4 < 5p$$
$$p > \frac{4}{5}$$

如果另一轮行动的概率小于 4/5，那么"针锋相对"规则必定无法阻止背离。

现在看来，我们已经找到了"无名氏定理"所蕴含的真谛。当某个社会困境以某种确切的概率重复出现，但是没有可以预测的终点时，就至少存在着合作结局得以形成均衡的可能性。在现实世界中，人们在无法确定的多个连续时期一起工作，因而许多"努力困境"将会按照某个较大的概率"无限次重复"。

◆ 延伸阅读

钢琴组装

华盛顿州的汤森港（Port Townsend）是一个位于普吉湾（Puget Pound）的小型港口城市。我妻子和我在一家酒吧里用晚餐，那里也是当晚举行爵士乐节的地点。我们看到一个两人小组为了晚间的节目在组装一台钢琴。他们的行动完美地协调，犹如舞蹈一样。显然，他们先前经常从事这项工作。不断重复的收获之一就是技巧，他们凭借经验，知道在每个阶段需要做些什么。他们还知道准确地用力。毫无疑问，他们自信在未来还有大量的机会一遍又一遍地从事这份相同的工作，而这得益于他们的合作和技巧。

15.2 贴现因子

每当谈论起无限重复博弈时，我们仿佛是在谈论一个大家都不会过世、退休或者离开的世界！不过情况未必如此。关键是，这种重复没有确切的终点。如果存在着确切的终点，则报复和报偿策略都会消失。但是我们通常假设，就像在重复型的努力困境中那样，虽然没有确切的终止时间，但是该博弈会以某种概率在任何特定的一轮结束。如此我们就面临着一种困难情形，因为我们已经知道，未来的期望回报值是确定的。

概率的作用同对在一段时间过后才会出现的期望回报值进行贴现非常相似。它是一个我们所熟悉的金融学和经济学的概念。因为我们通常会认为人们更加偏好于现在的而不是未来的回报，金融经济学家们确定了一个贴现因子 δ，它将回答"某人愿意在今天支付多少而在一年后获得 1 美元"的问题。答案是，他愿意在今天支付 δ 而在一年后获得 1 美元。一般而言，因为现在的回报要比未来的回报更加合意，所以 $\delta < 1$。接下来，如果问"某人愿意在今天支付多少而在两年后获得 1 美元？"答案是 δ^2，对于三年则是 δ^3，以此类推。

当然，贴现因子与贷款和投资的利率（贴现率）相关。我们不妨假设 Y 是下一年的回报，而 V 是下一年回报的贴现值。如果某人按照 r 的利率放贷，则在年末就可凭借在年初贷出的每 1 美元获得 $(1+r)$ 美元。因此，现在的 1 美元到一年末时的价值为 $(1+$

r）美元；反过来，一年末的 1 美元相当于现在的 [1/（1+r）] 美元。因此，我们可得 $V= \dfrac{1}{1+r} Y$ 以及 $\delta = \dfrac{1}{1+r}$。一般而言，较高的贴现率（较低的贴现因子）与"缺乏耐心"（impatience）关联，相应地，较低的贴现率（较高的贴现因子）与"具有耐心"（patience）关联。就像在"努力博弈"中那样，我们可以转而假设下一次回报很快就会到来，这样就能够忽略对于现值的贴现，不过新一轮行动的概率为 $p < 1$，回报为 Y，而 V 是下一次的期望回报值，那么可得，$V = p \times Y + (1-p) \times 0 = pY$，因此 $\delta = p$。

◆◇ **延伸阅读**

贴现率

假设贴现率为 5%，我们想知道三年后的 10 000 美元在今天的价值是多少，那么我们可以运用可靠的电子表格。我们可以发现，在今天按 5% 的利率投入的 1 美元在年末的价值为 1.158 美元。若将 10 000 美元除

以 1.158，就可得到 8 638.38 美元。若将它按 5% 的利率进行投资，则三年后我们会得到相同的 10 000 美元。相应地，按照 5% 的贴现率计算，8 638.38 美元就是未来三年后 10 000 美元的贴现值（discounted present value）。

将上述两个概念结合起来，设 $p < 1$ 是下一次行动的概率，不过它要到下一年度才会实现，再设 r 是为期一年的时间贴现率，因此，期望回报值为

$$V = p\left(\frac{1}{1+r}\right)Y + (1-p)\left(\frac{1}{1+r}\right) \times 0 = p\left(\frac{1}{1+r}\right)Y$$

$$\delta = p\left(\frac{1}{1+r}\right)$$

例如，在出自第 14 章的"连锁店悖论"博弈中，假设每年都会出现一次市场进入威慑，因此第 20 次威慑就出现在未来的第 20 年间；再假设"茜考"公司可以按照 5% 的报酬率将它的货币投资于无风险债券，因此，今年投资的 1 美元按照复利计算，相当于 1.05 的 20 次幂，或者在未来第 20 年末的 2.65 美元。反过来讲，在 20 年后收到的 1 美元在今天的价值只有 1/2.65 = 38 美分。但是，由于无法确定今后 20 年间的进入威慑，并且总是存在着 75% 的概率会出现下一次进入威慑，所以针对"连锁店悖论"博弈的贴现率就等于 0.75 × （1/1.05 ）= 0.714。

15.3 化解野营者困境

现在我们再次以"野营者困境"为例。出于简便的目的，此处复制了"野营者困境"单次博弈的回报表以作为表 15-3。假设在野营活动开始日，阿曼达和芭菲经交谈后发现，她们注册了同一所学院。不仅如此，她们还被指定为学院宿舍的室友；另外，她们所交往的两位男孩来自同一个城镇。这意味着阿曼达和芭菲还将相遇，且今后还需要应对各种困境。不过，一些无法确定的因素是：她们中的一位可能会退学或转学到麻省理工学院（MIT）；一位可能会与男友分手；另一位如果愿意结婚的话，其男友则可能当选为总统并

搬到首都华盛顿。此外，其中一位女孩可能会因病休学回家。因此，每一轮都有一定的概率成为最后一轮。不过，这种概率相当小。

假设这一轮是最后一轮的概率为 5%。她们其中之一或许会这样思忖："在这种情况下，因为通过这一轮合作能在下一轮得到报偿的最大概率是 95%，所以报偿至少要达到我在这一轮

表 15-3　野营者困境（复制第 14 章的表 14-1）

		芭菲	
		租用	不租用
阿曼达	租用	3, 3	−1, 4
	不租用	4, −1	0, 0

因为合作而放弃回报的 $1/95\%$；否则，我就不值得在这一轮进行合作。平均而论，因为我只能得到 95% 的回报，所以回报必须大得足以补偿这个数字。"

因此，假设阿曼达和芭菲发现，她们在今后的生活中（可能）还会相遇，且针对一个星期的时间贴现率为 0.000 94，而最后一次交往的概率为 0.05。那么，δ 就等于 0.95 ×（1/1.000 94）= 0.949。再假设阿曼达运用"针锋相对"规则在第一轮中选择"租用（合作）"策略，那么芭菲可以推测，如果她（芭菲）在这个周末选择"不租用（背离）"策略，可以获得等于 4 的回报，不过这意味着自己在下一轮最多只能得到 0，因为阿曼达将采纳"不租用（背离）"策略作为报复。因此，芭菲的回报序贯为

选择"租用"：　　　　　　　　　　　3, 3, X_3, X_4, …

选择"不租用"：　　　　　　　　　　4, 0, X_3, X_4, …

就"针锋相对"规则而言，第二轮之后的行动和回报不会直接受到第一轮行动的影响，因此我们无须知道 X_3, X_4, …的数值，且它们在两种情况下都是一样的（事实上，我们确实知道 X_3, X_4, … = 4）。因此，芭菲要在（3 + 3δ）与 4 之间进行选择。"租用"是最优策略，当 3 + 3 δ =（1+δ）× 3 > 4 时，也就是说，如果有

$$4 - \delta < 3 \times (1+\delta)$$
$$1 < 4\delta$$
$$\delta > 1/4$$

因为 0.949 大于 1/4，所以"针锋相对"规则将导致合作性结局，即（租用，租用）。

由此可见，如果某个社会困境重复出现的概率很大，那么它就能够支持合作性结局。不过，我们通常必须能够将未来的回报贴现为现值，即便间隔时间不超过一个星期。换句话说，如果相互关系将会延续的概率很大，而且参与者们更有耐心，则合作的可能性就更大。

15.4　其他一些触发策略规则

然而，上述这些还不是故事的全部内容，另外有一些关于行为策略选择的规则。"针锋相对"规则只是所谓的"触发策略"的其中一个（一方选择的非合作性策略会"触发"另一方在下一轮的制裁行为。严格而论，我们应该称其为"触发策略规则"，因为它们是在重复博弈中的某个特定阶段选择行为策略的规则，不过出于简便的目的，我们通常使用"触发策略"）。我们还可以考虑以下一些触发规则。

- "冷酷性触发"（grim trigger）。它的含义是一位参与者的一次非合作性策略将会触

发对方转为"永不合作",即报复者从此一直选择不合作的策略。

与其相比,"针锋相对"规则可以被视为"宽恕性触发"(forgiving trigger)。"冷酷性触发"之所以"冷酷",是因为它意味着今后将不再有合作。

我们再考虑一下"努力困境"的问题。现在假设出现另一轮行动的概率不是9/10,而是1/2,因而有

$$14+\frac{5}{2}=16\frac{1}{2}>10+\frac{10}{2}=15$$

因此,"针锋相对"规则无法阻止安迪偷懒。假设比尔转而根据"冷酷性触发"规则行事,则这个博弈就将按照不合作的方式进行。因此,在安迪背离之后的每一轮行动中,双方各获得等于5的回报。安迪同样不再选择合作,因为他知道比尔不再选择合作,由此可知,安迪在背离之后再选择任何合作策略都只会减少他自己的回报。在每种情况下,我们重点考察由于背离所造成的"最优的可能"结局(the best possible result),即如果这些结局劣于合作行动,那么就能阻止潜在的背离(我们在这里将运用出自代数的有用的事实)。因此,安迪因为在单独一轮中背离而得到的回报为

$$Y_3=14+\frac{1}{2}\times 5+\left(\frac{1}{2}\right)^2\times 5+\left(\frac{1}{2}\right)^3\times 5+\cdots$$

$$=14+\frac{1}{2}\times\left(\frac{1}{1-\frac{1}{2}}\right)\times 5=19$$

如果他在每一轮都采取合作行动,则其回报为

$$Y_4=\left(\frac{1}{1-\frac{1}{2}}\right)\times 10=20$$

因此,安迪如果背离,那么获得的结局将更糟,所以"冷酷性触发"规则有效地促成了合作。

一般而言,如果$\delta>\frac{1}{3}$,则"冷酷性触发"就能在这个博弈中阻止背离。如果δ处在$\frac{1}{3}\sim\frac{4}{5}$,则"冷酷性触发"便能够奏效,而"针锋相对"规则却无法奏效。我们通常可以认为,"冷酷性触发"能够迫使参与者采取合作策略,而"宽恕性触发"却无法做到这一点。

其他一些"宽恕性触发"策略如下。

- "一拳对两拳"(a tit-for-two-tats)。其含义是,只有在对方两次不合作之后才采取一次不合作行动。请注意,这种策略规则可以被对方交替进行合作与不合作的反向策略"击败",因为在这种情况下,进攻者可通过在各个回合交替地采取不合作行动而获益,甚至不会遭到报复。因此,"一拳对两拳"规则可能被"针锋相对"规则弱势占优。

- "两拳对一拳"（two-tit-for-a-tats）。它意味着，针对对方的一轮不合作行动，参与者将以两轮的不合作行动予以报复。在"野营者困境"中，只要 δ 大于 0.263 7，"两拳对一拳"就可以造成合作性结局。不过，需要注意的是，虽然它只是略大于"冷酷性触发"的底线值 0.25，但是小于"针锋相对"规则所需要的 0.33。这一点显然成立，因为两轮不合作的威慑处于单独一轮威慑和未来每一轮威慑的中间状态。

无限重复博弈中存在着无限种类的规则变化，其中许多都能够形成均衡。当然，并非所有的均衡都是有效率的合作性行动。事实上，在许多博弈中存在着这样一些均衡，它们的平均回报处于纯粹非合作性博弈和纯粹合作性博弈之间的各种水平上。

从数学的角度看，可能形成的均衡范围大得令人犯难。数学家们希望得到一种解答，即它能具备各种给定的特征，比如效率。然而，从研究的角度看，这只玻璃杯还只是半透明的。运用谢林焦点理念，在所有这些均衡中，或许一些能够导致有效率的合作行为的均衡就是最有可能实现的均衡，而那些重复型社会困境的参与者们通常能够找到各种促成合作性行动的方式。

15.5 毒气战博弈

毒气虽然在"一战"期间被双方当作武器使用，但在"二战"时就停用了。当然，"二战"并不是在公园里举行的野餐活动。一些比毒气更加可怕的武器得到了使用，某些人认为比任何武器都要可怕的恐怖也曾发生过。不过，毒气没有得到使用。

表 15-4 是一个以使用毒气的实际状况为基础的例子。两个国家分别是大陆和岛屿。如果一国使用毒气而另一国不使用，则使用毒气的国家就能获得微弱的优势，这里用等于 3 而不是 0 的回报予以表示。毒气受害国则会蒙受巨大的损失，这一点用 -10 予以表示。如果双方都使用毒气，则它们蒙受的损失将不相上下，所以用各得 -8 表示。观察一下表15-4 就可以看出，它构成了一个社会困境。表15-4 复制了第 3 章的表 3-13，它在那里曾被当作社会悖论的例子。

表 15-4　"毒气战"（复制第 3 章的表 3-13）

		岛屿	
		使用	不使用
大陆	使用	-8, -8	3, -10
	不使用	-10, 3	0, 0

◆ 延伸阅读

"二战"期间的毒气

有证据表明，在"二战"期间不使用毒气的决定，在一定程度上是根据触发策略的思路做出的。根据罗伯特·哈里斯（Robert Harris）和杰瑞米·帕克斯曼（Jeremy Paxman）的描述，⊖ 在英国曾有一项使用毒气的提议遭到了拒绝，理由是"英国使用毒气将会立刻招致对于我们的工业和平民人口的报复"。英国首相温斯顿·丘吉尔（Winston Churchill）曾

⊖ 《更高形式的杀戮》（*A Higher Form of Killing*（New York, Random House Trade, Paperback Edition, 2002））。感谢我的学生张颖（Ying Zhang）让我注意到了这部书。

经提出在某些情况下使用毒气，不过那种情况未曾出现过。他把这一点归因于德国担心英国实施报复。他说："不过，他们没有对我们使用它的唯一理由是担心遭到报复。"经过审讯，纳粹德国政要赫尔曼·戈林（Hermann Göring）验证了这一点。美国总统富兰克林·罗斯福（Franklin Roosevelt）曾经明确地警告，如果日本对中国使用毒气，那么美国将会采取"冷酷性触发"策略。其他动因，包括所签订各项条约的义务，以及道德约束显然也发挥了一定的作用，而所有这些也都是因为害怕遭到报复。

作为一次性博弈，"毒气战"博弈具有一个占优策略，即双方都使用毒气，正如在"一战"时发生的情形。但是，它未必是一次性博弈。在持久战中，单方或者双方都有很多机会可以使用毒气，而战争也有一定的概率将延续到下一次使用毒气的时机。因此，我们在这里可以运用无限重复博弈的理论。

如果双方都不使用毒气，那么这个重复博弈的回报就是一连串的 0。接着，假设大陆采取"针锋相对"规则，岛屿通过使用毒气而在这一轮中仅"欺骗"一次，那么，岛屿得到的回报为

选择"使用"：   3，−10，X_3，X_4，⋯
选择"不使用"：   0，0，X_3，X_4，⋯

这时采用合作性策略"不使用"将会更好，如果有

$$3 + \delta \times (-10) < 0 + \delta \times 0 = 0$$

即

$$\delta > \frac{3}{10}$$

由此得出的结论是，假设战争真正持续到报复的机会不低于 3/10 的话，那么"针锋相对"规则可以导致无人使用毒气的合作性结局。

采取"冷酷性触发"规则的情况又会如何呢？它在目前的情形中或许更加符合现实，因为问题通常是如此表述的，"如果我们使用毒气，那就会打开大门，毒气也将从那里渗入。"因此，假设大陆采用"冷酷性触发"规则而岛屿在这一轮使用毒气，则岛屿的回报为

选择"使用"：   3，−8，−8，−8，⋯
选择"不使用"：   0，0，0，0，⋯

这时采用合作性策略"不使用"将会更好，如果有

$$3 + \delta \times \frac{1}{1-\delta} \times (-8) < \frac{1}{1+\delta} \times 0$$

即

$$\delta > \frac{3}{11}$$

因此，只要战争持续到至少有更多一次机会使用毒气报复的概率不低于 3/11，则"冷酷性触发"规则就能确保双方都不使用毒气。可以看出，在通常情况下，凭借其更加完全的报复，"冷酷性触发"规则能够在"针锋相对"规则无法奏效时维持合作行动，也就是

当 $\frac{3}{10} > \delta > \frac{3}{11}$ 的时候。

因此，我们就能理解毒气为何在"一战"而不是"二战"期间得到使用。在"一战"期间，毒气被用于堑壕战，作为协调性进攻敌方堑壕策略的一部分。伊朗和伊拉克也曾卷入堑壕战。堑壕战在"二战"期间已经没有那样重要了，因此，使用毒气的回报已进一步降低。不过，事实上，即使回报不变，对于不同情形中出现的不同结局也无须感到惊讶。请记住，重复博弈具有一个以上的均衡，"一直背离"终究只是重复性社会困境的均衡之一。或许我们只不过在"一战"中看到了一种均衡（即"一直背离"），而在"二战"中看到了另一种均衡（对称的"针锋相对"）。此外，在20世纪80年代的"两伊"战争中，毒气的使用再度实现了"一直背离"均衡。

关于核武器，它们曾在"二战"中得到使用，所处的环境是：①敌方没有可以实施报复的核武器；②预计核武器的使用可以结束战争，所以在美国和日本之间将不再有进一步使用核武器的机会。因此，它不属于重复博弈。

归根结底，"二战"期间的"毒气战"博弈几乎是通过触发策略而形成合作策略的一个近乎理想的案例。在战争中，还有其他许多自我克制的例子与这种推理方式相吻合。同样，不应忽视的一点是，合作性均衡并不一定会形成，而不加限制地使用一切武器和战术的情形，虽然是致命性的，但在各国开战时总是有可能发生的。

15.6　共谋性定价

触发策略推理方式在经济学中最重要的应用或许是共谋性定价（collusive pricing）。这一点已在其他章节中做了论述，在这里只进行简述。表15-5复制了第3章所讨论的定价困境。寡头是指某个行业中的少数几位卖家。这样的行业中兼有机会和问题。机会在于它能够维持垄断价格；问题则在于它不是纳什均衡。事实上，竞争性价格是唯一的可理性化策略。

然而，定价博弈在重复进行着。因此，双寡头可以考虑采用触发策略来形成合作性结局。例如，如果 $\delta > 3/5$ 的话，那么采用"针锋相对"规则可以奏效；如果 $\delta > 3/7$ 的话，那么采用"冷酷性触发"规则可以奏效。

表 15-5　定价困境（复制第3章的表3-4）

		格洛斯科	
		维持价格	降低价格
麦格内科普	维持价格	5, 5	0, 8
	降低价格	8, 0	1, 1

练习题

验证上述观点。

因此，对于稳定的双寡头成员来说，实施共谋以维持高价应该不是难事。在其他许多情形中属于比较好的消息，对于价格竞争和反垄断政策却未必如此，因为双寡头在"定价困境"中的合作性行为意味着针对消费者制定具有垄断性质的价格。如果寡头成员们虽然维持高价，但没有制定关于如此行事的明显协议，则被称为"缄默的共谋"（tacit collusion）。这里的例子表明，在双寡头垄断市场时，缄默的共谋可能普遍存在，而公共政策难以阻止它们。

然而，寡头可能不止两家厂商，甚至可能有三家、四家或者更多家，寡头数目的上限含糊不清，这或许取决于具体的环境。我们所讨论的关于重复博弈的所有例子都是两方博弈，包括这个双寡头例子在内。关于有两个以上参与者的触发策略问题，目前已经开展了一些研究工作，不过还有待于进一步发展。

15.7　失误

"冷酷性触发"规则看起来确实相当"冷酷"，因为它关闭了所有通向未来合作的大门，对双方都不利。不过，从理论的角度看，它其实并没有那样糟糕。"冷酷性触发"策略将不会被采纳，除非它能引导双方进行合作。因此，一旦它得到采纳，那么我们就能看到合作性行为，而终止合作的制裁也不会被引入。但是，如果考虑到某次失误或者完全非理性行为的话，那么这时会遇到一些麻烦。假设参与者们有时具有"颤抖的手"，他们虽然总是知道何为最优应对策略，但偶尔会选择错误的应对策略。因此，单独一次失误就可能导致"冷酷性触发"制裁，而参与者之间也不再有合作。这样一来，就真正"冷酷"了！

"宽恕性触发"规则更加能够容忍失误，不过，即便如此，各种失误也会造成严重的后果。假设参与者双方都采取"针锋相对"规则，一方错误地选择了"不合作"，另一方会在下一轮实施报复，那么前面一位就会在再下一轮实施报复，如此循环下去，双方也就不再有合作可言。当然，对于"针锋相对"规则的运用不必那样机械。因为如果采用这种规则，则第 $(n+2)$ 轮及其随后的预期行动均不会影响第 n 轮的行为；而采用"冷酷性触发"规则会得到未来所有各轮的非合作期望回报值的幂数。因此，"针锋相对"规则可以通过某些纠错路径加以调整。我们还可以采用"针锋相对但请原谅我"（tit-for-tat-but-pardon-me）的策略，即"针对第 $(n+1)$ 轮的不合作而在第 $(n+2)$ 轮实施报复，除非我自己在第 n 轮错误地采取了不合作行动"。这也就是说，道歉或许也会有所帮助。受害者还可以采取"针锋相对加太平洋序曲"（tit-for-tat-with-pacific-overtures）的思路，即"针对第 n 轮的不合作而在第 $(n+1)$ 轮实施报复，但是在交替采取不合作行动的四轮后跳过报复策略"。这些比较复杂的路径允许对方纠正错误，不过这也有可能被聪明的敌手利用。

总之，具有失误的触发策略尚在研究之中，我们还有很多东西需要学习。

15.8　超级博弈⊖

在一篇关于无限重复博弈的非常重要的论文中，罗伯特·奥曼（Robert Aumann）预见到了后来半个世纪中关于这个议题的许多研究内容，不过他采用了一种不同的方法。他将"超级博弈"（supergame）定义为一个基本博弈（underlying game）的无限（未定）重复系列，诸如"努力困境"。超级博弈的策略就是在基本博弈中选择策略的规则，诸如"总是背离""总是合作""针锋相对""冷酷性触发"。

仍以"努力困境"为例，设 $\delta = 0.9$，我们仅考虑三条规则："总是努力""总是偷懒""针锋相对"，另外再记取，$\delta + \delta^2 + \delta^3 + \delta^4 + \cdots = \dfrac{1}{1+\delta}$。表 15-6 显示了这个超级博弈的回报。对于"总是努力""总是偷懒"的方格，我们将表 15-1 中的各个条目乘上 10。其中的一方

⊖　这节内容可以跳过且不会影响对后续各章的阅读。

选择"针锋相对",另一方选择"针锋相对"或"总是努力"。每次博弈的回报都是（10，10），因而期望回报值为（100，100）。为了得出（例如）安迪选择"总是偷懒",而比尔选择"针锋相对"时的回报，我们注意到第一轮的回报将是（20，2），而后续每一轮的回报都是（5，5）。因此，安迪的序贯是 $20 + 0.9 \times 5 + 0.9^2 \times 5 + 0.9^3 \times 5 + 0.9^4 \times 5 + \cdots = 20 + 0.9 \times (5 + 0.9 \times 5 + 0.9^2 \times 5 + 0.9^3 \times 5 + \cdots) = 20 + 0.9 \times 5 \times 10 = 65$。对比尔来说，期望回报值是 $2 + 0.9 \times 5 \times 10 = 47$（它不同于15.1节，在那里，安迪采取"总是偷懒"策略，而不是尝试只偷懒一次）。

◆ 延伸阅读

罗伯特·奥曼

罗伯特·奥曼（1930—）是以色列数学家，出生于德国美因河畔法兰克福（Frankfurt-am-Main），在美国接受教育。他曾就读于纽约城市大学和麻省理工学院，现在是希伯来大学理性研究中心的教授。他对博弈论和数理经济学研究有着很大的贡献，而且在很多领域都产生了很大的影响。2005年，他因为对我们理解冲突与合作之间的关系所做出的贡献，与托马斯·谢林共同获得了诺贝尔经济学奖。他有5个孩子，其中4个在世，另有21个孙辈和5个重孙辈后代。根据《以色列时代》（*Times of Israel*）杂志的报道，在2012年，时值82岁之际，他参加了针对以色列高中生的实验性博弈论教学项目。

表15-6中的博弈具有两个纳什均衡：一个是安迪和比尔都选择"总是偷懒"，另一个是双方都选择"针锋相对"。双方在"针锋相对"均衡时得到的回报超过了在"总是偷懒"均衡时的回报，因此它可作为谢林焦点均衡，从而引起参与者们的关注。

表15-6 重复努力困境中的策略规则和回报

		比尔		
		总是努力	总是偷懒	针锋相对
安迪	总是努力	100, 100	20, 400	100, 100
	总是偷懒	400, 20	50, 50	65, 47
	针锋相对	100, 100	47, 65	100, 100

罗伯特·奥曼从事的研究工作的目标之一是确定诸如努力困境之类博弈的合作解。他构思了将"强势纳什均衡"作为合作解的候选项。正如我们在第7章所见，如果不存在参与者可以协调转移到另一个纳什均衡而获益的共谋，则纳什均衡就是强势的。在这个超级博弈的各个纳什均衡中，"总是偷懒"纳什均衡不是强势的，而"针锋相对"纳什均衡是强势的。因此，我们可以认为，（努力，努力），即在基本博弈中对应于强势纳什均衡的策略就是"努力困境"的合作性策略。

不过，这个超级博弈具有无穷多种策略规则，我们只考虑了其中三种，因而上述观点并不具有普遍性。在更加完整的超级博弈中还存在着其他的纳什均衡，诸如"冷酷性触发"。不过，我们已在15.1节中知道，如果其他参与者都根据"针锋相对"规则采取行动，则任何一种引诱参与者哪怕是背离一次的策略规则都将减少他自己的回报，所以"针锋相对"均衡在任何超级博弈中都属于纳什均衡。由于两位参与者在不减少对方回报的情况下均无法将自己的回报提高到100以上[换句话说，（100，100）是帕累托有效的]，所以"针锋相对"均衡在任何努力困境的超级博弈中都是纳什均衡。因此,我们可以认为,(努力,努力)确实是根据超级博弈条件得到的合作解。

表 15-7 显示的是在"野营者困境"中,对于"总是租用""从不租用""针锋相对"策略的回报。

由表 15-7 可知,"从不租用"这种背离性策略构成了纳什均衡;如果 $3 \times \dfrac{1}{1-\delta} > 4$,即 $\delta > \dfrac{1}{4}$,那么"针锋相对"同样是纳什均衡,而且是强势纳什均衡。假设阿曼达和芭菲具有足够的耐心(即她们对未来的回报不会贴现过多)以及她们的关系将足够长久(即她们再次进行博弈的概率很大),那么她们就能在无须外部实施监督的情况下达成"总是租用"的结果,而这本身就是将"总是租用"确定为合作解。

表 15-7 野营者困境中的策略规则和回报

		芭菲		
		总是租用	从不租用	针锋相对
阿曼达	总是租用	$3 \times [1/(1-\delta)]$, $3 \times [1/(1-\delta)]$	$-[1/(1-\delta)]$, $4 \times [1/(1-\delta)]$	$3 \times [1/(1-\delta)]$, $3 \times [1/(1-\delta)]$
	从不租用	$4 \times [1/(1-\delta)]$, $-[1/(1-\delta)]$	0, 0	4, −1
	针锋相对	$3 \times [1/(1-\delta)]$, $3 \times [1/(1-\delta)]$	−1, 4	$3 \times [1/(1-\delta)]$, $3 \times [1/(1-\delta)]$

15.9 总结

正如所见,重复性博弈本身没有解决社会困境的问题。关于这个悖论的解读似乎蕴含这样一个事实,即人们通常并不知道他们的关系将延续多久。如果考虑这种关系还将延续一次的某个概率(不过此概率通常小于 1),那么我们就能引入触发策略,诸如"针锋相对"规则和"冷酷性触发"规则。它们通常能够维持合作均衡。同时,对于那些会随着时间的推移而延续下去的博弈,我们还能采用将回报贴现为现值的正确的处理方式。如果我们在重复型社会困境中看到合作性结局,那么其原因或许是博弈本身没有确切的终点,它总是存在着还有下一轮行动的某种概率。

因此,重复型行动确实会造成某种差异,主要是在博弈将延续某个不确切的而非确切的时期。即便如此,可能仍然存在着很多均衡。毕竟,对于社会困境而言,存在着无数种触发策略,而且存在着各类均衡,而它们的平均回报可能处在合作水平、非合作水平,以及居于它们之间的各种可能的水平上。因此,即使在为期不定的重复博弈中,也未必会出现合作性行动,它只是一种可能性而已。

▪ 本章术语

针锋相对(tit-for-tat):在博弈论中,它指的是在重复型社会困境或者类似的博弈中选择策略的一种规则。其含义是,采纳"合作"策略直到对方采纳"背离"策略为止,然后在后续一轮中采纳"背离"策略实施报复。

无限重复博弈（indefinitely repeated games）：如果一个博弈重复进行且没有确切的（definite）终点，我们就把它当作将会无限次重复那样对待。这种博弈又可称作"无限重复"。

触发策略（trigger strategy）：在无限重复博弈的每一次单独重复中选择策略的规则称作"触发策略"。其含义是非合作性行动会触发受害者为了报复而进行一轮或更多轮的非合作行动。

练习与讨论

1. 熨烫博弈

再次分析一下 14.2 节的"熨烫博弈"的例子。现在假设尼古拉斯在每一轮博弈中退休且不再熨烫衬衫的概率为 0.02，以及今天的 1 美元相当于一周后的 1.000 94 美元（相应于年贴现率为 5%）。"针锋相对"规则在这种情况下是否奏效？请给予解释。

2. 旅游陷阱

由于旅游胜地的商店通常有着不值得信任的名声，且所售商品价高质次，因此给人们留下了"旅游陷阱"的刻板印象。假设它确实包含了某种真理，即旅游胜地的商店至少要比其他商店更有可能损害顾客的利益，试运用本章提出的概念来解释这一现象。

3. 再议热狗小贩博弈

参照第 13 章练习题 4 和第 14 章练习题 2，弗兰克和恩斯特在相邻的两辆货车上出售热狗。他们每周都要在给热狗定价为 1.50 美元或 2.00 美元之间做出策略选择，表 15-8 列出了各种回报。假设（虽然没有债券）弗兰克改变了主意而决定继续做生意，只要身体状况允许。这会造成什么差异？

表 15-8　热狗小贩博弈的回报
（复制第 14 章的表 14-3）

		弗兰克	
		1.50 美元	2.00 美元
恩斯特	1.50 美元	10, 10	18, 5
	2.00 美元	5, 18	12, 12

4. 为何会出现网格阻塞

参照第 14 章练习题 3。近年来，美国两党间的"网格阻塞"已经成了一个问题。在德怀特·艾森豪威尔（Dwight Eisenhower）、约翰·肯尼迪（John Kennedy）和林顿·约翰逊（Lyndon Johnson）执政时期，国会分裂得很厉害，不过两党在日常事务方面的合作还算融洽。然而，在尼克松总统因为对民主党位于水门旅馆的办公室进行窃听而不得不辞职之后，两党在日常事务方面难以合作，进而造成"网格阻塞"，这逐渐成为普遍的问题。回想起来，这似乎是尼克松总统的"错误"而导致的，即"水门事件"不是最优应对策略。运用触发策略的理论讨论一下在那起事件之前和之后的现实情形。

5. 首席行政官（CEO）博弈

恩洛伯公司（Enrob Corp）的 CEO 非常强势。他主管雇员们的养老基金，而且可将它们转化为自己的利润。这种策略等于攫取和偷懒。表 15-9 列出了各种回报。

（1）把这个博弈当作一次性博弈进行分析，确定它的纳什均衡，并把这个纳什均衡与合作解进行比较。

（2）观察家们注意到，恩洛伯公司的雇员们非常忠

表 15-9　CEO 博弈的回报

		雇员们	
		努力	偷懒
CEO	攫取	7, 0	1, 1
	不攫取	5, 3	0, 4

诚和勤奋，而养老基金也很丰厚与稳定（它们全都被投资于恩洛伯公司的股票，而这只股票的行情持续看涨）。运用本章提出的概念解释这一问题，假设 $\delta = 1/2$。

最后，CEO 经他的首席财务官（CFO）提醒，认识到某些创新战略投资已经失败了，且损失金额很大。因此，CEO 在下次董事会上注定会被撤职。这是否会改变 CEO 博弈的均衡？

6. 宠物食品博弈

坡契格茹伯有限责任公司（Poochgrub LLC，PG）和多格依戴因合伙公司（Doggydins Partners，DD）都生产宠物食品，而且是东多格瑞塔尼亚（East Dogritania）市场上仅有的两个竞争者。由于当地的物价受到管制，因此，它们无法在价格方面展开竞争。然而，它们可以在产品中掺杂便宜的谷物。如果双方都如此行事，则两家的利润都能增加；如果只有一家掺杂，那么它就会蒙受市场份额和利润方面的损失。表 15-10 是以正则式表示的这个博弈的各种回报。它们每年都要做出生产决策（回报是以百万美元计的利润），利润的贴现率为 15%，并且它们在来年再度竞争的概率为 0.9。它们是否有可能在供应掺杂便宜谷物的宠物食品方面进行合作？请给予解释。

表 15-10　宠物食品博弈的回报

		DD	
		掺杂	不掺杂
PG	掺杂	5, 5	1, 6
	不掺杂	6, 1	2, 2

7. 苏打饮料

费奇泡泡和斯帕卢希（Fizzypop and Sploosh）是两种相互竞争的风味彩色饮料品牌。它们都可以选择较高的垄断性价格或者较低的竞争性价格。这取决于不同的价格策略，表 15-11 显示了它们按照 10 亿美元计算的利润。

它们每年都要做出定价决策，按照 15% 的比率对利润进行贴现，并且可估算出它们在来年会再度竞争的概率为 0.75。它们是否会形成共谋和索取高价？请给予解释。

表 15-11　苏打饮料博弈的回报

		斯帕卢希	
		高	低
费奇泡泡	高	5, 5	1, 8
	低	8, 1	2, 2

8. 不要退缩！ ⊖

伯克·白考（Buck Backaw）是一位独立的养鸡场主，凡洛任农场（Verloren Farms）是一家大型鸡肉包装商和批发商。凡洛任可能会（也可能不会）选择预付一点钱给伯克，以便弥补孵蛋、喂食和其他的养鸡成本，并期望伯克能将他的成品鸡肉按照低于批发价的价格卖给他们作为回报。但是，在鸡养成后，伯克可以转而自行从事批发交易（合同的实施问题有些含糊不清，因为当地的法官是伯克的连襟）。由于伯克缺乏从事批发生意的基础设备和合同，因此，他赚得的利润不及凡洛任农场，但是可能高于他们付给他的金额。

表 15-12 是关于伯克经营的一些数据。

（1）把这个例子作为扩展式博弈进行分析，针对单独一轮行动，运用子博弈完美纳什均衡的概念。提示：如果凡洛任不给伯克任何预付，那么伯克的唯一选择就是自己支付成本和批发鸡肉。

表 15-12　一些数据

孵蛋、喂食和其他的养鸡成本	8 000 美元
凡洛任的批发金额	30 000 美元
伯克的批发金额	12 000 美元
伯克从凡洛任处获得的合同价格	7 500 美元

（2）假设这个博弈将按照某个不变的概率重复进行，而凡洛任会采取"针锋相对"规则。这能否确保实现合作的结局？请给予解释。

（3）假设这个博弈会按照某个不变的概率重复进行，而凡洛任会采取"冷酷性触发"规则。这能否确保实现合作的结局？请给予解释。

（4）你能给凡洛任农场提出什么建议？又能给伯克提出什么建议？

⊖ 此处原文为"Don't Chicken Out"，兼具"不卖鸡肉"和"不要退缩"之意。——译者注

合作性博弈的基本因素

导读

为了充分理解本章内容，你需要先学习和理解第 1 ~ 4 章和第 7 章的材料。

到目前为止的所有例子都专注于"博弈"的非合作解。回顾一下，一般而言，关于"什么是针对策略的理性选择"这个问题，没有唯一的答案。相反，在非常数和博弈中，至少有两个可能的答案，即两类可能的"理性"策略。其通常存在着两种以上的"理性解"，并以不同的博弈"理性解"定义为基础。但是，策略至少有两个：一个是"非合作性"策略，其中的每个人都致力于使自己的回报最大化，无论其他人得到何种结果；另一个是"合作性"策略，其中的每个人的策略得到协调，从而最终获得整个群体的最优结果。当然，"对于整个群体最优"是一个微妙的概念，这正是存在两个以上解的原因，它们对应着两个以上的"对于整个群体最优"的概念。

如果参与者们无法就协调他们的策略做出承诺，则这种博弈被称作"非合作性博弈"，这种博弈的解就是"非合作解"。在非合作性博弈中，理性的人们所面临的问题："当其他参与者试图针对我的策略选择最优应对策略时，我的理性策略选择是什么？"反过来说，如果参与者们能够就协调他们的策略做出承诺，那么这种博弈就是"合作性博弈"，而合作性博弈的解就是"合作解"。在合作性博弈中，理性的人们所要做的就是回答这样一个问题："如果我们大家都彼此协调策略，则哪种策略选择能够使得相互的效益达到最大？"我们从一个例子开始，其中这一点会造成很大的差异。

⚠ **重点内容**

这里是本章将阐述的一些概念。

合作性博弈和解答（cooperative games and solutions）：如果博弈参与者能够针对协调他们的策略而做出具有约束力的承诺，那么该博弈就是合作性的。具有协调性策略的解就是合作解。

共谋（coalition）：彼此协调策略的一群博弈参与者。

附加支付（side payment）：为了使共谋成员们的处境不会因采纳协调性策略而变糟，共谋的一位成员将部分回报转移给另一位成员，这种转移就称作"附加支付"。

求解的概念（solution concepts）：关于合作性博弈存在着一些解的概念。对于本书来说，有两个很重要：①核，它只包括不会因为某个共谋退出和为了其成员们的利益另行协调策略而变得不稳定的协议；②夏普利值，它是根据参与者对于每个共谋的边际贡献来分配净回报的一种方法。

16.1 买下我的自行车

成年人每天都会经历合作性博弈，因为日常的买卖就属于此类。这里是一个两人交换的博弈。假设乔伊（Joey）有一辆自行车，但是身无分文。他对这辆自行车的估值为 80 美元。⊖麦基（Mikey）有 100 美元，但是没有自行车，而他对于自行车的估值为 100 美元。⊜乔伊和麦基可以选择的策略是"给予"或者"保留"。换句话说，乔伊可以将自行车给予麦基或者自己保留，而麦基可以把这笔钱的一部分给予乔伊或者自己保留。例如，假设我们建议麦基给乔伊 90 美元，乔伊把自行车给麦基。表 16-1 展示了这个"交换博弈"的各种回报。

表 16-1 "交换博弈"的回报

		乔伊	
		给予	保留
麦基	给予	110, 90	10, 170
	保留	200, 0	100, 80

具体解释是，在左上方格中，麦基拥有他估值为 100 美元的自行车，加上额外的 10 美元；乔伊拥有他估值为 80 美元的游戏机，加上额外的 10 美元。在左下方格中，麦基拥有他估值为 100 美元的自行车，加上额外的 100 美元。在右上方格中，乔伊拥有自行车和游戏机，他对它们的估值都是 80 美元，加上额外的 10 美元，而麦基只剩下 10 美元。在右下方格中，他们都拥有开始时的东西，即麦基拥有 100 美元而乔伊拥有自行车。

如果把上述情形视为一个非合作性博弈，那么它就很像"囚徒困境"。"保留"是占优策略，而（保留，保留）是占优策略均衡。但是，（给予，给予）则能够改善双方的处境。因为他们都是孩子，或许互不信任，所以无法达成使得双方处境都得到改善的交易。但是，社会中具有种类广泛的规则，这使得成年人能够自行承诺进行互惠的交换。因此，我们有理由期待得到合作解，而且相信它会是处在左上方格的那个解。

当乔伊和麦基同意合作，那么就形成了共谋。他们自行承诺要协调他们的策略，采用"给予，给予"作为共谋的联合策略。因此，"交换博弈"是合作性而不是非合作性博弈。因为自行车从对它估值较低的男孩处转移到对它估值较高的男孩处，从麦基到乔伊的货币转让有可能使双方的处境都得到改善。在许多合作性博弈中，出于这种目的所进行的转移支付被称为"附加支付"（在许多博弈中，因为它们是博弈本身以外的支付，所以被称为"附加支付"）。

然而，表 16-1 还不是故事的全部内容。90 美元的价格只是一个例子，价格可以更高或者更低。那么，高出或者低出多少呢？这里存在着分配限额，如图 16-1 所示。在图

⊖ 我们如何知道这一点呢？在经济学中，货币的价值是以替代为基础估算得出的。乔伊愿意用他的自行车所换得的货币金额正好大得足以让他购买某个物品，而不是拥有一辆自行车。因此，如果乔伊乐于拥有一台游戏机而不是自行车的话，则他可用 80 美元购买游戏机。我们采用乔伊对于自行车的估值为 80 美元来表述这一点。

⊜ 麦基愿意用 100 美元购买自行车而非其他物品。按照脚注⊖的推理方式，我们采用麦基对自行车的估值为 100 美元来表述这一点。

16-1 中，横轴表示乔伊的回报，纵轴表示麦基的回报。首先，无论附加支付如何，两位
年轻交易者的总回报都不会超过 200，而它是乔伊
的自行车（这是麦基对它的较高的货币估值）和麦
基的 100 美元之和。在图 16-1 中，这一点由下倾
的对角线所表示。但是，并不是该线上的所有点都
能为双方所接受。如果拒绝参加这个共谋（即拒绝
交易），则乔伊可以获得等于 80 的回报，因为这是
他不做交易的回报。这一点可用图 16-1 中处在 80
的垂直线段表示，乔伊只会接受位于这条线右侧的
回报。与此相似，麦基在非合作性均衡时的回报
为 100 美元（即保留自己的 100 美元），所以他不会
接受价值低于 100 美元的任何交易。这一点由处在
100 的水平线段表示，麦基只会接受位于这条线上
或高于它的回报。因此，两个男孩的回报必须处在
点 A 和点 B 之间的对角线加粗部分上。

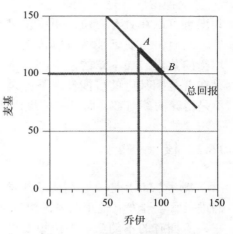

图 16-1　乔伊和麦基的回报

但是，处在这条加粗线段上的任何一点都将满足上述条件，即总和等于 200，而且给
予每位交易者的回报至少不低于他不做交易时所得的回报。在这个意义上，位于这条线
段上的所有点都可能是合作性博弈的解。对于共谋成员们的回报安排被称作"分配"或
"配置"（impuation or allocation）。因此，图 16-1 中的对角线上的每个点都对应共谋总价
值的某种分配方式。但是，如何设定共谋成员们将会选择的任何一种分配限额呢？

如果分配方案（x_1，x_2）中至少有一个大于分配方案（y_1，y_2）的相应价值且另一个不
小于（y_1，y_2）的相应价值的话[⊖]，那么就称分配方案（x_1，x_2）占优于分配方案（y_1，y_2）。
根据约翰·冯·诺依曼和奥斯卡·摩根斯特恩的方法，我们可将"解答集"（solution set）
定义为，由所有配置方式（z_1，z_2）所组成的一个集合，以至于[⊖]：①至少有一种其他分配
方案被（z_1，z_2）占优；②解答集中没有其他成员占优于（z_1，z_2）；③（z_1，z_2）是"个体
理性的"，即（z_1，z_2）会使每个人的行为至少与他单独行动时一样好。条件①和②把解答
集局限于对角线上的各个点，而条件③使我们可以把分配限额设定在图 16-1 中的点 A 和
点 B 上。但是，点 A 和点 B 之间的各个点也是这个博弈的解答集。

一般而言，解答集是一个很大的集合，就像目前的情形一样。对于非常复杂的博弈
来说，它也会变得十分复杂。那么，我们如何缩小可能的解答范围呢？下面有几种可能。
下列因素会影响和缩小可能的解答范围：

- 来自其他潜在买家和卖家的竞争压力；
- 人们所感知的公正性；
- 议价。

关于上述因素中的第一个，我们必须将竞争者们看成一个更大的 N 方博弈的参与者。

⊖　在参与者 N > 2 的博弈中，我们说这种占优分配方案所含价值中至少有一个要大于另一种方案中的相应价值，
　　而其他价值至少一样大。

⊖　在此，再一次地，在参与者 N > 2 的博弈中，对于博弈的 N 位参与者中的每一位都存在着一个 z 值。

本章将进一步探讨这种可能性。在第 17 章中将探讨议价问题。

"交换博弈"是一个两方博弈。在参与者超过两位的博弈中，存在着较多的共谋可能。共谋也可以在具有三位或更多位参与者的非合作性博弈中形成，正如我们在第 7 章中所见。然而，当缺乏某种可以置信的承诺时，我们在非合作性博弈中只能看见对应于纳什均衡的共谋。在本章的余下部分中，我们假设能够做出可以置信的承诺，而且将会看见存在着范围甚广的可能性。下面是一个具有三位参与者和一个第四方的博弈例子，后者不是博弈的参与者，而是一位想让某些参与者们形成共谋的企业家。

16.2 核

杰伊（Jay）是一位不动产开发商，想要将两项或更多项财产打包在一起，以便对它们进行联合开发。他正在考虑由凯耶、萝拉和马克（Kaye，Laura and Mark，K、L 和 M）三人所拥有的不动产。杰伊想要进行一个稳定的交易，即三位业主中无人会与其他没有参与这笔交易的业主进行谈判。在学习了博弈论之后，杰伊认识到这项财产共谋属于合作性博弈中的共谋，而他的提议必须成为这个博弈的解。但是，它在目前这个场合中意味着什么呢？为了找出这一点，杰伊要详细考察各位业主可能结合（或被结合）成共谋的各种途径，以及回报的数额。表 16-2 显示了所有可能的共谋，以及每个共谋的回报，按照 0 ～ 10 的等级来分配。

表 16-2 显示了所有三位业主的共谋。采用博弈论的术语，这被称作"大联合"。在第二、三和四行，我们可以看到两位业主的共谋。在第五、六和七行，我们可以看到三位业主都在单干并成为"单体谋划"，换言之，完全没有财产的整合（consolidation）。一位

表 16-2 不动产共谋（版本 1）的回报

K、L、M	10
K、L	7
L、M	7
K、M	6
K	3
L	3
M	3

单干的参与者被称作"单体谋划"。处在这条线上的单体谋划的回报就是经济学家们所说的业主加入任何共谋的机会成本，也可视为他们的"外在选项"（outside option）。

我们可以看出，大联合给三位业主提供了能比单干做得更好的机会。事实上，这里存在着等于 1 的剩余，可在三者之间进行分配。但是，如何将它在三位业主之间进行分配呢？杰伊知道，唯一可行的回报是让 L 得到 4，其他两位得到 3。理由是，K 和 L 在一起的回报必须至少等于 7，如若不然，他们就能够在第二行组成共谋而把 M 排除在外。因此，如果 y_K 和 y_L 是对于 K 和 L 的回报，那就必须有

$$y_K + y_L \geqslant 7 \tag{16-1}$$

同理可得

$$y_K + y_M \geqslant 6 \tag{16-2}$$

$$y_L + y_M \geqslant 7 \tag{16-3}$$

如果将这三个不等式加总，则可看出

$$2 \times (y_K + y_L + y_M) \geqslant 20 \tag{16-4}$$

即

$$y_K + y_L + y_M \geq 10 \tag{16-5}$$

因此，可以看出，这个大联合能够产生足以让所有的两方共谋者都乐意接受的回报。这是使三方博弈解保持稳定的条件。我们还必须有

$$y_K \geq 3 \tag{16-6}$$

$$y_L \geq 3 \tag{16-7}$$

$$y_M \geq 3 \tag{16-8}$$

$$y_K + y_L + y_M \geq 9 \tag{16-9}$$

我们已知这个条件得到了满足。假如 $y_M > 3$，就会有 $y_K + y_L < 7$，而 K 和 L 将会退出并另外形成一个为了得到 7 的共谋。因此，$y_M = 3$ 是 M 能够唯一满足所有三个条件的回报。根据相似的推理可知，$y_K{}^{\ominus} = 3$。因此，$y_L{}^{\ominus}$ 必须为 4。所以，$y_K = 3$，$y_M = 3$ 和 $y_L = 4$ 被称作这个合作性博弈的"核"（the core）。

类似"$y_K = 3$，$y_M = 3$ 和 $y_L = 4$"这样的支付方案被称为大联合价值的"分配"或"配置"方案。一般而言，合作性博弈的核包括任何和所有分配，它们将给予每位参与者足够的报偿，从而确保没有哪组参与者想要退出大联合而单干。这个可能的解答集被称为该合作性博弈的"核"。在目前的这个例子中，只有一种分配满足这个标准。

现在看一下，若对回报稍做更改，则这个例子将会如何变化。在他的下一笔交易中，杰伊处理的是由吉娜、哈里和伊内兹（Gina, Harry and Inez）所拥有的财产。这个共谋的回报如表 16-3 所示。

再一次地，对于（潜在的）两方博弈中的每一位和单体谋划的支付都必须使他们对大联合感到满意。表示这一点的不等式为

表 16-3　不动产共谋（版本 2）的回报

G、H、I	10
G、H	7
G、I	6
H、I	6
G	3
H	3
I	3

$$y_G + y_H \geq 7 \tag{16-10}$$

$$y_G + y_I \geq 6 \tag{16-11}$$

$$y_H + y_I \geq 6 \tag{16-12}$$

如前所述，每一位参与者都必须至少获得 3，否则就可能会选择单体谋划。现将式（16-10）、式（16-11）、式（16-12）结合起来，可以得到

$$2 \times (y_G + y_H + y_I) \geq 19 \tag{16-13}$$

即

$$y_G + y_H + y_I \geq 9.5 \tag{16-14}$$

可以看出，这个大联合产生了超过维持其稳定状态所需最低值的余额 0.5。事实上，有许多种回报分配方式可以满足这些条件。例如，如果支付为 $y_G = 4$、$y_H = 3$ 和 $y_I = 3$，同样能

　　⊖　原书为 y_L，疑有误。——译者注

　　⊖　原书为 y_K，疑有误。——译者注

够满足所有条件。如果支付为 $y_G = 3$、$y_H = 4$ 和 $y_I = 3$，则情况亦然。任何分别给予 G 和 H 至少等于 3 而给予 I 正好等于 3 的支付都能够满足这些条件。因此，对于这个博弈来说，解不是唯一的。相反，再一次地，我们有一族解，但是因为每一个两人群体都必须至少获得他们各自单干时所获得的回报，所以这个核受到了更多的限制。在目前的情形中，I 的回报不超过 3 的要求体现了 G 和 H 必须获得足够的回报，从而让他们认为值得留在大联合之内。

现在按照这条思路，我们再考虑另外一个例子。在新的不动产整合中，杰伊将要同诺琳、皮特和昆西（Noreen，Pete and Quincy，N、P 和 Q）打交道。表 16-4 显示了这三位各种共谋的回报。

如前所述，没有人会安于不到 3 的回报，而大联合可以产生足够的价值，给每个人支付 3 或者更多。然而，就两人共谋而言，我们必须有

表 16-4　不动产共谋（版本 3）的回报

N、P、Q	10
N、P	7
N、Q	7
P、Q	7
N	3
P	3
Q	3

$$y_N + y_P \geqslant 7 \tag{16-15}$$

$$y_N + y_Q \geqslant 7 \tag{16-16}$$

$$y_P + y_Q \geqslant 7 \tag{16-17}$$

$$2 \times (y_N + y_P + y_Q) \geqslant 21 \tag{16-18}$$

$$y_N + y_P + y_Q \geqslant 10.5 \tag{16-19}$$

但是，这个大联合无法产生足以支付他们的回报。大联合是不稳定的，因为这个或那个两人共谋将会退出。在这个博弈中，没有哪个分配方案能够满足核的各项要求，因此我们说这个核为"零"（null）或者是空的。在这个博弈中，换言之，核是一个没有任何元素的集合。

核是广泛运用于合作性博弈的一种方法。然而，作为解，核的一个公认缺点是：对于某些博弈，核包含了过多的分配方案；而对于其他一些博弈，可能根本就没有分配方案。正如所见，共谋价值的很小差别可以造成这些不同的结果。

这些例子说明了普遍运用于合作性博弈的几个简化性假设条件。

第一，表 16-2 ～表 16-4 被称作这三个博弈的"共谋函数"或"特征函数"（coalition functions or characteristic functions）。共谋函数是具有每一种共谋价值的所有可能的共谋列表。

第二，关于共谋形成后的特定策略，我们尚未议论太多，即它们是否将要建造购物中心、新住宅区或者工业园区。我们一直将对于这个博弈的分析局限于"共谋的形式"，只是把回报与每个共谋相联系却没有说明共谋如何协调各种策略，以便获得回报。在合作性博弈理论中，这是一种非常普遍的研究方法。

第三，共谋函数在上述这些博弈中，是以这样一个概念为基础的，即各种共谋可以产生的价值只取决于共谋的成员们，⊖而不取决于其他成员如何使自己置身于共谋之外。在

⊖　这不是一个任意的假设条件。约翰·冯·诺依曼和奥斯卡·摩根斯特恩提出了这种论点，而大多数合作性博弈理论家也接受这种论点。关于这个概念的历史和对它的批评，可参阅罗杰·A. 麦凯恩的《博弈论和公共政策》第 2 章（Roger A. McCain，*Game Theory and Public Policy*（Elgar Publishing Company，2009），Chapter 2）。

三方博弈中，如果其他两位参与者形成了共谋，则单体谋划的价值在逻辑上可能有别于大家都是单体时的情形。例如，如果他们形成共谋，则有可能以单体谋划为代价而获得竞争实力。但是，如果采用共谋函数表述这个博弈，那么我们也就排除了这种可能性。

第四，这些博弈都是"具有超加性的"（superadditive）。也就是说，每当两个共谋合并时，合并后共谋的价值至少等于（有时大于）它们在合并前的价值之和。这正是我们为何只需考虑大联合的原因所在：因为把所有人召集在一起组成大联合将不会产生损失，所以我们相信，若是有哪个共谋将会形成的话，则大联合就会是那一个。

第五，在这个例子和前面那个例子中，回报都是根据货币进行估值的，而货币的转让被用于补偿某些参与者，因为他们放弃了原本可在单体谋划（或其他多方共谋）中获得的收益。这些货币被称作"附加支付"。在一个非合作性博弈中，可能不会有买卖活动，因为买卖总是意味着确立了可以实施的协议，而且是以支付易手为基础的。在博弈论中，这种支付被称作"附加支付"，而这个术语出自赌博游戏。在扑克牌游戏中，一位参与者若给另一位的讹诈或洗牌进行支付，那就构成了欺骗，而扑克牌游戏规则不允许接受游戏之外的支付，也就是"附加支付"。但是，买卖活动不是打扑克牌，附加支付是交换博弈中很重要的一部分。

合作性博弈有两个主要类型，即具备"可转让效用"（transferable utility，TU）的博弈以及不具备"可转让效用"的博弈。"可转让效用"意味着[一]主观效益与货币支付密切相关，所以货币的转让被用于调整参与者之间的回报分配。本章后面将介绍一些没有"可转让效用"的例子。

◆ 延伸阅读

谁"参与博弈"

在这些例子中，我们没有将不动产开发商乔伊作为博弈的参与者来对待。当然，如果将它当作四方博弈，则是将乔伊作为参与者之一，这样就更加完整了。但是，因为乔伊的目标是组建一个稳定的共谋，除了完整性之外，将它当作四方博弈来处理并不会有太多的收获。确实，思考合作解概念的一种方式是把它们看作套利者、服务商和做市商（arbitrators, facilitators and deal-makers）的蓝图。关于合作性博弈，还有其他解答概念，且更加强调公正性，从而使它们尤其适合被看成套利方案。夏普利值（Shapley value）就是一个例子。我们将在16.3节进行介绍。

现在考虑另外一个三方合作性博弈的例子。费城的三所小型学院正在考虑合并。阿伯技术学院、贝塔学院和查理学校（Able Tech，Beta College and the Charlie School，A、B和C）三家的强项分别是工程、商科和艺术设计专业。表16-5显示了对于各种合并可能性的回报。它们具有很好的理由考虑合并，因为其中的两家学院处在亏损状态，而第三家则是勉强盈

表 16-5　学院合并可能性的回报

A、B、C	14
A、B	8
A、C	6
B、C	4
A	0
B	-2
C	-4

⊖　这个术语出自约翰·冯·诺依曼和奥斯卡·摩根斯特恩的那部奠基性著作。

亏持平。我们想要运用核理论确定这项合并是否可行，以及合并的效益如何在这个合作性博弈的三位参与者之间进行分配。

首先，我们应该验证这个博弈是不是超加性的。通过检查每一种可能的合并，我们发现它确实是超加性的。相应地，我们将专注于三个学院的大联合。对于处在核中的分配方案，它必须满足

$$y_A + y_B \geq 8 \qquad (16\text{-}20)$$
$$y_A + y_C \geq 6 \qquad (16\text{-}21)$$
$$y_B + y_C \geq 4 \qquad (16\text{-}22)$$
$$y_A \geq 0 \qquad (16\text{-}23)$$
$$y_B \geq -2 \qquad (16\text{-}24)$$
$$y_C \geq -4 \qquad (16\text{-}25)$$

把式（16-20）到式（16-22）加总，可得

$$2 \times (y_A + y_B + y_C) \geq 18 \qquad (16\text{-}26)$$
$$y_A + y_B + y_C \geq 9 \qquad (16\text{-}27)$$

因为大联合的价值等于 14，它足以补偿留在大联合中的所有两方共谋且有结余，因此，这个博弈核中存在着许多种分配方案。例如，价值分配方案（5，4，5）、（6，5，3）和（7，6，1）都处在学院合并博弈的核中。这三所学院都可从合并中获益。正如所见，在合并之后，它们都相当有利可图。或许，它们还将提供更多的奖学金给它们的学生们。

16.3　夏普利值

在经济学的应用中，核是使用最为频繁的合作性博弈论的解答概念，另外还存在着一些其他的解答概念。有别于核的概念且尤其在经济学以外的其他领域的应用中，最为重要的是夏普利值。它是我们所考虑的其他唯一的解答概念。夏普利值也可运用于共谋博弈的超加函数中，而且在这些限制范围内，它具有唯一性（uniqueness），因为总是正好只有一个夏普利值。

夏普利值以边际贡献的概念为基础。考虑一下表 16-2 中的大联合。假设它是按照再添加 K、L 和 M 这种次序而形成的，每位参与者都可获得添加给共谋的价值，因此，由于 K 与"一个空的共谋合并而形成了"单体谋划，所以 K 添加的价值就等于 3。由于 {K，L} 的价值为 7，所以 L 给共谋添加的价值为 4。由于 {K、L、M} 的价值为 10，所以 M 给共谋添加的价值为 3，因此，给予 K、L 和 M 的回报分别为 3、4 和 3。但是，K、L 和 M 的这种次序是任意确定的。K 也许会辩称自己应该是最后一位而不是第一位，那样的话他就可以添加 4。相应地，夏普利值是将参与者们可能添加的所有次序加以平均化而计算得出的。表 16-6 是这个

表 16-6　不动产共谋的夏普利值（版本 1）

	K	L	M
K、L、M	3	4	3
K、M、L	3	4	3
L、K、M	4	3	3
L、M、K	3	3	4
M、K、L	3	4	3
M、L、K	3	4	3
平均值	$3\frac{1}{6}$	$3\frac{2}{3}$	$3\frac{1}{6}$

博弈的夏普利值。

作为表 16-6 的说明，我们不妨考虑一下第三行。此时加入共谋的次序为 L、K 和 M。由于 L 最先加入，所以他的边际贡献就是他的单体价值，即 3，这一点体现在第三列中。K 是第二位加入共谋者，他们由此形成了具有价值为 7 的共谋 {K，L}，所以 K 的边际贡献是 7 – 3 = 4，如第二列所示。M 最后加入，并组成了价值为 10 的大联合，因此 M 的边际贡献是 10 – 7 = 3，在第四列中显示。

对于这个博弈，夏普利值是 $3\frac{1}{6}$、$3\frac{2}{3}$ 和 $3\frac{1}{6}$。可以看出，在目前的情形中，夏普利值与上述唯一的核配置并不一致。如果再构建该博弈第二个版本的类似表格，⊖ 我们就会发现夏普利值为 3.5、3.5 和 3。

练习题

构建表格并说明这一点。

在这个博弈中，虽然夏普利解处在核内，但是我们已经看见情况并非总是这样的。构建关于 "不动产共谋" 的第三个版本，我们发现夏普利值是 3.33、3.33 和 3.33。

练习题

构建表格并说明这一点。

不过，利用一种简便的方法可以说明这一点。这个博弈是 "对称的"，如果调换两位参与者的次序而不改变共谋的价值，则他们就可得到相同的回报。夏普利证明，如果博弈是对称的，夏普利值的解也将是对称的。在 "不动产共谋" 的第三个版本中，因为三位参与者中的任何一位都可以换位，所以回报必须均等地在他们之间进行分配。对称性是确定夏普利值的条件之一。另一个条件是 "正好只有一个夏普利值" 这样一个事实。另外再加上一些技术性条件。夏普利证明，这个价值是具备这些 "优雅" 特征的唯一解。不过，它还缺乏其他一些 "优雅" 特征。当然，需要指出的是，在这个博弈的第三个版本中，它的核是空的，夏普利值在 "核" 的概念无能为力之际可以为我们提供一种解。

现在，我们继续考察 "学院合并博弈" 的夏普利值，如表 16-7 所示。

从这个博弈中可以看出，A、B 和 C 三个

表 16-7　学院合并博弈的夏普利值（版本 1）

	A	B	C
A、B、C	4	6	7
A、C、B	4	3	10
B、A、C	7	3	7
B、C、A	10	3	4
C、A、B	5	10	2
C、B、A	10	5	2
平均值	$6\frac{2}{3}$	$4\frac{1}{3}$	3

⊖　关于夏普利值有一个代数公式。它在略多一些参与者的博弈中尤其有用。参与者 i 的价值是 $\phi_i(v) = \sum_{\substack{S \subset N \\ i \in S}} \gamma_n(S)[v(S) - v(S - \{i\})]$，其中，$v$ 是共谋函数形式的博弈；S 是具有 S 位成员的任何共谋。在权重式子 $\gamma_n(S) = \dfrac{(S-1)!(n-1)!}{n!}$ 中，n 是作为整体的博弈参与者数目，而 ! 则表示阶乘运算符。

学院的夏普利值分别是 $6\frac{2}{3}$、$4\frac{1}{3}$ 和 3。这是"学院合并博弈"核中包含的众多分配方案之一。

练习题

构建表格并说明这一点。

在目前的情形中,夏普利值能设定在这个博弈的核中可以选择多少种分配方案的问题。但是,我们已经知道,这一点并不总是成立的,因为对于特定的博弈,夏普利值可能不在核内。我们知道,"不动产共谋博弈"的第一个版本具有只由一种分配方案构成的核,即($3\frac{1}{6}$,$3\frac{2}{3}$,$3\frac{1}{6}$)。在这个博弈中,核与夏普利值并不一致,尤其是假设能够形成由夏普利值确定回报的大联合。这样共谋 {K,L} 可获得 $6\frac{5}{6}$,通过退出大联合而构建独立的共谋 {K,L} 可得到 7。类似地,共谋 {L,M} 可获得 $6\frac{5}{6}$,通过退出大联合而作为独立的共谋可得到 7。

夏普利值的捍卫者们会说,核其实并不是合作解,因为合作解是以具有约束力的承诺为基础的,并且在已经做出有约束力的承诺而致力于三种途径的合并时,例如,业主 K 和 L 就无法在不违背承诺的情况下退出。但是,核的捍卫者接着可以指出,预计到他们的回报可以根据夏普利值而设定,首先就可以拒绝对合并做出自我承诺。我们可以说的是,处在核内的解具有"稳定"这个"优雅"特征,即可以抵挡针对大联合内的群体组成单独共谋的诱惑,而这是夏普利值所不具备的"优雅"特征。这就说明了合作性博弈中存在几个解的概念以及该理论面临困难的原因所在。不同的解具有不同的"优雅"特征,没有哪个解的概念具有我们喜欢的所有"优雅"特征。

到目前为止的所有例子都假设效用是可以转让的。如若不然,就会出现几个新的复杂问题。

16.4　不可转让的效用

根据艾米·洛·哈里斯（Emmy Lou Harris）的观点,如果你打算去得克萨斯州表演,那就必须在乐队中担任小提琴手。一般来说,某些音乐风格只能由具有适合这种风格乐器的乐队来表现。例如蓝草音乐,比尔·门罗（Bill Monroe）在建立"蓝草男孩"乐队时就要求有曼陀林、班卓琴、吉他和小提琴⊖。与其他任何一群人、一支乐队一样,它们是共谋,一致地选择互惠的策略。我们可将不同的乐器视为每位演奏者的策略,即为了表

⊖　比尔·门罗（1911—1996）,美国歌手,蓝草音乐之父。他将早期的音乐元素融合成一种令人兴奋的新形式。其独特的贡献是将英国蓝调、非裔美国人蓝调、圣洁福音、美国大觉醒赞美诗、热爵士等音乐与他本人充满激情的灵魂和艺术灵感相结合,创造并发展出自己的风格,即蓝草音乐（bluegrass music）。这一名称源自他的"蓝草男孩"乐队（Blue Grass Boys）。——译者注

现某种特定的风格，每位都必须从自己能够演奏的那些乐器中做出正确的选择。

这个例子是关于四位少年音乐家群体的，他们是{亚伯、芭勃、柯特、黛比}（Abe，Barb，Curt and Deb），他们希望聚在一起为了乐趣进行演奏。因为他们都是少年，所以没有钞票进行附加支付。他们都能演奏一种以上的乐器，所以能够演奏一些不同的风格，但是他们对于风格有着不同的偏好。忽略细节不计，表16-8列出了他们三人和四人共谋可以演奏的各种风格。表16-8的某些假设条件是，摇滚和蓝草两者都要求至少有四种乐器，演奏爵士时不可缺少鼓手。柯特是一名鼓手。在亚伯、芭勃和柯特中，一人或两人共谋只能演奏乡村或者民间

表 16-8　共谋和演奏风格

A、B、C、D	摇滚、蓝草、爵士、乡村、民间
A、B、C	爵士、乡村、民间
A、B、D	乡村、民间
A、C、D	爵士、乡村、民间
B、C、D	爵士、乡村、民间

表 16-9　参与者们的演奏风格偏好

	亚伯	芭勃	柯特	黛比
摇滚	2	2	2	2
蓝草	4	1	4	1
爵士	1	5	1	5
乡村	5	3	5	4
民间	3	4	3	3

音乐。表16-9显示了他们的偏好，其中的数字是各自偏好的排序："1"代表从某一位音乐家的角度看是最优的结果；"2"表示次优（the second best）；等等。

四位参与者具有15种可能的共谋。例如，假设形成了{A、B、D}共谋，那么它就只能演奏民间或乡村风格，因为它没有鼓手和小提琴手，而那些都是柯特的乐器。对于这两种风格的偏好排序分别是（3，4，3）和（5，3，4），因此，根据不可转让效用（non-transferable utility，NTU）博弈理论，共谋{A、B、D}对于偏好状况（3，4，3）和（5，3，4）就是"有成效的"（effective）。但是，如果这个共谋分裂，为了获得（3，3，3），芭勃作为独奏者可以选择乡村音乐，而亚伯和黛比可以组成民间音乐二重奏，则它将改善（3，4，3）和（5，3，4）的状况。因此，{A、B、D}不是稳定的，也不处在使得后面两种偏好状况能够生效的博弈的核中。

假设形成了共谋{A、B、C}，他们可以演奏爵士、乡村和民间音乐，所以其对于（1，5，1）、（5，3，5）和（3，4，3）这些偏好状况是有效的。然而，如果他们选择爵士和民间音乐，那么芭勃将会退出并独奏乡村音乐（虽然芭勃可以在爵士乐组合中演奏低音吉他，但她更喜欢演奏乡村班卓琴）。如果他们选择乡村音乐，则亚伯就会退出并与黛比组成两位吉他手的民间乐队。因此，可以知道，{A、B、C}也不处在具有对于他们的任何偏好状况均有效的核中。根据相似的推理，我们可以排除大联合以外的任何共谋，每个这种共谋在如下意义上都是不稳定的，即某些子群体可通过退出而改善处境，无论它们选择何种风格。

大联合的情况如何呢？通过选择摇滚音乐，它可以确保每位成员至少能够满足自己的次优偏好，即大联合对于偏好状况（2，2，2，2）是有效的（芭勃可以在演奏摇滚低音吉他的同时，做一些相关动作，且她非常喜欢这种演奏方式）。我们可以排除其他任何一种风格，例如，倘若大联合准备选择蓝草，则亚伯和柯特将会退出并用吉他和小提琴演奏民间乐曲。因此，我们假设大联合确实会选择演奏摇滚音乐。正如所见，如果{A、B、D}打算退出，那么至少芭勃的处境会变糟，所以她会否定组成这个共谋的任何提议。类似地，我们可以证明任何想要退出大联合的群体都会包括一位这样的成员，即他或她得到

的偏好水平将低于留在大联合内得到的次优偏好。因此，这个博弈的核是具有偏好状况（2，2，2，2）的大联合。

对于这个例子而言，共谋的参与者们选择的策略决定了博弈的"结局"。在大多数博弈理论中，这种结局都是数值，用个体参与者获得的回报表示。然而，对于许多 NTU 博弈理论来说，结局是一个复杂的事物，可能难以根据数值条件来定义。在目前这个例子中，结局是乐队的类型或演奏风格。每位参与者都能根据偏好对可能的结局进行排序。一个特定的共谋通过选择其策略，可以产生某个特定的结局，从而对于同这种结局相关的偏好状况来说是有效的。因此，我们可以将核定义为某种结局或偏好状况，它能够使得：①某些共谋对于这种偏好状况是有效的；②任何其他可能形成的共谋，会使得这个特定共谋有效的结局中至少有一位新共谋成员的处境变糟。

16.5　公共品

在经济学中，公共品的提供是竞争性（非合作性）市场制度所面临的一个问题。"公共品"（public good）是具有两个特征的产品或服务。第一，把公共品供给更多一个人的成本等于零，也就是说，它是"非对抗性的"（nonrivialrous）。第二，缺乏可行的途径使公共品的可得性局限于为它进行支付的人们。简而言之，公共品的效益可以均等地为所有人所获得，也就是说，它是"非排他性的"（nonexclusive）。例如，国防、对于产权的普遍保护，以及合同的实施、灯塔或类似的信息服务、非商业性广播、全球卫星定位服务。

现在我们把这类问题作为具有可转让效用的三方合作性博弈进行考察。再次假设有三位参与者 A、B 和 C，在开始博弈时，他们各自拥有等于 5 的财富。每位都可在两种策略之间进行选择，即用等于 3 的成本最多生产 1 单位公共品，或者不生产。假设 X 单位的公共品是由其他行为人所生产的（变量 X 可以等于 0、1 或者 2），因此：如果不生产公共品的话，则个人的回报等于（$5 + 2X$）；如果生产的话，则个人的回报为 $2 + 2(X + 1) = 4 + 2X$。略做思考就可看出，"不生产公共品"显然属于占优策略，而生产公共品构成了一个社会困境。如果所有的参与者都独立地操作，则无人会生产公共品，这样每个人的回报就等于 5。

现在另外假设形成了大联合，它可选择生产 0、1、2 和 3 单位公共品。而最优选择是生产 3 单位公共品，因为如此一来，每位参与者都可获得 $2 + 2 \times 3 = 8$ 的回报，而这是大联合可以取得的最优回报。

现在假设形成了 {A、B} 的两人共谋，它可生产 0、1 和 2 单位公共品（回忆一下，每位成员都可以生产不超过 1 单位公共品）。如果这个两人共谋生产 2 单位，则 A 和 B 各自可得到 $2 + 2 \times 2 = 6$ 的回报，而总回报为 12，因此，这是两人共谋可以取得的最优回报。然而，如果 {A、B} 生产 2 单位公共品，{C} 不生产，那么 C 的回报就是 $5 + 2 \times 2 = 9$。另外，它就是在两人共谋与单体谋划之间进行博弈的纳什均衡。在这种情况下，{C} 是"抵制者"，而共谋 {A、B} 为了他们的自身利益而生产公共品，同时也给 C 营造了数值为正的外部性。大多数合作性博弈理论的简化性假设条件都排除了这类抵制行为。这种假设的一个论点是，这个例子其实不是"真正"或者纯粹的合作，因为 A 和 B 之间的关系属于非合作性的。当然，虽然这一点是对的，但是抵制行为和外部性在现实世界中普遍存在。

假设我们再次修正这个共谋函数，并考虑抵制和外部性问题。正如我们在这个例子中所见，如果其他两位参与者不组成共谋的话，单体谋划 {C} 的价值是 5，否则就等于 9。现在根据数学的集合理论，{{A}，{B}，{C}} 和 {{A、B}，{C}} 是对大联合 {A、B、C} 的不同"划分"（partition），我们可以说共谋的价值取决于它属于哪种类型。{{A}，{B}，{C}} 和 {{A、B}，{C}} 又称为"共谋结构"（coalition structures），而表示相同事物的另一种说法是，共谋的价值取决于整个共谋结构。因此，我们可以将这种情形的共谋价值表示为"划分函数"（partition function）。表 16-10 是这个"公共品博弈"的划分函数。

不尽如人意的是，关于划分函数形式的解答，目前我们所知甚少。在原则上，我们可以针对解答运用某些相同的标准，当然还需要予以调整。例如，在表 16-10 中，假设形成了大联合 {A、B、C}，三位参与者都平等地拥有 8 的回报。他们中的任何一位，例如 {C}，可能会选择退出大联合，那么预计他会得到怎样的回报呢？如果 {A、B} 继续通过共谋来生产公共品的话，那么 C 的回报将等于 9；否则将等于 5。如果等于 9 的话，那么 {C} 退出后的处境会更好；但若等于 5 的话，则退出会变

表 16-10　"公共品博弈"的划分函数

划分	价值
{A、B、C}	24
{A、B}，{C}	12, 9
{A、C}，{B}	12, 9
{A}，{B、C}	9, 12
{A}，{B}，{C}	5, 5, 5

糟。现在我们知道 A 和 B 通过共谋继续生产公共品可以改善他们自己的处境，如果 {C} 预见到这项决定，则他退出后就可以改善处境。因此，为了阻止 C 退出共谋，必须给予他等于 9 的支付。这同样适用于其他两位参与者，而大联合却无法给每位都支付等于 9 的回报，所以它是不稳定的。通过这种方式进行推理，我们可知，"公共品博弈"确实不存在稳定解。它是一个空"核"博弈。

如同前面关于 TU 的所有例子一样，这个例子具备超加性。因此，这个博弈的任何可靠的解对于大联合都是可靠的，且不会遇到其他共谋形成的问题。然而，对于某些类型的合作性博弈，可能会形成除了大联合之外的某些共谋结构。下面这两个例子考虑了这样一个问题，即可能形成哪种共谋结构。在这两个例子中，我们在前两节介绍的所有的复杂问题都会出现：效用将是不可转移的，且一个共谋的结局可能取决于整个共谋结构，因此我们将使用划分函数和偏好状况表示这些博弈。这些博弈如此复杂，以至于它们超出了关于合作性博弈的大多数文献的研究范围。我们可以运用在核理论中使用过的概念来了解某个特定的共谋结构和偏好状况是否稳定，或者是否会被某些重新组织共谋结构的新共谋扰乱。但是，我们无法确定这些例子能否加以推广。

16.6　搭伙用车

安娜、鲍勃、凯洛和唐（Anna，Bob，Carole and Don）都受雇于西费城大学（University of West Philadelphia，UWP），在费城西郊的住宅与学校之间采取自驾车的通勤方式。他们有意组成一个或更多个搭伙用车组。搭伙用车的好处包括节约汽油和车辆养护成本，在某些日子可以搭车而不是驾车，而在驾车时也有伙伴可以聊天。不过，搭伙用车也存在一些问题。这四位通勤者在郊区各处的住宅相距数英里，也就是说，驾车者通常需要

驾车数英里去搭载其他成员（见图16-2）。例如，后者的住处离她最近，不过凯洛不想一直开车。如果唐驾车，为了搭载凯洛就需要专门跑上双程，这样绕道去凯洛的住处会增加他的驾车时间。与此相似，如果唐、鲍勃和安娜搭伙用车，则搭载所需的里程甚至更多，因为（即使选择最短的路径，即布莱德车道也是如此）唐和鲍勃相距6英里[⊖]，而鲍勃为了搭载安娜又需要增加一个来回的路程。因此，这些路途选择问题表明，不同的搭伙用车方式对于其成员们各有不同的便利。

下面我们把这个搭伙用车问题当作合作性博弈中的共谋进行分析。表16-11列出了他们可能形成的共谋结构和个人回报。共谋结构显示在第2列中，例如，第3行是安娜、鲍勃和唐的共谋，而凯洛作为单体谋划者独自通勤。第3列中的数字为每个人的负数回报或通勤罚金。导致通勤罚金增加的原因包括：总里程数增加；单独驾车的里程数增加；驾车而非搭乘的里程数增加；汽油成本和车辆损耗增加。我们将独自通勤的英里数作为衡量单位来表示这种通勤罚金。例如，在第3行，对安娜来说，其搭伙用车通勤的主观罚金与她独自驾车6.5英里相同，鲍勃则相当于独自驾车7英里，唐相当于独自驾车6英里。因为凯洛是作为单体谋划者而独自通勤的，所以她的通勤罚金是她必须驾车通勤的英里数，即16。因此，如果他们拥有在第3列的较低数字的话，则每个人的处境都可以得到改善。给定某种选择，每个人都将偏好于能够给自己带来较低数字的共谋。然而，这个博弈没有货币附加支付，理由有二。第一，某些效益是主观的，不甚清晰的是，货币支付是否同主观效益成比例。第二，"彼此无须客气"。在这些友好的同事们之间，转让货币支付将摧毁作为搭伙用车效益之一的友好氛围。需要注意的是，共谋中个人的罚金按照相同的次序被列在第3列。因为没有附加支付，所以共谋的总回报并无太大意义，我们必须做的是考虑每个人可获得的回报。因此，这是一个"不可转让效用"（NTU）博弈。

对凯洛来说，搭载唐的问题不大，因为

表 16-11　搭伙用车的共谋结构和个人回报

行	共谋结构	回报
1	{A、B、C、D}	(7, 7, 7, 7)
2	{A、B、C}{D}	(6, 6.5, 9)(12)
3	{A、B、D}{C}	(6.5, 7, 6)(16)
4	{A、C、D}{B}	(8, 8, 7)(13)
5	{B、C、D}{A}	(6.5, 6.5, 6)(11)
6	{A、B}{C、D}	(8, 7)(7, 8)
7	{A、C}{B、D}	(9, 7)(8, 9)
8	{A、D}{B、C}	(7, 9)(8, 7)
9	{A、B}{C}{D}	(8, 7)(16)(12)
10	{A、C}{B}{D}	(9, 7)(13)(12)
11	{A、D}{B}{C}	(7, 9)(13)(16)
12	{A}{B}{C、D}	(11)(13)(7, 8)
13	{A}{C}{B、D}	(11)(16)(8, 9)
14	{A}{D}{B、C}	(11)(12)(8, 7)
15	{A}{B}{C}{D}	(11)(13)(16)(12)

图 16-2　通勤者们的路途

⊖　1 英里 =1 609 米。——译者注

我们可以采用共谋函数的形式表示这个博弈，就像"乐队博弈"那样。观察一下划分函数，我们可以看出，个人在任何特定情形中所支付的罚金都是一样的，无论是否形成其他共谋。换句话说，任何共谋对于相同的偏好状况都是有效的，无论共谋结构如何。因此，表 16-12 显示了共谋函数。

如何对这类 NTU 博弈中的各种共谋进行比较呢？如前所述，我们必须针对每个共谋来考虑个人的偏好。例如，比较一下第 4 行和第 1 行。从第 4 行到第 1 行的转移意味着搭伙用车扩充到包括鲍勃在内，他先前不在合伙用车之列。这会使四位参与新的（大联合）共谋中的三位的罚金得以降低，而唐的处境也没有变糟。因此，我们可以说，处在第 1 行的共谋结构"弱势占优于"处在第 4 行的共谋结构。它意味着第 4 行的共谋结构将是不稳定的，既不会处在解答集中，也不会处在核中。作为另外一例，我们再比较一下第 13 行和第 1 行。相对

表 16-12 搭伙用车的共谋结构和个人费用（根据共谋函数的绕道里程表示）

行	共谋结构	回报
1	{A、B、C、D}	（7，7，7，7）
2	{A、B、C}	（6，6.5，9）
3	{A、B、D}	（6.5，7，6）
4	{A、C、D}	（8，8，7）
5	{B、C、D}	（6.5，6.5，6）
6	{A、B}	（8，7）
7	{A、C}	（9，7）
8	{A、D}	（7，9）
9	{B、C}	（8，7）
10	{B、D}	（8，9）
11	{C、D}	（7，8）
12	{A}	（11）
13	{B}	（13）
14	{C}	（16）
15	{D}	（12）

于第 13 行而言，每个人在第 1 行的处境都得到了改善（即作为通勤罚金的英里数较低）。因此，我们可以说，处在第 13 行的共谋结构被"强势占优"。我们再比较一下第 2 行和第 1 行。从第 2 行到第 1 行的转移（把唐纳入共谋中）会使安娜和鲍勃的处境变糟，即他们的罚金分别由原来的 6 和 6.5 增加到 7。因此，他们不会愿意做出这种转移，所以处在第 2 行的共谋结构（暂时）是稳定的。

在此基础上，我们可以排除从第 6 行开始的所有各行。所有这些共谋结构都至少弱势地被大联合占优。出于相同的理由，我们可以排除第 4 行。然而，第 3 行弱势占优于第 1 行，因为与大联合相比，{A、B、D} 共谋可以改善安娜和唐的处境，同时又不会使鲍勃的处境变糟。第 5 行同样强势占优于大联合，它使鲍勃、凯洛和唐的处境变得更好。按照这种方式进行推理，我们会发现"搭伙用车博弈"的"核"是由处在第 2 行和第 5 行的共谋结构加上相应的偏好状况所构成的。这意味着安娜或者唐的运气不好。事实上，大联合虽然具有全面的优势，但却不处在"核"中。

练习题

通过列出各行之间的所有可能转移来验证这一点。在第 1 ～ 3 行和第 4 行中，在每一次转移之后，写出至少有一位处境变糟者的姓名。

16.7 一些政治共谋

由于共谋的概念是从议会政治领域进入博弈论的，所以这里举一个议会政治方面的例子。英国、加拿大和德国都是议会制政府。处在议会制度下，一个政党不能组建政府或

长期执政，除非它在立法机构即议会中获得最多的选票。在议会中，通常有三个或更多个政党拥有席位。这意味着，为了组建一个多数者政府（majority government），合在一起并成为议会最多数（plurality）的各党派可以构建共谋，并且在某个共同项目上达成一致。拥有最多但不到 50% 选票的政党也能组建一个"少数者政府"（minority government），不过这只有在其他政党没有组成反对派共谋时才可行。因此，一个共谋的回报取决于所形成的其他共谋，而我们需要采用划分函数表示这个博弈。如果没有治理共谋，那就无法通过任何措施，从而不得不进行新的选举。这些是议会制政府采用的普遍规则。

例如，在德意志联邦共和国的议会中有六个政党拥有席位。基督教民主联盟和基督教社会联盟（the Christian Democratic Union and the Christian Social Union）属于德国不同地区的政党，在联邦议院（the Bundestage）作为单一政党行事。其他四个政党分别是社会民主党、绿党、左翼党和自由民主党（the Social Democrats，the Greens，the Left Party and the Free Democratic Party）。在 2009 ～ 2013 年，政府是由基督教民主联盟 / 基督教社会联盟和自由民主党的共谋所建立的。在较早一些时间，即 2005 年之后，政府是由基督教民主联盟 / 基督教社会联盟和自由民主党的"大联合"（它在此意味着这两个最大政党的共谋）所组建的。

这里是一个虚构的例子。密特留若帕共和国（the Republic of Mitteleuropa）具有议会制政府，共有三个政党强大到足以在议会中占据席位。表 16-13 显示了这三个政党的情况。

表 16-13　密特留若帕共和国议会中的各个政党

政党	选票	立场
基督教保守党（C）	40%	该党虽然在道德和家庭问题上极度保守，但在经济问题方面比较温和，支持有利于小型企业和农民的措施
社会主义工党（S）	40%	虽然该党支持有利于劳工的措施，在实践中通常支持对经济系统实施中央控制，但对道德和家庭问题持中立态度
激进党（R）	20%	该党支持自由市场和限制政府，且在家庭价值和道德问题上极度自由化

虽然在密特留若帕共和国议会中构建政府属于合作性博弈，但不允许进行附加支付，因为这将被看作腐败行为。因此，参与共谋的各政党所获得的回报只是它们赞同的措施得以通过。虽然每个政党都比其他政党更加赞同某些措施，但是依然反对其他措施。在表 16-14 中，第 2 列显示了预计下一届政府会面临的四项措施。每个政党支持其中某项措施的相对强度则由确定的点数所表示：如果该政党支持这项措施则为正；如果反对这项措施则为负；如果持中立态度则为 0。一个政党的总回报是总的点数，它与实际通过的各项措施相关。因此，我们可以说，密特留若帕共和国的议会政治是一个 NTU 博弈。

表 16-14　密特留若帕共和国的议题和各政党所得点数

议题		政党所得点数		
		C	S	R
（1）	自由贸易	+1	−3	+10
（2）	同性伴侣的社保福利	−10	0	+9
（3）	削减税收和医疗福利	+3	−10	+8
（4）	给予具有进口竞争性的农民和小企业的补贴⊖	+6	+3	−10

⊖　作为参考，"补贴"（subsidy）指的是政府对于个人或生意的直接支付，而不是作为个人或生意为政府提供服务的支付。对于出口或者与进口品竞争的农业和生意的补贴在全球都很普遍。

这个博弈的规则是，某个共谋将通过它持有明确立场的任何一项措施，即它得到了共谋中至少两个政党的赞同，或者一个政党赞同而另一个持中立态度。因此，作为例子，基督教保守党和激进党（the Christian Conservatives and the Radicals）的共谋将通过第（1）和第（3）项措施，即自由贸易，以及削减税收和医疗福利。相应地，如果政府是由基督教保守党和激进党所组建的，则基督教保守党将得到 4 点，而激进党将得到 18 点，而社会主义工党则会得到 −13 点。表 16-15 显示了所有这些可能的共谋和它们的总回报，以及通过的议题。

表 16-15　密特留若帕共和国议会中的共谋和总回报

共谋		通过的议题	政党总点数		
			C	S	R
（1）	{C、S、R}	1, 3	4	−13	18
（2）	{C、R}{S}	1, 3	4	−13	18
（3）	{S、R}{C}	2	−10	0	8
（4）	{C、S}{R}	4	6	3	−10
（5）	{C}{S}{R}	0	0	0	0

可以看出，只有第 4 行是稳定的。若从其他任何一行开始，基督教保守党和社会主义工党都可通过转移到另一个共谋并排除激进党而提高自己的回报。一般来说，社会主义工党和基督教保守党可以一起工作，因为它们都愿意否决那些对方也想扼杀的关键性议题（在现实的议会制政府中，虽然传统的保守党人和社会主义者的共谋并不十分普遍，但却发生过不止一次）。

16.8　总结

合作性博弈是一个参与者们可以承诺协调他们的策略选择的博弈。这可以在非常数和博弈中造成很大的差异，且市场交换的每一次行动都是合作性博弈的例子。在买卖双方签署的合同中，经过协调的策略是，卖方承担所供应产品的成本，而需求方使用它，加上买方给予卖方的"附加支付"以弥补成本，并且确保双方的处境都能因为这笔交易而得到改善。

关于合作性博弈，存在着几个解的概念。本章考虑了其中的两个。第一个是核，它由未被占优的（undominated）大联合的所有价值分配方案所构成。这意味着人们不可能通过退出所处共谋并与其他共谋结交而改善自己的处境。这个要求限制了核中的共谋，以及附加支付的范围。因此，核将被解答集涵盖，属于解答集的全部或部分元素，或者可能是空的。但是，在核中可能存在着许多种分配方案，或者核是空的。第二个是夏普利值。它给大联合中的每个人指定回报。夏普利值是以每个参与者对于每种共谋所做出的边际贡献为基础的。对于 TU 博弈，虽然总是正好存在着一个以共谋函数形式来表示的夏普利值指定方案，但是某些群体可能通过组成单独的共谋而获得比夏普利值更好的回报。

核的基础概念是，如果没有哪个子群体可以通过单独的共谋来提高他们的回报，那么大联合和某种特定分配方案将是稳定的。这种稳定性的概念可以拓展到 NTU 博弈中。它也可以拓展到以划分函数为形式的各种博弈中，但是这些博弈还没有形成可以普遍运用的一般性结论。

即使核与夏普利值都无法为所有的合作性博弈提供最终的解答，对于所有参与者们能够做出承诺和协调其策略的博弈来说，它们也为我们提供了重要的研究手段。

◢ 本章术语

合作性博弈与非合作性博弈和解（cooperative and noncooperative games and solutions）：如果博弈的参与者们能够恪守协调他们策略的承诺，那么该博弈就是合作性的，否则就是非合作性的。伴随着合作性策略的解是合作解，而缺乏策略合作的解则是非合作解。

附加支付（side payment）：为了使共谋成员们的处境不会因采纳协调性策略而变糟，共谋的一位成员将部分回报转移给另一位成员，这种转移就被称作"附加支付"。

单体谋划（singleton coalition）：在合作性博弈中，各行其是的单一参与者被称作"单体谋划"。

大联合（grand coalition）：由所有博弈参与者形成的共谋被称作"大联合"。

合作性博弈的核（the core of a cooperative game）：它由所有（如果存在）稳定的分配方案所组成，即没有哪个人或者群体可以通过退出或重新组织新的或单独的共谋而获得更好的回报（包括附加支付在内）。

有效性的形式（effectiveness form）：如果共谋可以选择联合策略，以便得到某个特定的"结局"，那么我们就说这个共谋对于此结局是有效的，而共谋对于策略的选择则取决于成员们的"偏好"。如果按照这种方式表示合作性博弈，那我们就说它采取了"有效性的形式"。

抵制（holdout）：在某个博弈中，如果一群参与者形成共谋并采取能够提高所有参与者回报的行动，但是某些参与者却拒绝参与或者分担成本，则这位没有加入的参与者称作"抵制者"，所导致的无效率问题称作"抵制问题"。

划分函数（partition function）：如果共谋的价值取决于所形成的其他共谋，那么我们就说它取决于"划分"或者"共谋结构"。根据某种划分方案将价值划分给每个共谋的函数就是划分函数，这种合作性博弈就是以"划分函数形式"所表示的博弈。

多数和最多数（majority and plurality）：多数指的是选票超过一半的情形。如果存在两个选项或候选人，那么具有最大数量选票的选项或候选人就被称作最大票数者，但是其可能少于多数。

◢ 练习与讨论

1. 一个史前博弈

肯、莫格和坡克（Gung，Mog and Pok）都是史前部落成员，正在筹划一次远行狩猎活动。他们各有不同的技能，肯非常强壮，莫格行动敏捷，而坡克的耐力极强。他们必须决定与谁合作，让谁（如果有的话）留下来独自狩猎，以及如何在合作者之间分配猎物。表 16-16 显示了各种共谋的回报。这些回报是以他们期望捕获的羚羊数目为衡量尺度的。假设这是一个 TU 博弈，其中部分羚羊将被用作附加支付。

（1）构建这个博弈的共谋函数。

（2）确定这个博弈是否属于超加性的。

表 16-16　史前共谋的回报

共谋	回报
{G、M、P}	（6）
{G、M}{P}	（4）（1）
{G、P}{M}	（3）（1）
{P、M}{G}	（3）（2）
{G}{M}{P}	（2）（1）（1）

（3）描述这个博弈的核。（根据 GMP 的次序）按照（4，1，1）的比例分配猎物是否属于一个稳定的附加支付方案？为何是或为何不是？（根据 GMP 的次序）按照（2，2，2）的比例分配猎物是否属于一个稳定的附加支付方案？为何是或为何不是？

（4）确定这个博弈的夏普利值。

（5）这个夏普利值是否属于这个博弈核中的分配方案？

2. 信息系统选择

下面是一个具有技术变化的两人博弈，即选择某个信息系统。这个博弈中的参与者们是一家正在考虑选择新型内部电子邮件或者内联网系统的公司，以及一家正在考虑生产它的供应商。两种选择是安装技术先进的系统，或者安装功能较少但更加可靠的系统。假设那个更先进的系统确实能够提供较多的功能，所以这两位参与者的回报如表 16-17 所示。这是一个 TU 博弈。

假设存在着一项合作协议，需要进行附加支付。这些附加支付的限额是多少？试确定这个博弈的核以及夏普利值。

表 16-17 "信息系统选择"博弈的回报

		用户		
		先进	可靠	无交易
供应商	先进	−50，90	0，0	0，0
	可靠	0，0	−30，40	0，0
	无交易	0，0	0，0	0，0

3. 医院的合并

在西市（the West City），三家医院正在考虑合并成为一家"健康系统"。在如此运作的过程中，它们希望能够削减成本。表 16-18 显示了北部医院、南部医疗设施机构和中部医院（Northern Hospital，Sonthern Health Facility and Central Hospital）及其所有可能的共谋（以百万美元计）。提示：假设其他条件不变，共谋价值与成本成反向关系。

描绘一下这个博弈的核。

表 16-18 各家医院的成本

{N、S、C}	225
{N、S}	200
{N、C}	235
{S、C}	260
{N}	100
{S}	125
{C}	150

4. 生意合伙制

杰伊、凯耶和萝拉（Jaye，Kaye and Laura）正在考虑建立一个网站设计公司。杰伊是一位非常成熟的编程员，凯耶是一位设计师，而萝拉是一位成功的营销员。表 16-19 显示了她们在各种共谋中可以创造的价值。

运用合作性博弈的核理论来回答下列问题。

（1）她们有可能形成哪些共谋？

（2）为什么？

（3）有人提议，共谋成员应该平等地获得支付。这是否构成一个稳定的安排？

（4）计算这个问题的夏普利值。其是否处在核中？

表 16-19 合作伙伴们的回报

{J、K、L}	50
{J、K}	25
{K、L}	20
{J、L}	30
{J}	15
{K}	10
{L}	5

5. 专利联盟

ABC 集团、XYZ 有限公司和 GHJ 合伙公司都属于高科技公司。每家都拥有关于乐器激光印刷方面的关键性专利。它们正在考虑建立专利联盟，从而在进一步的开发和生产中分享它们的专利权。表 16-20 显示了这个三方合作性博弈的划分函数。

（1）是否存在共谋函数？如果肯定的话，请予以推导。

（2）如果可能的话，根据核的概念分析一下这个问题。

（3）如果可能的话，试计算夏普利值。

（4）如果不可能实施上述步骤，试说明理由。

表 16-20 "专利联盟"博弈的划分函数

{ABC、XYZ、GHJ}	10
{ABC、XYZ}，{GHJ}	7，2
{ABC、GHJ}，{XYZ}	7，2
{ABC}，{XYZ、GHJ}	2，5
{ABC}，{XYZ}，{GHJ}	2，2，2

第17章
Chapter17

议 价 理 论

导读

为了充分理解本章内容，你需要先学习和理解第 1 ～ 5、8、11、12、16 章。

为了共同的利益，人们会形成合作性共谋。换句话说，通过选择共同的策略，人们可以获得超出选择非合作性策略的价值盈余（surplus value）。那么，应该如何分享这种盈余呢？如前所述，合作性博弈的核通常包含无限个解答。我们也已知道，为了能让某些成员感到值得参与共谋，通常必须对他们进行附加支付。那么，附加支付究竟应该是多少呢？为了实现所追求的共同利益，参与共谋的成员们首先必须解决这些问题。大量经验表明，他们可通过"议价"来求解。议价一旦完成，如何确定利益的分配呢？这正是针对"议价理论"所提出的问题，也是本章的议题。

我们通常把议价视为两个人之间发生的事情，而大多数议价理论也是如此看待议价的。因此，我们在本章中会把注意力限于两方博弈的问题。议价通常被看成一个出价或者提出要求的过程，它将延续到双方达成协议或者放弃构建共谋的企图为止。我们未必能够详尽地描绘各种出价和要求，不过正是这一点决定了可能会出现哪种结局，以及如何分配由共谋所产生的价值。

夏普利值为解答这个问题提供了一种方式。它具有可运用于任何规模共谋的优点。另外，它也适用于两方博弈的某些特定情形。为此，我们可以认为它在议价理论范围中。不过，为了计算夏普利值，我们必须做出某些特定的假设，但是它们未必完全符合实际的议价情况。假如无法达成令大家都感到满意的某项协议，除了拒绝组成合作性共谋之外，这些假设条件似乎未曾考虑其他选项。换句话说，议价理论还应包含议价可能破裂的风险，而夏普利值却未能做到这一点。为此，本章还将介绍其他一些方法。

⚠ **重点内容**

这里是本章将阐述的一些概念。

议价（bargaining）：它指的是提出要求或者价格的过程，有可能形成有关如何分配出自合作性共谋的共同利益的协议。

效用可能性边界（utility possibility frontier, UPF）：它是一条曲线或一个函数，即把一位议价者所能获得的效用上限表示为其他人所得效用的函数。

> **茨威森－纳什议价模型**（Zeuthen-Nash bargaining model）：由茨威森和纳什的概念所派生的一个议价模型族（family）。相对于没有协议时所能获得的效用，它可根据各位议价者净效用的乘积推导出议价的结局。
>
> **议价实力**（bargaining power）：如果某人拥有比别人更大的议价实力，那么议价的结局就会相对有利于前者，即使在那些回报对称的博弈中也是如此。
>
> **非合作性议价理论**（noncooperative bargaining theory）：它是一种根据轮流出价或提出要求的非合作性博弈完全均衡结局推导出议价结局的研究方法。

在20世纪，工会与公司管理阶层之间的诸多谈判事件一度成为令人瞩目的问题。议价理论家们不得不时常关注这种特定的实际应用情形。然而，我们只需回顾一下"市场喧闹和讨价还价"（the highling and haggling of the marketplace）或者任何一个传统集市就可以知道，议价其实是一种古老的现象。它或许存在于人类所有的城市社会中，当然还有某些村落社会中。但是，关于议价理论的经济学研究直到20世纪方才起步，而将博弈论方法运用于议价理论的研究中，则始于约翰·纳什在20世纪50年代早期所提出的理论。

议价究竟是合作性还是非合作性博弈中的议题呢？一方面，出价或者提出要求，以及还价的过程似乎是一个非合作过程，其中每个人都在追求自身的利益而不考虑对方。确实，如果一个博弈具备的是"可转让效用"（TU），则其价值分配就相当于常数和博弈，而且总是具有非合作性质。另一方面，人们希望通过议价过程形成某种共谋并产生共同的利益，这也正是议价的焦点所在。因此，目前虽然已经提出了关于议价的一些非合作性模型，但是整个问题还有待进一步阐明。议价这个议题似乎是连接非合作性与合作性博弈理论的桥梁，我们将沿着这条思路对它进行一些探讨。

17.1 议价问题

假设两人为了某种共同的利益而有意一起工作和协调策略，且他们可以采用一些不同的方法达到这一目的，其中也许会包含附加支付。如果存在附加支付，则会使总体的回报有所减少。这取决于两位参与者如何协调他们的策略、如何进行附加支付和支付多少。我们在此不深究细节，而是借助几何图形表示由双方策略协调所产生的各种结果。我们不妨称他们为亚伯和鲍勃，分别记作 A 和 B。在图17-1中，横轴表示 A 的回报，纵轴表示 B 的回报。根据双方的策略协调方式和所进行的附加支付可知，代表横轴上 A 的回报和纵轴上 B 的回报的点可能处在图中的任何位置。忽略诸多细节，我们只需要考虑那些属于帕累托最优的各个点。我们都还记得，如果为了改善某人的处境而不得不使他人的处境变糟，那么此时给予 A 和 B 的回报都是"帕累托最优的"（Pareto-optimal）。假如两人转而考虑某种并非帕累托最优的策略协调方式，那就必定会有一种策略协调方式可令其中一位的处境得到改善而又不会使另一位变糟，这样他们无疑就会改用那种策略而不会选择前面那种并非帕累托最优者。因此，我们只需要描绘两位参与者的帕累托最优回报。此外，我们不是采用货币条件而是效用条件表示这些回报，因为激励人们做出决策的真正动因是主观意义上的回报，也就是效用，它们与货币回报之间可能并不存在严格的比例关系。

按照这种方式，图 17-1 给出了关于两人回报的一个例子。给定处在横轴上的 A 的效用，下倾的曲线表明 B 的效用上限（upper limit）；或者等同地，给定处在纵轴上的 B 的效用，则它显示了 A 的效用外限（outer limit）。因此，它被称作"效用可能性边界"。高于该曲线的各个点都属于无法达到的回报集。换句话说，双方无法通过策略协调达到任何高于 UPF 的点。低于 UPF 的各个点则是双方都有可能达到的，而且我们不妨假设它们确实都是可以达到的，但都不属于帕累托最优。原因在于，若从其中某一点向着边界移动，A 和 B 双方的处境都可以得到改善（没有谁的处境会变糟），因而可以忽略低于边界的各个点。不难看出，处在 UPF 线上的每一点都是帕累托最优的。此时，若要改善其中一位的处境，唯一的途径就是沿着或者低于 UPF 呈对角线式移动，而这会使另一位的处境变糟。

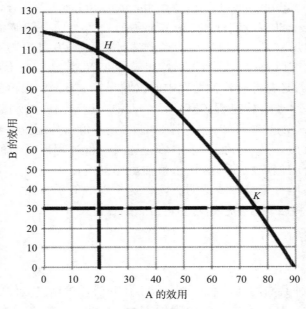

图 17-1　两位议价者的效用可能性边界

现在假设不与 B 合作而是单干，那么 A 可获得 20 单位的效用。因此，他不会接受 B 提出的给予他低于 20 单位效用的任何建议。所以，我们可以排除那些处在 UPF 上而带给他少于 20 单位效用的点，即位于点 H 左边的各个点。类似地，如果 B 单干可以得到 30 单位的效用，那么同样可排除处在点 K 右边的各个点。如果双方无法达成协议，则亚伯仍可得到 20 单位而鲍勃也仍可得到 30 单位的效用，所以（20，30）构成了他们的"分歧点"（disagreement point）。不过，处在 UPF 上，介于点 H 和点 K 之间的任何一点都可使合作胜过单干。因此，如果他们确实打算通过合作实现这种共同利益，那就必须针对其中的某一点达成共识，即针对每一位沿着 UPF 上的某个效用回报集达成共识。那么，他们将选择其中的哪一点呢？这就是"议价问题"所在。

17.2　纳什需求博弈

我们可以尝试通过某种非合作性方法求解议价问题，诸如纳什均衡，不过它未能提供解答。借助约翰·纳什提出的另一个理念，即"纳什需求博弈"（Nash demand game），我们可以看出个中端倪。针对某个议价问题（即给定 UPF 和"分歧点"），双方都会将某个确定的最低回报作为自己的策略。这种策略是他从整个以分歧点为下界的集合中所选取的。因此，在图 17-1 中，亚伯的要求是不低于 20 单位的效用，而鲍勃的要求则是不低于30 单位的效用。如果他们各自的要求都对应于位于或低于 UPF 的某一点，则双方都可如愿（任何超额要求都会被拒绝）。如果某位的要求对应的是高出 UPF 的某一点，则双方都将一无所得（一切都化为泡影）。

因此，无论对方提出何种要求，己方的最优应对策略都是正好要求所剩下的数量。譬如，在图 17-1 中，如果知道鲍勃要求 100 单位，那么亚伯的最优应对策略就是要求 30 单位，因为：低于它的任何数量都会令他的处境变糟，也就是低于 UPF；任何高于它的数量同样会令他变糟，因为这超出了 UPF，进而使双方都一无所得。与此类似，如果知道亚伯的要求为 30 单位，那么鲍勃的最优应对策略就是要求 100 单位。因此，（30，100）构成了纳什均衡。不过，我们同样可对位于 UPF 上的点 H 和点 K 之间的任何一点进行相同的描述，例如，（60，60）是纳什均衡，而（70，40）亦然。

由于所有的帕累托最优议价都构成了纳什均衡，所以纳什均衡无法为议价问题提供解答。当然，我们可以设法对纳什均衡进行某种"精练"，从而得到唯一的结果，或是将其他的非合作性博弈作为议价模型（在本章的后面，我们将介绍几个这类博弈）。然而，问题仍然是，如果知道鲍勃的要求不会低于 100 单位而只留下 30 单位给自己，亚伯若是再拒绝接受 30 单位，那就缺乏理性依据了。根据可理性化策略的思路，亚伯可以这样推理："鲍勃知道我会接受 30 单位，所以他的最优应对策略是要求 100 单位，因此，我的最优应对策略就是只要求 30 单位。"不过，问题依然存在，对于处在 UPF 上的点 H 和点 K 之间的任何一点，我们同样可进行这种描述。因为所有大于分歧点的要求都是可理性化的，所以若无更多的信息或假设条件，非合作的理性就无法求解议价问题。

17.3　议价和破裂的风险

关于议价问题，丹麦经济学家弗瑞德里克·茨威森（Fredrick Zeuthen）给出了最早的解答。这要比约翰·冯·诺依曼和奥斯卡·摩根斯特恩撰写的奠基性著作《博弈论与经济行为》早了将近 10 年时间。茨威森的著作是《垄断问题和经济战》（*Problems of Monopoly and Economic Warfare*，1930）。在此书中，他论述了"双边垄断"（bilateral monopoly），即只有两家公司进行某种产品的交易，一家是唯一的卖方，另一家是唯一的买方。由于完全没有竞争，所以价格的变动范围很大，不过它们的利润或效用会受到类似于图 17-1 中 UPF 的限制。较高的价格可以给卖方公司带来较高的利润或效用，而较低的价格则会给买方公司带来较高的利润或效用。

为何其中一位议价者能够接受某一个低于可得最大值的回报呢？例如，鲍勃为何会接受低于 110 单位的效用呢？茨威森的推理是，他之所以会如此行事，是因为担心亚伯会断然离去而只给他留下分歧点的回报，即 30 单位。鲍勃也会推测，若他提出更高的要求而留给亚伯更少的单位，那么亚伯就更有可能取消议价而同样只给鲍勃留下 30 单位。设 p 是亚伯的退出概率，如果鲍勃要求 100 单位的话，对鲍勃来说，要求 100 单位的期望回

报值就是 $p \times 30 + (1-p) \times 100 = 100 - 70p$。假设亚伯提出他会满足于 60 单位的回报，则这是对出自他们协调性行动总效用的均等分配。也就是说，鲍勃知道他可以全无风险地获得 60 单位。如果 $60 \geqslant 100 - 70p$，则鲍勃最好是接受这个出价而不是坚持要求 100 单位的回报。当然，这并非鲍勃的唯一可选策略。他还可以做出某种程度的让步，提出给予亚伯 $30 \sim 60$ 单位之间的某个回报，即为他自己提出略为超过 60 单位，但少于 100 单位的要求。确实，如果鲍勃是理性的，那么他就会做出让步；否则，议价谈判破裂的风险实在太大了。

我们认为：如果 $60 > 100 - 70p$，则谈判破裂的风险将会很大；如果 $60 < 100 - 70p$，那么鲍勃的合理之举就是继续坚持而等待亚伯给出更好的价格，同时承担谈判破裂的风险；如果 $60 = 100 - 70p$，即 $p = 4/7$，那么坚持己见所承担的谈判破裂风险正好同议价 60 单位的好处相互平衡。因此，我们用 $p = 4/7$ 作为衡量鲍勃所面临的谈判破裂风险的尺度，如果他要求 100 单位而亚伯要求 60 单位的话。

一般而言，假设议价者 A 和 B 的分歧点回报分别是 ω_A 和 ω_B，在图 17-1 中，ω_A 为 20 而 ω_B 为 30，如此就可便利地将 UPF 表示成一个函数。因此，如果议价者 A 处在 UPF 上的回报是 u_A，而议价者 B 的相应回报是 u_B，则可以列出 $u_B = g(u_A)$，等同地，$u_A = g^{-1}(u_B)$。[⊖] 假设议价者 B 要求 u_B，而议价者 A 要求 u_A，或者等同地向议价者 B 提议 $g(u_A)$；再假设 $u_B > g(u_A)$，对议价者 B 来说，谈判破裂的风险正好同来自对方的出价相互平衡，假设 p 是谈判破裂的概率，则有

$$p\omega_B + (1-p)u_B = g(u_A) \tag{17-1}$$

因此，我们可通过针对 p 求解式（17-1）来衡量议价者 B 所面临的谈判破裂风险，即

$$p = \frac{u_B - g(u_A)}{u_B - \omega_B} \tag{17-2}$$

类似地，议价者 A 所面临的谈判破裂风险为

$$q = \frac{u_A - g^{-1}(u_B)}{u_A - \omega_A} \tag{17-3}$$

茨威森假设，只要两位议价者之一所面临的谈判破裂风险较大，他就会做出让步。因此，这两位将会相向地不断趋近于对方的出价，直到他们面临相同的谈判破裂风险为止，即

$$\frac{u_B - g(u_A)}{u_B - \omega_B} = \frac{u_A - g^{-1}(u_B)}{u_A - \omega_A} \tag{17-4}$$

略做代数运算就可看出，它等同于

$$\frac{u_B - g(u_A)}{u_A - g^{-1}(u_B)} = \frac{u_B - \omega_B}{u_A - \omega_A} \tag{17-5}$$

⊖ 记号 $g^{-1}(u_B)$ 表示 g 的反函数。对于任何 u_A，$g(u_A)$ 的数值都不会超过一个，采用数学语言表达就是，UPF 是一对一函数。因此，我们总能找到导致某个特定 u_B 的唯一的 u_A，而它也就是反函数 g^{-1}。

随着议价者们做出让步以及相向趋近，式（17-5）中的分母，即 $(u_A - \omega_A)$ 和 $[u_A - g^{-1}(u_B)]$ 都将趋于 0。为了运用数学方法处理这个问题，我们需要一些关于极限和微积分的数学知识。省略这些细节，可以得出的结论是，议价最后将会确定能使下列乘积达到最大的 u_A 和 u_B 值，即

$$\max(u_A - \omega_A)(u_B - \omega_B) \tag{17-6}$$

并且满足 u_A 和 u_B 必须对应于 UPF 上某一点的限制。对经济学家来说，这是一个有用的结论，因为他们通常的思考方式就是努力使某些衡量成就的标准达到最大。因此，我们可以把式（17-6）作为衡量议价和合作协议成功与否的标准。

我们也可借助图形描绘这个解。虽然这种方式已为学习过中级微观经济学的学生们所熟悉，但对其他读者来说或许是陌生的，如图 17-2 所示。在图 17-2 中，我们描绘了出自图 17-1 的 UPF，再加上三条直角双曲线（rectangular hyperbolae）。每一条双曲线都对应着满足"$(u_A - 20)(u_B - 30) = $ 常数"这个条件的 u_A 和 u_B 值，其中的常数等于 1 370（对应于方点双曲线）、2 500（对应于圆点双曲线），以及 500（对应于破折号双曲线）。当然，它们只是几个例子而已，因为存在着无穷多条这类双曲线，就像针对这个常数积存在着无穷多个可替换数字一样。可以看出，在 UPF 之内，乘积可以达到的最大值（最高的双曲线）对应于正好同 UPF 相切的方点双曲线。它表明，1 370 是这个乘积的最大值，而且可以实现最大值的只有一种回报方案，那就是当 A 获得 50 而 B 获得 75 的时候。对应于分歧点回报，A 的收益为 50-20 = 30，而 B 的收益则是 75-30 = 45。显然，A 的状况不如 B，因为 UPF 使他处在相对劣势的位置，也就是说，B 拥有更多的机会。这个结果是使用电子表格计算得出的。对于一些更加复杂的情形，必须使用微积分工具，不过本章将回避这些复杂问题。

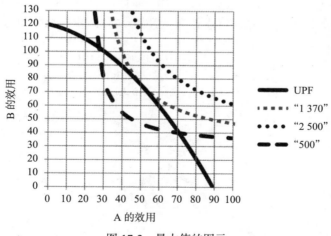

图 17-2 最大值的图示

从非合作的理性行为角度看，这里发生了一件特别的事情。我们已知，对议价者来说，若能获得超过分歧点水平的回报，则取消议价就是非理性的行为。不过，茨威森在开始时就假设，议价者确实具有这样行事的某个数值为正的概率。假如议价者之一能够自行决定"如果回报低于某个底限，那就放弃议价"，而对方也知道他确实会让这种威慑

变为现实，因为它可以让威慑者获得更好的回报。问题在于，提出威慑的一方必须让对方相信自己将会予以兑现，因为对方完全明白兑现威慑之举会令威慑者的处境变糟。

这是一个悬而未决的问题。博弈理论家和经济学家们尚未得出关于它的公认解答。在此，我们列举两种可能性，当然这也只是作为可能性而提出的，因为它们未能获得大多数议价理论家们的认可。

（1）议价是一个事关合作理性的问题，而某些事情在合作性环境中属于理性的，在非合作性环境中就不是理性的。$^{\ominus}$

（2）正如在第 11 章中所见，通过对某些超越个人理性的行为做出假设，我们可以对纳什均衡实施精练。尤其是，我们可以认为，虽然每个人都做出了理性的决策，但还需要防范另一位以某个较小的概率采取非理性行为。这种"预防失误"的假设是"颤抖的手"精练的基础。我们可以看出，茨威森所述的谈判破裂风险也存在着类似的精练，它就是其他议价者采取非理性的终止议价行动的较小概率。

17.4 可转让效用（TU）博弈的情形

我们可以将茨威森 – 纳什解运用于设定了 UPF 的任何博弈。虽然它通常被运用于具有不可转让效用（NTU）博弈中，但是由于不难为任何一场 TU 博弈设定 UPF，所以它同样可运用于 TU 博弈。由于 TU 博弈较为简单，因此，我们可借助例子说明茨威森 – 纳什方法。

假设两人共谋的价值为 250 单位，因此，针对 u_A 的任何取值，剩下的就属于另一位议价者，即 $u_B = 250 - u_A$。它是关于一条下倾直线的公式，斜率为 –1，如图 17-3 所示。对于任何一个 TU 博弈而言，UPF 都是一条下倾的直线，其纵轴截距处在总价值的位置，斜率等于 –1，如图 17-3 所示的深黑色直线。出于简便的目的，再假设 $\omega_A = \omega_B = 0$（根据约翰·冯·诺依曼和奥斯卡·摩根斯特恩衡量效用的方法，我们总是可以设效用函数等于 0 而使得 $\omega_A = \omega_B = 0$）。

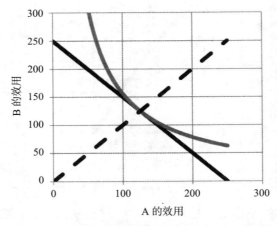

图 17-3 共谋价值等于 250 单位效用的 TU 博弈

$\ominus$ 关于这种可能性的更多细节，可参阅罗杰·A. 麦凯恩的著作《合作性博弈价值的求解》（Roger A. McCain, *Value Solutions in Cooperative* Games（Singapore: World Scientific, 2013）），尤其是第 2 章的内容。

再一次地，议价解答所对应的是 $(u_A-\omega_A)(u_B-\omega_B)=u_Au_B$ 的最大值。如前所述，我们可将 u_A 和 u_B 具有常数乘积的所有组合描绘成直角双曲线，而对应于那个最大值的双曲线则用浅色下倾的曲线表示。最大值位于双曲线与 UPF 的切点处，因为那是低于或位于 UPF 且能给出最大值的唯一点。如图 17-3 所示，因为它们只是相切，所以具有相等的斜率。我们知道，UPF 的斜率等于 -1，即 A 多得 1 单位就意味着 B 少得 1 单位。因此，直角双曲线的斜率必须等于 -1。因为直角双曲线是一条对称的曲线，所以它只有在 $u_A=u_B$ 时才具有等于 -1 的斜率。所有这样的点用一条上倾的破折号对角线来表示（所有这些都可通过微积分予以验证，不过我们省略了这一步。本章的附录将对微积分给予简要叙述）。由此可以看出，议价的解答就是价值在两位议价者之间的均等分配。

我们可将这个例子推广到任何一个 TU 博弈中。设 V 是两人共谋的价值，共谋的"盈余"为 $(V-\omega_A-\omega_B)$，因此，茨威森－纳什解就是平等地分配盈余，即

$$u_A = \omega_A + \frac{V-\omega_A-\omega_B}{2}, \quad u_B = \omega_B + \frac{V-\omega_A-\omega_B}{2} \qquad (17\text{-}7)$$

推理过程与上述相同，因为盈余是对称的。

现在把这种推理过程运用于一个例子。假设汤姆（Tom）生产单位成本为 10 美元的小工具。他只能将产品卖给杰瑞（Jerry），而杰瑞也只能从汤姆处采购，所以他们形成了"双边垄断"。杰瑞对所购小工具的估值是根据二次型效用函数 $U = 110q - 10q^2$ 进行的，其中，q 是杰瑞从汤姆那里的采购量，U 是杰瑞的效用。对于两人来说，效用与钞票具有某种比例关系。因此，如果生产 q 件产品而没有附加支付，则汤姆的效用将等于 $-10q$。然而，因为效用与钞票成比例，且这是一个 TU 博弈，因此，两人共谋产生的总价值是各自的效用之和，即 $110q-10q^2-10q$。现在假设这个共谋想要调整 q，以便尽量增加这个代数和。

确定这一点的一种方法是，使用微积分计算使总效用达到最大的 q 值。当然，也可运用微观经济学。如果采用后者，根据微观经济学的相关知识，我们知道小工具的有效产销量使边际效用正好等于边际成本。就本例而言，边际成本，即生产更多一个小工具的成本总是恰好等于 10 美元。通过进行简单的微积分运算（我们跳过它）我们可以知道，边际效用（MU）为

$$MU = 110-20q \qquad (17\text{-}8)$$

设 MU = MC，可以得到

$$110-20q = 10$$
$$20q = 100$$
$$q = 5 \qquad (17\text{-}9)$$

如果这个共谋为杰瑞生产 5 件小工具，则杰瑞的效用为 300，汤姆的效用为 -50，所以共谋产生的总价值为 250 美元。如果不形成共谋，则杰瑞和汤姆所得效用都等于 0。显然，为了说服汤姆组成共谋，杰瑞必须对他进行附加支付，那么应该支付多少呢？

如前所述，由于盈余为 250 美元，所以每位议价者都将获得 125 美元的净值。由于杰瑞给予汤姆的附加支付必须大得足以抵消他的生产成本，并且把他的总回报提高到

125，所以它必须等于 $S = 125 + 50 = 175$ 美元，而这会把杰瑞的效用减少到 $300-175 = 125$ 美元，双方由此达成一致。这个结果对应于每件小工具的价格为 35 美元，不过至此我们需要同微观经济学"分手"了，因为它告诉我们，若处在 35 美元的价格水平上，那么杰瑞会把他的采购量削减到 3.75 件小工具（因为这可以令他的边际效用等于那个价格）。但是，汤姆将会拒绝向他出售 3.75 件，汤姆的报价可以是"按照单价 175 美元购买 5 件；要就拿走，不要拉倒（take it or leave it）"。这是一种"非全则无"式的报价（all-or-nothing offer）。当然，汤姆也可以采用"价格歧视"（price discrimination），也就是把每件工具按照不同的价格出售给杰瑞。若他打算逐件出价，一直到 5 件，从而给杰瑞带来等于 0.781 的边际效用，则可实现盈余的均等分配。需要说明的是，汤姆无法在竞争性市场上"出售"这些产品，但因为他们都是双边垄断者，所以杰瑞也会发现上述任何一种报价都胜过完全没有小工具的情形。这就说明了关于双边垄断的一个关键问题，即垄断者们如果采取联合行动，则将生产在联合意义上的有效产量，而且可借助"非全则无"式的报价、价格歧视和其他非竞争性合同条款等，根据他们的议价实力分享出自交易的盈余。

微观经济学的经典问题之一是"销售税负"（the incidence of a sales tax）。假设政府对小工具的销售活动征税，则买卖双方都会按照改变价格和转移税负的方式调整他们的供给或购买的提议。完成了所有的转移之后，谁将承担税负呢？根据微观经济学的知识，税收效应会导致供给曲线或需求曲线发生位移，并且这取决于税款是从卖方还是买方那里征收。然而，无论如何，税负都会按照某个比例由买卖双方分担，而这个比例又取决于需求弹性和供给弹性的大小。最后，税收将导致产量减少，并使消费者盈余和生产者盈余也有所减少，还会产生某种超过所征税款的无效率的"超额税负"（excess burden）。但是，如果税款是针对两位双边垄断者的交易量征收的，情况又将如何呢？

首先，假设针对所交易的每件小工具征收 20 美元的税款，而且是从卖方汤姆那里收取的。因此，他的成本就会增加到 30 美元。设 MU = MC，可以得到

$$110-20q = 30$$
$$20q = 80$$
$$q = 4 \tag{17-10}$$

它告诉我们，把小工具的产量减少到 4 件是有效率的做法（当然，这只是就汤姆和杰瑞的联合角度，而不是整个社会的角度而言）。不过，假设税款从杰瑞那里征收，则扣除税款后，杰瑞的效用函数为 $U = 110q - 10q^2 - 20q = 90q - 10q^2$，而（再次跳过微积分步骤）边际效用则是 $(90 - 20q)$。再设 MU = MC，也可得到

$$90 - 20q = 10$$
$$20q = 80$$
$$q = 4 \tag{17-11}$$

显然，无论从谁那里征收税款，共谋都会将双方的交易量减少到 4 件。在共谋成员们看来，这种做法是有效率的，但是，从更广泛的角度看，它是没有效率的。现在，共谋价值为 $100 \times 4 - 10 \times 16 - 30 \times 4 = 120$ 美元；而若无税收，如前所述，它等于 250 美元。因此，共谋的价值减少了 130 美元，而征得的税款只有 80 美元，其中 50 美元的差额就

是这项税收的超额税负。

那么，如何在双边垄断者之间分担这项税负呢？因为双方将均等地划分共谋的净价值，所以各自都将拥有等于 60 美元的净回报。对汤姆来说，他必须获得 60 + 40 = 100 美元的附加支付；由于杰瑞的效用为 160 美元，所以附加支付将把他的净回报减少到 60 美元。这 100 美元的附加支付相对于小工具的单价为 25 美元，低于没有税收时所确定的 35 美元。因此，如果将税负只是理解为价格变化，那么汤姆似乎承担了 100% 以上的税负。但是，这一点具有误导性，因为两位议价者的效用都由 125 减少到 60，各自都损失了 65 的效用，因此根据效用条件，这项税负是均等分担的。

17.5 纳什合作性议价理论

在构建上述"纳什议价博弈"模型之前，约翰·纳什就已经把某种合作性研究方法运用于议价理论，并且认为这两种方法具有互补性。约翰·纳什的方法虽然与茨威森的相去甚远，不过很有意思的是，它却令约翰·纳什得出了相同的答案。约翰·纳什首先确立了一些假设条件，它们似乎适用于针对议价问题的合理解答，包括相等的议价实力，以及所谓的"独立于无关选项"（independence of irrelevant alternatives）的内容。由于"独立于无关选项"这个假设条件一直有争议，故我们不探究细节问题，而是举例说明。

前面关于 TU 博弈情形的论述将对此有所帮助。现在再度分析一下图 17-3 描绘的那个例子，其中包含了一个变化。现在假设某种缘由使得议价者 B 的效用 u_B 不能超过 175，如果超过 175，那么 u_A 将直接下跌到 0。这一点或许是出于某种技术方面的原因。无论如何，它已不再是 TU 博弈，而是一类简单的 NTU 博弈。因此，UPF 变成了图 17-4 中用深黑直线表示的四边形线。关于这个不对称的 UPF，它的议价解将是什么呢？根据式（17-6），它是使两位议价者的净回报乘积达到最大的那一点，也就是直角双曲线与UPF 的相切点，在那里，250 美元的盈余被均等地分配。当然，它正好也是原先那个 TU 博弈的解，其中的 UPF 作为直线沿着点状部分扩展。事实上，虽然这条对角线的点状部分包含了在前面例子中的议价者可以获得的诸多"选项"，但在现在这个例子中却并非如此。由于议价者们在它们可得之时未选择它们，因此，它们都属于"无关选项"。可以看出，在这个特定的例子中，解答独立于这些"无关选项"。

约翰·纳什的推理则是从相反方向展开的。他考虑的是，每个议价解都应该具备这一特征，即解答绝对不会取决于这些"无关选项"。接着，他通过数学论点证明，满足这一要求的解答再加上其他一些假设条件构成了满足式（17-6）的解，即能够使两位议价者的净收益乘积达到最大的解。在后来的研究工作中，约翰·纳什证明，我们可以去掉关于 ω_A 和 ω_B 都是常数的假设条件。在经过约翰·纳

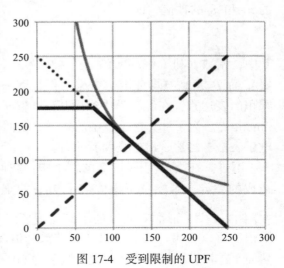

图 17-4 受到限制的 UPF

什调整的模型中，ω_A 和 ω_B 也可以是变量，而式（17-6）中的最大化公式仍然适用。

如前所述，"独立于无关选项"这一假设条件一直存在着争议。一方面，具有说服力的是，那些远离解答的各个选项，诸如图 17-4 中的各个点，对于解的准确位置并无多大影响；另一方面，我们知道，虽然对称的问题和不对称的问题具有相同的解答，但是这种不对称性似乎应该使得议价实力有所不同。不过，目前尚无解决这个问题的方法，对于假设条件的选择需要根据它们所导致的结果进行评估。再一次地，在本例中，我们可通过多种方式推导出式（17-6），其中一些并没有"独立于无关选项"的假设条件。因此，这一点令我们更有信心。

在构建自己的议价理论时，约翰·纳什并不知道茨威森的议价理论。由于两人都得出了这个最大化公式，因此，它通常被称作"茨威森－纳什议价理论"，在博弈理论家中，它被称作"纳什议价理论"。

17.6 不对等的议价实力

在 17.5 节中，非常明显的是，我们假设两位议价者具有对等的议价实力。这在 TU 博弈中尤其重要，因为由共谋所创造的盈余将被均等地分配。但是，如果议价者们的议价实力不对等，那么情况将会如何呢？我们再次分析一下 17.5 节所探讨的汤姆和杰瑞的共谋问题。出于简便的目的，假设没有税收。如果看到汤姆可获得两倍于杰瑞的盈余，那么我们自然就会把这一点当作他们确实具有不对等的议价实力的证据。显然，衡量议价实力差异的一种标准就是他们各自的份额，所以我们认为汤姆拥有两倍于杰瑞的议价实力。

这说明了确定相对议价实力差异的一种方式。在理论上，假设两位议价者参与了一个 TU 博弈，其中的分歧点等于 0。如果议价者 A 的所得占共谋价值的份额为 β，而议价者 B 为（$1-\beta$），那么我们就说议价者 A 的相对议价实力为 β，而议价者 B 的相对议价实力则为（$1-\beta$）。现在假设他们两位参与的不是 TU 博弈，而是 NTU 博弈，也就是具有类似于图 17-1 和图 17-2 中 UPF 那样的博弈。此时，谈判问题就转化为使下列乘积达到最大的 u_A 和 u_B 的数值，即

$$(u_A - \omega_A)^\beta (u_B - \omega_B)^{1-\beta} \tag{17-12}$$

其中，指数 β 和（$1-\beta$）通常是分数指数。例如，（$1-\beta$）可能等于 1/3（即 $(u_B-\omega_B)$ 的立方根），而 β 是 2/3（即先取立方根，再予以平方）。类似于上述具有分数指数的两个变量的乘积的表达式，在经济学中运用甚广，它被称作"柯布－道格拉斯函数"（Cobb-Douglas function）。为了计算这个复杂的式子，我们需要运用微积分或者具有数值方程求解功能的电子表格，当然，最好是两者兼备。

不过，在类似于图 17-2 的例子中，我们可以采用几何图形描绘不对等的议价实力所造成的差异。观察一下图 17-5 可知，它显示了与图 17-1 和图 17-2 相同的 UPF。不过，在图 17-5 中，形如双曲线的下倾曲线所对应的是乘积 $(u_A-20)^{\frac{2}{3}} (u_B-30)^{\frac{1}{3}}$ 的各种不同的数值。可以看出，此时可以达到的最高值为 36.5，它发生在双方都获得 60 的回报之时。然而，B 相对于其分歧性回报的收益为 60 - 30=30，而 A 的收益则是 60 - 20=40。因此，

仅从这一点看，A 的处境要更好一些，这归功于他较强的议价实力。在前面那个例子中，根据对等的议价实力，A 获得的是 50，而 B 获得的是 75。因此，A 在此处因为议价实力的增强而使自己的回报增加了 10，B 则减少了 15。显然，A 的议价实力增量超过了抵消 UPF 赋予 B 的机会优势所需的数量。

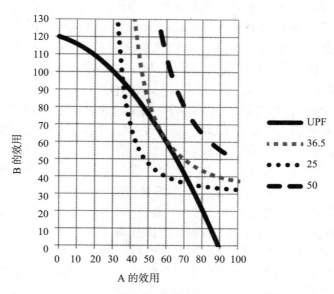

图 17-5　具备不对等的议价实力的模型

现在再分析一个特例。假设 B 完全没有议价实力，而 A 拥有全部议价实力。因此，我们可以通过设 $\beta = 1$，$1 - \beta = 0$ 来表述这一点，而式（17-12）就转变为

$$(u_A - \omega_A)(u_B - \omega_B)^0 \tag{17-13}$$

利用微积分的知识可知，指数为 0 的正数等于 1，即 $(u_B - \omega_B)^0 = 1$。因此，式（17-13）就成为

$$u_A - \omega_A \tag{17-14}$$

而（$u_A - \omega_A$）恰好就是议价者 B 所赚得的利润。换句话说，如果其中一位议价者拥有为正的议价实力，则议价解就会对应于他的最大利润；反之，如果利润达到了最大，则相当于做出了只有一位议价者拥有议价实力的简化型假设。在某些规制中，这一点也许可以成立，不过未必一定如此。

由于关于议价和议价实力的研究大多假设议价者们拥有对等的议价实力，所以采用的是式（17-6）。但是，一些统计数据表明，议价实力的差异在某些关键性的应用中确实十分重要。⊖

⊖　例如，可参阅：Jan Svejnar, Bargaining power, fear of disagreement, and wage settlements: theory and evidence form US industry, *Econometrica*, 54（5）,（September, 1986）, pp.1055-1078; Mathew Grennan, Price discrimination and bargaining: empirical evidence from medical devices, *American Economic Review*, 103（1）,（2013）,145-177.

17.7 关于议价理论的另一种研究方法

议价，正如前文所述，与合作性和非合作性博弈都具有某种不甚明确的关联。一方面，假如合作性共谋无法产生各种效用，那就没有议价的必要；另一方面，对于议价过程本身，即使不是经常出现，也有可能采取轮流出价的形式，直到其中某个出价被对方接受为止。严格而论，各种轮流的出价方式都属于非合作性的，因为其中一位议价者份额的增加总是涉及另一位的份额的减少。我们在本节探讨的另一种研究方法详细分析了轮流出价的过程，并且将它当作扩展式博弈。因此，它通常被称作"非合作性议价理论"。

我们不妨先考虑一下图 17-6。从"A1"开始，由议价者 A 出价；在"B1"时，议价者 B 接受出价或者予以还价；接着，在"A2"时，议价者 A 接受还价或者再度出价；等等。这个博弈与"蜈蚣博弈"有些相似，即只有当一位参与者采取"接受"的行为策略后，才会给两位议价者支付回报。在现在的这个例子中，我们再添加一些假设条件。①议价者们打算分配由 TU 博弈所产生的盈余。我们选择的度量单位使这个博弈的价值等于 1，而分歧的回报则为 0。②如果某个出价被接受，则将立刻支付回报；但若它被拒绝，那么在做出还价前将会流逝 1 单位时间。在"A1"处的出价在时间 $t = 0$ 时做出；在"B1"处的出价则在 $t = 1$ 时做出；等等。这里没有确定的时点，倘若无人接受某个出价，t 可以趋于无限大。③通过贴现率 δ^t（t 为支付回报之前所流逝的时间），所有的回报都被贴现为现值。这是因为人们偏好于现在而不是将来的支付（即具有为正的时间偏好），因此，拖延议价就需要付出代价。某些资源在每一时期内都会被浪费或者消耗，比如，假如谈判是为了解决当下的罢工或停产问题，那么双方在谈判期间都会蒙受损失。因此，我们需要考虑不同的 δ_A 和 δ_B。

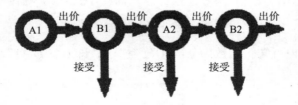

图 17-6　一个轮流出价的博弈

当然，这个博弈其实要比"蜈蚣博弈"略为复杂一些，因为在每个步骤都有许多不同的行为策略，即议价者在每个步骤都可提出各种不同的出价，而在每个步骤所接受的回报又取决于截至那时已经提出的所有出价。现在我们把这些出价和回报都当作未知的，设法确定它们必须具备何种水平，以便确定子博弈完美均衡。假设 M 是议价者 A 在子博弈完美均衡时所得博弈价值部分的上限。我们注意到，从"A2"开始的子博弈是对最初博弈的复制。若将回报贴现到 $t = 2$ 而不是 $t = 0$，且议价者 A 在"A2"处接受出价，那么他最多可获得 M。议价者 B 若在"B1"处出价，那就不能超过 $\delta_A M$，因为这是 M 在 $t = 2$ 时的价值按照议价者 A 的贴现率贴现到 $t = 1$ 时的结果。换句话说，在 $t = 1$ 时，议价者 A 偏好于他可以通过拒绝而获得等于或大于 $\delta_A M$ 的任何出价。与其相反，在 $t = 1$ 时，议价者 B 至少需要获得（$1 - \delta_A M$）才会感到满意。在"B1"处，他会拒绝任何较低的出价。贴现到 $t = 0$ 时，下限就是 $\delta_B (1 - \delta_A M)$。在"A1"处，议价者 A 知道这一点，而且明白出价

若低于 $\delta_B(1-\delta_A M)$，则会被议价者 B 拒绝。由于该博弈至少将延续到"A2"，所以议价者 A 最多能够得到 M。如果议价者 A 提出任何超过 $\delta_B(1-\delta_A M)$ 的出价，那么议价者 B 都会接受。不过，为了让议价者 B 接受而提出超出必要数量的出价绝非议价者 A 的最优应对策略。因此，议价者 A 的出价将正好等于 $\delta_B(1-\delta_A M)$ 而议价者 B 也会接受，所以议价者 A 得到的回报是 $[1-\delta_B(1-\delta_A M)]$。因为此时已是博弈的终点，故 $[1-\delta_B(1-\delta_A M)]$ 就是议价者 A 所能获得的比例上限（它也是唯一的这种比例）。这意味着根据定义，它就是 M，即 $1-\delta_B(1-\delta_A M)=M$。针对 M 进行求解，可以得出

$$M = \frac{1-\delta_B}{1-\delta_A \delta_B} \tag{17-15}$$

因此，他们的分配方案是 A 得到 $\dfrac{1-\delta_B}{1-\delta_A \delta_B}$，而 B 得到 $\dfrac{\delta_B(1-\delta_A)}{1-\delta_A \delta_B}$。

因为该方案为议价者 A 提供了作为先行者的优势，所以它是不对称的；而议价者 B 在还价之前需要耽搁 1 单位的时间，这一点是有成本的，所以他处于劣势。这种指定议价者 A 是先行者的做法具有一定的随意性，而有关议价者 B 在还价之前需耽误 1 单位时间的假设亦然。因此，关于非合作性议价博弈，接踵而至的一个问题就是，按照某种能够消除任意的先行者优势的方式予以调整。其中一种方式是，允许拒绝出价和还价的间隔时间少于 1 单位，而且在极限意义上趋于 0。在这种情况下，可得

$$u_A = \frac{\ln \delta_A}{\ln \delta_A + \ln \delta_B}, u_B = \frac{\ln \delta_B}{\ln \delta_A + \ln \delta_B} \tag{17-16}$$

因此，如果拒绝出价和还价之间流逝的时间很短，则式（17-15）中的回报将趋近于式（17-16）。当且仅当（if and only if）$\delta_A = \delta_B$ 时，式（17-16）中这种趋于极限的回报才是对称的。一般来说，如果 $\delta_A \neq \delta_B$，则具有较大的 $\delta < 1$ 数值的议价者将获得较大的回报，因为他对未来的回报贴现较少。换句话说，他更有耐心。由此可以得到的结论是，更有耐心也就意味着拥有更强的议价实力。

非合作性方法的优势在于，它把子博弈完美均衡当作非合作解，使我们能够考虑议价问题的某些细节，这些都是茨威森－纳什议价方法未曾涉及的内容。例如，正如所见，延迟交易的可能性是有成本的，而且对于两位议价者也会有所不同。另外一种可能性是，在议价过程的某个阶段，一些外部事件可能会导致议价取消，所以每位议价者都必须确定自己的分歧性回报（例如，某个自然灾害事件摧毁了 A 和 B 合作的必备资源，使他们再也无法获得合作的优势）。另假设：①$\delta_A = \delta_B = 1$，那就不会产生延迟议价的成本，除了存在议价可能会被取消的风险之外；②由于两位议价者都属于风险厌恶型的，所以茨威森－纳什方法同样属于非合作解，因为它对应于茨威森的议价理论研究方法。

非合作性议价理论需要考虑的另一种可能性是，议价者们或许缺乏信息。例如，可能存在着一些不同"类型"的议价者，并具有不同的分歧性结局。因此，其中的一两位议价者并不了解对方的"类型"。换句话说，他们不知道其他议价者能够接受的最低回报是多少。在这种情况下，对于议价者来说，理性的做法或许是坚持己见和推迟价格的确定，以表明他属于最低回报相对较高的"类型"。这种做法是理性的，即使它没有效率，因为如此可以提高那位坚持者的回报（即使它会更多地减少其他议价者的回报）。我们同样会

看到这样的情形，即议价谈判破裂，因为某些议价者（理性地）对于对方"类型"的猜测有误。这一点同样会有助益，因为我们在现实世界中确实看到了议价的延误和破裂，而且很不幸地对它们所知甚少。

虽然我们把非合作性方法描述为议价理论的另一种方法，但它在许多方面是对17.1～17.5节所述方法的补充。这种方法取决于有关议价"解"的各种假设条件，例如，议价实力可以按照我们知道的方式分为对等的和不对等的。目前这种非合作性方法则有助于我们选择更加合理的假设条件。例如，我们已经知道，非合作性方法并不认可有关对等议价实力的假设，除非我们有足够的理由相信议价者们具有相同的耐心。如果一位议价者比另一位更有耐心，前者的议价实力就会得到增强。非合作性议价模型告诉我们，如果行为人都是理性的，每一位都知道其他人想要的东西，那么他们立刻就会达成协议。如果他们因为拒绝对方的出价而延迟交易，那就体现了知识的不够完备。另外，我们认为，出价可以披露某些事情，可以增加双方所能得到的信息，并且形成将反映这类知识的交易。

如果我们认为议价是从非合作性协议到合作性协议的一个必经步骤，那就有理由从合作性和非合作性这两个角度对它展开研究，以便探索这两个方面的内容。非合作性议价理论有助于我们理解议价实力是如何在合作性协议中生成的，也有助于我们理解知识和无知在议价中的作用，而关于非合作性议价理论本身还有许多议题有待于进一步研究。

17.8　议价和现代宏观经济学

宏观经济学研究的是处在国家层面上的经济事件和政策，其主要议题之一是失业问题。近期一些关于失业的宏观经济学研究，包括在2010年度获得诺贝尔经济学奖表彰的工作在内，也都运用了议价理论。本节将从一个非常简化的角度来探讨这个概念，即从TU议价博弈的角度对它进行分析。

假设亚伯正在考虑是否雇用鲍勃，后者目前没有工作。如果鲍勃得到雇用，则他能使艾伯的公司收益增加 Y，因为 Y 是鲍勃在亚伯公司中的边际产品。如果鲍勃接受这份工作，那么他需付出数量为 V 的努力负效用。因此，亚伯必须给予鲍勃附加支付而让他觉得值得把时间花费在这份工作上。这种附加支付称作"工资"，用 W 表示。另外，假设鲍勃可以继续失业，进而获得等于 Z 的回报，他或许是为了等待更好的工作机会。Y、V、W 和 Z 都属于期望回报值，并且都被恰当地表示成贴现值。因此，只有当 $W - V > Z$ 的时候，鲍勃才会考虑接受这份工作。

然而，故事尚未终结。为了填补这个职位空缺，亚伯和鲍勃都面临着一些成本。亚伯需要做广告，以及面试各位候选人，这些都需要花费时间和货币成本；而鲍勃则必须等待工作机会的公布，并到相应地点接受面试，所有这些同样会有成本。假设公布工作机会的成本 E 由亚伯承担，而鲍勃承担的成本为 F，把两者再度恰当地贴现为现值，则它们都属于"匹配成本"（costs of matching），它是交易成本中的一种。根据我们现在所讨论的失业理论，这些交易成本也正是失业发生的缘由。确实，如果 $E + F > Y - V$，对亚伯来说，雇用鲍勃就是"没有效率的"；不过，我们假设 $Y - V > E + F$，那么它是就业得以实现的必要条件。

合作性博弈论和议价理论通常不考虑交易成本。因为一旦完成了匹配，亚伯和鲍勃就会针对可能的共谋条件进行谈判，而那些成本都已经沉没（sunk）[⊖]。因此，从现在起，可以忽略它们。

假设双方围绕着盈余（$Y - V$）的分配问题进行谈判，我们可将它作为 TU 博弈进行分析。首先假设他们拥有对等的议价实力。不过，鲍勃具有一个外部选项，即为了回报 Z 而继续失业，所以议价只会围绕着（$Y - V$）超过 Z 的数额而展开，即 $Y - V - Z$。在议价实力对等的 TU 博弈中，它将被均等地分配，因此，可得

$$Y - W = W - V - Z \tag{17-17}$$

$$W = \frac{Y + V + Z}{2}, \quad Y - W = \frac{Y - V - Z}{2} \tag{17-18}$$

假设亚伯和鲍勃的议价实力不对等，亚伯的议价实力与权重参数 β 成比例，而鲍勃的议价实力与权重参数（$1 - \beta$）成比例，则我们仍可将它视为 TU 博弈，所以盈余将在两人之间按照 β 进行分配，因此，可得

$$Y - W = \beta (Y - V - Z) \tag{17-19}$$

$$W = (1 - \beta) Y + \beta (V + Z) \tag{17-20}$$

现在让我们再回到交易成本问题。在做出决策时，亚伯公布所招募的职位而鲍勃则在寻找工作。他们都会估算这些议价的结局，即对自己预期的份额与交易成本进行权衡。因此，一方面，只有当 $E \leqslant Y - W$ 时，亚伯才会公布职位；否则，这份工作对他无利可图。另一方面，只有当 $F \leqslant W - V$ 时，鲍勃才会寻找工作；否则，他会成为"气馁的工人"（discouraged worker），即虽然失业，但是不会努力寻找工作。因此，我们可知议价实力未必一定有利于拥有它的议价者。换句话说，如果鲍勃的议价实力大于 $\left(\dfrac{Y - V - Z - E}{Y - V - Z} \right)$，那么就有 $Y - W \leqslant V$，而亚伯也就不会提供工作机会。

不尽如人意的是，这种方法与事实并不相符。我们观察到，失业在整个"生意周期"内波动很大，而失业工人的"外部选项"Z 似乎与失业水平呈反向变化。例如，当失业率很高时，等待新工作机会的平均时间也会延长，而提供工作机会的概率也会降低，这两者都会减少 Z。根据式（17-20）我们可以预计，工资将会随着 Z 和失业水平一起波动，而相对的变化比例由 β 所决定。不过，目前没有实际证据显示出这种波动，相反，工资似乎在整个"生意周期"内都呈现出某种黏性（sticky），这就使一些宏观经济学家转而采用其他方法探究议价理论，诸如某些非合作性模型，其中的交易可能不受失业者外部选项的影响。

17.9 关于议价者的某些实际结论

虽然议价理论的抽象程度较高，但是议价在生意界和日常生活中却是一种很普遍的现

⊖ 沉没成本（sunk cost）指的是，由于过去的决策所产生的，不能被现在或将来的任何决策改变的成本。——译者注

象。在现实的议价情形中，我们所了解的情况可能不如议价理论假设议价者们所了解的程度。关于这种情况，即根据有限知识的议价，仍然存在着很大的研究空间。那么，面对议价情形，我们能否从这种可以应用的抽象理论中获得某些教益呢？

许多议价模型通常假设议价者们了解许多事情，也就无所谓"议价过程"可言，因为他们即刻就能达成最终交易。我们已经知道，根据某些非合作性议价模型，不完备的知识会造成交易的延误和多次出价的更替。尤其是议价者们对于 UPF 或许知道得不少，至少知道"你多得的 1 美元就是我少得的 1 美元"。但是，他们并不知道分歧性回报 ω_A 和 ω_B 是多少，所以也不了解究竟是否存在着共同利益，因为完全有可能出现 $g(\omega_A) > \omega_B$ 的情形。如果一位议价者做出某种让步，那就是有意分享信息，即"我愿意接受 q，如果你愿意支付那个数量的话"传递了"我的分歧性回报 ω 不低于 q"的信息。这种信息对于另一位议价者很有用处，他可对自己的议价策略实施精练，而且这属于出价者做出的牺牲，因为他放弃了获得介于 ω 和 q 之间的回报的可能性。成功的议价通常具有互动性，尤其是议价者们会相互分享有关他们将找到何为可接受方案的信息。如果议价者们无法交流信息，那么议价就有可能失败。

把握了这一点，就可从本章中提取其他概念。下面是一些具有普遍意义的指南。

（1）不要指望掌控一切。

① 你必须给予其他议价者至少在他没有协议时也可获得的数量。

② 通常情况下，只要其他议价者具有一定的议价实力，他们的所得就能超过最小值。

（2）确切地知道你究竟想要得到什么，你能够接受的最小值是多少。

（3）对手关于你的想法，以及他关于你对于他的想法的想法。这一点对于确定他能否理性地出价或接受出价非常重要。

① 尽量了解你的对手所能接受的事情。

② 一开始就不要显示出你能够放弃的所有东西，否则，对手会认为你还留有一手。你的最优应对策略是确实留有一手，直到确信可以就你的出价达成协议为止。

17.10　总结

议价理论阐述了这样一个问题，即假设人们能够根据某项合作性协议一起工作，从而实现超出他们各自单干所能得到的盈余。他们将如何分配盈余？这就是议价问题。作为第一步，我们阐述了他们可以将盈余作为 UPF 进行分配的各种方式。我们认识到，纳什均衡就其本身而言，无法提供这个问题的答案。换句话说，若把议价问题转换为非合作性博弈，则处在 UPF 上的每个点都是帕累托最优的，而且全都构成了纳什均衡。因此，我们可以转而做出关于议价问题的合理解答是什么的假设，或者议价者们将如何权衡议价的风险与效用，或者对纳什均衡实施精练。根据这条思路，存在着几种研究方法，包括合作性的和非合作性的，可以使两位议价者所得回报的乘积达到最大。关于 TU 博弈，它意味着在扣除议价者们各自单干可以获得的回报之后，需要对共谋价值进行均等分配。如果他们拥有不对等的议价实力，可以将这一点推广到关于净效用的柯布－道格拉斯函数中。如果我们在议价中时常看到轮流出价的非合作性博弈，则会发现存在着一些不同的结局，至少更有耐心的议价者会拥有更强的议价实力。在议价者有理由担心议价谈判破裂的特定情形中，我们可以再度找到乘积函数解。议价理论的一种重要的应用是，当存在寻找合适雇员的交易成本时，应如何确定工资。

■ 本章术语

议价（bargaining）：它是某人向另一人提出某种要求或者出价的过程，旨在达成一项共同协议，诸如如何分配由他们的共同行动所产生的价值。

效用可能性边界（utility possibility frontier，UPF）：作为一条曲线，它的横轴和纵轴分别表示两位议价者的效用。给定一位议价者的效用，那么 UPF 就描绘了另一位议价者可能获得的最大效用。因此，处在 UPF 上的每一点都是帕累托最优的。

茨威森-纳什议价（Zeuthen-Nash bargaining）：它是由茨威森和约翰·纳什根据几种不同方式推导出来的关于议价问题的解答。它表明议价者将会抵达 UPF 上的某个能令（$u_A - \omega_A$）（$u_B - \omega_B$）达到最大的点，其中，u_i 是第 i 位议价者的效用，ω_i 是 i 所能得到的收益，如果两人之间没有合作或者议价的话。

■ 练习与讨论

1. 补贴的负担

在 17.4 节关于汤姆和杰瑞的例子中，假设取代 20 美元的税收，汤姆和杰瑞能在每件小工具生产中获得 20 美元的补贴，另外假设他们拥有对等的议价实力，则他们的回报和附加支付各是多少？假设需要缴纳的 80 美元的"定额税"（lump sum tax）与产量无关，则交易又会如何？他们将如何分担税负？其中的超额税负是多少？

2. 无关选项

安娜和芭芭拉正在就确定处在图 17-7 中 UPF 之内的支付问题进行谈判。

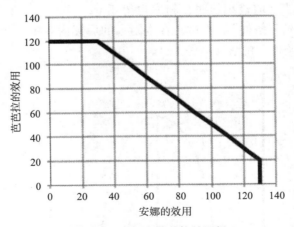

图 17-7　安娜和芭芭拉的回报

提示：处在这条曲线的下倾部分时，安娜和芭芭拉的总回报为 150。运用茨威森-纳什议价理论和"独立于无关选项"的假设条件来回答下列问题。

（1）如果他们拥有对等的议价实力，则回报将是多少？

（2）如果安娜拥有两倍于芭芭拉的议价实力，则回报又将是多少？

附录17A
Appendix17A

运用微积分的议价理论

议价理论考虑了不对等的议价实力，其特征为

$$\max(u_A - \omega_A)^\beta (u_B - \omega_B)^{1-\beta}$$

其中

$$u_B = g(u_A)$$

而 u_A 和 u_B 是议价者 A 和议价者 B 的效用，ω_A 和 ω_B 是他们没有达成协议时各自所得的效用，β 是议价者 A 的相对议价实力，而 $g(u_A)$ 则是 UPF。

在运用微积分求解最大值的问题时，我们需要使用导数的"必要条件"。图 17A-1 直观地说明了这一点，即变量 y 如何随着 x 的变化而变化。我们想要找到对应于最大值 y 的 x_0 值。回顾一下，y 关于 x 的导数可以描绘成与曲线相切的各条直线的斜率。在曲线的顶端，切线是平坦的，即它的斜率等于 0。因此，对于如图 17-8 所示的简单情形，最大化的"必要条件"就是 $\dfrac{dy}{dx} = 0$。虽然针对 x 的其他取值也会出现斜率为 0 的情形，但是 y 并不是最大值。例如，当 y 取最小值时，斜率也等于 0。因此，只有"必要条件"还不够，我们还需要更多的"充分条件"。不过，在本附录的后续内容中，我们不涉及这个复杂问题，而只探讨"必要条件"的含义。

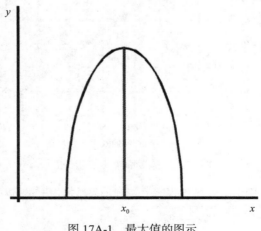

图 17A-1　最大值的图示

因此，通过代入可以得到

$$F(u_A) = (u_A - \omega_A)^\beta [g(u_A) - \omega_B]^{1-\beta} \qquad (17A\text{-}1)$$

求微分后可得

$$\frac{\partial F(u_A)}{\partial u_A} = \beta(u_A - \omega_A)^{\beta-1}[g(u_A) - \omega_B]^{1-\beta}$$
$$+ \frac{\partial g(u_A)}{\partial u_A}(1-\beta)(u_A - \omega_A)^\beta [g(u_A) - \omega_B]^{1-\beta-1} = 0 \qquad (17A\text{-}2)$$

我们可利用关于指数代数的下列恒等式，即对于任何为正的实数有

$$x^{-k} = \frac{1}{x^k}; \quad x^k x^n = x^{k+n}; \quad \frac{y^k}{x^k} = \left(\frac{y}{x}\right)^k$$

因此，由式（17A-2）可以得到

$$\beta\left[\frac{g(u_A) - \omega_B}{u_A - \omega_A}\right]^{1-\beta} = -\frac{\partial g(u_A)}{\partial u_A}(1-\beta)\left[\frac{u_A - \omega_A}{g(u_A) - \omega_B}\right]^\beta \qquad (17A\text{-}3)$$

由于 $\frac{\partial g(u_A)}{\partial u_A} < 0$，所以式（17A-3）的两边都为正。

由式（17A-3）可以得到

$$u_A = \omega_A + \left[\frac{\beta}{1-\beta} \cdot \frac{1}{\left[-\frac{\partial g(u_A)}{\partial u_A}\right]}\right](u_B - \omega_B) \qquad (17A\text{-}4)$$

再一次地，因为 $\frac{\partial g(u_A)}{\partial u_A} < 0$，所以方括号中的那一项为正。

对于图 17-2 中的例子来说，有

$$g(u_A) = 120 - 0.3u_A - 0.011\,7u_A^2 \qquad (17A\text{-}5)$$

$$\frac{\partial g(u_A)}{\partial u_A} = -0.3 - 0.023\,4u_A^2 \qquad (17A\text{-}6)$$

在那个例子中，因为议价者具有对等的议价实力，所以 $\frac{\beta}{1-\beta} = 1$，而式（17A-4）则为

$$(u_A - \omega_A)(0.3 + 0.023\,4u_A^2) = 120 - 0.3u_A - 0.011\,7u_A^2 - \omega_B \qquad (17A\text{-}7)$$

这是关于 u_A 的二次函数，图 17-2 说明了它的正解。

对于图 17-6 中的例子来说，除了 $\frac{\beta}{1-\beta} = \dfrac{\frac{2}{3}}{\frac{1}{3}} = 2$ 之外，其他的都相似，所以式（17A-7）

变成式（17A-8），即

$$(u_A - \omega_A)(0.3 + 0.023\ 4u_A^2) = 2(120 - 0.3u_A - 0.011\ 7u_A^2 - \omega_B) \qquad （17A-8）$$

对于图 17-3 中的例子来说，有

$$g(u_A) - 250 = u_A \qquad （17A-9）^{\ominus}$$

$$\frac{\partial g(u_A)}{\partial u_A} = -1 \qquad （17A-10）$$

再者，因为 $\dfrac{\beta}{1-\beta} = 1$ 和 $\omega_A = \omega_B = 0$，因此，根据式（17-A4）可得

$$u_A = u_B \qquad （17A-11）$$

⊖　此式原文为 $g(u_A) - 250 - u_A$。——译者注

博弈、实验和行为博弈理论

导读

为了充分理解本章内容，你需要先学习和理解第 1 ～ 5、7、9 章和第 12 ～ 15 章。

博弈论和实验方法都是以"同一性"（uniformity）假设为前提条件的。采用实验方法时，我们假设自然是同一性的，在实验室内观察到的各种规律（regularities）同样适用于其他时间和空间。在整个 20 世纪，实验方法已被越来越多地应用于人类行为中。因此，"同一性"假设也就构成了关于人类行为的假设。换句话说，我们在实验室内观察到的人类行为同样可在实验室以外观察到。但是，它的说服力要逊于"无生命的自然界是同一的"这种理念。就人类行为而言，所处的环境确实十分重要，而实验室的环境也可以通过各种重要的方式对人类行为做出调整。在关于人类行为的诸多学科中，实验方法已成为提供各种思路的重要来源。

博弈论中的假设条件同样是人类行为的同一性，因此通过人们的博弈行为所了解的内容也可拓展到其他类型的对等回应中。这一点与关于实验工作的同一性假设密切相关，而我们确实也将"拿子"（Nim）之类的游戏视为针对人们某种特定行为的实验。在此，环境同样会影响人类行为，而且我们需要更加慎重地看待同一性假设。另外，博弈论和实验方法两者之间的并列关系也非常重要，因为正是这种关系构成了博弈论的基础。

因此，从很早的时候起，人们在博弈论领域就已经开展了实验性工作，而实验性博弈理论也确实起步于 1950 年。

18.1 囚徒困境实验

我们大致可以确定，经过调整的"囚徒困境"实验属于博弈论领域中最早的实验。在博弈论发展的最初几十年间，"囚徒困境"得到了实验者们的很大关注。1950 年 1 月，在一项最早的实验中，兰德公司的梅丽尔·弗路德和梅尔温·德瑞谢尔（Merril Flood and Melvin Dresher）是主导者。表 18-1 显示了他们两人所做的实验（与那项实验所用表格略有不同，而后者的设计令人感到困惑，因为实验的目的之一是确定均衡策略）。实验的对象是加利福尼亚大学洛杉矶分校（UCLA）的经济学家阿曼·阿尔钦（Armen Alchain）和兰德公司数学部门主管约翰·威廉姆斯（John Williams）。如表 18-1 所示，这个博弈出自前面各章研究过的"囚徒困境"，并进行了适当的调整，即它是不对称的。在四种策略组合中，威廉姆斯有三种要比阿尔钦做得更好，包括双方都选择"合作"或者都选择"背离"的情形。这一点证明了那项实验的复杂性。

在弗路德－德瑞谢尔的实验中，阿尔钦和威廉姆斯相继进行了 100 轮博弈。一项记录保留了他们的策略和评论，并构成了一个关于"彻谈"（talking through）实验的模本。近几十年来，它被认知科学家们广泛地运用于实验中，他们提出了关于那两位思维过程的一些灼见。[一] 显然，他们分别始于差异很大的期望：阿尔钦预计威廉姆斯会选择"背离"，而威廉姆斯却试图获得合作解，后者从"合作"开始并且采用触发策略（换句话说，针对阿尔钦的"背离"策略，威廉姆斯将采取一轮或多轮"背离"策略）。阿尔钦最初并没有"领悟到它"，而是认为威廉姆斯正在运用混合策略（威廉姆斯评论道，阿尔钦是个书呆子）。最终，阿尔钦总算明白了威廉姆斯发出的是进行"合作"博弈的信号。但是，作为不对称回报表的受损者，阿尔钦认为，为了使回报均等，威廉姆斯多少应该允许他不时地采用"背离"策略。等到该博弈在第 100 轮结束时，阿尔钦考虑到在最后一轮不会有"合作"（因为再也没有下一轮可以实施报复），所以会较早地选择"背离"，以便获得某种优势。事实上，他们两位在第 83 ～ 98 轮时都选择了"合作"，而在第 100 轮时都选择了"背离"。

表 18-1 经过调整的"囚徒困境"

		威廉姆斯	
		合作	背离
阿尔钦	合作	1/2, 1	-1, 2
	背离	1, -1	0, 1/2

⚠ **重点内容**

这里是本章将阐述的一些概念。

博弈实验（games as experiments）：我们时常通过让人们实际进行博弈来观察他们选择的策略，由此检验出自博弈论的各种理论。

有界理性（bounded rationality）：如果人们总是无法选择最优应对策略或者无法让自己的回报达到最大，但却尽力为之，我们就说他们是"有界理性"的。

对等回应（reciprocity）：如果人们偏离自利理性且对等地以善行或者恶行作为报答，那么他们就是按照对等回应方式采取行动的。

最后通牒博弈（ultimatum game）：在此类博弈中，一位参与者提议按照参与者们选定的某种比例分配一定的数量，而且只有在另一位接受之后，两位才能获得回报。这种博弈被普遍运用于实验之中。

蜈蚣博弈（centipede game）：在这类博弈中，一位参与者可以获取较大部分的效益，如果无人利用这个机会，则可获得更大的份额。这种博弈同样在实验中发挥着重要作用。

威廉·庞德斯通写道：[二] "阿尔钦说，威廉姆斯不愿进行'分享'。不太明确的是，他的意思究竟是什么。"我们暂时不去揣测阿尔钦当时在想些什么。他似乎依然是从混合策略的角度进行思考，其脑海中大概存在着这样一种"相关的"混合策略，即如果存在着一项可以实施的协议，则他们两位就可一致地采取某种混合策略，即联合起来以概率 p

---

[一] 威廉·庞德斯通的《囚徒困境》描述了这些内容（William Poundstone's, *Prisoner's Dilemma*, New York: Doubleday, 1992, pp.108-116）。

[二] *Prisoner's Dilemma*, p.107.

选择（C，C），而以概率（$1-p$）选择（D，C）的混合策略。[⊖]采纳（D，C）可让阿尔钦拿回自己的部分回报，而牺牲部分总回报。因为每一轮的总回报为 $1.5p$，任何小于 1 的 p 值都是无效率的，而阿尔钦的回报为（$1-0.5p$），p 值的任何降低对他都会有所帮助；威廉姆斯的回报是（$2p-1$）。两人的期望回报值在 $p=4/5$ 时达到相等的水平。[⊜]阿尔钦预测，威廉姆斯会使 p 朝着 4/5 降低而接受他（阿尔钦）的"合作"策略，虽然情况可能并非如此。对于威廉姆斯来说，应该比较容易采纳相关的策略，即总是选择"合作"，但是，这会让阿尔钦可以掌控 p 的变化。因此，威廉姆斯必须观察阿尔钦在几轮博弈中采取的策略，进而估算对方的概率，然后实施报复。但是，在阿尔钦看来，威廉姆斯总是在实施报复，并将这一点理解为对方自私地不愿分享"合作"策略带来的效益。

虽然存在着这些困惑，但两位参与者依然努力地在 100 轮博弈中进行了 60 次"合作"，而相互"背离"，作为纳什均衡，仅发生了 14 次。弗路德和德瑞谢尔向约翰·纳什展示了他们的实验结果。约翰·纳什指出，它其实并不是一次性的"囚徒困境"，因为重复博弈将会极大地改变分析过程。无疑，约翰·纳什是正确的。从那时起，我们也就明白，在这类博弈中，子博弈完美纳什均衡就是在每一轮中都选择"背离"，而两位参与者都没有那样行事。在博弈开始时，阿尔钦预期博弈会按照那种方式进行，但是在后来修正了这种预期，而且学会采用一种相当不同的非均衡方法；而威廉姆斯则是有意识地采用一种非均衡的策略，并希望获得相互合作的效益。

18.2　行为博弈论

这项最早的实验产生的各种结果为有关"囚徒困境"的许多实验提供了范例。通常情况下，实验对象并不总会采取占优策略均衡，他们时常会选择合作策略对（cooperative strategy pair）。这就产生了对于"囚徒困境"的两种诠释。关于哪一种诠释更好的问题，一直存在着争论。这两种诠释如下。

（1）人们其实并不像博弈论所假设的那样具有理性，而且无法采用占优策略均衡，因为他们并不理解博弈。

（2）人们要比博弈论所假设的更加善于化解社会困境，这或许是因为他们的行动并非总是以自利为基础。

关于"囚徒困境"诠释的争论者通常认为，在这两种诠释中，只有一种是正确的。但是，弗路德－德瑞谢尔的实验已经表明，它们都包含了某种真理和谬误的成分。随着时间的推移，针对博弈和近似博弈的情形，实验性决策研究已经发展成为一个独特的次级领域（subfield），即所谓的"行为博弈论"。它是借用心理学、实验经济学，以及专门针对博弈论的情形而构建的各种实验模本方法。根据这些方法，不同结局的出现取决于所

⊖　阿尔钦的策略列在前面，其中"C"表示合作，"D"表示背离。

⊜　这个相关的混合策略并不构成均衡，因为这些概率都不属于最优应对策略。因为这个策略未能使总回报达到最大，所以它不是有效率的，并且不构成合作解。不过，这一点未必尽然。如果没有"可转让的效用"，即无法做出附加支付，那么在双方都无法在不让对方变糟的同时改善自己的状况的意义上，这个相关的策略就会是有效率的。这也正是阿尔钦这样的经济学家理解"效率"的方式。因此，相关的混合策略可能会构成这个博弈的合作解。

选策略的对等回应情况。此外，我们还构建了一些考虑到风险厌恶因素的模本。凭借这方面研究的经验，目前我们已经形成了一些重要的结论。

我们可以将出自许多实验的结论概述如下。

- 人们的实际理性属于"有界理性"。他们不会自发地选择针对博弈的数学理性解，而是通过复杂和可能出错的各种方式来思考博弈问题。他们通常会根据各种试探性规则（heuristic rules）或"经验法则"（rules of thumb）参与博弈，诸如"针锋相对"的触发策略规则。它在许多情况下都能奏效，当然也可能出错。
- 人们通常能够找到关于简单博弈的解答，尤其是那些具有可运用试错法的学习机会的博弈。在许多博弈中，人们所采纳的策略会随着经验的积累和学习过程而趋于均衡。然而，在"囚徒困境"中，学习过程至少会造成负面的影响，因为人们能够学会合作（就像阿尔钦在弗路德 – 德瑞谢尔实验中所做的）。
- 每个人会带着不同的动机和不同的解决方式参与社会困境博弈。数项实验表明，在博弈实验中存在着不止一种"类型"的决策者。
- 其他一些实验性研究提出了弗路德和德瑞谢尔未能获得的一个结果，因为参与那项实验的人员的性别都是相同的。我们时常会发现，女性的策略选择与男性有所不同。[⊖]

我们首先考虑一个具有代表性的实验性研究，它克服了早期研究所遇到的诸多困难。为了说明博弈论如何接纳各种并非自利的动机（non-self-serving motives），以及实验如何展示这一点，我们将考虑关于"最后通牒博弈""蜈蚣博弈"的实验，并将出自这些研究的某些想法运用于一个商业案例中。为了说明"有界理性"可能发挥的作用，我们接下去会探讨"k 级理论"（level-k theory），因为它激发了近期一些重要的实验性研究。

18.3 一个混合性实验

为了说明实验性博弈论在弗路德和德瑞谢尔之后半个世纪的发展过程，我们将介绍一个具有普遍意义的例子，那就是 20 世纪 80 年代末在美国艾奥瓦大学（University of Iowa）所做的一项实验性研究。[⊖]实验对象都是商学院的学生，他们被随机地成对匹配，通过计算机网络进行匿名博弈，因而相互无法见面。这种设计可以确保他们参与的是由实验者们所设计的一次性博弈，而不是某些比较复杂的重复博弈。为了消除风险厌恶之类因素

⊖ 令人感到好奇的是，女性在总体上要比男性更有可能努力地获得合作解。神经科学家们所做的一些包括大脑映像在内的实验结果，（在女性实验对象中）与在"囚徒困境"实验中采用合作策略相关的大脑活动和合作是一种情感回报的假说相吻合。当实验对象针对其他人类参与者而不是计算机进行博弈时，我们可以观察到这种大脑活动。参阅：Angier, Natalie, "Why we're so nice: we're wired to cooperate", *New York Times*, Section F, Tuesday, July 23, 2002, pp.1-8. 另一方面，在 Rapoport, Anatole 和 Albert M. Chammah 报告的一项早期研究中却发现女性更加不易进行合作（*Prisoner's Dilemma,* University of Michigan Press, 1965）。

⊖ Cooper, Russell W. and Douglas V. DeJong, Robert Forsythe, and Thomas W. Ross, Selection criteria in coordination games: some experimental results, *American Economic Review*, 80（1）(March, 1990), 218-233.

的影响，实验者们对回报做了某些调整，使数值回报尽量对应于主观回报。[1]作者们写道："……关于占优策略预测……和纳什均衡预测……存在着强有力的证据……"[2]

在许多情形中，他们参与的博弈都旨在把社会困境因素与协调性博弈因素相互混合。表 18-2 给出了一个例子。这个博弈的左上方四个格子确定了一个有点类似于"努力博弈"的协调性博弈，因为（1，1）和（2，2）这两个均衡可由两位参与者按照相同的方式进行排序，且（2，2）优于（1，1）。在这些情形中，（2，2）构成了一个谢林焦点，因此是最有可能形成的均衡。然而，（2，2）并不是合作解，因为（3，3）可以进一步改善两位参与者的处境，但是，策略3作为处在社会困境中的合作性策略，却是被占优的。

表 18-2　一项实验性研究的三种策略博弈

		Q		
		1	2	3
P	1	350, 350	350, 250	1 000, 0
	2	250, 350	550, 550	0, 0
	3	0, 1 000	0, 0	600, 600

在这些实验中，我们通常能够观察到纳什均衡。一些参与者会采取合作策略，即策略3。不过，在表 18-2 的博弈中，最常出现的纳什均衡是（1，1），它并不比处在（2，2）的均衡更好。实验者们判断，（1，1）之所以会被选中，是因为实验对象们获得了其他参与者将采取合作策略 3 的为正的概率。如果 Q 采取合作策略 3，则 P 就可通过选择策略1 而大赚 1 000 点；或者，P 可能推测 Q 将选择策略 1，因为 Q 认为 P 将选择策略 3。为了检验这种假说，实验者们还进行了如表 18-3 所示的一个略为不同的博弈，其中合作解不再是（3，3），而是（2，2），因此，合作解与排序更优的纳什解之间没有冲突。在这个博弈中，（2，2）几乎总是会被选中。

表 18-3　另一项实验性研究的三种策略博弈

		Q		
		1	2	3
P	1	350, 350	350, 250	1 000, 0
	2	250, 350	550, 550	0, 0
	3	0, 1 000	0, 0	500, 500

实验者们得出的结论是，合作解即使被占优，也能够影响对于各个纳什均衡的选择。这个实验是关于博弈论领域中许多实验性工作的一个很好的例子。它表明我们可以解决在弗路德 – 德瑞谢尔实验中遇到的诸多困难。另外，它也符合许多结果，即我们可以在实验中实现纳什和占优策略均衡，尤其在把握了博弈的含义且博弈相当简单，以及在纳什结局与合作性结局之间没有冲突的时候。关于谢林焦点理论，实验工作已至少完成了一半。在没有合作解和均衡之间冲突的干扰时，实验者们找到了谢林焦点，而在出现这种冲突时确实不存在谢林焦点。

18.4　最后通牒博弈

"最后通牒博弈"以某种更加鲜明的形式体现了均衡与实验结果之间的对照情况。假设需要在两位参与者之间分配某个确定的金额（譬如，50 美元）。作为"提议者"的一位

---

[1] 由于实际回报取决于一张标明根据游戏积分所设计的回报和概率的彩票，所以风险厌恶不会对策略选择产生影响，不过，具体细节的研究对于本书来说过于深奥了。

[2] Cooper, Russell W. and Douglas V. DeJong, Robert Forsythe, and Thomas W. Ross, Selection criteria in coordination games: some experimental results, *American Economic Review*, 80（1）(March, 1990), p.223.

参与者向"回应者"提出后者可以得到的某个金额，而回应者只能接受或者拒绝。这里既无谈判，也无重复。[⊖]如果提议者和回应者能够就分配比例达成一致，则他们各自将得到所认可的金额；如果存在异议，即如果回应者回答说"不"，那么双方都将一无所得。

出于简便的目的，假设提议者只能向回应者提出整数金额，那么提议者有 51 种策略，即 0，1，2，…，50。这时可运用扩展式博弈，图 18-1 只显示了其中的两种策略，即提议 1 美元和提议 r。这个未知的 r 表示除了"提议 1 美元"以外的任何策略，所以我们可用图 18-1 分析这个博弈。可以看出，如果提议 1 美元，则回应者的最佳回应就是接受，毕竟 1 美元胜过一无所获。假设提议的 r 超过 1 美元，此时，回应者的最佳回应同样是接受。假设 r 等于 0，由于回报为 0，故回应者不会因为拒绝而有所损失。此时，如果拒绝的概率超过 2%，那么通过提议 1 美元，即最低的为正的回报，提议者可以使自己的回报达到最大，而这也就构成了这个博弈的子博弈完美均衡。

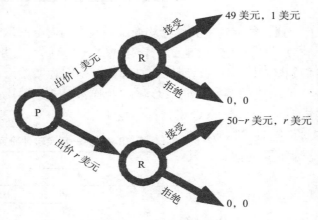

图 18-1　最终通牒博弈

但是，各项实验的结果差异甚大。回应者通常会以不到 30% 的概率予以拒绝，而这意味着他需要牺牲自我利益。如前所述，1 美元或 5 美元毕竟都胜过毫无所得，而毫无所得则是回应者因为拒绝提议所能得到的回报。相反，提议者通常会向回应者提出超过这个最小份额的提议。在原则上，这种做法属于理性的自利行为。因为知道可以估算出小额提议遭到拒绝的概率，所以提议者可以选择使他们的期望回报值达到最大的提议，即正好能平衡给出较低金额提议的收益与遭到拒绝的风险。不过，有证据表明，提议者通常会给予回应者能够使其期望回报值达到最大的较大份额，所以 50%：50% 的划分方案非常普遍。

针对某些非西方的文化环境，我们也已开展了"最终通牒博弈"研究。各种证据都显示了不同文化在这方面的细微差异，以及处在西方文化环境中的性别差异。不过，从定性的角度看，各种结果都很接近。关于这一点，我们已在前面进行了阐述。

我们应该如何看待这些结果呢？利他主义，就其最简单的形式而言，与它并没有关系。试图求得总体回报最大的利他主义者绝对不会拒绝任何提议，即使是回报为零的提议。另外，如果决策者们具有对于公正的偏好，那么它将与各种实验结果相吻合。有证

⊖　虽然一些实验还研究了重复型"最后通牒博弈"，但在这里我们只专注于一次性博弈，因为它具备明显的非合作性均衡。

据表明，人们所感知的公正性确实影响了许多博弈的结局。不过，我们还需要深入地进行考察。

近年来发展很快的一组研究是以"对等回应特性"为基础的。该假说提出，人们会从自利转变为对所感知的恩惠做出回报，并对所感知的轻慢实施报复。例如，在"最后通牒博弈"中，回应者如果认为 5 美元的提议是不对的，因为提议者得到了 90% 的回报，则他的回应就是放弃 5 美元而离去，从而不给提议者留下任何东西。这种行为被称作"消极的对等回应"。一个人放弃自己的回报，以此报答另一位的善举则被称为"积极的对等回应"。该假说还提出，在现实中，人们通常会偏离自利行为而转向对等回应行为，包括积极的和消极的在内。从总体上看，"最后通牒博弈"似乎符合对等回应特性假说。

在关于"蜈蚣博弈"的实验性研究中，我们也可以找到关于这种假说的另一个例子。

18.5 蜈蚣博弈和对等回应策略

在第 12 章，我们曾以"蜈蚣博弈"为例说明了子博弈完美均衡。图 18-2 显示了此类博弈的一种最简单的类型。略做回顾可知，这个博弈始于一个盛有 5 枚钱币的罐子。参与者 A 能够抽取其中的 4 枚而只留下 1 枚给参与者 B，或者直接把钱罐传递给 B。拿到钱罐后，B 也能抽取钱币或者直接回递。随着钱罐的连续传递，其中的金额也会增长，B 可以抽取 6 枚而留下 2 枚给 A，即此时共有 8 枚钱币，但是，若对钱罐进行第二次

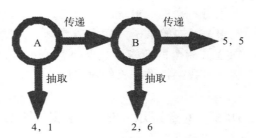

图 18-2 一个简单的蜈蚣博弈（大致复制第 12 章的图 12-7）

传递，则两位参与者将平分钱罐中的 10 枚钱币，即各得 5 枚。

回顾一下，子博弈完美均衡是在第一轮行动时就进行抽取，这一点即使是将"蜈蚣博弈"拓展到 100 轮，甚至更多轮也依然成立。在各项实验性研究中，非常普遍的情形是钱罐被传递到最后的平分点，而在第一轮就被抽取的情形却不多见。在具有两个以上轮次的实验中，则会出现在博弈的后期阶段抽取钱罐的情形。

一些研究者借助对等回应特性假说解释了这些结果。B 知道 A 可以抽取钱罐中的较大部分钱币，若 A 直接传递钱罐，那么 B 会把这视为友善的举动，而且可能做出积极的对等回应，即同样传递钱罐。不过这会使他的回报由 6 枚减少到 5 枚，而 A 则可获得 5 枚而不是前面所放弃的 4 枚。如果 A 受到对等回应的激励，则认为 B 将会做出自我牺牲，从而把预期有利的轮次对等回应给 B。如果双方都受到对等回应的激励，那么钱罐将被一直传递到该博弈结束。即使 A 严格地按照自利原则行事，但若相信 B 会受到对等回应的激励，他仍然会进行传递，因为 A 期望如此可以得到 B 的对等回应（不过，在多阶段"蜈蚣博弈"的某个稍后的阶段，作为自利者的 A 可能会抽取钱币）。

练习题

假设 A 和 B 进行一个四阶段的"蜈蚣博弈"，行动次序为 A、B 和 A，最后为 B。假设 A 严格按照自利原则行事，而且相信 B 具有对等回应动因，则 A 的最优策略是什么？

因此，消极对等回应在"最后通牒博弈"中发挥了主要作用，即代价高昂的报复；而积极的对等回应则在"蜈蚣博弈"中更为重要。但是，消极和积极的对等回应举动可以相互增强。下面分析图18-3中经过调整的扩展式"蜈蚣博弈"。在一位参与者进行"抽取"后，另一位参与者既可以报复，即选择左侧分支，也可以不报复，即选择右侧分支。"报复"会令双方的状况都变糟，因为报复者放弃了钱罐中更加小的份额，就像"最后通牒博弈"中的回应者拒绝给予他较小份额的提议一样。实际上，在这两种情形中，报复者都是借助于放弃自己的某些（潜在）回报而惩罚另一位参与者。

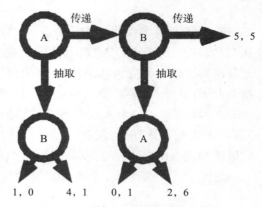

图18-3　具有报复行为的蜈蚣博弈

那么，它在"蜈蚣博弈"中又会造成什么差别呢？我们注意到，"报复"在这个博弈中绝对不会构成最优应对策略，所以该选项与子博弈完美均衡无关。在第一阶段，（抽取，不报复）构成了子博弈完美均衡，因此，（根据子博弈完美均衡）我们预计，图18-2和图18-3的两个博弈实验之间不会有差异。由此可知，自我牺牲的消极的对等回应威慑可以增强自我牺牲的积极的对等回应承诺，从而促使参与者们传递而不是抽取钱罐中的钱币。

18.6　生意运用：雇用关系中的对等回应行为

经济学家们历来把有关理性自利的假设看成给定的，因而没有多少经济学研究立足于对等回应特性假说。然而，一位经济学家⊖所做的"雇主－雇员"关系的研究结果表明，相互馈赠属于成功雇用关系的核心内容。

乔治·阿克洛夫（George Akerlof）首先指出了这样一种现象，即雇主们通常会支付高于市场一般水平的工资。这就使雇员们在失去工作的同时，还会丧失其他某种东西。毕竟，如果被解雇，收入正好等于市场工资水平的雇员不会有所损失，因为他在第二天就可获得另一份支付相同工资的工作。⊜这里的理念是，较高的工资可以提高生产率。这是因为那些将有所损失的雇员会更加努力工作，进而使生产率和利润都能够提高。如果雇主支付的工资高于市场工资水平，从而使生产率有所提高且利润达到最大，则这种较高的工资称为"效率工资"（efficiency wage），而不是市场工资。但是，生产率的这种提高又是如何发生的呢？阿克洛夫认为，通常情况下，相比实际要求他们所做到的，雇员们会更加努力地工作。虽然没有持续的监督，但对于一个案例的研究表明，雇员们的工作量都会超出所要求的数量，以免自己因为偷懒而被"逮住"。阿克洛夫的推理是，雇员们会对所感知的雇主的慷慨大方给予积极的对等回应。他采纳了人类学的这样一种研究观

⊖　G. A. Akerlof, Labor contracts as a partial gift exchange, *Quarterly Journal of Economics*, 98（4）（November, 1982），543-570.

⊜　在许多发达国家中，这种说法能够成立的市场并不多。例如，计日工市场和雇佣大厅劳工市场。在那里，某人可以以每天为不同的雇主工作。这些情况在欠发达国家中更加普遍。不甚清晰的是，临时工工作机会的增加对于这种观点有何意义。

点，将所观察到的各种文化背景下的人类行为作为对等回应特性的证据。在许多这类情形中，对等回应行为表现为相互馈赠礼品。阿克洛夫发现，与人类学研究结果相吻合的是，雇员们会把自己所得高出市场工资水平的工资视为"礼品"，从而会将更加努力这种"礼品"作为回报。不过，这一点同样与有关博弈理论的实验相一致，后者显示了这样一种倾向，即做出牺牲以便回报所感知的恩惠（或者对所感知的轻慢实施报复）。

虽然这并不是什么新的理念，但却时常被忽视了。如果雇用关系不完全属于利益冲突的情形，那么它可以带来更大的利润。由于那些"心存不满的"雇员无法带来更大的利润，所以明智的雇主会设法找到某些方式（包括但不限于钞票）而使他的雇员们"感到愉快"。

18.7 k 层级方法

在博弈论的大部分内容中，我们假设人们不仅具有理性，而且具备关于理性的共同知识。它意味着，试图智胜任何人的做法都是没有意义的。换句话说，如果知道"对方与自己一样具备理性"，那么就会明白，想要智胜任何人的企图都是徒劳的。这种分析结论相当接近于这样一类人的行为，他们拥有关于博弈和其他参与者最优应对策略的经验。不过，在许多情况下，人们不得不在缺乏经验、培训或者其他信息的情况下选择自己的策略（例如，博弈只进行一次或是初次置身于博弈中）。此时，假设人们具有有关理性的共同知识未必是很准确的描述方式。关于这一点，至少存在着两个原因。第一，有证据表明，人们的理性其实是有界的。对于那些存在着关于理性共同知识的博弈来说，如果缺乏经验和培训，则求解的过程可能会变得相当复杂，甚至超出人们的实际求解能力。第二，有证据表明，人们彼此之间确实时常希望能够智胜对方。对有些人来说，智胜对手是有意义的，因为他们知道对手的理性是有界的，而且能够做到比对手"更具理性"。简单地说，人们的行为时常会"显现出"他们分别属于不同类型的参与者，某些人确实要比其他人"更具理性"。

这一理念是关于一次性博弈策略思考的" k 层级"研究方法的核心所在。根据这种方法，博弈中的决策者们（至少）可分为下面几种类型。

- 层级 0：处在这一层级的参与者完全不进行策略性思考，而是不加思考或者随机地选择自己的策略。
- 层级 1：处在这一层级的参与者会针对层级 0 参与者的决策选择最优应对策略。
- 层级 k：只要 $k > 0$，处在层级 k 的参与者就会针对层级 $(k-1)$ 的参与者选择最优应对策略。例如，层级 2 的参与者会选择针对层级 1 的参与者的最优应对策略。

此外，可能还有其他两类参与者，即直接选择纳什均衡策略的"均衡"参与者，以及资深的参与者，他试图估算自己与另一类参与者相匹配的概率，据此选择能够获得最佳期望回报值的反应。

例如，我们再看一下第 4 章练习题 2 的"区位、区位和区位"博弈。出于简便的目的，表 18-4 再度列出了这个博弈的各种回报。回顾一下，米姆贝和伽塞这两家百货公司都需要为各自的店选择区位。这个博弈的唯一纳什均衡是，双方都选择市中心。

表 18-4　新店铺区位博弈的回报（复制第 4 章的表 4-22）

		伽塞			
		住宅区	市中心	东区	西区
米姆贝	住宅区	30，40	50，95	55，95	55，120
	市中心	115，40	100，100	130，85	120，95
	东区	125，45	95，65	60，40	115，120
	西区	105，50	75，75	95，95	35，55

假设层级 0 的参与者们在四个区位之间随机做出选择，采纳每一种策略的概率都是 1/4。另外假设米姆贝认为伽塞属于层级 0，那么米姆贝的期望回报值就如表 18-5 所示。可以看出，作为层级 1 的参与者，米姆贝的最优应对策略是选择"市中心"，因为此举的期望回报值是 116.25[⊖]。

同样，假设伽塞认为米姆贝属于层级 0，并且会随机地选择策略，则伽塞的期望回报值如表 18-6 所示。可以看出，伽塞对于层级 0 行为的最优应对策略是，为了得到 97.5 的回报而选择"西区"。

表 18-5　米姆贝的期望回报值（如果伽塞属于层级 0 的话）

		总额	
米姆贝	住宅区	30/4 + 50/4 + 55/4 + 55/4	47.5
	市中心	115/4 + 100/4 + 130/4 + 120/4	116.25
	东区	125/4 + 95/4 + 60/4 + 115/4	98.75
	西区	105/4 + 75/4 + 95/4 + 35/4	77.5

表 18-6　伽塞的期望回报值（如果米姆贝属于层级 0 的话）

		总额	
伽塞	住宅区	40/4 + 40/4 + 45/4 + 50/4[⊜]	43.75[⊜]
	市中心	95/4 + 100/4 + 65/4 + 75/4	83.75
	东区	95/4 + 85/4 + 40/4 + 95/4	78.75
	西区	120/4 + 95/4 + 120/4 + 55/4	97.5

显然，如果米姆贝属于层级 1，则会选择"市中心"；如果伽塞属于层级 1，则会选择"西区"。如果属于层级 2 的话，情况又会如何呢？如果米姆贝属于层级 2，那么它就会针对属于层级 1 的伽塞的策略而选择最优应对策略，而且（再一次地）是"市中心"。如果伽塞属于层级 2，那么它也会针对属于层级 1 的米姆贝的策略而选择最优应对策略，同样是"市中心"。处在层级 3 时，双方都会针对"市中心"做出最优应对，也就是选择"市中心"，如此对于所有更高层级的参与者都一样。由于这个博弈的纳什均衡是双方都选择"市中心"，如果两位参与者至少都在层级 2 的水平上展开博弈，则他们都会采取纳什均衡策略。不过，我们无法在均衡参与者与层级 2 或更高层级参与者中做出区分。关于资深参与者，若无更多信息，我们也无法进行描述，因为这还取决于层级 0、1 和更高的参与者的比例。

"k 层级"理论是关于一次性博弈的理论，即只进行一次的博弈或者第一次参与的博

⊖　原书为 116.5，疑有误。——译者注

⊜　原书为 40/4+115/4+125/4+105/4，疑有误。——译者注

⊜　原书为 96.25，疑有误。——译者注

弈。在实验中，实验对象们通常被轮流相互匹配并展开博弈，这使得每对参与者彼此都只进行一次博弈。如果对应于层级 0、1、2 或者其他层级博弈的策略选择大大超出随机发生的情形，那么实验证据通常就有利于"k 层级"理论。以此为基础，该理论得到了很好的论证。在层级 1 和层级 2 的博弈通常最为普遍，有时可以观察到某些均衡参与者，偶尔还有一些层级 3 和资深参与者出现。虽不能说绝对没有，但却很少观察到层级 0 的参与者。根据"k 层级"理论，任何一位决策者在层级 0 的博弈都不如理论上所提出的那样多，它只是关于某些参与者如何为对手或伙伴构筑行为模型的一种假说。迄今为止，对于"区位博弈"尚未开展实验性方法的研究。如果我们打算如此行事的话，那么预计可以看到实验对象们在充当伽塞和米姆贝角色时的行为差别会很大。对于充当"米姆贝"的参与者来说，预计均衡策略"市中心"是他们最普遍的选择；而对于充当"伽塞"的参与者来说，预计会更多地选择"西区""市中心"这两个区位，且相对的频率可为我们提供关于层级 1 的参与者所占比例的线索。如果能够观察到这些，通常也就能够验证"k 层级"理论；如果各种结果差异很大，诸如选择其他策略的比例大致相等或者充当伽塞和米姆贝的参与者之间没有差异，那么我们就有理由对"k 层级"理论提出质疑。

我们已经知道，在某些博弈（诸如"区位博弈"）中，如果参与者们在某个足够高的层次上做出决策，则他们将会采用纳什均衡策略。不过，这一点通常未必成立。为了说明这一点，我们再回顾一下另一个我们已经熟悉的博弈，即出自第 5 章 5.7 节和第 10 章 10.4 节的"鹰鸽博弈"。出于方便的目的，表 18-7 复制了这个博弈的回报。

表 18-7 "鹰鸽博弈"的回报（复制第 5 章的表 5-7）

		A 鸟	
		老鹰	鸽子
B 鸟	老鹰	−25, −25	14, −9
	鸽子	−9, 14	5, 5

现在我们仍然假设处在层级 0 的参与者会以相等的概率在两种策略之间随机做出选择。如果 A 鸟属于层级 1，则预计它会选择"老鹰"策略而得到等于 −11/2 的回报，而选择"鸽子"策略则可得到等于 −4/2 的回报（在此请注意，不要误解负数，−4/2 大于 −11/2）。因此，层级 1 的参与者将选择"鸽子"策略，而层级 2 的参与者将针对"鸽子"策略做出最优应对，即选择"老鹰"策略，而层级 3 的参与者将针对"老鹰"策略做出最优应对，即选择"鸽子"策略……所有奇数层级的参与者将会选择"鸽子"策略，而所有偶数层级的参与者则会选择"老鹰"策略。我们无法确定均衡参与者如何选择，因为这两种策略分别对应着某个均衡。对于那些资深参与者而言，我们已经知道（在第 10 章 10.4 节中），如果种群的 36% 以上属于"老鹰"，则选择"鸽子"策略就是他们的最优应对策略；否则，选择"老鹰"策略就是最优应对策略。相应地，就这个博弈来说，只有在他们认为偶数层级的参与者所占种群的比例不到 36% 时，资深参与者才会选择"老鹰"策略；否则，他们会选择"鸽子"策略。

"k 层级"研究方法的难点在于确定层级 0 的参与者将如何行事。因为这意味着他们根本就不做策略性思考。在某些博弈中，随机地选择策略其实并不是参与者未加思考所做的。某些策略可能具有吸引他们的特征，而不加思考的决策者通常会选择那项策略。用于描述这种特征的词语叫"认知突显"。"突显"是"突出"（prominence）的同义词，用于描述使某项特定策略得以彰显的某个特征。如同地图上的山脉或半岛一样，"认知突显"就是使某项策略在简单思考的情况下得以突显的某个特征。一个悬而未决的问题是，那些未做思考的参与者究竟是随机地做出选择，还是以某种较大的概率选择某项认知突显的策略（如果存在的话）？

下面是说明这个问题的一个博弈。虽然它本身并无多少内容，但是能够说明贪婪之心会如何造成差异，所以我们不妨称之为"贪婪博弈"（greed game）。参与者 P 和 Q 在 1、2、3、4 这四种策略之中做出选择，相关的回报如表 18-8 所示。可以看出，这个博弈具有两个纳什均衡，分别对应于两个策略对（2，2）和（3，3）。

表 18-8 "贪婪博弈"的回报

		Q			
		1	2	3	4
P	1	0, 0	0, 400	0, 500	1 000, 0
	2	400, 0	300, 300	0, 0	400, 0
	3	500, 0	0, 0	100, 100	0, 0
	4	0, 1 000	0, 400	0, 0	0, 0

首先假设层级 0 的一位参与者在这四种策略之间随机地做出选择，然后层级 1 的参与者将估算期望回报值，如表 18-9 所示，并相应地选择策略 2，其他更高层级的参与者也会如此行事。

表 18-9 "贪婪博弈"中针对随机参与者的期望回报值

		总额	
P 或 Q	1	0/4 + 0/4 + 0/4 + 1 000/4	250
	2	400/4 + 300/4 + 0/4 + 400/4	275
	3	500/4 + 0/4 + 100/4 + 0/4	150
	4	0/4 + 0/4 + 0/4 + 0/4	0

在这个博弈中，策略对（1，4）或策略对（4，1）的回报是其他任何一对策略的两倍，诸如钱罐里的钱币之类。这一点会引起层级 0 的参与者的注意。较高的回报在此时会得到突显，因为它吸引了贪婪的情感。接着，假设层级 0 的参与者不是随机地做出选择，而是通过选择策略 1 来"挖掘财富"，那么，层级 1 的参与者的最优应对策略就是选择策略 3，而层级 2 或者更高层级的参与者也会将策略 3 作为回应，由此在策略对（3，3）处达到纳什均衡。

正如所见，在这个博弈中，针对层级 0 的参与者，不同的模型得出的预测结果相去甚远。事实上，虽然它们都预测存在着构成纳什均衡的行为选项，但是所预测的均衡结果却各不相同。如果层级 0 的参与者随机地做出选择，则会得到（2，2）；如果他们根据"认知突显"做出选择，则会得到（3，3）。如果我们总能确定关于层级 0 的某个单一模型的话，则"k 层级"理论就更具特定的意义。另外，我们可以让证据说话。关于"贪婪博弈"，有待完成的实验或许会表明关于层级 0 的参与者博弈的哪个模型更好。针对这类博弈，如果策略对（2，2）的出现要比（3，3）普遍，那就可以推断，关于层级 0 博弈的随机性解释会更加合理；相反，如果策略对（1，4）时常被选中，那就构成了不利于"k 层级"理论的证据。

"k 层级"理论具有通过策略选择能体现"有界理性"的优点。它的方法直接显示了参与者们在策略选择方面的独立性，以及他们为其他参与者所构建的模型。这种理论假设参与者们分属于不同的类型，而关于它的大多数实验都比上述例子更加复杂。通过这些研究，我们已经发现了支持该理论的大量证据，尤其是不同类型博弈行为的存在。

在另外一些实验中，其他理论同样获得了一些证据。关于一次性博弈的一组重要的模型假设，决策者倾向于选择最优应对策略，不过它具有某种出错的概率。通常情况下，决策者越能够承受出错所造成的损失，其出错的可能性就越低。与此同时，如果某位参与者知道其他参与者有可能出错，那就会影响他自身的策略选择（正如我们在第11章11.4节中所见）。这些假设条件造就了关于均衡的一些相当复杂的数理模型，不过它们已经超出了我们这部入门教科书的范围。这类模型考虑了学习过程，即减少出错概率的过程。

无论我们构建哪种模型，有界理性的证据都十分充足。在行为博弈论中，我们针对博弈及其类似情形构建了有界理性的决策过程，并依靠实验证据选择最好的模型。然而，它依然属于博弈论研究和运用领域中最重要的前沿课题之一。

18.8 有待完成的研究工作（构架方式）

实验性博弈论借鉴了其他学科领域的实验研究方法，尤其是心理学和实验经济学，有时还进一步推广了这些研究结果。实验性研究的部分内容（尤其是在心理学领域）专注于所谓的"构架方式"（framing）现象。有研究表明，人们的决策可能取决于提出问题的方式。换句话说，决策取决于它是如何被"构架"的。例如，你是愿意购买去脂95%，还是含有5%脂肪的奶制品呢？当然，这两个选项的含义其实是一样的。不过，如果看见产品广告上标明的是含有5%的脂肪，你会做何反应呢？

心理学家阿莫斯·特维斯基和丹尼尔·卡尼曼（Amos Tversky and Daniel Kahneman）的一项经典实验阐明了构架方式的问题。它不是博弈论实验，而是有关人们对于风险感知的实验。这项实验的基础是所假设的疾病威胁。如果不加以预防，一种不明的热带传染病预计会导致600位美国人丧生。我们可以采取的预防项目有A和B两个，要求实验对象们在它们之间做出选择。

- 一组实验对象被告知：
  - 运用项目A，可以拯救200人；
  - 运用项目B，可以拯救600人的概率为1/3，而无人获救的概率为2/3。
- 另一组实验对象则被告知：
  - 运用项目A，将有400人死亡；
  - 运用项目B，无人死亡的概率为1/3，而600人死亡的概率为2/3。

实际上，这两种描述讲的是同一件事。关于项目A，给第一组实验对象做出的描述能够引起关注，因为肯定可以拯救200人；而给第二组[⊖]实验对象做出的描述之所以会引起注意，是因为肯定会有400人死亡。其实，这两种说法都是一样的，即肯定会有200/400的生与死的区别。关于项目B，给第二组实验对象的"全有或全无"（all-or-nothing）的表述方式则显得风险略大一些。

⊖ 原文此处为"Program B"。——译者注

虽然上面两种描述的总体含义相同，但两个实验组的反应却产生了很大的差异。因为被告知 200 人可以存活，故第一组选择项目 A 的差额为（72 − 28），而被告知 400 人将会死去的第二组选择项目 B 的差额却高达（78 − 22）。显然，这些决策的确定在很大程度上取决于决策是如何构架的，即针对项目 A 分别按照积极和消极的方式设置问题。

直到现在，博弈实验才开始考察构架方式在博弈论中的作用。这种延迟或许是因为博弈论植根于理性的行为理论。在传统的博弈论模型中，由于我们预设了理性以及关于理性的共同知识，所以决策所需要的架构只是其他参与者也是理性的这样一个事实。但是，决策如果受到所感知的对等回应行为的影响，那么构架方式可能会变得十分重要，因为对于对等回应行为的感知可能取决于构架博弈的方式。自利、利他和有界理性也会造就取决于构架方式的决策。

我们希望的是，随着更多实验工作的开展，能够对构架方式在博弈中的作用了解得更多。

18.9 研究工作的现状

总而言之，针对作为"人们策略性行为的理论"的某些非合作性博弈模型，这些实验性研究提出了一些深刻的问题。现在看来比较明确的几项内容如下。

- 在现实生活中，人们的理性是有界的，而不是像理性共同知识假设所表述的那样是无界的。
- 人们在博弈中的实际行为有时会趋向于合作性的，而不是非合作性的结局。
- 人们在博弈中的实际行为也会受到诸多非自利性动因的影响，诸如对等回应行为。
- 人们在博弈中的实际行为可能非常复杂，且数量较多，出于现实的原因，通常具有随机性。
- 在广泛的实验与现实的情形中，非合作性博弈模型确实描述了我们所观察到的各种行为。其中存在着许多博弈，而人们具有大量的机会进行学习和精练自己的行为。
- 非合作性与合作性博弈解可以解释人们的许多实际行为。
- 博弈论只是部分地属于有关人们行为的理论，它还属于一种"理想的"理论，旨在解释人们的行为将会是怎样的，如果他们（在这种或那种意义上）具有理性的话。

总之，对于某些重要的博弈范例，理论与实验结果并不一致。关于这一点，出现了两种解释方式：一种是将这种不一致视为否认理性假说和普遍运用博弈论的证据；另一种则是把这种不一致解释为将博弈论从理性假说拓展到更加普遍和实际的策略行为理论的一个阶段。（作者认为）第二种解释似乎更加可取，主要原因在于，它令我们得以保留种类广泛的博弈及其运用。其中，理论、实验和现象这三者拟合得不错。

18.10 总结

博弈与实验之间的相似之处在于，两者都是以所观察到的同一性假设为基础的。因此，博弈适用于实验性工作。始于兰德公司在博弈论发展的早期所为，博弈论领域已经有人开展了种类广泛的实验性工作。在某些方面，最早的一些实验（它们提出了"囚徒困境"）预示了将会发生的事情。第一，针对所要检验的内容，还存在着一定的模糊性。例如，我们无法把针对重复博弈的实验直接用于检验有关一次性博弈的各种假说。即便我们认真细致地消除了这种模糊性，所能得到的结论依旧超出了非合作性均衡理论的范围。虽然某些关于均衡的例子获得了实验的验证，但是，另一些例子中的实验结果却对无限理性和自利提出了质疑。当针对实验性博弈的非合作性与合作性解答发生冲突时，所观察到的现象通常被生搬硬套地用于支持合作解。我们还需要考虑广泛而独特、具有非自利性动因和有界理性的参与者。同样可能的是，我们可以将种类广泛的人们的策略性行为理解成它们显示了经过对等回应策略调整的有界自利理性。

■ 本章术语

对等回应（reciprocity）：当某位参与者放弃更大的回报，以报偿所感知的另一位做出的牺牲，或者针对所感知的轻慢而实施报复，则称他采取了"对等回应行为"。在后一个场合中，报复被称为"消极的对等回应"。

认知突显（cognitive salience）：在任何决策和推断问题中，基于某些特征，可能存在着一个比较引人注目的选项。这个选项被称作"认知突显的"。这个词语源自描述跳跃的拉丁文单词，所以"认知突显"选项指的就是突然跃上心际的选项。

■ 练习与讨论

1. 前向递归

请设计一项实验，以便研究博弈均衡会受到"外部选项"和第 13 章 13.1 节中前向递归影响的假说。你的实验应该允许实验对象们具有通过经验进行学习的机会，但是不应受到"重复博弈"思路的影响。

2. 公路暴力

回顾一下第 12 章练习题 1 的"公路暴力"博弈。鲍勃的策略是攻击和不攻击，艾尔的策略则是（如果鲍勃选择"攻击"的话）报复和不报复。表 18-10 列出了各项回报。[⊖]

在这个博弈的子博弈完美均衡中，鲍勃选择"攻击"而艾尔选择"不报复"。不过，两位驾驶员未必总能够达成一致。他们有时会采取报复行动，甚至达到瞄准攻击者射击的地步（当然，这比较罕见）。请运用本章所介绍的概念解释一下这些事实。如果受到对等回应因素的影响，则鲍勃和艾尔会分别采取哪些策略？华盛顿州的警察已经开始实施加大对于攻击性驾驶员行为的处罚的政策，并力图阻止"公路暴力"，根据本章所述内容，这项措施能否奏效？

表 18-10 "公路暴力"博弈的回报

		鲍勃	
		攻击	不攻击
艾尔	若鲍勃攻击，则报复；若不攻击，则不报复	−50, −100	5, 4
	若鲍勃攻击，则不报复；若不攻击，则不报复	4, 5	5, 4

⊖ 在原文的这一段中，两位参与者的姓名被搞反了。——译者注

3. 回馈博弈

参与者 1 得到了一笔钱。他可以全部自留，也可以将部分或全部金额传递给参与者 2。假设部分金额又回递给了参与者 1，且实验者会对这笔金额进行调配，使给予参与者 2 的金额相当于参与者 1 所放弃金额的 2 倍。接着，参与者 2 可将所收到的金额部分或全部回递给参与者 1，实验者将再度对回递的金额进行调配，参与者 1 收到的金额将是归还金额的 1.5 倍。因此，如果参与者 1 最初拥有 10 美元且全额予以传递，则参与者 2 将获得 20 美元；如果参与者 2 将它全额传回，则参与者 1 会得到 30 美元。

这个博弈的子博弈完美均衡是什么？如果参与者们受到对等回应行为的激励，那么情况又会有何不同？根据本章的信息，请你预计这项实验会有怎样的结局？

4. 环境博弈

格林格若斯教授（Prof. Greengrass）对于环境资源保护的动因问题很感兴趣，诸如森林、土地和地下水等。虽然这些资源可以惠及未来各代，但是每一代人都具有把它们用尽的选项，例如砍伐森林或者污染地下水源。如果是那样的话，则未来各代的可用资源数量就会减少甚至耗尽。出于完成实验的目的，格林格若斯教授将按照这样的思路设计一个博弈，即存在着 N 位加入者，N 等于 2 或更多，他们将依次参与博弈。第一位参与者被给予某种"资源"（一张纸片），他可将它传递给第二位参与者或者归还给实验者。每位传递给下一位参与者的人能得到 1 分，而交还给实验者的参与者可得到 2 分（如果他是最后一位参与者，那就只能得到 1 分）。

试描绘这个博弈的扩展式图示，假设一共有 3 位参与者，而且他们都是理性和自利的。你预计会出现何种结局？将会发生些什么事情？为什么？如果增加参与者的数目，那么情况又会有何不同？

5. 努力博弈

回顾一下，"努力博弈"属于一种社会困境，其中的合作性策略是"努力"（非常卖力），而非合作性策略是"偷懒"。无限重复博弈理论告诉我们，如果发生下一轮博弈的概率足够大，则会形成合作性博弈。请设计一项实验，以检验重复概率的增加对于"努力博弈"结局所产生的影响。

6. k 层级博弈

假设层级 0 的参与者以相等的概率在各种策略之间随机做出选择，针对第 4 章的练习题 7、第 5 章的练习题 2 和 3，确定层级 1、2 和 3 的参与者们的所有策略。

尾注

下面回答第 18 章 18.5 节中的问题。假设在图 18-2 中，经过四次传递之后，合作性回报将会占优于其他回报，如果 A 在第一阶段抽取的话。如果 A 认为 B 会受到对等回应因素的驱动，则 A 就会进行传递；而如果 B 也进行传递，那么 A 就会再次进行传递。因为预计到 B 会通过传递而"回馈恩惠"，所以 A 可以获得更大的合作性回报。因此，知道参与者们不属于"理性和自利驱动的"，这一点会促使理性和自利驱动的参与者们按照并非自利和理性的方式行动。

进化和适应性学习过程

导读

为了充分理解本章内容，你需要先学习和理解第 1～5、7～9、12～15、18 章。

首先，我们回顾一下第 5 章的"鹰鸽博弈"。在这个例子中，两只鸟发生了冲突，各自都必须在"进攻"或者"规避"这两个策略之间做出选择。但是，不同于我们在博弈论架构中针对人类所做出的假设，鸟类并非能够进行计算的理性生物。关于它们，我们观察到的许多行为似乎都是由基因决定的。老鹰具有进攻性，不是因为它们做出了这种选择，而是遗传基因使然；类似地，鸽子的规避也是基因使它们那样行事。

博弈论同样对进化生物学产生了影响。为此，生物学家们给出的理由是，由于进化消除了那些没有功效的策略，所以博弈论能够预测进化过程的结局。生物学家约翰·梅纳德·史密斯提出了"进化稳定策略"（evolutionarily stable strategies，ESS）的概念，它可以作为运用于进化生物学的博弈论方法。

然而，即使对于人类的情形，由经典博弈论做出的完美理性假设也可能"走得太远了"。关于人们的行为，许多观察者都会说，他们的理性是"有界的"。因为认知能力有限，所以我们可能无力完成博弈论所描述的、作为最优应对策略的一些复杂计算。一种可能是，"理性有界"的人们通常会根据习惯、常规和"经验法则"采取行动。即便如此，人们依然需要学习。我们是理性的生物，因为我们能够学习和纠正错误。因此，人类的学习过程可能与进化相关，而生物学家们带给博弈论的各种概念同样适用于"理性有界"的人们。

本章将探讨 ESS 的概念，以及它在生物学和有界理性学习过程中的应用。

19.1 鹰鸽博弈

在第 5 章中，"鹰鸽博弈"是作为"二对二"博弈的一个例子给出的，它具有两个均衡。表 19-1 显示了相关的回报，它们会随着老鹰和鸽子整体适应度的变化而变化。所谓的"整体适应度"，指的是它们各自相对于整个鸟类种群平均繁殖率（reproduction rate）而言的繁殖率。根据种群生物学的相关知识，假设两只鸟会随机地相遇并面临冲突，且各自基本上可以选择两种策略，即"进攻"（"老鹰"）或者"规避"（"鸽子"）。

> ⚠️ **重点内容**
>
> 这里是本章将阐述的一些概念。
>
> **种群博弈**（population games）：如果某个种群的成员们随机地匹配并开展博弈，且不同的种类采取不同的策略，那么我们就把整个博弈序贯称作"种群博弈"。
>
> **基因复制动态学**（replicator dynamics）：在具有基因复制动态学的种群博弈中，每一类的成员数目都会相对于整个种群成比例地增加或减少，这是因为该类型所选策略的回报大于或者小于平均回报。
>
> **进化稳定策略**（evolutionarily stable strategies）：处在基因复制动态学下，稳定的纳什均衡构成了进化稳定策略均衡。

当然，这两只鸟所选的策略取决于各自的基因结构。但是，如果种群中的 25% 为老鹰而 75% 为鸽子，则单只鸟面临的情形就会与它对手选择"老鹰"或"鸽子"的混合策略非常相似，即选

表 19-1 "鹰鸽博弈"的回报（复制第 5 章的表 5-7）

		A 鸟	
		老鹰	鸽子
B 鸟	老鹰	−25, −25	14, −9
	鸽子	−9, 14	5, 5

择"老鹰"策略的概率为 25%，而选择"鸽子"策略的概率为 75%。在这种情况下，由于单只鸟遇到鸽子的概率是遇到老鹰的 3 倍，所以老鹰的回报可能相对较高，因为所遇到的争斗较少，进而容易获得大量的食物。

由于此处的回报取决于概率，就像采用混合策略那样，所以我们必须计算各种期望回报值。假设 z 是老鹰在种群中所占的比例（在前一段的内容中为 0.25），那么（$1 - z$）就是鸽子所占的比例（在这个例子中为 0.75）。老鹰的期望回报值为

$$EV（老鹰）= -25z + 14 \times (1 - z) = 14 - 39z$$

因此，一只老鹰遇到另一只老鹰的回报是 −25，而遇到鸽子的回报则是 14。在此例中，如果 $z = 0.25$，$EV（老鹰）= 4.25$，则鸽子的期望回报值为

$$EV（鸽子）= -9z + 5 \times (1-z) = 5-14z$$

鸽子遇到老鹰的回报是 −9，而遇到另一只鸽子的回报则是 5。在这个例子中，如果 $z = 0.25$，那么 $EV（鸽子）= 1.5$。

💠 延伸阅读

约翰·梅纳德·史密斯

约翰·梅纳德·史密斯（John Maynard Smith，1920—2004）于 1920 年出生在伦敦。他最初在英格兰的剑桥接受航空工程教育，后来到伦敦大学学院（University College London）学习动物学，并于 1951～1965 年在那里任教，然后到英格兰的苏塞科斯大学（University of Sussex）任教，并于 1999 年退休。他对博弈论的贡献包括对于进化理论的应用，尤其是把进化稳定策略列为进化的一个因素。

需要记住的是，这些回报都与高于种群替换率（replacement rate）的繁殖率成比例，两

个种群都会增长，而老鹰种群增长得更快。它们的（加权）平均回报值等于 $1.5 \times (1-z) +$ $4.25z = 2.187\,5$。因此，老鹰种群的增速将是整体种群的 $4.25/2.187\,5 = 1.9$ 倍，几近两倍；而鸽子种群的增速只有整体种群的 2/3 左右。

这些相对的繁殖率决定了各个种群的"长期"状况。图 19-1 表示的是随着老鹰种群的变化而变化的两类鸟的期望回报值。横轴表示老鹰的比例 z；浅色的直线表示老鹰的期望回报值，它随着 z 从 0 变化到 1；深色的直线则表示鸽子的期望回报值。处在交叉点上时，两类鸟的整体种群达到稳定状态。此时，与处在混合策略均衡时一样，它们的期望回报值相等。通过代数运算可知，这个均衡点处在 $z = 9/25 = 0.36$ 的位置。[一]

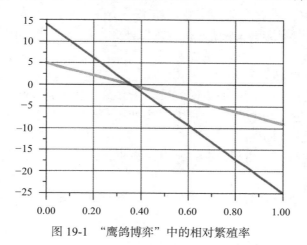

图 19-1 "鹰鸽博弈"中的相对繁殖率

它是一个进化稳定策略均衡。根据弗迪南德·维加－瑞多恩多（Ferdinand Vega-Redondo）所言："一项策略……被称为进化稳定策略，如果它为整个种群所采纳，……那就没有哪个任意小的个体部分能够凭借获得至少可比的回报来实施'入侵'（即进入和生存），进而引起突变。"[二] 为了把这个概念运用于"鹰鸽博弈"，我们必须将 9/25 这个均衡的比例解释为一种混合策略，就像每只单独的鸟都采纳了以 9/25 的概率选择"老鹰"策略的混合策略那样。接下来，我们需要了解的是，如果一个较小的群体采纳了不同的概率，那么它们能否获得更高的回报呢？答案是否定的。其原因在于 $z = 9/25$ 的混合策略属于纳什均衡。它意味着，对于每一个个体，甚至每一个较小的群体而言，所采纳的都是针对其他参与者的"最优应对策略"，其中的任何"突变"（mutation）都无法构成最优应对策略，反而会减少回报。

进化稳定策略的基本动态学的概念是"基因复制动态学"。我们再次借用弗迪南德·维加－瑞多恩多的话语，根据基因复制动态学，"选取任何特定策略的种群比例都会根据其回报的相对比例的变化而变化（即按照比例正向或负向偏离平均回报）。"[三] 在讨论

[一] $5-14z=14-39z$
$(39-14)z=14-5$
$25z=9$
$z=9/25=0.36$

[二] Fernando Vega-Redondo, *Evolution, Games and Economic Behavior*, (Oxford, England: Oxford University Press, 1996), p .14.

[三] 同上，p.45。

"鹰鸽博弈"时，我们可以运用基因复制动态学。我们注意到：①如果 $z < 9/25$，则老鹰可以得到高于种群均值的回报，所以它们的比例 z 将会上升；②如果 $z > 9/25$，则老鹰的回报将会低于种群均值，而它们的比例 z 将会下降。因此，实际上，只要 z 不等于 $9/25$，z 就会移向 $9/25$。只有当它等于 $9/25$ 时，基因复制动态学才会稳定下来，而这种动态学过程的稳定状态也就等同于进化稳定策略（ESS）。

我们再度回顾一下，"鹰鸽博弈"中还存在着两个纯粹策略均衡。在"种群博弈"中，这两个纳什均衡对应于种群的所有成员都是鸽子或者老鹰的情形。这些均衡在进化意义上是否稳定呢？答案是否定的。我们不妨考虑一下某座只有鸽子种群的岛屿。如果一些鸽子准备突变成老鹰，或者更加现实地，如果一小群老鹰被风暴吹到了岛上，则老鹰种群就会朝着均衡的比例增长。不过，在"鹰鸽博弈"的这三个均衡中，只有混合策略均衡才构成 ESS。

由此，我们可以得出两个结论。

（1）ESS 也就是纳什均衡。如果说"没有任意少的个体能够通过得到至少可比的回报来实施'入侵'（即进入和生存），进而造成突变"，那就意味着，当种群处在 ESS 时，每个生物都做出了最优应对策略。

（2）并非所有的纳什均衡都是 ESS，因为并非所有的纳什均衡在基因复制动态学中都是稳定的。

下面我们考虑一下博弈论在生物学领域中的另一项应用。

19.2 污物博弈

"大肠杆菌"（Escherichia coli，E. coli）是一种很普通的污物细菌。根据《纽约时报》（*New York Times*）的报道，三类大肠杆菌的活动类似于"石头、纸片和剪刀"博弈。[一]在那个博弈中，两个孩子在三种策略之间进行选择：宣告"石头""纸片"或"剪刀"，然后，纸片包住（打败）石头，石头砸碎（打败）剪刀，而剪刀裁剪（打败）纸片。由于任何可预测的策略都会得到采纳，故这三种策略的概率都等于 $1/3$ 的混合策略构成了唯一的纳什均衡。

在大肠杆菌的三种类型中，类型 1 可以生成致命的毒素，以及自身抵御这种毒素的蛋白质解药；类型 2 只能生成解药，而类型 3 则无法生成其中任何一种。然而，由于生成每一种化学物质都会消耗大肠杆菌的某些东西，进而延缓它的繁殖过程，因此类型 1 的繁殖速度不及类型 2，（在没有毒素时）类型 2 的繁殖速度不及类型 3。那么，ESS 会是什么样子的呢？

首先，由单种类型占据 100% 的种群无法形成 ESS。我们不妨假设整个种群都属于类型 1，造就少数类型 2 的突变就会入侵，且增速超过类型 1，并最终主导种群；其次，假设整个种群都是类型 2，则类型 3 的突变就会入侵且最终占据主导地位；最后，如果整个种群都属于类型 3，则类型 1 的突变就会入侵，并且使用毒素杀死类型 3，从而占据主导地位。

⊖ Henry Fountain, "Bacteria's 3-Way Game," The *New York Times*,（Tuesday, July 30, 2002）, Section F, p.3.

当实验者在盘子里培养大肠杆菌时，培养物会形成每种类型的微小凝块，不同的类型都只在边界上相互竞争。当类型 1 与类型 2 竞争时，类型 2 的增速会超过类型 1，类型 1 将从那些边界上回避；在类型 1 和类型 3 竞争的边界上，类型 3 会躲避由类型 1 产生的毒素，因此类型 1 将会占据优势。在两种类型中，占优势者的数量都会形成相似的推进过程，进而造成其他两类竞争者的数量减少。因此，边界总在不断地移动。最后，三种类型的比例会大致相同，即各占 1/3。接下来，我们看一下缘由所在。假设 A 是类型 1 在种群中的比例，B 是类型 2 的比例，C 是类型 3 的比例，另假设 A、B 和 C 分别为 40、30 和 30。类型 3 将会减少，因为它与类型 1 相遇（类型 3 成为输方）的概率要比与类型 2 相遇（类型 3 成为赢方）的概率高出 1/3；同样出于这个原因，类型 2 将会增加。对类型 1 来说，这两种变化都是不利的。因为被类型 1 打败的类型 3 的减少，以及打败类型 1 的类型 2 的增加这两种结果都会减少类型 1 的存活机会，因此类型 1 开始减少。这种动态学非常复杂，不过可以得出的结论是，当且仅当 $A/B = B/C = C/A$ 时，整个种群才是稳定的。这意味着每一种类型都占种群的 1/3，就像在"石头、纸片和剪刀"博弈中一样。

博弈论在进化生物学中还有很多应用。因此，博弈论可以运用于非人类的生物研究。当然，关于生物学应用的一些关键概念，如 ESS 和基因复制动态学等同样可运用于人们及其惯常所选策略的进化过程。

19.3 有界理性

在新古典经济学和博弈论的很多内容中，通常假设人们能够实现"最大化"，或者正确无误地做出最优应对。有些人则认为人们其实无法做到这一点，因为他们的理性是有界的。关于这一点有几种说法。最早的说法之一是，如果人们对于某个问题获得了满意的解答，那么他们就不会再继续下去，即追求的不是最大化，而是"最低满足"（satisfice）程度。另一种说法是借助于"生产制度"进行表述的，即人们会按照各种规则行事，即使这些规则可能非常复杂。虽然这种理念出自人工智能的研究工作，但是非常切合"针锋相对"之类的策略。将这些理念汇集在一起之后可以认为，人们做出某种行为不是根据能够使他们的回报达到最大的规则，而是根据"满意"的规则。这类规则又被称作"试探性规则"（heuristics rules）。正如在第 18 章中所见，关于这种理念存在着大量的证据。

◆ **延伸阅读**

赫伯特·西蒙

　　赫伯特·西蒙（1916—2001）出生于美国威斯康星州的密尔沃基（Milwaukee, Wis-consin），其父亲是一位电气工程师和发明家。1933 年，他入读芝加哥大学并有意成为一名

　⊖　已故诺贝尔经济学奖获得者赫伯特·西蒙（Herbert Simon）是这两种诠释方法的创建者，以及有界理性概念起源方面的重要人物。我们可参阅赫伯特·西蒙关于最低满足的理性选择模型（*Quarterly Journal of Economics*，69（1）（February，1955），99-118），以及他对信息处理过程中的"格式塔式现象"所做出的解释（*Computers in Human Behavior*，2（1986）），那本书的第 241 ～ 255 页提供了关于后者的相关例子。

数理社会学家，而在当时尚无那方面的课程体系。1942 年，基于在行政管理行为方面的研究，他在芝加哥大学获得了政治学领域的哲学博士学位。在伊利诺伊技术学院担任政治学教授期间，他继续从事数理经济学的研究。1949 年，他参与建立了卡内基－梅隆大学产业管理研究生院，并在那里工作到退休。

在与艾伦·内威尔（Allen Newell）的合作中，他开始研究如何运用计算机模拟人们的问题求解过程，并由此成为认知科学和人工智能的创始者之一。基于在经济学领域中关于决策问题的研究，他于 1978 年获得了诺贝尔经济学奖。

当然，这并不是说人们不学习。学习过程在博弈中确实十分重要，而博弈论也涵盖了一些完美理性的学习模型。[一]具有完美理性的生物会利用所有可以获得的信息，根据概率进行思考，并且运用贝叶斯法则使所估算的概率与证据保持一致。博弈论的一些模型正是以这类"贝叶斯学习过程"为基础的，不过我们在这本入门级教科书中不予涉及。[二]在这里，我们关注的是有界理性。有界理性的生物会根据"经验法则"和试探法做出决策，而且远非系统性地进行学习。有界理性的学习意味着，人们确实会根据经验调整他们的策略，即便没有利用所有可得信息和贝叶斯法则。根据经验，他们会摒弃那些回报较低的试探法和策略。这就是所谓的"适应性学习过程"。他们还会通过相互模拟进行学习。如果某人看见邻居在身处社会困境时采用了"针锋相对"策略，且所得回报超过了总是选择合作所得到的回报，那么这个人就会转而开始采用"针锋相对"策略。考虑到这两点，我们可以将有界理性的学习过程看成某种进化的过程。其中，那些相对不太适用的规则会被摒弃，而那些最为适用的规则会得到保留。当然，最适用的规则也就是可以产生最大回报的规则。相应地，我们可以将基因复制动态学视为适应性学习过程的一个简单模型。下面我们通过两个例子来分析这一点。

19.4 进化和重复型社会困境

假设某个行为人群体面临着如表 19-2 所示的社会困境。在各轮博弈中，每对行为人都会随机地相遇。如果行为人相遇且进行这个博弈，则此博弈将会无限重复地进行下去。考虑到时间贴现问题和不会再有下一轮博弈的概率，可得贴现因子等于 5/8（0.625）。

表 19-2　一个社会困境

		Q	
		C	D
P	C	4, 4	1, 5
	D	5, 1	2, 2

参与这个博弈的行为人群体的理性是有界的，因为他们会根据下列三种策略之一进行博弈：

- "总是选择 C"；
- "总是选择 D"；

[一] 约翰·海萨尼的研究工作涉及博弈论、经济学和社会哲学，他同约翰·纳什和莱因哈特·泽尔腾一起获得了诺贝尔经济学奖，因为他建立了博弈论中的完美理性学习模型。虽然这个理论十分重要，但已超出了这本入门教科书的范围。

[二] 第 8 章的附录 8B 介绍了关于贝叶斯法则的一个例子。

- "针锋相对"（TfT）。

表 19-3 列出了这三种策略与回报，其中运用了第 15 章 15.8 节中的子博弈概念。

表 19-3　重复型社会困境中的策略与回报

	Q		
	总是选择 C	总是选择 D	针锋相对
总是选择 C	$10\frac{2}{3}$，$10\frac{2}{3}$	$2\frac{2}{3}$，$13\frac{1}{3}$	$10\frac{2}{3}$，$10\frac{2}{3}$
总是选择 D	$13\frac{1}{3}$，$2\frac{2}{3}$	$5\frac{1}{3}$，$5\frac{1}{3}$	$8\frac{1}{3}$，$4\frac{1}{3}$
针锋相对	$10\frac{2}{3}$，$10\frac{2}{3}$	$4\frac{1}{3}$，$8\frac{1}{3}$	$10\frac{2}{3}$，$10\frac{2}{3}$

在某个特定时刻，某位行为人在下一次遇到对手之前改变策略的概率很小。这类行为人会从策略 R 转换到策略 S，而这种概率 R 相对于 S 的回报成比例。例如，如果"总是选择 C"的回报为 2，而"针锋相对"的回报为 2.5，则两种回报之比就是 2.5:2 = 5:4。从比例的角度来考察，由"C"转换到"TfT"的概率要大于由"TfT"转换到"C"的概率。因此，更多的行为人将转向而不是放弃"TfT"，采取这种策略的参与者的比例也会提高。一般而言，可以带来更高回报的规则在整个群体中得到采纳的比例将会提高。由于这是适应性学习过程的一个例子，所以我们可以运用基因复制动态学。

◆◇ 延伸阅读

罗伯特·阿克塞尔罗德和他的"探索过程"

1980 年，罗伯特·阿克塞尔罗德（Robert Axelrod）主持了一项探索性实验，旨在检验"囚徒困境"中关于策略选择的各种试探性规则。这个探索过程包括一些简单的规则，诸如"针锋相对""总是背离"和一些比较复杂的规则。他邀请了一些知名的博弈理论家递交相关的程序。它们都是对各种博弈策略规则的计算机模拟。在一份受到普遍关注的报告中，他发现"针锋相对"是最优规则，即使并未完美到可以"战胜"其他所有的规则。

罗伯特·阿克塞尔罗德在 1943 年出生于芝加哥，曾就读于芝加哥大学和耶鲁大学。他是密歇根大学政治学系和杰拉德·R. 福特公共政策学院的沃尔格林教授。

因为各行为人是随机匹配的，所以遇见"C""D""TfT"类行为人的概率分别取决于这三类行为人在整个群体中各自所占的比例。这就使问题变得复杂一些，因为现在需要考虑三种类型之间形成的两种比例。不过，由于"总是选择 C"是被占优策略，为了简化内容，我们只考虑几种情形，其中，"C"类参与者的比例为 0，而"TfT"类参与者的比例则会发生变化。表 19-4 显示了这些情形，中间的三列是三种策略的期望回报值。我们可以看出，均衡取决于起始点。如果最初只有很少的"TfT"类参与者，则"D"类参与者的策略将会占优，而"TfT"类参与者则会消失，但是，只要"TfT"类参与者的比例高于 0.3，他们就会胜出，而"D"类参与者将会消失。

因此，伴随着基因复制动态学存在两个稳定的均衡，其中一个是合作性结局，而另一个则未能如此。在整个群体从起始点出发并形成最终结局的意义上，通过"TfT"规则造就合作性行为均衡的概率要大于另一个均衡的概率。因此，对于有界理性的学习者来说，似乎有望在某些情形中实现合作性均衡。当然，这个例子的结局在很大程度上取决于特定的数字。如果数字不同，则实现合作性均衡的概率也可能有所差别。

表 19-4 伴随基因复制动态学的社会困境中的某些倾向

TfT 的比例	EV（总是选择 C）	EV（总是选择 D）	EV（TfT）	发生的情况
0.9	9.87	8.03	10.03	整个群体逐渐被 TfT 类参与者占优，而 D 类参与者会消失
0.7	8.27	7.43	8.77	同上
0.5	6.67	6.83	7.5	同上
0.3	5.07	6.23	6.23	D 类和 TfT 类参与者的相对比例保持稳定
0.1	3.47	5.63	4.97	整个群体逐渐被 D 类参与者占优，而 TfT 类参与者会消失

19.5 信息（几乎）有效的市场

许多经济学家和金融理论家一直认为，金融市场在信息的意义上是有效的。这意味着，（例如）XYZ 公司的现行股价已经体现了公众可以获得的关于 XYZ 公司投资的盈利性和风险的全部信息。由于股价已经体现了所有可得信息，所以它只有在针对新的信息做出反应时才会发生变动。这也就意味着 XYZ 公司的股价是无法预测的，它在未来的变化就像"随机游走"（random walk）一样。这就是所谓的"有效市场理论"（efficient markets theory）。因此，根据这种观点，想要通过研究个股去了解所有你能够了解的内容，这种做法其实是没有意义的。你同样可以随机地购买股票或者某个指数基金，后者是一组构成某些常见股票指数的所有股票。事实上，近几十年来，指数基金在那些小型投资者当中已经相当流行。⊖

虽然有效市场理论大体上是正确的，但格罗斯曼和斯蒂格利茨却认为，⊜它不可能完全成立。倘若它成立的话，那就没有人会费心进行任何市场研究了，而事实上，可以获得的信息并不会体现在股价中，毕竟所有"可得的"信息不是"免费的"。人们需要付出努力去阅读公司的年度报告和财经新闻报道，而努力就需要付出成本。为了获得最好的信息，可能还需要付出货币成本。因此，如果可以无成本地随机购买股票或者模仿其他人的决策，那么谁还会承担所有这些成本呢？

身处一个所有投资者都具备信息的环境中，对单个投资者来说，有效市场理论在逻辑上无疑是正确的。但是，假如所有投资者都能像身处信息有效的市场环境中那样行事，市场就不可能是信息有效的。不仅如此，通过观察我们知道，少数投资者只是购买指数基金，不进行艰苦的市场研究，而其他投资者却将大量的时间和货币投入市场研究之中。

我们同样可以从博弈论的角度诠释这个问题。个人投资者至少有两项策略："知情"或"不知情"。首先，假设只有两位投资者，由此构成了一个"二对二"博弈。假设其中

⊖ 这个概念由伯顿·马尔基尔（Burton Malkiel）向大众读者提出，请参阅《漫步华尔街》（*A Random Walk Down Wall Street*，7th edition（New York: W.W.Norton and Co.），June 2000）。

⊜ S.Grossman，and J.Stiglitz, On the impossibility of informationally efficient markets, *American Economic Review*，70（1980），393-408。

至少有一位知道他们两位都能获得 8% 的投资报酬率，而获得这种信息的努力和成本将使

投资报酬率减少 1%。因此，选择掌握信息的投资者获得的回报为 7%。如果两位都缺乏信息，则他们都只能获得 4% 的投资报酬率。由此，可以得到如表 19-5 所示的各种回报。

表 19-5　两位投资者博弈的回报

		乔治	
		知情	不知情
沃伦	知情	7, 7	7, 8
	不知情	8, 7	4, 4

这个博弈具有两个纯粹策略的纳什均衡，它们都发生在一位投资者知情而另一位不知情之时。因此，在这个简化的博弈中，我们可以发现存在着这样一种均衡，即正好只有一半的投资者拥有信息，而那些缺乏信息的不知情投资者却能获得更高的投资报酬率。

当然，在现实世界中，投资者远远不止这两种类型。如果他们中的大多数拥有信息，那就可以预计，不知情的投资者通过随机投资或购买基金同样能做得很好。身处这样的环境中，购买指数基金者其实是在模拟大多数获得更多信息的投资者，而且操作成本很低。如果存在足够多的知情投资者的话，那么不知情投资者同样可以像努力获得信息者那样行事，甚至做得更好。事实上，少数知情投资者似乎也能将股价推到它们的有效水平上。毕竟，知情投资者的决策所产生的影响很可能大于那些缺乏信息者的行动的影响；知情投资者的决策会被当作模仿对象，而不知情投资者的决策却不是这样的。我们还可以假设，投资者们会适应性地学会选择最优策略，因此可以将基因复制动态学运用于这个模型。

在如表 19-5 所示的"二对二"博弈中，更为妥当的做法是把这类博弈当作比例性博弈，就像第 10 章 10.3 节中的"通勤者博弈"那样。图 19-2 显示了这类博弈的回报，其中的实线表示不知情投资者的回报。图 19-2 中的回报与表 19-5 中的略有不同，即不知情投资者的回报取决于知情投资者的数目。只有在获得信息群体中属于唯一的不知情投资者之际，他才能获得最大回报 8%。

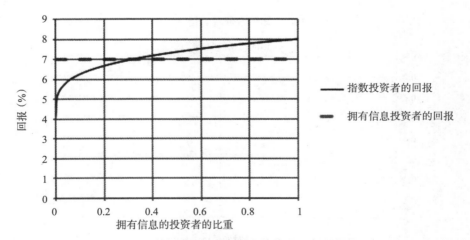

图 19-2　指数投资者根据知情投资者的比例所得的回报

作为另一种极端的情形，如果所有的投资者都不知情，则他们就可像真正的随机性投资者那样获得等于 4% 的回报。不过，随着知情投资者比例的增加，市场上信息的质量也会迅速提高，而不知情投资者进行随机投资或购买指数基金的回报也会急剧上升，然后，

随着 1/4 或更多的投资者获得信息而趋于稳定。⊖在扣除信息成本后，知情投资者总能获得 7% 的回报，如图 19-2 所示的水平虚线。因此，如果知情投资者的比例低于 0.316，则获得信息者的回报就会更高；如果这一比例超过 0.316，则不知情者得到的回报会更高。

如果把它视为一个比例性博弈，其均衡条件就是，知情投资者的比例等于 31.6%。此时可能存在着许多个纳什均衡，具体取决于哪些投资者知情和哪些投资者不知情。不过，处在每个纳什均衡时，都有 31.6% 的知情投资者，而其他的投资者则不知情。

那么，它在进化意义上是否稳定呢？基因复制动态学告诉我们，选择获得信息者的比例会与相对回报的比例同时增加或者减少。图 19-3 显示了知情投资者的相对回报。它是相对于整个投资者群体平均回报的比例。根据基因复制动态学，这个数值将决定知情投资者的比例从一个时期到下一个时期的变化。显然，只要这个比例不等于处在均衡时的 31.6%，它就会朝着那个方向移动。图 19-4 显示了通向均衡的两条路径，分别从 0.7（虚线）和 0.1（实线）开始且经过连续的 10 个时期。

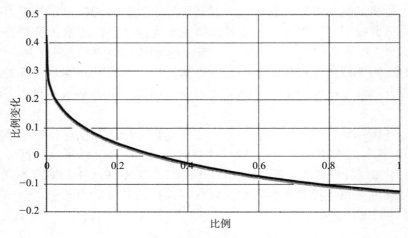

图 19-3　知情投资者的相对回报

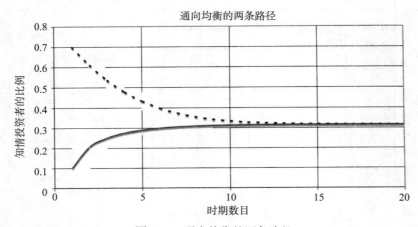

图 19-4　通向均衡的两条路径

⊖　持平是"递减回报"的一个例子，在目前的场合中，投资研究的回报是递减的。它可计算为（$4+4p^{0.25}$），其中 p 是拥有信息的投资者比例，而 $p^{0.25}$ 则是 p 的四次方根（即平方根的平方根）。这个等式是为了举例而随意选择的，旨在说明进行市场研究所得到的回报是递减的。

处在均衡时，存在着两种类型的投资者。一种类型属于少数，会开展广泛的市场研究，并慎重地进行投资，所得到的回报为 7%；另一种类型则会购买指数基金或者随机地做出投资。因为大约有 31.6% 的投资者开展市场研究时，市场价格就会相当有效，这使得那些不做研究的投资者同样可以获得 7% 的回报。这一点确实有些像我们所处的现实世界。那么，哪类投资者是正确的呢？他们都对，而且谁做或不做研究其实都无关紧要。这两种类型的投资者并没有真正的差别，除了他们采取的策略之外。达到均衡的必要条件是他们当中有 31.6% 的人进行研究并了解情况。

19.6　针锋相对、对等回应特性和人类的进化

被称作"针锋相对"的宽恕性触发策略是以理性的自利为基础的。但是，正如我们所见，在可能导致彼此无益的非合作均衡时，这种策略时常会产生合作解。正如在第 18 章中所见，实验证据表明，人们并不总是按照自利的方式行动。一些研究结果也符合这样一种理念，即人们时常会朝着对等回应的方向而偏离自利。某些学者认为，这种对等回应的倾向可能是人类基因遗传的一部分，即我们的基因序列具有某种根据对等回应原则行事的倾向。我们注意到，处在这种架构下，虽然"针锋相对"策略在许多情形中符合自利性，但它更加符合对等回应原则。

我们的基因序列为何应该预设对等回应特性呢？进化心理学领域的某些学者认为，人类和类人猿祖先长久地生活在各种社会困境之中。在农耕社会之前，先天就具有对等回应特性的人类和类人猿更加容易解决社会困境，如此才更有可能生存和繁衍。⊖

一种观点认为，团队工作为许多狩猎和采摘活动所必需。它是农耕社会之前的人类和类人猿得以生存的手段。例如，非洲农耕社会之前的一些人通过追逐而猎获羚羊。没有人能够独自做到这一点，因为羚羊具有超过人类的耐力且跑得更远。奔跑是它们的强项。因此，人们需要协同一致地狩猎。一组猎手会等距离地围着一个大圆圈而分布在各个地点，并留下一位猎手作为候补。可以想象一下，他们围成圆圈站在自己的位置上，我们不妨将其称为 A 点、B 点和 C 点等。大致的运作方式是，处在 A 点的猎手把羚羊往 B 点赶；处在 B 点的那位接着把羚羊往 C 点赶；等等。这时把羚羊从 A 点赶到 B 点的猎手可以歇息很长时间，而那位候补猎手则会接替他在 A 点的位置。一旦羚羊跑近 A 点，那位候补猎手就会接着把它往 B 点赶，而前面第一位猎手再做另一次接力继续剩下的任务。通过这种方式，人们就能连续不断地追逐羚羊，直到确保它倒下为止。如果每个人都付出努力而不偷懒的话，这种方式最为奏效。因此，它构成了一个由来已久的"努力困境"。

即使没有这类团队工作，还有其他的理由需要狩猎和召集人们分享食物，就像他们中的许多人平常所为。毕竟狩猎是有风险的，即使是好猎手也有可能在晚间归来时没有食物可带给家人。在农耕社会之前，许多人都指望成功的猎手与那些不太成功者分享食物。

这里是一个例子，它说明了其中的含义。假设有两位农耕社会之前的猎手，分别叫豪

⊖　对于那些相信人们并无进化而一直就是由睿智的"上帝"所创造的模样的人来说，应该不难解释我们的遗传为何给我们预构了对等回应特性或者其他非自利动机。为我们提出这个较难问题的是进化，因为进化属于自私的过程，就像生物学家理查德·道金斯的书名所表述的那样，即《自私的基因》(*The Selfish Gene*, Oxford University Press, 1976)。关于把道金斯的概念运用于社会进化的有用研究，可阅凯特·迪斯汀的《自私的谜因》(Kate Distin, *The Selfish Meme*, Cambridge: Cambridge University Press, 2005)。

斯和布尔（Horse and Bull）。虽然两位都擅长狩猎，但是在任何特定的一天，其中一位可能会空着手回家。为简单起见，假设豪斯或布尔在任何一天能够狩猎成功而另一位则不成功，各自成功的概率都是0.5。表19-6显示的是豪斯狩猎成功而布尔不成功时的回报。两人都有两种可选策略，即"分享"或"不分享"。因为布尔无猎物可以分享，所以他的决策无关紧要。（如果豪斯不分享的话）布尔等于-20的回报体现了这样一种情况，即他会变得非常虚弱，以至于次日无法狩猎成功，这甚至会危及他的性命。表19-7则显示了布尔狩猎成功而豪斯不成功时的回报。

表19-6　豪斯狩猎成功时的分享困境的回报

		豪斯	
		分享	不分享
布尔	分享	5, 5	-20, 10
	不分享	5, 5	-20, 10

表19-7　布尔狩猎成功时的分享困境的回报

		豪斯	
		分享	不分享
布尔	分享	5, 5	5, 5
	不分享	10, -20	10, -20

这些都不构成社会困境，因为它们是不对称的，即不成功的猎手无猎物可以分享，如果分享的话，也无所谓损失。但是，在任何特定的一天，他们都不知道自己参与的是哪种博弈。相应地，我们计算出各种期望回报值并在表19-8中列出。

表19-8　两人分享困境的期望回报值

		豪斯	
		分享	不分享
布尔	分享	5, 5	-7.5, 7.5
	不分享	7.5, -7.5	-5, -5

现在表19-8构成了一个社会困境。如果分享猎物，则两位猎手的处境都能得到改善，但"不分享"却构成了占优策略均衡。当然，猎手们会反复面临这个困境且没有止境。相应地，他们也可以采纳"针锋相对"或者类似的触发性策略来实现某个合作解。但是，即使具有触发性策略，合作的结局也只是众多稳定均衡中的一个而已。如果哪位出错，或者存在两位以上的参与者，则结局就愈发难以确定。与此相对照，如果具有某种按照对等回应原则行事的特性，人们就更有可能相互分享猎物，而且一旦启动，人们也以"分享"作为对等回应，而启动"分享"就是希望同样能够获得这种对等回应，从而更有可能通过风险很大的狩猎和采集活动而得以生存。

因此，博弈论和进化之间似乎还存在另一种关联，即人们或许已经进化到参与某些特定类型的博弈中。

19.7　总结

如果将博弈看成出自某个种群的个体随机相遇，而把博弈的回报解释为博弈参与者们繁殖成功的差异，则博弈论就可运用于非人类动物的进化过程中。这些理念造就了ESS和基因复制动态学。后者是这样一种动态学，其中采纳某种策略的种群比例会随着这种策略在博弈中相对回报的增加而递增。处在这种动态学中，稳定的纳什均衡就是ESS。此时，"策略"可以是"混合策略"，即种群采纳各种策略的比例。这些博弈有时具有与我们所熟悉的基本博弈情形相同的均衡。

考虑到有界理性的人们可能根据相对简单但容易出错的规则选择策略，通过将ESS运用于采纳各种规则的群体，我们可以为有界理性的学习过程构筑模型。这就能够产生纳什均衡。在某些情况下，我们可以将纳什均衡的范围缩小到合作解或者次优解，当然这一点取决于博弈的细节。

本章术语

基因复制动态学（replicator dynamics）：在种群博弈中，采纳某种策略的种群比例会随着那种策略的回报与平均回报之间的为正差额而成比例地增加。

试探性规则（heuristic rules）：使用这一规则通常可以快速、可靠地解决问题，但该规则是非正式和非决断性的，因为在异常情况下会失灵。"针锋相对"就是一个这方面的例子。

适应性学习（adaptive learning）：如果行为人根据试探性规则做出决策，时常会尝试新的规则，并且根据经验摒弃那些回报较差的规则，那我们就说他们在进行"适应性学习"。

练习与讨论

1. 青蛙交配博弈

回顾一下第 7 章的练习题 3。青蛙们都是雄性的，为了吸引雌性而在两种策略之间做出选择，即鸣叫策略（"鸣叫"）或卫星策略（"蛰伏"）。一方面，那些鸣叫者需要承担被捕食的风险，而蛰伏者的风险较小。另一方面，不鸣叫的蛰伏者可能会遇到被鸣叫者吸引的雌性。因此，当较多的雄性青蛙都鸣叫时，"蛰伏"策略的回报更大。

表 19-9 列出了三只雄性青蛙的回报，第一个数字是柯米特的回报，第二个是米奇安的，而第三个则是弗利帕的。假设现在有 10 000 只雄性青蛙按照三只一组的方式随机相遇并参与这个博弈。请确定这个博弈中是否存在 ESS。如果存在的话，它会是怎样的？

表 19-9　三只青蛙的回报（复制第 7 章的表 7-8）

		弗利帕			
		鸣叫		蛰伏	
		米奇安		米奇安	
		鸣叫	蛰伏	鸣叫	蛰伏
柯米特	鸣叫	5, 5, 5	4, 6, 4	4, 4, 6	7, 2, 2
	蛰伏	6, 4, 4	2, 2, 7	2, 7, 2	1, 1, 1

2. 聚会博弈

艾尔·法罗拉（El Farol）是美国新墨西哥州圣塔菲市（Santa Fe）的一家酒吧。来自圣塔菲学院的混沌学（chaos）研究者们时常在这里消遣。据说，艾尔·法罗拉充其量只有一些人聚会，不会过度拥挤。我们已在第 7 章看见过一个类似的三人博弈例子。现在假设有 100 位混沌学研究者在去酒吧和待在家里之间（这就形成了两种策略）进行选择。假设在某个特定夜晚前往酒吧的人数为 N，而每位前往者的回报为

$$P = N - 0.13N^2$$

这个博弈是否存在 ESS？它是否有效？请予以解释。

3. 追求最大的利润

经济学家们通常假设各种生意都是在追求最大的利润。这是一个可以运用微积分进行阐述的问题。但是大家都知道，在决定如何以及何时改变自己公司的价格和产量时，没有多少生意会使用微积分。请根据本章提出的概念来讨论这个问题。我们能否认为生意人可能会按照 ESS 的方式做出一些很准确的决策？若按照 ESS 的方式行事，是否存在着困难？

4. 银行业务

银行家们可以在两种策略之间进行选择：①只放贷给那些信用优异的借款人；②放贷给所有信用不错或者更好的借款人。如果大多数银行家都选择策略①，那么由于信贷稀缺会导致大量的生意破产，所以策略①属于盈利较大的策略；如果大多数银行家都选择策略②，那么由于宽松的信贷政策可以营造出良好的生意环境，所以策略②同样是盈利较大的策略。具体地说，如果 y 是银行家群体中选择策略①的比例，则对于策略①的回报是（$6 - 2y$），对于策略②的回报是（$5 + y/2$）。请运用进化稳定策略的概念分析一下这个例子。

5. 报复博弈

图 19-5 显示了扩展式博弈 Y。它是一个简单的报复博弈。

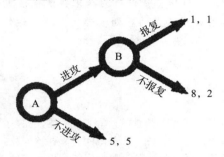

图 19-5　报复博弈 Y

假设大量的行为人随机地相遇并进行这个博弈，有时作为 A，有时作为 B。

（1）请将它表述为 N 人博弈。它的工具变量（instrument variable）是什么？

（2）"报复"能否成为进化稳定策略？

6. 捕鱼博弈

特提斯海（Tethys Sea）的渔民们面临着一个颇具讽刺意味的社会困境。海里鱼类的存量因为过度捕捞而消耗殆尽。一种新型技术使渔民们可以更多地捕捞特提斯海中现存鱼类。一方面，不采用这种新型技术者的捕捞量将少于采用新型技术者的；另一方面，新型技术会比原有技术更快地耗尽特提斯海中的鱼类。无论采用哪种技术，采用新技术的渔民越多，捕获量也就越少。

（1）把它表述为 N 人博弈。

① 它的状态变量（state variable）是什么？

② 讨论或者描述这两种策略将如何随着状态变量的变化而变化。

③ 如何确定其中的纳什均衡？

（2）把 ESS 模型运用于这个问题。若渔民们继续采用原有技术，则结局是否会趋于稳定？

解释一下你对上述所有问题的回答。

第20章
Chapter20

投 票 博 弈

导读

　　为了充分理解本章内容，你需要先学习和理解第 1 ～ 5、10、11 章。

　　在投票选举时，人们通过计算票数来决定某个问题。选举的过程令他们获得博弈论的科学隐喻。与博弈一样，选举也具有各种已知的规则，通常会产生明确的赢家和输家（们）。选举博弈的策略包括投票给谁的决策。在本章中，我们将阐述关于投票博弈的一些基本概念。一如既往，我们从一个例子开始，即某个女生联谊会的执委会需要决定举办一场晚会的花销水平。

20.1　晚会! 晚会! 晚会

　　希格纳·费·诺特女生联谊会（Signa Phi Naught sorority）正在筹划一场大型晚会，其执委会必须决定从联谊会的经费中提取多少用于此事。执委会成员为安娜、芭芭拉和凯洛，我们依然把她们记作 A、B 和 C。她们可以花费 100、150、200、250 或者 300 美元。这三位执委会成员的偏好如表 20-1 所示。例如，安娜的第 1 偏好是花费 150 美元，而 100 美元是她最不满意的选项，所以在这 5 个选项中被排在第 5 位。图 20-1 描绘了这些偏好。因为第 1 偏好是最高的，所以它显示在图 20-1 中的顶部。

表 20-1　三位执委会成员的偏好

	\$100	\$150	\$200	\$250	\$300
A	5	1	2	3	4
B	3	2	1	4	5
C	5	4	3	1	2

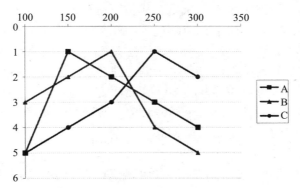

图 20-1　三位执委会成员对于各种花销水平的偏好

⚠ **重点内容**

这里是本章将阐述的一些概念。

多数（majority）：获得一半以上选票的候选人或选项。

简单多数（plurality）：所得选票超过其他的候选人或选项者。

单峰偏好（single-peaked preferences）：如果可根据某种维度来衡量每位投票者的偏好排序，并且在增加到"最优"水平之后会转而减弱，那么我们就说这位投票者的偏好是"单峰的"。

中位投票者（median voter）：如果某位投票者的最高偏好位于偏好更强的一半投票者和偏好较弱的另一半投票者之间，那么他就是中位投票者。其投票通常具有决定性作用。

策略性投票（strategic voting）：某人投票给某个并非最为偏好的选项，并希望能够获得更加有利于自己的投票结果。

单纯投票（naive voting）：投票给第一选项且不计后果的做法。

孔多塞规则（the Condorcet rule）：它由孔多塞侯爵（the Marquise de Condorcet）提出。其含义是，在针对其他候选人的简单成对投票中的获胜者将成为当选者。

偏好性投票（preference voting）：它是针对一位以上候选人或者选项的一种投票方案，通常根据投票者的偏好对它们进行排序。

安娜认为，把 150 美元用作晚会的资金比较恰当，而芭芭拉和凯洛都对此提出了不同的看法。芭芭拉的意见是，把金额增加到 200 美元。当然，芭芭拉和凯洛都会赞同这个方案，因为她们都更加偏好于 200 美元而非 150 美元（200 美元是芭芭拉的第 1 偏好和凯洛的第 3 偏好，而 150 美元则是芭芭拉的第 2 偏好和凯洛的第 4 偏好）。凯洛的修改意见是，把金额进一步增加到 250 美元。安娜和芭芭拉都会否决它，因为她们都更加偏好于 200 美元而非 250 美元（200 美元是安娜的第 2 偏好。250 美元是安娜的第 3 偏好和芭芭拉的第 4 偏好）。因此，最终的决定是，在晚会上花费 200 美元。

在此次投票中，芭芭拉取得了成功。其原因何在呢？这里存在着两个相关的理由。考虑一下第一个理由，如果我们从左边开始，则每个人的偏好水平会一直上升（虽然未必是按照稳定的比率，但是不会出现逆转）到顶端，然后下降，同样不会出现逆转。如果偏好具有这种特征，那么我们就称它是"单峰的"。相形之下，我们再观察一下图 20-2 中尤兰达（Yolanda）的偏好。因为她不是执委会成员，所以没有投票权，但她偏好于举办一个比较简朴的晚会。她认为，如果花销超过了 100 美元，那么女生联谊会就应该继续花销，直到最终花掉 300 美元这个最大金额，而这是她的第 2 偏好。因此，尤兰达的峰值偏好比较含糊，即 100 美元是峰值，而第 2 偏好即 300 美元也是峰值，至少相对于作为第 4 偏好的 250 美元和作为第 5 偏好的 200 美元而言是这样的。因此，它属于"局部峰值"（local peak）。由于尤兰达具有两个局部峰值，所以她的偏好不是单峰的。一般而言，具有一个以上局部峰值的偏好不是单峰偏好，所谓的"偏好是单峰的"也就意味着只存在一个"局部"的峰值。

因为每位参与决策的执委会成员都具备单峰偏好，所以我们得以确切地了解她们各自的偏好。这意味着根据她们各自的偏好状况，任何朝着某位的顶峰偏好的变动都可以改

善她的状况。⊖

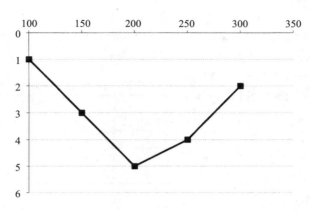

图 20-2　尤兰达的偏好

接下来，我们再看一下芭芭拉得以如愿的第二个缘由。首先列出所有的顶峰偏好，如表 20-2 所示。可以看出，芭芭拉的顶峰偏好处在中间。她在这次投票中是"中位投票者"，所以她和安娜都会支持朝向她的第 1 偏好的任何变化，即 200 美元。

表 20-2 顶峰偏好	
人名	顶峰偏好
安娜	$150
芭芭拉	$200
凯洛	$250

她们两位形成了多数。由于芭芭拉所偏好的花销金额少于凯洛的，所以她和凯洛会支持由下往上地朝着 200 美元的任何变化。她们再度形成了多数。综合这两种结果，朝向芭芭拉顶峰偏好的任何变化都可获得多数人的支持。这就是作为中位投票者的优势所在。

从总体上看，作为中位投票者，其偏好的数量大于一半减一位投票者们所偏好的数量，同时又小于一半减一位投票者们所偏好的数量。因此，从少到多地朝着中位投票者偏好的任何变动都可以获得所有第 1 偏好大于她的投票者的支持，再加上她自己的投票，就可得到多数人的支持。与此相似，从多到少地朝着中位投票者顶峰偏好的任何变动都可得到所有第 1 偏好小于她的投票者的支持，同样（再一次地）加上她的投票，也可得到多数人的支持。总而言之，只要所有的投票者都具有单峰偏好，朝向中位投票者顶峰偏好的变动就能获得大多数投票者的赞同。因此，采用多数规则时，中位投票者的偏好具有决定性作用。

这个例子说明了运用博弈论分析投票问题的某些重要方面。首先，我们可以将选票视为博弈的策略，而多数规则（或者其他投票方案）则确定了博弈的规则。其次，上述女生联谊会晚会的例子包括某些重要的简化假设条件，即所有偏好都属于单峰，所有问题都可根据单一维度从少到多予以排列。最后，我们还假设，执委会的每位成员都只是投票给她所偏好的选项。不过，这未必是理性的策略选择，正如下面这个例子所要说明的情形。

⊖　这里的论述得益于 H. 鲍恩的《关于经济资源配置中的投票过程诠释》[H. Bowen, The interpretation of voting in the allocation of economic resources, *Quarterly Journal of Economics*, 58（1943），27-48]。

20.2　关于晚会的方案

对于希格纳·费·诺特女生联谊会晚会，存在着三种装饰风格方案，而执委会无法定夺。这三种方案是"喧闹的 20 岁"（Roaring Twenties，R）、"瑞士阿尔卑斯"（Swiss Alps，S）、"热带岛屿"（Tropical Island，T）。执委会决定将这个问题提交联谊会全体成员投票表决。成员们分为三种类型，对于这三个选项的偏好各不相同，我们不妨把她们分别称为 X 类、Y 类和 Z 类。表 20-3 列出了这三类成员的偏好和所占选票总数的比例。

表 20-3　关于晚会装饰风格的偏好和选票占比情况

投票者类型	装饰风格			投票者百分比
	R	S	T	
X	1	2	3	31
Y	2	1	3	29
Z	3	2	1	40

现在假设每一类成员都把选票投给自己的第 1 偏好，"热带岛屿"选项获得简单多数，可占到所有选票数量的 60%，但是，它却是三种选项中最不受欢迎的一种。因此，简单多数投票过程中存在着一个基本问题，即它时常会与多数规则发生冲突，因为最后获选的选项为大多数投票者所反对。执委会如果确实想要采纳多数人的决定，那么选择的规则必须比简单多数投票规则略为复杂一些。一种可能是，她们可以采用"循环选举法"（run off election），即进行两轮投票，而进入第二轮投票的是在第一轮中得票最多的两个选项。若在第一阶段有某个选项获得了多数，那就取消第二阶段。现在仍然假设投票者所投的是她们的第 1 偏好，则第一轮就会淘汰 S，而 R 将会在 R 与 T 之间的循环选举中胜出。

20.3　策略性投票

如果投票者都是理性的，则她们有可能不是把票投给自己的第 1 偏好。例如，假设选举只有一个阶段，而且采纳获得简单多数票的选项（即简单多数规则），再假设 Y 和 Z 类投票者都把票投给她们的第 1 偏好，因此，X 类投票者如果投票给她们的第 2 偏好，由此可将投票结果从她们的第 3 偏好改为第 2 偏好，进而提高她们的回报。这是一个策略性投票的例子。换句话说，为了获得更好的总体结果，投票者出于某种目的而不投票给她的第 1 偏好，我们就说她进行的是"策略性"投票。如果投票者在每一轮都投票给她们的第 1 偏好，我们就说她进行的是"单纯"投票。

有时，Y 类投票者可以通过策略性投票而获益。我们不妨把简单多数投票博弈视为一个正则式博弈，其中的策略是投票给第 1 偏好或者第 2 偏好。我们可以忽略投票给最后一种偏好的可能性，因为它属于弱势被占优策略，然后对各项回报按照 X 类、Y 类和 Z 类的次序进行排列。

因为这个博弈中的回报等于偏好，所以数字越小表示回报越大。观察一下表 20-4，可以看出存在三个纳什均衡，它们在表 20-4 中都已被涂黑。不过，对于 Z 类投票者来说，投票给第 2 偏好属于弱势被占优策略。假设其他参与者可能因为有"颤抖的手"而选择了并非最优的反应，而 Z 类投票者采用"预防失误"的方式，则我们可以排除表 20-4 右边的那一部分而专注于左边部分。我们在左边部分得到的是一个协调性博弈，一种已知比较棘手的博弈。两个涂黑的方格都是纳什均衡，最终会形成哪一个呢？一种可能的情形是，X类和Y类投票者会因猜测失误而选择（1，1）或者（2，2），最终得到的却是她们的第3偏好（由此可以认为，Z类投票者具有充足的理由持续地偏离她们的弱势被占优策略）。

表20-4　关于晚会装饰风格的偏好次序

X类		Z类			
		第1个		第2个	
		Y类		Y类	
		第1个	第2个	第1个	第2个
X类	第1个	第3，第3，第1	第1，第2，第3	第2，第1，第2	第1，第2，第3
	第2个	第2，第1，第2	第3，第3，第1	第2，第1，第2	第2，第1，第2

这还不是故事的终节点。另一种可能的情形是，X类和Z类投票者可以形成共谋，通过闭门会议私下进行投票，并利用在闭门会议时获得多数票的选项协调他们的策略，从而选择方案R，即"喧闹的20岁"。因为它属于纳什均衡，所以这种闭门投票方式会令它成为谢林焦点，无须什么监督机制，此类共谋就可以产生这种结果。

如果为了确保获得多数选票而采纳循环选举方式，那么情况也不会有多少改观，因为它同样无法阻止策略性投票。通过在第一阶段投票给她们的第2偏好，Z类投票者可以实现她们的第2而不是第3偏好。

20.4　投票的问题和标准

"晚会装饰风格博弈"折射了实际选举过程中的诸多问题和可能性。一方面，简单多数投票规则有些强人所难，因为大多数人不会满意，且结果也难以预测。在"晚会装饰风格博弈"中，我们难以预计最终结果，因为它取决于谁在进行策略性投票。共谋和闭门会议投票在现实中也很普遍。另一方面，为了征求多数人的意见，我们需要采用某种相对复杂的投票方式，诸如循环选举方式。但是，循环选举方式同样会受到策略性投票的影响。更加糟糕的是，究竟哪个结果才是"正确的"呢？这一点不够明确。如果采用单纯投票规则就无法形成多数，究竟哪个结果才能反映"多数规则"呢？

◆〉延伸阅读

孔多塞侯爵

孔多塞（Condorcet，Marie-Jean-Antoine-Nicholas-Caritat，Marquis de，1743—1794）是欧洲启蒙运动的杰出代表和数学家。他在微积分和概率论方面做出了诸多重大贡献，并且最早运用数学方法对选举进行研究。他支持法国大革命，但是因为反对雅各宾派专政而被囚禁，最终莫名地死于狱中。

这些并非新问题。早在18世纪中叶，[注]孔多塞已经给出了部分解答。他指出，选举

[注]　那个时期有时被称作"启蒙时期"，因为孕育了行将得到普及的各种进步的新概念和新信仰。各种启蒙概念对于美国的形成影响很大。孔多塞侯爵是启蒙时期法国最重要的思想家之一。

方案的标准是，选取分别战胜其他所有选项的那个选项。例如，在"晚会装饰风格博弈"中，"S"以 69:31 打败"R"，又以 60:40 打败"T"，因此"S"才是孔多塞的选项。但是，并非所有的投票博弈都存在孔多塞选项。

到 20 世纪中叶，关于一个好的选举方案，诺贝尔经济学奖获得者肯尼瑟·阿罗不仅提出了一个更加完整的标准列表，而且证明了没有哪种选举能够满足所有这些标准。[注] 为了理解这一点，我们需要详细地观察一下那个列表，而它本身其实就很有意义。阿罗的标准包括下列几项。

（1）有效性：相对于胜出的选项，每位投票者都不会更加偏好于其他选项。

（2）完整性：投票方案能给所有的选项进行完备和一致的排序。

（3）中立性：对于任何两个选项的排序完全取决于投票者们对于它们本身的偏好（与孔多塞标准一样）。

（4）无独裁性：没有哪个人的偏好可以单独决定选举结果且不顾及其他人的偏好。[注]

阿罗的"一般不可能性定理"（general impossibility theorem）表明，没有哪种投票方式，或者更加一般地，决定问题的方式可以满足所有这些标准。因此，它对关于选举的系统性思考产生了重大影响，包括博弈理论思考在内。上述第三个前提条件又被称为"独立于不相关选项"标准。它一直饱受争议，因为它基本上排除了策略性投票。正如我们所见，虽然策略性投票非常普遍，但我们没有理由认为它可以使选举事态变得更加可以预测，而实际情况恰好相反。

◆ 延伸阅读

启蒙运动

在欧洲历史上，18 世纪有时被称作"启蒙时代"（age of enlightenment）。启蒙的思想方法结合了理性自主、个人和社会的进步与完善等观念，包括通过推理和科学去探寻自然秩序，反对专制主义和反对民族主义等内容。启蒙运动的杰出代表人物有笛卡儿、帕斯卡、孟德斯鸠、休谟、伏尔泰、卢梭、亚当·斯密和孔多塞。

◆ 延伸阅读

肯尼瑟·阿罗

作为一位土生土长的纽约人，肯尼瑟·阿罗（Kenneth Arrow，1921—2017）在纽约城市学院读完大学后，获得了社会科学专业的科学学士学位，但他却以数学为专业方向。他在哥伦比亚大学完成了研究生学习项目，获得数学专业硕士学位后，便转向了经济学，但是其博士论文研究工作却因战争和其他问题而延迟。他的博士论文《社会选择和个人价值》（*Social Choice and Individual Values*）完成于 1951 年，并且长久地产生了深刻的影响。他的关于不确定状态下竞争性均衡的开拓性工作对于经济学和金融市场创新都产生了影响。他在 1972 年与约翰·希克斯（John Hicks）共同获得了诺贝尔经济学奖，

⊖ 事实上，阿罗命题所涉及的范围更加广泛。它适用于所有的社会选择机制，包括市场机制在内。

⊖ 回顾一下本章 20.4 节，芭芭拉在博弈中如愿决定晚会的花销金额，因为她是中位投票者。但是，如果安娜和凯洛的偏好有所不同的话，那么结果可能会有所不同。

以表彰他"对一般经济均衡理论和福利理论的　尼讲座的（荣誉）经济学教授。
开拓性贡献"。他还担任过斯坦福大学乔·肯

关于"阿罗定理"的诸多争议集中在这样一种可能性上，那就是以适当放宽阿罗的某个标准为代价，譬如完整性或者中立性，[⊖]或许可以给我们带来令人比较满意的总体结果。

应该指出的是，阿罗的结论并不意味着任何选举都永远无法同时满足这四个标准。它的含义是，在某些情况下，人们所具有的特定偏好会使这四个标准中的某一个或者更多个无法得到满足。对于某些甚至很多偏好分布，一些方案可以满足所有这四个标准。例如，我们已经看见，在"晚会装饰风格博弈"中，具有策略性投票的循环选举可以使孔多塞选项胜出。不过，我们在 20.5 节将看见，结果也可能恰好相反。针对在现实中可能观察到的很大比例的偏好，我们可以设计出满足阿罗标准的某个选举方案，不过这是一个深刻的且尚未得到解决的数学和心理政治学（psychopolitical）问题。

20.5 其他可选的投票方案

到目前为止，人们已经提出了很多可选的投票方案。下面是其中的几个。

（1）简单多数规则（plurality rule）。虽然存在着一些问题，但许多选举都是根据它而进行的，包括英国的议会选举在内，在那里它被称作"简单多数者当选"（"first past the post"）体制。

（2）循环选举制（runoff elections）。如果第一轮投票未能产生获得多数选票者，那么就在简单多数者和第二名之间进行第二轮选举。正如所见，虽然这种循环可以产生针对一位候选者的多数结果，但它具有很强的策略性，而且难以预测最终结果。

（3）偏好性投票制（preference voting）。常规的投票过程中存在着一个问题，即它只提供了关于第 1 偏好的信息。偏好性投票方案通过允许投票者们根据他们的偏好对各个选项进行排序，可以从投票者那里获取更多的信息。

① "博尔达规则"（Borda rule）。由法国另一位启蒙运动代表人物博尔达骑士（the Chevalier de Borda）所提出的规则就属于此列。"博尔达规则"让每位投票者按照每个选项的排序逆向地给它们打分。因此，在三方选举中，第 1 偏好获得 3 分，第 2 偏好获得 2 分，等等。总分最高者获选。在"晚会装饰风格博弈"中，选项"T"得到 5 分，"R"得到 6 分，而"S"得到 7 分。因此，"S"将成为获选方案，即孔多塞选项胜出。然而，最终结果并非总是如此。

② 具有单张可转让选票的偏好性投票又称"排序复选制"（instant runoff），它让每位投票者按照最高偏好到最低偏好对各个选项进行排序。如果第 1 偏好获得多数，那么它就胜出；否则，去掉得票最少的那个选项，并把赞同它的投票者选票转给他们列出的第 2 偏好。如果（存在两个以上的选项）这样还无法产生多数者，那就再度重复这一过程直到

⊖ "罗伯特议事规则"（Robert's rules of order）被美国许多志愿者组织用于指导议事程序。它指出，如果不存在多数结果，那就反复进行投票直到形成多数为止。先验地，这取决于后面的各轮投票能够产生多数的策略性投票。但是，"罗伯特议事规则"无法确定中立的方案，因为付诸表决问题的次序无疑会影响最终结果。

产生多数者为止。在"晚会装饰风格博弈"中,"排序复选制"产生了与两阶段循环选举相同的结果。同理,最终结果未必总是如此。

③ 孔多塞探索过程(Condorcet tournament)。根据这种方法,我们需对所有的两两对照选项(two-way matches)做出评估,然后计算由各位投票者排在前面的那个选项的票数。如果存在某个孔多塞选项,则把它当作获选者。由于并非总是存在孔多塞选项,所以它无法决定所有的选举结果。如果无法得到孔多塞选项,则在两两对照时得以胜出的各选项之间可能会出现平局。此时,我们必须采用另一种方法来化解这种平局,诸如博尔达排序法或排序复选法。

(4)认可投票制(approval voting)。根据这种方式,投票者无须对各个选项进行排序,只需简单地投下"赞成"或"反对"票,获得最多"赞成"票的选项胜出。认可投票制具有高度的策略性,因为关于有多少选项得到了认可的问题并无简单明确的答案。例如,在"晚会装饰风格博弈"中,假设 Z 类成员认可其中的第 1 个和第 2 个选项,而 Y 类成员只认可第 1 个选项,那么这就构成了一个纳什均衡,而无论 X 类成员如何作为(如表 20-5 所示,它忽略了某些弱势被占优的选择)。最终,"S"主题得以获选。因此,在这个博弈中,策略性的认可投票制能够产生孔多塞选项。当然,结果同样并非总是如此。

表 20-5 关于晚会装饰风格的认可投票状况

		Z 类			
		赞同第 1 个		赞同第 2 个	
		Y 类		Y 类	
		赞同第 1 个	赞同第 1、2 个	赞同第 1 个	赞同第 1、2 个
X 类	赞同第 1 个	第 3,第 3,第 1	第 1、第 2、第 3	第 2,第 1,第 2	第 2,第 1,第 2
	赞同第 1、2 个	第 2,第 1,第 2	平局①	第 2,第 1,第 2	第 2,第 1,第 2

注:平局出现在 R 与 S 之间,它们对于 X 类和 Y 类成员都是第 1 和第 2 选项,对于 Z 类成员则分别是第 2 和第 3 选项。不过,X 类和 Y 类成员可通过单方面转而赞同"第 1"来确保第 1 选项胜出,Z 类成员则可通过单方面转而赞同"第 1,第 2"选项来确保第 2 选项胜出。因此,平局对于任何人都不构成最优应对策略,所以也不构成纳什均衡。

关于这些方案和其他备选投票方案显然还有很多内容值得探索,不过很明确的一点是,没有哪个方案能够在任何情况下都是最优者,它甚至都无法做到令人满意。

然而,我们到目前为止所列举的例子都是被"编造"出来的。这些问题在"现实世界"中是否会出现呢?我们将考察一些案例,而且可以看到它们确实会发生。

◆ 延伸阅读

德·博尔达和博尔达计数法

1770 年,法国数学家德·博尔达(Chevalier Jean-Charles de Borda, 1733—1799)提出了一种新颖的计票方式。它让投票者根据自己的偏好程度给各位候选人或选项排序。如果有 N 个选项,第 1 偏好得到 N 分,第 2 偏好得到(N−1)分,等等,则获得最高分者获选。

德·博尔达出生于法国的达克斯(Dax),也是一位军事工程师和发明家。他改进了导航仪器、水轮和水泵,并参加了北美独立战争。此外,他还参与了公制度量法的创立工作。

◈ 延伸阅读

关于投票方案的一些关键性研究

策略性投票似乎不甚高尚，而且可能会违背阿罗的中立性标准，而后者是人们对于"好的"选举结果所持有的普遍看法。那么，是否有可能设计或者发现某种方案，使人们不再想进行策略性投票呢？通过一项与阿罗的工作密切相关的、独立的研究，密歇根大学的哲学家阿兰·吉巴德（Alan Gibbard）和西北大学的管理学专家马克·萨特瑟威特（Mark Satterthwaite）证明，不可能存在这样的投票制度。

从表面看，我们在某些选举中不得不放弃阿罗的部分标准。但是，这个问题只会出现在某些而不是所有的选举中。那么，是否有某种选举方案可以在大多数选举中产生符合阿罗标准的良好结果呢？在阿罗和帕萨·达斯格普塔（Partha Dasgupta）的指导下完成的博士论文中，一个叫艾瑞克·马斯金（Eric Maskin）的作者探讨了这一问题。他发现，孔多塞探索过程只要能够满足简单多数规则或者博尔达计数法所要求的那些常识性标准，就能够"运作良好"，而且比后两者都运作得更好。

20.6　案例：芬兰总统选举⊖

芬兰位于北欧地区的斯堪的纳维亚半岛，主要与俄罗斯共和国接壤，在北端则与瑞典和挪威接壤。乌尔霍·吉柯宁（Urho Kekkonen）从 1956 年起担任芬兰总统并长达 25 年。1956 年的芬兰总统选举⊜由具有 300 位成员的选举团（Electoral College）所主持。它与美国的选举团有所不同，尤其是如果在首轮投票中未能产生获得多数选票的候选人，那就再进行一轮循环投票。

1956 年共有四个政党参加了芬兰总统竞选，它们是农民（农夫）党、共产党、保守党和社会党。作为四者中的最小者，共产党没有推出自己的候选人，而其他三个党各自都推出了候选人。吉柯宁是农民党的候选人，在任总统帕西基维（J. K. Paasikivi）再度成为保守党的候选人，法格霍尔姆（K. A. Fagerholm）则是社会党的候选人。表 20-6 显示了这四个政党的偏好。我们根据实际证据进行了重构，其中每个政党都可在选举团中参与投票。可以看出，由于没有自己的候选人，所以共产党偏好于吉柯宁；⊜而保守党的成员们则在他们的第 2 偏好上产生分歧，少数人偏好于农民党的吉柯宁，而不是社会党的法格霍尔姆。

⊖ 这个例子引自乔治·采贝利斯的《被嵌入博弈：比较政治学中的理性选择》（Gegoge Tsebelis, *Nested Games: Rational Choice in Comparative Politics*, University of California Press, 1990, pp.2-4）。

⊜ 芬兰的总统选举目前由公众投票所决定，若在第一轮中没有产生拥有多数选票的候选人，那就进行第二轮"循环"。

⊜ 当时，俄罗斯共和国尚且属于苏联的一部分，与这个巨大邻国的关系是芬兰政府所面临的一个主要问题。芬兰在 15 年前曾经遭到苏联的入侵，但却成功地捍卫了自己的独立，虽然丧失了部分地区。芬兰共产党认为，吉柯宁要比法格霍尔姆更有可能维持与苏联的友好关系。

表 20-6　参与芬兰总统选举的各个政党及其偏好

政党	吉柯宁	帕西基维	法格霍尔姆	得票
农民党	第 1	第 2	第 3	88
共产党	第 1	第 3	第 2	56
保守党（多数）	第 3	第 1	第 2	77
保守党（少数）	第 2	第 1	第 3	7
社会党	第 3	第 2	第 1	72

现在看一下，如果每个政党在每一轮都进行单纯投票，则结果将会如何。在第一轮选举中，吉柯宁获得了 56 + 88 = 144 张选票，帕西基维获得了 84 张，而法格霍尔姆则获得了 72 张。接下来要在吉柯宁和帕西基维之间进行循环投票。吉柯宁仍然得到相同的 144 张选票，而帕西基维得到了 156 张，所以帕西基维将会获胜。从共产党的角度看，这是一个最糟糕的结局。

不过，共产党并没有进行单纯投票。相反，在第一轮投票时，选举团的 56 位共产党成员中有 42 位把票投给了法格霍尔姆。这并不属于个人偏好差异问题。该党在当时的工作准则是"民主集中制"，这意味着每位党员都必须服从党的决定，即无论如何，都要尽力让吉柯宁胜出。在第一轮中，法格霍尔姆获得了 114 张选票，超过了帕西基维的 84 张，从而淘汰了帕西基维。因此，在吉柯宁与法格霍尔姆之间又进行循环投票。在此期间，共产党人把选票全部投给了吉柯宁，从而使他最终以 151：149 获胜。

由此可见，小型政党可以通过策略性投票操纵循环选举方案。那么，其他标准和方案的情形又如何呢？

（1）孔多塞规则。帕西基维以 156：144 战胜吉柯宁，而以 165：135 战胜法格霍尔姆，所以帕西基维成为孔多塞式候选人。

（2）博尔达规则。帕西基维以 628 票战胜了获得 595 票的吉柯宁和获得 577 票的法格霍尔姆。

（3）单张可转让投票。在两轮循环投票中，通过改变第 1 轮和第 2 轮所表达的偏好，共产党得以操纵这个体制。如果运用排序复选法，即单张可转让投票，则他们将无法做到这一点。为了使法格霍尔姆进入循环投票，至少需要 13 位共产党人把法格霍尔姆而不是吉柯宁列为第 1 偏好。这也就意味着，在帕西基维被淘汰后，他获得的选票全都被算作法格霍尔姆所获得的选票，所以法格霍尔姆所最终以 162：138 胜出（社会党投出了 72 张选票，保守党投出了 77 张，而共产党投出了 13 张）。由于共产党更加偏好于法格霍尔姆，因此，相对帕西基维而言，他们可能会如此行事。需要指出的是，如果与其他两位候选人展开一对一竞选，那么法格霍尔姆会落选。[⊖]

（4）认可投票制。因为存在多个纳什均衡，所以我们难以预测结局。

⊖ 社会党人原本能够加以阻止，即策略性地把票投给帕西基维而不是法格霍尔姆。他们在实际选举时确实可以做到这一点，但却未能那样去办。他们之所以没有进行策略性投票，是因为他们要对自己的党员们负责，后者不能接受这一点。换句话说，他们的选举博弈被嵌套在一个更大的党派政治博弈中了，其中，策略性投票不是最优应对策略。显然，要让一个政党投票反对自己提出的候选人是非常困难的。

20.7 案例：1992年的美国总统选举

正如芬兰总统选举的例子所表明的，如果投票过程具有两个以上的选项且又被投票规则弄得非常复杂，那就很有可能出现策略性投票。美国同样有一个决定总统选举的选举团，它属于每四年一度且相当复杂的选举过程的一部分。《美国宪法》的制定者们曾经希望这个选举团能够确保政党不涉足总统选举，但事实上，自从约翰·亚当斯（John Adams）在1796年当选以来，政党就一直主导着选举团。在只有两位主要候选人的时候，只有一位能够获得多数的公众选票，选举团通常会给出与公众投票相同的结果。⊖但是，如果存在三位或者更多位重要的候选人，那就不太容易预测结果了。威廉·克林顿（Willam Clinton）在1992年当选总统就是一个重要的例子。当时他同在任总统乔治·H. W. 布什（George H. W. Bush）和亿万富翁若斯·佩若特（Ross Perot）展开了一场三方竞争。克林顿以43%获得了简单多数的公众选票，布什获得了37%，而佩若特获得了20%。表20-7大致体现了以1992年的那场选举为基础的例子。之所以说它是"大致体现"，是因为我们做出了简化性假设，仅考虑三类投票者，而且认为每一类中的每一位投票者都具有相同的偏好，尤其是第2和第3偏好。由于缺乏实际证据，所以我们无法予以确定，而现实情况或许相对复杂一些。不过，这个例子与我们关于1992年选举所了解的情况大致吻合。不难看出，它确实足够复杂。

表20-7　1992年美国总统选举简化形式中的偏好

	对于候选人的排序			
	克林顿	布什	佩若特	选票占比（%）
民主党	第1	第2	第3	43
共和党	第3	第1	第2	37
改革派	第2	第3	第1	20

表20-7中的第5列给出了假设这三类选民各自所占的比重。它们都是实际的公众选票比例，近似到百分比的个位数。我们已经假设，相对于布什而言，改革派（the Reformer）更加青睐克林顿，参与这场选举活动的一些重要领袖人物表明了这一点；相对于克林顿而言，共和党人则更加偏好佩若特，因为他的自由化程度略低；而民主党人原本会选择布什而不是佩若特，或许是觉得后者不太可预测。当然，后面这两点是我们为了举例所做出的猜测。

正像芬兰总统选举的情形那样，在这场选举中，三位候选人无一获得多数选票。如果大家都参与单纯投票，则克林顿可以赢得简单多数（事实上也正是如此）。一个问题是，共和党人为何不进行策略性投票呢？如果他们把票投给佩若特而不是布什，那么佩若特就可当选，而共和党人也可满足他们的第2而不是第3偏好。但是，或许是因为他们相信自己政党的实力长期以来都很强大。换句话说，对于共和党人来说，1992年的选举博弈被嵌套在一个更大的博弈当中。按照这种思路，如果让佩若特获胜，则他们就很难卷土重来。

⊖ 在1876年和1888年的两次选举中出现了例外。在1876年，某些州派出了不止一个代表团到选举团，因而结果确实取决于国会。在1888年，公众的票数极度接近。2000年，由最高法院做出的裁决确定了选举结果。

与芬兰总统选举的情形不同的是，这场选举没有循环选举的预案。事实上，公众投票并不能决定当选问题，而选举团则可以，克林顿在选举团中获得了 370∶168 的多数票。之所以会出现这种情形，是因为在某个州（或在两个州则考虑一个国会选区）获得简单多数的候选人就可获得该州（国会选区）的所有选票。因此，某位候选人若在每个州（选区）都能获得 50.01% 的选票，那么他就获得了 100% 的选票。

除此之外，还有哪些方案和标准呢？

（1）孔多塞规则。克林顿以 63∶37 击败布什，布什以 80∶20 击败佩若特，而佩若特又以 57∶43 击败克林顿。这个循环意味着，这场竞选没有孔多塞式候选人。在近年来关于选举的分析思考中，类似的循环发挥了重要作用，尤其是"阿罗的不可能性定理"。这个例子中的循环体现了这样一种假设，即所有的共和党人都会把票投给佩若特而不是克林顿。但是这一点在现实世界中未必成立。如果多达 25% 的共和党人在克林顿–佩若特的竞争中把票投给佩若特，那么克林顿就会成为孔多塞式候选人。我们做出这些极端假设，只是为了说明出现循环的可能性十分重要，而且在某些实际选举中或许不存在孔多塞式候选人。

（2）博尔达规则。若采取单纯投票方式，则布什可以凭借 36∶34∶30 而在百分比意义上获胜，佩若特则会落在最后。但是，如果有 50% 的民主党人策略性地（或者真诚地）把他们的第 2 偏好赋予佩若特，则克林顿就可以 34∶33∶33 获胜。

（3）两轮循环选举制。若采用单纯投票方式，则克林顿在循环中将以 63∶37 获胜，但是共和党人可以转而支持他们的第 2 偏好，即佩若特，也就是在第一轮中策略性地把票投给佩若特。

（4）单张可转让投票。与两轮循环选举制相同。

（5）认可投票制。这里的纳什均衡是，共和党赞同布什和佩若特，民主党和改革派只认可他们自己的候选人。因此，佩若特会以 57% 的公众选票当选，因为克林顿将获得 43% 的选票，而布什则获得 37% 的选票。

◆ 延伸阅读

美国的选举团

根据各州在国会的席位数目，选举团会给它们分配一定数量的选票。如果选举团无法产生获得多数票的候选人，则由众议院决定选举结果，其中每个州都拥有一票。这种情况只在 1824 年发生过。

考虑到可能没有哪位候选人能在幅员辽阔的北美共和国成为著名人物，所以美国宪法的起草者们似乎不甚情愿地采纳了选举团制。因此，他们形成了致力于不同地区达成妥协的理念，并把选举团作为付诸实施的手段。

多年来，关于取消选举团的提议甚嚣尘上。2000 年度的选举过后，人们又认为取消选举团的做法是不现实的，因为：①它需要修正宪法；②它会遭到一些较小州的反对，而它们的数量更多，且选举团历来就比较偏袒它们。

确实，在选举团内，那些较小的州可获得相对其人口而言的更多选票。不过，不甚明确的是，选举团是否总在偏袒它们。例如，在 1960 年度的选举中，候选人是约翰·肯尼迪和理查德·尼克松（John Kennedy and Richard Nixon）。虽然肯尼迪赢得了公众和选举团的多数票，但选举团中的票数差额（接近 50%）却比公众票数（0.1%）大了许多。他通过以很小的差额赢得各个大州，而以很大的差额输掉各个小州而获胜。根据选举团"赢者通吃"（winner-take-all）的选票分配制度，无论差额有多大，肯尼迪都获得了他所取胜的各大州的100%选票。

显然，在这个案例中，选举团的运作不利于那些较小的州，所以改革选举团制度的意向大多出自它们（以及共和党人）。内布拉斯加和缅因这两个小州确实取消了"赢者通吃"体制（它属于各州自己的法律问题），但转而把它们在选举团的一张选票赋予在每个国会选区都获得多数的赢家，而把两张选票赋予在本州获得多数的赢家。然而，不甚明晰的是，这种做法是否对它们有利。在2008年度的选举中，内布拉斯加州把四张选票投给了参议员麦凯恩，而把另一张投给了奥巴马，所以有人认为这种做法削弱了内布拉斯加州的影响力。

就作者的内心而言，我应该表明的是，自从1960年以来，我就赞同取消选举团而改由公众投票选举总统；我信服埃里克·马斯金的推理过程，即美国应该采纳具有孔多塞探索过程的偏好投票制，并将它作为计票的第一阶段。但是，从那以后，朋友们都认为我相当怪诞。

20.8 总结

选举结果将是可以预测的，如果：①所需考虑的只有两个选项，或者能够对各个选项进行排序；②所有投票者对于各个选项都具有单峰偏好。在这种情况下，单纯投票会使中位投票者的偏好具有决定性意义，而且没有给策略性投票留下多少空间。如果面对三个或者更多个不易排序的选项，则有可能出现没有哪个选项能够获得多数选票的情形，而策略性投票会影响投票结局。在某些情况下，具有多个纳什均衡的策略性投票者可将多数票给予任何一个选项，这取决于哪个均衡得以实现。在这些情形中，虽然存在一些可以确定多数的方案，但是没有哪个方案的效果在所有情况下都明显优于其他方案。进一步地，就连"选举的'正确'结果是什么"这个问题都存在着争议。在一对一的选举中，如果哪位候选人能够相对于其他所有的候选人都获得多数，即成为"孔多塞式候选人"，则可预计那位候选人能赢得选举。但是，也许并不存在这样的"孔多塞式候选人"；即使存在的话，那些比始终进行一对一选举还要简单的选举程序有时会错失"孔多塞式候选人"。同样，由肯尼瑟·阿罗提出的更加广泛的（但依然合理的）标准列表已经被证明是无法得到满足的，即没有哪种机制总是能够满足阿罗的全部条件。归根结底，各种选举程序体现的是在不同缺陷之间的取舍。关于"什么是最好的选举程序"的问题，并没有一个放之四海而皆准的答案。

▪ 本章术语

多数（majority）：请记住，"多数"的含义是获得超过一半的选票。如果存在两个以上的选项，那么可能没有哪个可以获得多数。在这种情况下，得到最多票数的选项被称为"简单多数"。在日常讨论中，这些术语有时会被混淆。但是，在这部教科书中，我们在它的严格意义上使用"多数"这个词，即超过一半的选票。

策略性投票（strategic voting）：投票者出于某种原因而不投票给她的第1偏好，以便获得就自身角度而言的更好结果。

单纯投票（naive voting）：投票者把选票投给自己的第一选项而不考虑后果如何。

▰ 练习与讨论

1. 教师评议会的僵局

（这是一个真实的故事。为了保护那位无辜者，我们使用了化名。）

在教师评议会上，伽德利教授（Prof. Gadly）提出了一项复杂的建议。它基本上获得了多数人的赞同，不过人们对于其中两个段落存在着争议。某些参会者提议删除其中的这一段或者那一段，而另一些参会者则提议把两段都删除了。作为会议主持人，来自图书馆学院的玛丽安教授建议，把这三种修改方案都付诸投票表决。投票结果是 5 : 5 : 5。然后，玛丽安教授投了打破僵局的一票，从而决定删除这两段。但是，资深参会者姆格沃普教授（Prof. Mugwump）却指出，建议的修改必须征得多数人的同意，而 6 票并不构成多数。试运用本章提出的概念分析一下这个问题。你能给玛丽安教授提供什么建议？

2. 语言俱乐部选举

欧洲语言俱乐部需要选出一位新任主席，且有三位候选人，即让 – 夏克、弗兰西斯卡和安吉拉（Jean-Jacques，Francesca and Angela）。这个俱乐部分为三大派别，分别由法语、意大利语和德语专业的学生所构成。选举将采用多数规则。若在第一阶段没有哪位候选人获得多数选票，那就进行第二阶段的循环选举。三个派别的投票比例以及他们各自的第 1 和第 2 偏好如表 20-8 所示。

表 20-8　语言俱乐部三个派别的投票比例与偏好

派别	百分比	第 1 偏好	第 2 偏好
法语	0.4	基恩 – 加克斯	安吉拉
意大利语	0.25	弗兰西斯卡	基恩 – 加克斯
德语	0.35	安吉拉	弗兰西斯卡

（1）如果各派别都进行单纯投票，则哪位候选人能够获胜？

（2）如果德语专业的学生们进行策略性投票，那么结果将会如何？

3. 周末旅行

"老来忙"（old and restless，OAR）是一个退休者俱乐部，负责安排成员们的旅游和其他娱乐活动。现在他们正策划下个周末的旅行活动。该俱乐部分为三派。"秃鹰"派（the bald eagles）偏好自然风景点，"银狐"派（the silver foxes）热衷于热闹的夜生活，而"灰虎"派（the gray marauders）则喜欢去购物中心。三个选项分别是兰开斯特郡、五月角、大西洋城。表 20-9 列出了他们的偏好。

表 20-9　关于周末旅行活动的各派意见

派别	选项			比例
	兰开斯特郡	五月角	大西洋城	
秃鹰	2	1	3	25%
银狐	3	2	1	35%
灰虎	1	2	3	40%

（1）这里是否存在"孔多塞式选项"？

（2）假设最终决定是根据单张可转让投票或者排序复选法做出的。

① 如果大家都进行单纯投票，则哪个选项会赢？

② 如果存在着策略性投票，那么结果又会如何？

（3）假设最终决定是根据博尔达规则做出的。

① 如果大家都进行单纯投票，则哪个选项会胜出？

② 如果存在着策略性投票，则哪个选项会胜出？

4. 慈善受益者

"益健素食订餐"（Beneficent and Vigilant Order of Herbivores，BVOH）是美国费城郊区的一家素食者俱乐部。它正打算举办一场年度筹资晚餐，并以美味的印度素食为特色。他们必须决定把募集到的资金用于资助某家慈善机构，因为俱乐部的内部规则使成员们无法相互妥协，因此，所募集的资金只能捐给一家机构。三个选项是：①保护动物协会（P）；②咽喉炎研究基金（S）；③流浪者捐赠项目（H）。BVOH 的 40 名成员分成了三派，表 20-10 显示了成员们的偏好。

表 20-10　素食者俱乐部成员们的偏好及人数

派别	慈善机构			
	P	S	H	派别人数
A	1	3	2	18
B	2	1	3	12
C	2	3	1	10

（1）这里是否存在"孔多塞式选项"？

（2）如果根据简单多数规则进行投票表决，则哪个选项能够胜出？是否会有哪个派别进行策略性投票？是哪一个派别？

第21章
Chapter21

拍　　卖

导读

为了充分理解本章内容，你先需要学习和理解第 1 ～ 4、7 ～ 9、12、13、18 章的材料。

在关于约翰·纳什的传记《美丽心灵》一书中，作者西尔维娅·纳萨（Sylvia Nasar）写道：

> 博弈论最神奇的运用（就在于），无线电频率、国债券、油田租约、木材乃至排
> 污权，如今都在由博弈理论家所设计的拍卖中出售……

20 世纪 90 年代以来，博弈理论家们确实在拍卖的设计和实施过程中发挥了重要的作用。本章将介绍关于拍卖的博弈理论分析。

21.1　照相机拍卖

首先，我们还是从一个例子开始。在拍卖中，最常见的方式是价格递增的"英式拍卖"。采用这类方式时，人们轮流喊出他们所能接受的某个逐次上涨的价格。通常情况下，拍卖商会在轮番出价（bid）的基础上再加上某个特定的金额，直到无人愿意支付更高的价格为止。假设帕特和昆西（Pat and Quincy）采用这种方式出价，为的是竞购一台二手照相机，以供自己使用。由于昆西的最高出价为 100 美元，出价增量为 5 美元，所以下一个出价是 105 美元。身处此境时，从博弈论的角度看，帕特应当如何出价呢？其最优应对策略又当如何呢？

显然，为了回答这些问题，我们需要知道关于帕特回报的出价，它同样关系到昆西的回报。帕特的回报既取决于他能否拍得那台照相机，又取决于他所支付的价格。价格越高，回报就越低。倘若价格过高，拍得那件物品只会令买者的处境变糟。假如某人因为失算而以 100 000 美元买下一台照相机以供自己使用，[⊖]则会觉得吃亏了。价格必须具有特定的上限，即某人为获得该物品所支付的最高价格且不会让自己的处境变糟。用经济

⊖　当然，如果我知道某人愿出 150 000 美元购买那台照相机，并作为古董收藏，那就另当别论了。它也是我们需要留交本章 21.2 节中讨论的一个复杂问题。这正是我们假设帕特和昆西是为了自用（非转售）而购买的缘由。

学的术语来说，它就是此人赋予该物品的"价值"。[⊖] 如果他是按照价值买下某物品，那么其处境既不会得到改善，也不会变糟；若他以较高的价格买下它，则其处境就会变糟；反之，其处境就可以得到改善。

相应地，假设帕特赋予该相机的价值为 114 美元。虽然他不知道昆西赋予该相机的价值，但是认为它可能等于 102 美元或者 108 美元。因此，帕特可以出价 105 美元、110 美元或者放弃。这些构成了他的策略。那么，他是否应该出价 110 美元而将昆西"打败"呢？这里缺乏相关的信息集。虽然帕特和昆西都知道所有已经提交的出价，但并不知道对方赋予该物品的价值。因此，我们可将这里的决策作为扩展式博弈进行分析，图 21-1 说明了这一点。在这个博弈中，前面一个回报数字是帕特的，后面一个是昆西的。

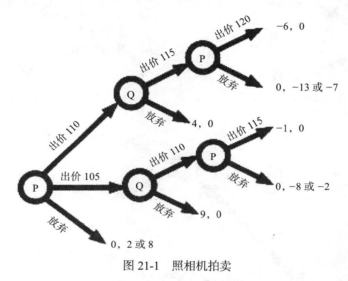

图 21-1　照相机拍卖

练习题

这个博弈中有多少个真子博弈？哪个是基本子博弈？这个博弈的子博弈完美均衡是什么？

⚠ **重点内容**

这里是本章将阐述的一些概念。

独立的私人估值（independent private value）：竞拍者的"估值"是他为了获得某个物品所愿支付而不是放弃它的价格。如果他的估值与其他竞拍者的估值无关，那么我们就说这种拍卖是"独立的私人估值"拍卖。

拍卖的类型（auction types）：拍卖有很多种类型，包括英国式、荷兰式和其他。英式拍卖是从某个低价位开始的，价格逐渐上升直到物品被卖出为止。荷兰式拍卖则是从某个高价位开始的，价格逐渐下降直到物品被卖出为止。

拍卖架构（auction frame）：拍卖的策略和结局取决于竞拍者们的特征、他们的估值是

不是既定的和独立的（独立的私人估值），还取决于他们对某个客观事实的估算，譬如转售价值或"纯粹共同估值"（pure common value）。

我们运用逆向递归法加以分析，看一下这个博弈将如何进行。它有两个基本的真子博弈，即帕特的两次重新出价，如图 21-2 和图 21-3 所示。在图 21-2 和图 21-3 中，帕特会因为回报为 0 而放弃，而不会为了得到负回报进行出价。因此，在这两个子博弈中，均衡回报对是位于下方的那两个。我们用均衡回报替代子博弈，便可得到图 21-4 中的简化的照相机拍卖博弈。

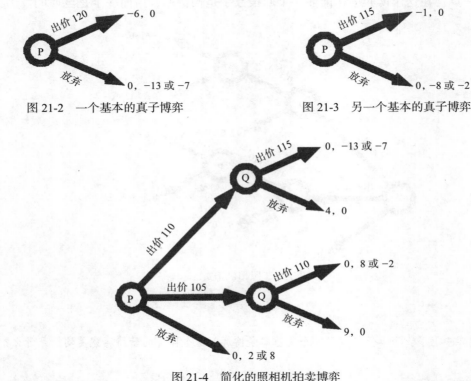

图 21-2　一个基本的真子博弈　　　　图 21-3　另一个基本的真子博弈

图 21-4　简化的照相机拍卖博弈

这个博弈同样有两个基本的真子博弈，如图 21-5 和图 21-6 所示。这些都是昆西的出价机会。在这两种情况下，昆西的最优应对策略都是因为回报为 0 而放弃，而不是为了得到负回报进行出价。因此，再一次地，这些博弈的均衡回报对都是位于下方的那两个。我们再用均衡回报替代这些子博弈，便可将这个拍卖博弈再进行简化，从而得到如图 21-7 所示的那个简化博弈。显然，帕特的最优出价是 105 美元。

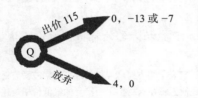

图 21-5　简化博弈的一个基本的真子博弈

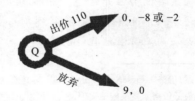

图 21-6　简化博弈的另一个基本的真子博弈

　　因此，帕特的子博弈完美均衡就是出价 105 美元，而昆西则是放弃。确实，它与昆西所赋予的价值多少无关。如果考虑到昆西具有估值超过 110 美元的可能性，则这个例子会变得略为复杂一些。不过，对帕特来说，结论依然是，只要价格没有超过他的估值，那就应该提高出价。[⊖]这说明了一个普遍的结论，即英式拍卖过程中总是存在着子博弈完美，那就是以最小的金额逐渐提高出价，只要它尚未超过你的估值。还需指出的是，为了知道应该如何出价，帕特只需要知道他自己的估值和出价增量即可。这是英式拍卖形式的一个主要优点。

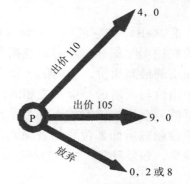

图 21-7　第二次简化后的照相机拍卖博弈

21.2　有效性

　　我们还需要考虑关于这个例子的其他方面内容。如果两位竞拍者都能理性地出价（即如果他们的出价策略是子博弈完美的），那么估值更高的那位就总能拍得物品。因此，这种做法是"有效的"。

　　这是一个关于估值的普遍事实。获得拍卖品对于最高估值者总是有效的。下面是其中的推理过程。回顾一下，我们对于"有效"状态所下的定义是，无人能够在不损害他人的情况下改善自己的处境。如果有人能够做到这一点，那就意味着还存在某种未能实现的潜机。只有当能够改善人们处境的所有潜机都实现后，我们才具备有效性。因此，假设莎拉拥有某件物品，譬如一台使用过的照相机。卢瑟对它的估值为 100 美元，而莎拉的估值是 70 美元。那么，按照任何高于 70 美元而低于 100 美元的价格将它转让给卢瑟，都可以令双方的处境得到改善，且无人会变糟。只要估值较低者拥有那件物品，就存在着某种无效率。估值较低者可以通过把物品转让给估值较高者而将其消除，所采用的价格处在两个不同的估值之间。

　　因此，我们已经知道（在这类例子中），英式拍卖是"有效的"。由于还有一些不同类型的拍卖，所以这一点尤其重要。我们可以根据它们各自的结果而在不同类型的拍卖方式之间做出选择，而有效性就是这些结果最重要的特征之一。因此，我们需要关注不同拍卖形式的有效性问题。

　　现在结合例子，我们再分析另一种同样重要的拍卖。

21.3　eBay 的例子

　　eBay 拍卖网站是最为成功的创新型生意之一，产生于 20 世纪 90 年代的"电子商务"

⊖　当然，如果昆西具有 115 美元或者更高的估值，则帕特就无法获得照相机。但是，他不拥有它反而更好，因为他无法按照等于或低于其估值的价格购得照相机。此时，购买照相机（按照昆西不会过度出价的价格）只会令帕特的处境变糟。

繁荣时期。[⊖]eBay 的创新之一在于出价过程的部分自动化。它是一种可用博弈论加以说明的方式。

正如 eBay 向它的用户所解释的，它可以跟踪某项拍卖活动并不时地提高出价，就像在英式拍卖时那样。不过，竞拍者并不一定要采用这种方式。他也可以直接输入自己愿意提出的最高出价，即他赋予物品的价值；然后，由 eBay 的算法（algorithm）输入等于这个出价与所需最小金额之和的出价。如果另一位竞拍者输入一个更高的出价，则 eBay 的算法就会再次给它加上那个最小金额，以确保能够超出它，且给定添加的那个金额仍然不会超过后面那位竞拍者输入的最高出价。采用这种方式可以确保后面那位竞拍者购得物品，如果没有人的出价超过他所愿支付的价格的话。

◆ 延伸阅读

出价增量

虽然英式拍卖是有效的，但在这个例子中，拍卖规则可能要求竞拍者每次出价都必须高出前面出价的某个特定金额，即最小出价增量。在"照相机拍卖"中，最小出价增量为 5 美元。这可能会造成某种无效率。我们不妨假设两位竞拍者的估值差异与前面的照相机拍卖例子有所不同，具体地说，假设昆西的估值为 102 美元而帕特的估值为 104 美元；再假设昆西的最高出价为 100 美元，由此可知，帕特的出价无法超过昆西，因为他必须出价 105 美元，这样他最终会损失 1 美元。昆西将拍得照相机，即使帕特赋予它

的估值比昆西高出 2 美元。正是这一点造就了无效率。不过，我们可以在源头上限制它。虽然买家的估值可以低于某些不购买者的估值，但其金额不得超过作为最小增量的 5 美元。随着出价过程的放缓，老练的拍卖商会降低最小增量，从而极大地降低这种无效率。但是，在实践中，时常会有最小出价增量。因此，一种比较妥当的说法或许是，英式拍卖其实基本上是有效率的。

在博弈理论分析中，我们通常会忽略这些细节，但无论如何，我们可以预期，现实的拍卖机制基本上能够具备有效性。

如果所有竞拍者都采纳 eBay 的提议而输入自己所愿支付的最大金额，那么出价最高的竞拍者就可购得物品，价格等于次高出价加上最小增量。如果某些出价过低者（underbidder）输入了低于其所愿支付最大的金额，则这并不会令他的处境有所改善，而只会让对手们获益，因为某位竞拍对手可以按照这位出价过低竞拍者原本愿意支付的价格购得物品。

实际上，eBay 就属于"次高出价拍卖"。[⊖]根据这种方式，每位竞拍者都提出了一个价格，而出价最高者就是买主，但他支付的是次高出价。如果其他买主认为物品不值那么多钱的话，这就使那位买主可以递交自己觉得物有所值的价格，并且依然能够获益。

⊖ 虽然从那以后，eBay 就已经分化出了其他类型的销售，但在本书写作期间依然在提供拍卖服务。这里的讨论专注于造就 eBay 早期成功的这项创新。

⊖ 更准确地说，eBay 拍卖近似于次高出价拍卖。理由有二。第一，因为具有最小出价增量，所以出价最高者可能无法获得物品。正如所见，这一点会造成无效率，而在单纯的次高出价拍卖（pure second price auction）中不会出现这种情形。第二，出价过程可以延长，就像英式拍卖那样。个人可以推迟出价，从而阻止其他人加入出价过程。这种直到最后一分钟才出价的"狙击"（sniping）确实会在 eBay 上发生，而在次高出价拍卖中却不会出现这种情况。不过，eBay 的提议是根据次高出价拍卖的优点而做出，正如我们将会看到的那样。

◆◇ **延伸阅读**

次高出价拍卖

早在 eBay 出现之前，本书的作者就曾出席过在纽约州的斯塔腾岛上（Staten Island）举办的一次拍卖活动。其操作方式是，拍卖商首先喊出一个较低的价格，要求所有愿意支付它的人举手示意，直到价格高出他所愿支付的价格时才把手放下。拍卖商会连续加价直到只剩下一位的手还在举着，然后那位竞拍者就可按照那个价格购得物品。与 eBay 的算法一样，这属于具有最小增量的次高出价拍卖，因为这种价格正好高得足以"驱逐"（knock out）出价次高的那位竞拍者。

（线下的）次高出价拍卖通常采用暗标拍卖的操作方式，即出价是以书面形式递交给拍卖商的。这种方法比较便利，因为竞拍者无须为了出价而赶到现场。eBay 的拍卖属于次高出价拍卖，不过对于最低初次出价和出价增量有所调整。较早的出价会一直有效，只要后续出价没有把价格抬高到最小增量即可。不同于暗标拍卖，eBay 的拍卖允许竞拍者再度出价，即随着拍卖的延续而提高出价。但是，正如 eBay 的通告所言，通常不必如此操作，而是直接递交自己的最大出价。如果无人提出更高的最大出价，则根据次高出价竞拍者所愿支付的价格拍得物品。

根据这个思路，现在考虑一下露丝和莎拉（Ruth and Sarah）针对某个物品的出价博弈。如前所述，露丝赋予物品的价值为 100，而莎拉的赋值为 70，最低出价为 50。不过她们都不知道对方的估值。从露丝的角度看，莎拉的估值是一个未知数，我们不妨称为 x。露丝认为，$x < 100$ 的概率等于 p，而 $x \geqslant 100$ 的概率为 $(1 - p)$；莎拉则认为，露丝的估值小于 70 的概率为 q，而大于 70 的概率为 $(1 - q)$。我们假设 $p > 0.1$。

露丝首先出价，她的策略是出价 50、100 或者等到第三阶段再出价；而莎拉可以出价 70 或者放弃；接着，露丝可以再度出价，不过只需要付出很小的 3 美元（努力）成本（可以认为，因为再度出价是自动进行的，所以努力成本可以很小，不过无论多小，它总是正的）。

图 21-8 列出了各种回报。从露丝的角度看，回报是由博弈开始时的期望回报值所表示的；莎拉的出价则是未知数。各点上的回报都是采用竞拍者认为可以实现的概率进行加权的。节点 1、4、5 和 6 是露丝的策略选择，节点 2 和 3 则是莎拉的策略选择。因为 eBay 没有显示露丝的最高出价，所以莎拉不知道露丝选择了哪个出价；而露丝在出价时也是如此。这就是节点 2 属于信息集的理由。节点 4、5、6 和 7 是基本的，而且可以消除。

如图 21-9 所示，在节点 4，露丝将出价 100，因为 $30p - 3 > 0$（出自假设条件 $p > 0.1$）。同理，如图 21-10 所示，在节点 5，露丝也将出价 100。如图 21-11 所示，在节点 6，虽然露丝出价 50 或者 100 并没有差异，但是她会出价。她可按照 50 的价格，在扣除再度出价的努力成本后获得物品的效益。

消除这些节点后，便可得到如图 21-12 所示的扩展式博弈。它仍然是一个相当复杂的博弈。一方面，在节点 2 处有一个信息集，因为莎拉不知道露丝设定的出价上限；另一方面，莎拉掌握了一些信息，知道露丝在第一阶段是否已经出价。为了分析这个博弈，我们改用正则式表示法。这种形式的简化博弈的回报如表 21-1 所示。

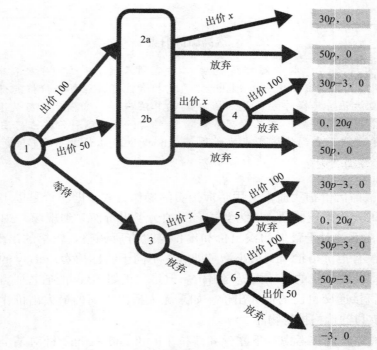

图 21-8　扩展式 eBay 拍卖

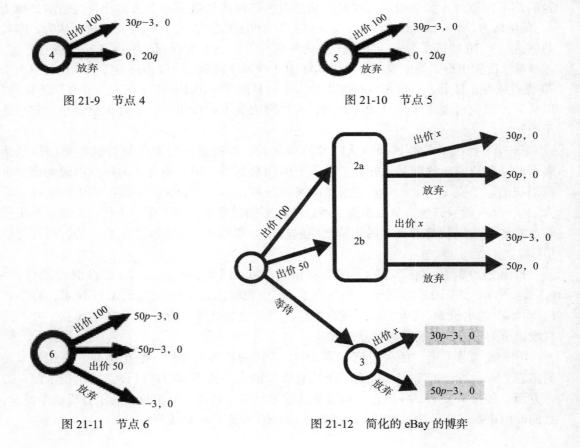

图 21-9　节点 4

图 21-10　节点 5

图 21-11　节点 6

图 21-12　简化的 eBay 的博弈

表 21-1　简化的 eBay 博弈的回报

		莎拉			
		如果露丝出价，那就出价 70；否则，出价 70	如果露丝出价，那就放弃；否则，出价 70	如果露丝出价，那就出价 70；否则，放弃	如果露丝出价，那就放弃；否则，放弃
露丝	出价 100	30p, 20q	50p, 0	30p, 20q	50p, 0
	出价 50	30p-3, 20q	50p, 0	30p-3, 20q	50p, 0
	等待	30p-3, 20q	30p-3, 20q	50p-3, 0	50p-3, 0

　　我们可继续进行简单的消除，从而找到处在这个博弈左上方的子博弈纳什均衡，即露丝出价 100 和莎拉出价 70。首先，消除表 21-1 的右边部分。对莎拉来说，它们都是弱势被占优策略。根据其中任何一种策略，如果露丝选择"等待"，则莎拉都会选择"放弃"（即"否则放弃"），所以露丝的最优应对策略同样是"等待"（处在底端的那一行），这会令莎拉的回报等于 0 而非 20q，所以莎拉不会选择其中任何一种策略。因此，在表 21-1 的右边部分不可能形成均衡。露丝能够预计到这一点。在表 21-1 的左边部分，通过采纳"等待""再度出价"策略，露丝可得到的最优回报是（30p − 3）。正像我们已经看到的，她不会选择"等待"，而是通过选择"出价"策略以获得 30p 而非（30p − 3）。相应地，我们可以只考虑没有被涂黑的四个方格。其中，莎拉在第一轮中绝对不会选择"放弃"；因为知道莎拉一定会出价，所以露丝会选择出价 100，以便得到 30p，而不是出价 50 而得到（30p − 3）。

　　这正是 eBay 博弈的子博弈完美均衡，即每位竞拍者都会尽量根据自己的估值出价。我们可将在这个博弈中发现的内容予以推广。在次高出价拍卖中，理性的做法就是尽量按照自己的估值出价，就像 eBay 向其客户们所建议的那样。

　　与英式拍卖一样，eBay 并不要求竞拍者具有很多信息，他们所需知道的只是自己的估值和出价增量；与英式拍卖不同的是，他们甚至无须盯着拍卖过程。这些拍卖特征是 eBay 得以成功的主要原因。

21.4　拍卖：种类和架构

　　拍卖不仅具有悠久的历史，而且具有一些众所周知的类型。正如所见，英式拍卖属于最普遍的递增型出价拍卖类型，此外还有递减型出价拍卖类型。根据荷兰式拍卖方式，拍卖商在开始时宣布一个高价，然后逐步降低价格，直到某人宣布接受那个价格为止。这是当年在荷兰拍卖郁金香时所采用的方式。在 1630 年的"郁金香泡沫"时期，投机者们针对郁金香进行投机并导致了"繁荣－崩溃"之灾。

◆ **延伸阅读**

威廉·S. 维克里

　　威廉·S. 维克里（William S. Vickrey，1914—1996）1914 年出生在加拿大不列颠哥伦比亚省的维多利亚（Victoria，British Columbia，Canada），在耶鲁大学学习数学专业，在哥伦比亚大学完成了经济学专业的研究生项目。他在 1946 年成为该校的教师，并于翌年获得博士学位，余生都是在那里度过的。"二战"期间，他出于良知而拒服兵役。20 世纪 60 年代，他主要从事理论创新和运用，并将其经典博士论文运用于累进税制、公用事业和服务的有效定价问题。他在 1996 年获得了诺贝尔经济学奖，但在获奖消息公布数日之后便与世长辞，享年 82 岁。他发现了次高出价拍　　克里式拍卖"。
卖的独特优势，因此人们有时也称其为"维

　　另外一种类型的拍卖是暗标拍卖。无论采用其中哪一种形式，出价都是按照书面形式
递交给拍卖商的，所以只有他才知道所有的出价。

　　暗标拍卖包括下列几种。

- 单轮最高价格（single round first price）：由出价最高者拍得物品，并且支付他的
  出价。这一点看起来是应该的，但并不是唯一的可能。
- 单轮次高出价（single round second price）：采用这种形式时，每位竞拍者报出一
  个价格，报价最高者成为买主，但支付的是次高出价。这就使买主可以报出他觉得
  物有所值的价格，而且仍然能够获益，如果其他人觉得它不值那个价格的话。正如
  所见，eBay 结合了次高出价的暗标拍卖与递减出价拍卖的某些特征，正是这种特
  征使 eBay 的竞拍者们能够凭借少量的信息来出价。
- 多轮（multiple round）：暗标拍卖也可采用多个回合进行操作。

　　至此，我们已经知道针对任何一笔特定交易可以选择的不同拍卖方式。把这一点进行
简化的一种方式是，找到某种等同的类型。例如，威廉·萨缪尔森（William Samuelson）
曾经写道：[○]

　　很容易印证 [最高价格] 暗标拍卖与荷兰式拍卖在策略意义上是相等的……即不
　是等待价格下跌，每位买主只需要直接递交书面价格作为初次出价即可。

　　因此，那些完全相同的策略和均衡都适用于这些表面上看似不同的拍卖方式。然而，
即便拍卖不是在"策略意义上等同"（strategically equivalent），就像目前这两种拍卖的情形，
其他各拍卖形式也能给买主带来（以期望回报值来衡量的）相同的收益。在那些情况下，
我们称它们是"收益等同的"（revenue equivalent）。由于英式与荷兰式拍卖的均衡之间存在
着很大差别，所以它们在策略意义上并不等同，不过在某些情况下却是收益等同的。

　　到目前为止，一切都取决于针对竞拍者和拍卖环境所设立的某些暗含的假设条件。拍
卖策略和结局既取决于拍卖方式的类型，即博弈规则，又取决于拍卖环境，即竞拍者们
的回报和可得信息。还有一个暗含的假设条件是，所有的竞拍者都是对称的，没有已知
的"强势""弱势"竞拍者，每位都具有相同的概率而成为"强势"或"弱势"。不过情况
并非总是如此，而这将会造成某种差异。

　　至此，在前面的各个例子中，所售单一物品都是买主个人所用。我们还把每位买主的
估值都看成给定的，它只取决于竞拍者的嗜好，即他有多么喜欢那台照相机或者那本书。
但是，如果转而假设拍卖是为了出售用于石油开采的一片土地，而且无人知道地下是否
存在石油。如果存在的话，任何一位竞拍者都有均等的机会发现它并获得利润，但是无
人知道开采所能带来的利润有多大。在这种情况下，估值就不是取决于个人所知道的偏
好，而是取决于无人知道的客观环境。这是关于"纯粹共同价值"的例子。在照相机和

○ Auctions in theory and practice，in K.Chatterjee and W.Samuelson, *Game Theory and Business Applications*（Kluwer,
2001）.

eBay 的例子中，我们假设的是"独立的私人价值"。为了大致了解一下各种可能，下面再考虑两个例子。

21.5　赢家的厄运

各种拍卖架构的差异非常重要。这里是一个例子，就其本身而言也很重要。它介绍了围绕着共同估值的一场拍卖。

现在有三家石油开采公司相互竞拍针对一片荒野的石油开采权。它们将以暗标出价的拍卖方式展开竞争。这三家公司是"红土开采公司""棕色采掘公司""黑金有限公司"（Red Clay Exploration, Brown Drilling and Black Gold Inc.），分别简称为"红色""棕色""黑色"。它们都属于风险中性者，因此会根据数学期望值对可能的收益与亏损进行权衡，并且对这一机会进行估值。每家公司都进行了周全的勘察，估算了自己在那里采油的期望市场价值，并且考虑到了没有油藏和发现新的丰富油藏的两种概率。不过，这些估算都难免有误。那片荒野的期望市场价值由两部分构成，即等于 1 000 万美元的实际市场价值和一个随机误差项。表 21-2 显示了它们的估算值。

表 21-2　三家公司所估算的市场价值

"红色"	700 万美元
"棕色"	1 100 万美元
"黑色"	1 200 万美元

假设采用最高出价方式进行拍卖。"黑色"直接递交等于自己估值的价格。接着，它成功拍得了那片荒野，但损失了 200 万美元，因为它会发现，那片荒野的价值其实只有 1 000 万美元。这就是所谓的"赢家的厄运"（winner's curse）。因此，在共同估值拍卖中，如果竞拍者们直接根据自己的估值出价，则赢家就是那位过高估算了共同估值程度最大者。

那么，如果采用次高出价的拍卖方式，情况又会如何呢？⊖我们已经看见，在个体私人估值拍卖中，次高出价拍卖具有简单而有效的优点。因为目前的情形属于共同估值拍卖，所以我们无法运用前面分析中所采用的方法。再一次地，直接递交等于预期价值的出价并非理性的，那只是根据个体私人估值进行次高出价拍卖时的做法。假设每家公司确实都是根据各自的预期价值进行出价的，那么"黑色"将会赢得拍卖，但支付的是次高出价，即由"棕色"所开出的 1 100 万美元的价格。作为"赢得"出价的结果，"黑色"将损失 100 万美元。在最高价格暗标出价拍卖中，"黑色"的损失将会更大。因此，次高出价的拍卖方式虽然具有在个体估值拍卖架构中的所有优点，但依然会出现"赢家的厄运"。换句话说，如果存在着大量的竞拍者，那么即使是次高的出价也有可能估价过高，赢家仍然有可能蒙受损失。

当然，现实中的竞拍者们并不会那样愚笨。理性的竞拍者将会"精心算计"并递交低于估值的出价。采用估算油田租赁出价的统计模型时，均衡的策略表明公司的出价应当处在土地无偏估算值的 30%～40% 之内（取决于竞拍者的数目）。⊖这种策略性反应意味

⊖ 在油田开采权拍卖中或许并不会采用这种拍卖方式，我们只是用它说明个体私人估值与共同估值拍卖之间的差异。

⊖ W. 萨缪尔森的《拍卖理论与实践》（Auctions in theory and practice, in K. Chatterjee and W. Samuelson, *Game Theory and Business Applications*, Kluwer, 2001）对 R. Wilson 的"出价方式"（bidding, in J. Eatwell, M. Milgate, and P. Newman, The New Palgrave, W.W.Norton, 1995）所做出的评论。

着，与针对个体私人估值物品的最优拍卖形式相比，针对共同估值物品的最优拍卖形式选择可谓相去甚远。

21.6 两件互补物品的拍卖

我们已经看见，单一物品的拍卖过程可能并不简单，若在同一时刻拍卖多件物品的话，那么问题就会变得更加复杂。例如，在电磁频谱（electromagnetic spectrum）拍卖中，所拍物品是在各个相邻地区或地块使用电磁频谱的许可证。相对于分别评估那些地区或地块，有意构建手机服务网络的买家对于一组相邻地区或地块的估值将会更高，因为它们可以构成一个盈利水平更高的共同电话服务区。在这种情况下，各个地区或地块是"互补的"，其中每一地区或地块都能提升其他地区或地块的价值。

现在考虑一下只拍卖两个区域许可证的情形。首先拍卖的是针对区域 X 的许可证，然后是针对区域 Y 的。这里有三位竞拍者，即公司 A、B 和 C。公司 A 对于在这两个区域设立共同服务站颇有兴趣，另外两家公司却并非如此。公司 B 只对把区域 X 添加到附近现有的另一个服务地区感兴趣；而公司 C 则只对区域 Y 感兴趣，因为如此就能与公司 Z 合并经营，而后者已经在为区域 Y 的周边地区提供服务。表 21-3 显示了竞拍者们做出的关于区域 X、Y 和 Z 的估值。

表 21-3　电磁频谱拍卖中针对各区域给出的估值

竞拍者	区域 X	区域 Y	两者
A	2	3	12
B	5	1	8
C	1	(4, 8)	9

表 21-3 表明公司 C 针对区域 Y 的出价有两种估值，这是因为区域 Y 的价值取决于合并是否已经完成。如果没有合并，公司 C 对区域 Y 的估值为 4，否则，估值为 8。在出价之际，公司 C 已经知道合并是否完成，而其他两家竞拍者却不知道。

出于简便的目的，假设公司 A 在每次拍卖时都是最先的竞拍者，而且知道表 21-3 中的所有信息。换句话说，公司 A 知道自己的估值及公司 B 和公司 C 的估值，只是不知道公司 C 对于区域 Y 的估值究竟是 4 还是 8。假设公司 A 给 4 和 8 分别赋予 0.5 的概率，即对半开，那么我们就只需要专注于公司 A 的策略，以及确定 4 或 8 得以实现的"自然"策略。图 21-13 以扩展式显示了这些信息。

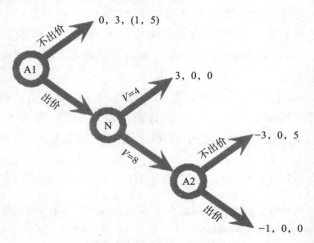

图 21-13　竞拍者 A 的扩展式策略

第一个节点"A1"是针对竞拍者 A 而言的。为了得到那个区域，它知道自己的出价至少需要等于 5；若它选择"不出价"，那就意味着虽然出价不到 5，但会出价 2，以防公司 B 出错，所以 B 只需要出价超过 2，就可获得那个区域。由于 A 对区域 Y 也会出价 3，所以 C 只需要出价超过 3，就可得到那个区域，[⊖]这使 A 的回报为 0，B 的回报为（略低于）3，以及 C 的回报为 1 或 5，[⊖]它取决于 C 对于区域 Y 的估值是 4 还是 8。如果 A 选择出价（到 5），那么它就可（根据 C 的出价行为）知道合并是否会发生。我们可以把合并看成由"自然"所采取的行动。它选择一种混合策略，其中价值 V 以 0.5 的概率等于 4，以 0.5 的概率等于 8。处在上方的分支时，C 的估值为 4，A 可凭借出价 4 而获得第二个区域，并由此得到两个区域，赚得的利润为 12 − 5 − 4 = 3。处在下方的分支时，$V = 8$，在节点 A2 处，A 必须做出抉择，至少在这最后一个节点上，是否出价 8 而得到区域 Y。若它不出价，那就只能得到价值为 2 的物品，但却支付了 5，因此回报等于 −3。C 通过出价 3 获得区域 Y，并赢得利润 5（或者略低于 5），B 因未进行购买而得到回报 0。如果 A 选择出价 8，则可获得两个区域，估值为 12，而总的价格则是 5 + 8 = 13，所以损失额等于 1；其他两个竞拍者未进行购买，所得回报为 0。

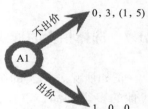

图 21-14　简化的出价博弈

现在我们可以采用逆向递归法求解图 21-13 中的博弈。处在节点 A2 的子博弈构成了一个基本子博弈。因为损失 1 胜过损失 3，所以 A 将出价 8 并获得那个区域。为了评估它在 N 处的回报，我们取期望回报值 0.5 × 3 + 0.5 × （−1）= 1。因此，我们可将该博弈简化为如图 21-14 所示的形式。因为等于 1 的期望回报值胜过毫无所得，所以 A 将会进行出价，以便获得两个区域。

这个例子说明了一些重要的原理。

- 针对区域 X，A 或许不太乐意给超过 2 的出价，因为它知道自己将蒙受损失，如果 C 对于区域 Y 出价较高的话。确实，如果 A 认为合并的概率和区域 Y 的价值等于 8 的概率相对较大，那么因为这种信息的披露，它对于区域 Y 的出价就不会超过 2。这种信息披露问题会限制互补物品拍卖的效率和销售收益。
- 如果合并确实已经发生，则这种结局对于 A 就既无利可图，也没有效率，因为此时分别使用两个区域可获得等于 13 的总价值；相形之下，联合使用的做法却只能获得等于 12 的总价值，所以效率反而会比较低。
- 一般而言，互补物品序贯拍卖的效率取决于案例的细节。
- 具体地说，在目前的情形中，拍卖的结局取决于所售物品的次序。例如，假设先出售区域 Y，则 C 的出价就会透露 A 想知道的有关 C 所做出的估值的全部信息，而拍卖的结局将会没有效率，无论 C 的估值是 4 还是 8。

因为知道可能会遇到这类问题，所以设计电磁频谱拍卖的博弈理论家们其实采用了另

⊖ 为了求得完整，这个博弈的扩展式图示同样应该包括这些决策，但是现在这样的非正式的处理方法可让图形看起来比较简单。

⊜ 原文为 7，当为 5 之误。——译者注

一种处理方式。他们没有成序列地出售许可证，而是让竞拍者们同时对所有区域递交出价。如果我们的拍卖例子采用这种方式进行，那么在决定针对区域 Y 递交较高的出价之前，A 就能观察到 C 对于区域 Y 的出价。

　　然而，故事还没有了结。除了信息披露问题外，这里还存在着一个相反的"免费搭车者"（free rider）问题。假设区域 Y 最先被拍卖，而 C 对它的估值等于 8。只要两个区域的总价值不低于 12，A 就无法借助于出价而获利，而 B 和 C 将得到这两个区域。C 可以将出价限制在 7 并指望 B 出价 5，进而提出等于 12 的总出价。因此，针对 B 的出价，C 就成了"免费搭车者"；但是，如果先出售区域 Y，就不会出现这个问题，因为 B 别无选择，只能递交其充分的估值。不过，如果同时拍卖这两个区域，因为都希望成为对方出价的免费搭车者，所以 A 和 B 在出价上可能都会对充分估值有所保留，这就使 A 能够集结起它的无效率联合区域。因此，同时拍卖的优势将取决于信息披露问题和"免费搭车者"问题的相对重要程度。

　　采用其他方式的多个物品拍卖可能会很复杂，例如，拍卖的各件物品不是互补品，而是可以相互替代的物品，这会产生另外一些问题。

21.7　选择拍卖的形式

　　正如所见，拍卖的结局对于拍卖架构的细节非常敏感。共同估值、具备互补性或替代性的多个物品，以及拍卖架构的其他方面都有可能以各种方式改变拍卖结局，无论所采纳的拍卖形式是否相同。这种敏感性，加上种类甚广的拍卖架构、形式和目标，意味着出于某个特定的目的而选择或者设计拍卖是一项十分繁杂的工作。如果打算出于某个特定的目的而设计一场拍卖（例如，出售国债券或者分配电磁频谱），那么我们或许要针对不同的环境而选择不同的拍卖形式。这正是等同性结果变得十分重要的缘由所在。

　　实际经验是做出抉择的信息来源之一。20 世纪 90 年代，在美国进行的电磁频谱拍卖取得了很大的成功，但是后来在欧洲的一些拍卖却不是那样的。不甚明确的是，这是否体现了拍卖的设计问题或者 2000 年以前的电子商务泡沫破裂，或是两者兼具。

　　我们的设计可能不止一个目标。一个明确的目标就是令卖方获得尽可能多的收益。如果拍卖被用于实现公共政策的目的，诸如电磁频谱的配置等，则效率也是目标，而公平也有可能成为目的。在美国政府配置电磁频谱的某些拍卖中，一个目标就是鼓励那些小型的、由妇女领导的企业参与出价。

　　针对每个目标，因为每种拍卖形式的成功可能会因架构而异，所以我们可以将拍卖设计问题看成确保形式能够切合架构和目标的问题。例如，在针对具有独立私人估值的单件物品拍卖方面，英式拍卖的效果就很不错。

　　因为某些物品组合尚未从博弈理论的角度进行分析，所以它属于待解的问题。在某些情形中，诸如互补性物品的拍卖等简单问题，我们可以提出试探性的解决方案。从总体上看，我们已经拥有关于拍卖的各种形式的大量信息，包括实验性证据和博弈理论分析在内。在本章的剩余部分，我们将简要论述某些实验性结果，而不涉及细节。

21.8　某些实验证据

1. 个体私人估值

拍卖设计者们通常关注的是效率和卖方的收益。我们已经知道，根据独立的私人估值和最优应对策略，英式拍卖是有效的，而且可以给卖方带来最大的期望收益。博弈论还告诉我们，根据这两个标准，所有的英式、荷兰式和暗标式拍卖都是等同的，即都是有效的，而且能够使收益达到最大。但是，采用荷兰式和最高出价暗标拍卖方式，并处在均衡时，将采用混合策略，而卖方的收益风险可能会加大。然而，实验证据告诉我们，暗标拍卖方式通常能比其他两种方式产生更大的收益，而英式拍卖通常很有效率。

2. 单纯的共同估值

假设竞拍者们是对称的和风险中性的，则所有拍卖形式在理论上的效果都是一样的。不过，英式拍卖具有某些优势。通过观察其他竞拍者的出价方式，竞拍者能够调整他们对于共同估值的估算，因此不必过低地提出自己的估算值，进而得以避免"赢家的厄运"。因此，这种拍卖形式可以给卖方带来最高的收益。然而，实验结果表明，这里的出价仍然会高于理性的参照价格。换句话说，竞拍者过于相信自己的估算值，而没有充分考虑到出错的情况或者通过观察他人的出价所得到的信息。我们有时可以在现实的市场上观察到"赢家的厄运"。例如，有证据表明，离岸油区租赁的投资回报要低于竞争性投资回报，它是由离岸油区租赁拍卖的"赢家的厄运"所造成的。实验结果表明，相对于荷兰式拍卖而言，英式拍卖更有效率，但是所产生的收益相对较低。

21.9　总结

在资本主义市场环境中，拍卖已经逐渐成为一种配置稀缺资源的手段，同时也是一个庞大且不断发展的博弈理论知识领域。

一般而言，竞拍者的回报取决于他的估值和所支付的价格。如果个人估值独立于他人的信息和出价，那么我们面对的就是个体私人估值拍卖架构。然而，如果所有竞拍者的估值均相同，而所具有的信息不一，那么估值就取决于其他竞拍者所拥有的信息，此时所面对的就是共同估值的拍卖架构。不同的拍卖架构可用于不同类型的拍卖中。就个体私人估值拍卖而言，在理论上，虽然次高出价拍卖属于一种理想的形式，但在共同估值拍卖中却有"赢家的厄运"之虞，而且可能没有效率，给卖方带来的收益也不如常规的英式拍卖。不尽如人意的是，作为在现实世界中的另一个应用领域，其实际情形很复杂，现在还没有"成体系的"理论。

■ 本章术语

英式拍卖（English auction）：这种拍卖方式是，由潜在的买家们依次喊出更高的价格，而出价最高者就将按照那个价格买下物品。

暗标拍卖（sealed-bid auction）：这种拍卖方式是，如果同时递交所有的出价，则竞拍者们相互不知道其他人的出价。

次高出价拍卖（second-price auction）：这种拍卖方式是，出价最高者按照等于次高出价的价格购得物品。出价方式可以是书面的封闭出价，或者依次口头喊价。

荷兰式拍卖（Dutch auction）：这种拍卖方式是，卖家首先提出一个最高价格，然后逐步降价直到某人买下物品为止。

独立的私人估值（independent private values）：当每位竞拍者赋予物品的价值都与其他竞拍者的估值无关时，我们所面对的就是各种独立的私人估值。

纯粹共同估值（pure common values）：当每位竞拍者赋予某件物品的价值取决于某种共同而未知的使用价值或转售价值时，我们所面对的就是"纯粹共同估值"。

▪ 练习与讨论

1. eBay

访问一下 eBay 网站，寻找一个运作了数日且已具有几个出价的拍卖。就这个问题而言，古典装饰艺术品是很好的可选类型，可在网址 http://www.ebay.com/sch/Decorative-Arts/20086/i.html?_from=R40&_nkw=antique+decorative+arts&LH_Auction=1 中寻找它。每天查看一下那个拍卖的进展情况，假设拍卖架构属于个体私人估值的，试判断各项出价是否具备"理性"。如果拍卖架构是共同估值的话，那么哪些属于非理性的？如何予以解释？

2. 收藏者困境

洛可可（Rocco）喜欢收藏低地佛格拉维亚共和国（Republic of Lower Forgravia）的邮票。为了得到一套完整的收藏品，他愿支付 50 万美元。他有一位同样收藏该类邮票的对手，名叫桑多尔（Sandor），而且知道他必定会参与这类邮票的每场拍卖。两位收藏者现在都参与了一场拍卖，拍卖标的物是一枚低地佛格拉维亚共和国邮票的 36 芬尼错票。洛可可知道这种邮票当初只发行了数枚，除了两枚之外，其余的全都在博物馆内。洛可可不知道桑多尔是否拥有其中一枚。这是否属于个体私人拍卖架构？假设洛可可看到桑多尔没有针对这枚邮票出价，那么他可以从中推断出什么？假设观察到了桑多尔的出价，则洛可可又可推断出什么？

3. 拍卖架构

这里是关于拍卖的一些例子。请指出是否应该把它们视为独立的私人估值或者共同估值来拍卖，并说明原因。

（1）收藏者用于私人收藏的唯一古董品的拍卖。

（2）在美国艾奥瓦州杜布克（Dubuque）市的电磁频谱协议的拍卖。

（3）一家破产的古代书籍专卖店进行存货拍卖。

尾注

第 283 页的练习题的答案：这里存在着三个真子博弈，其中两个是基本的。正如后面一段指出的，子博弈完美均衡是（出价 105，放弃）。

博弈论、法律和社会机制设计

导读

  为了充分理解本章内容，你需要先学习和理解第 1 ～ 9、13、16、18、21 章。

  诸如扑克牌、高尔夫球和美式足球这些博弈都是根据规则而设定的。在许多情况下，还有各种国际委员会或协会制定以及修订的规则。我们在本书中介绍的许多隐喻的"博弈"，诸如关于经济竞争和环境污染等问题，都不同程度地具有由法律和公共政策设定的各种规则。因此，法律和规则制定者们，包括立法者、法官和公民们在内，自然应当关注这些规则能否引致好的结果。但是，规则一经确立，其结果就取决于人们对于它们如何做出反应，以及人与人之间的相互作用。如果人们以非合作的方式采取行动的话，那么某些类型的规则有可能造成不良的后果，即人们只考虑针对他人行动的最优应对策略，而不是有效地协调整个群体行动。各种证据表明，人们时常（虽然可能并非总是）会采取非合作的行动。因此，看来合乎情理的是，即便人们采取非合作的行动，我们仍需要尽力设计一些能够实现目标的规则。用博弈论术语来说，如果一项规则具备这种特征，那么它就是"激励相容的"。这意味着，如果某人确实是理性的自利者，那么他就不会产生对抗这些规则的目标的行为动因。

  根据这种思路，我们现在探讨如何才能确立具备激励相容特征的规则。①我们先从一组备选的规则着手。②从博弈论的角度看待这些规则，把它们的纳什均衡当作实施规则的预测结果，并假设人们采取非合作的行动。③倘若不满意所得到的结果，那就换上其他备选的规则，再度进行实验。博弈理论分析为如何改变规则并使之更有效果提供了重要的线索。④如果实验过程中产生了一组可以构成纳什均衡的合意规则，那就把它们作为拟采纳的规则而提出来。因为可将确立规则看成在设置某种社会机制，所以这一过程又被称作"社会机制设计。"⊖通常情况下，我们可将各种法律作为"博弈的规则"来加以考虑，因此本章把博弈论在法律领域的一些应用作为出发点。

 ⊖ 当然，这种工作深深地植根于社会哲学传统之中。无须追溯到古希腊时代提出的理想社会，在社会机制设计中，我们就能察觉到对于杰瑞米·边沁（Jeremy Bentham）的"功利主义"哲学和伟大的自由哲学家约翰·斯图亚特·密尔（John Stuart Mill）的"规则－功利主义"的强烈反响。不过，博弈论的运用使"理性的自利"被更加准确地概念化，而且有助于我们对合作解与非合作解进行比较。

◈ **延伸阅读**

2007 年的诺贝尔经济学奖

2007 年的诺贝尔经济学奖被授予三位经济学家（其中两位是博弈理论家），以表彰他们在社会机制设计方面的奠基性工作。他们是：莱昂尼德·赫威奇、艾利克·马斯金和罗杰·迈尔森（Leonid Hurwicz, Eric Maskin and Roger Myerson）。

根据马斯金教授的阐述，我们"可以将机制设计看作'经济学的逆向工程部分'。它的初衷就是追求某个成果，譬如干净的环境、更加平等的收入分配或者更多的技术创新。"他接着说道，"这种投入的目的就在于设计出一种能够使个人动因与公共目标相互一致的制度"（《纽约时报》，2007 年 10 月 16 日，第 B1 页）。

⚠ **重点内容**

这里是本章将阐述的一些概念。

机制设计（mechanism design）：在确定了某个合意的博弈结果之后，努力确立可以获得这一作为纳什均衡的结果的规则，就是机制设计。

责任规则（liability）：在法律上，责任规则确定了谁对事故或过失的后果承担责任。在一些实际应用中，不同的责任规则可能会产生不同的纳什均衡。

激励相容（incentive compatible）：如果合意的博弈结果产生于非合作行为的博弈规则，则这个结果就是激励相容的。

类型（type）：由于各位行为人可能属于不同的类型，因此会对相同的规则做出不同的反应。

信息披露（revelation）：成功的机制设计可以激励人们披露他们所拥有而为设计者和当局所缺乏的信息，譬如行为人的类型，因为行为人知道自己所属的类型，而当局却未必知道。

22.1 责任规则

众所周知，法律的功能之一就在于确定各种事故的承担者或责任人。我们不妨考虑一下某位驾车者与某位步行者之间进行的一个博弈。两位参与者都有两种可选策略，即"保持谨慎"以免事故发生，或"不够谨慎"。⊖保持谨慎需要付出努力，假设这种努力的货币等额为 10 美元。如果发生事故，则由步行者承担成本，假设它等于 100 美元。如果两位参与者都选择"不够谨慎"，那就必定会发生事故。此时，步行者的回报为 −100 美元，而驾车者的回报为 0。即便双方都选择"保持谨慎"，仍然存在 10% 的事故概率，所以步行者依旧具有等于 −10 的预期事故成本。因此，即便双方都选择"保持谨慎"，步行者的回报仍然等于 −20，即等于 −10 的努力成本与等于 −10 的预期事故成本之和（当然，这些数字都是随意设定的，只是为了说明问题）。假设法律没有对这起事故的责任做出界定，表 22-1 列出了这个博弈的各种回报，其中每个方格中的第一个回报数字属于步行者，第

⊖ 法律的惯例已经演化到赋予"足够谨慎"（due care）和"非常谨慎"（great care）这类术语以足够精确的含义的程度，因此，它们可以在法庭诉讼时得到验证。不过这些术语对于外行人来说则显得比较暧昧不清。

二个属于驾车者。

通过消除那些被严格占优的策略，我们可以求解这个博弈。在表22-1中，被占优策略已被涂灰。显然，对驾车者来说，"不够谨慎"占优于"保持谨慎"。了解到这一点，步行者将会选择他的最优（或者说最不坏的）应对策略，也就是"不够谨慎"。因此，（不够谨慎，不够谨慎）构成了这个博弈的纳什均衡，[⊖]而且是唯一的可理性化策略。

表 22-1 "驾车者免责"博弈

		驾车者	
		不够谨慎	保持谨慎
步行者	不够谨慎	−100, 0	−100, −10
	保持谨慎	−110, 0	−20, −10

显然，这样一种结局难以让我们感到满意。假如参与者们具有"可转让效用"，那么合作解就是可以使总损失达到最小的结局。换句话说，双方都选择"保持谨慎"，从而得到等于−30的最大总回报。因此，它就是有效率的解答。当然，与此同时，法律还必须关注公平问题，唯有处在右下方的方格属于这类情形，其中相对容易受伤的步行者只需要承担一部分事故成本，因此（这个例子中的）合作解也就是公平的结局。显然，我们希望获得的是双方都选择"保持谨慎"的均衡结局。为此，我们还需要考虑包含了某种责任规则的法律制度。它会把部分甚至全部责任都判给驾车者，因为他受伤的风险程度相对较低。

处在具有"纯粹严格责任"（pure strict liability）规则的法律制度下，驾车者必须承担事故的全部责任。因此，倘若发生事故，步行者可以到法院起诉驾车者，而法庭则会判决前者获得100美元的事故成本补偿，从而"使得步行者无所损失"（make the pedestrian whole）。[⊖]表22-2列出了这个博弈的各种回报。

表 22-2 "纯粹严格责任"规则下的各种回报

		驾车者	
		不够谨慎	保持谨慎
步行者	不够谨慎	0, −100	0, −110
	保持谨慎	−10, −100	−10, −20

我们同样可以通过消除那些严格被占优的策略来求解这个博弈。其中，步行者具有两个被占优策略，即"不够谨慎"占优于"保持谨慎"。明白了这一点之后，驾车者就会保持谨慎，以尽量减少自己的损失。如此一来，我们又得到了与前面相同的结果，虽然理由有所不同。显然，"纯粹严格责任"规则并没有解决问题，因此，我们还需要某种能够激励两位参与者都选择"保持谨慎"的法规。

根据英美侵权法（law of tort）[⊜]，得到普遍应用的一个法律标准是，只有在驾车者存在过失（没有保持谨慎）而步行者没有过失（即保持了应有的谨慎）的情况下，才允许步行者收回其成本。如果步行者未能保持谨慎，则可认为正是他的过失带来了事故风险。

⊖ 本节中的例子借鉴了 D. 白尔德、R. 格特纳和 R. 匹克的《博弈论和法律》一书（D.Baird, R. Gertner, and R.Picker, *Game Theory and the Law*（Harvard University Press，1994），Chapter 1）。

⊖ 不言而喻，所有诉讼案都牵涉货币，而受损者也只能在货币意义上得以"毫发无损"。因此，博弈理论中有关货币等同于"可转让效用"的假设条件尤其适用于法律。与此同时，如果使用博弈论分析和预测人们的行为，就像目前的情形一样，在使用"保持谨慎"一词时，应该记住的是现实生活中的人们会受到各种主观因素的激励，包括风险规避在内，因此，它们不太容易简化为货币条件。这些问题已经引出了一些模型，不过它们对于我们这部入门级教科书来说无疑过于复杂了。

⊜ 在法律用语中，"侵权"（tort）一词意味着无意侵犯了他人的权利。相反，犯罪则是有意的。虽然"侵权"一词在日常生活中使用得不多，但是诸如"折磨"（torture）和"折磨人的"（torturous）却派生于相同的词根，其通常指的是伤害。

基于这种"互有过失"（contributory negligence）的原则，驾车者无须承担责任。表 22-3 列出了这个博弈的各种回报。我们可以再次借助消除严格被占优策略来求解这个博弈。对步行者来说，"不够谨慎"现在变成了被占优策略，正如涂灰的方格所示。一旦消除了这些被涂灰的方格，则"不够谨慎"就成了驾车者的被占优策略，所以表 22-3 最后只剩下右下方的那个方格。因此，驾车者知道他将要承担事故的部分责任，而自利的步行者也会理性地选择"保持谨慎"。具备了过失和共同过失两项规则，这个非合作性均衡就等同于合作性均衡。因此，这两项规则共同确定了能够产生有效率结果的博弈。这可能就是这些规则为英美法所采纳的原因所在。

表 22-3　过失和共同过失

		驾车者	
		不够谨慎	保持谨慎
步行者	不够谨慎	−100, 0	−100, −10
	保持谨慎	−10, −100	−20, −10

这种法律兼顾公平和效率。在机制设计中，这取决于设计者想要获得哪种结果。效率几乎总是标准之一，而公平（在某种意义上）同样如此。处在具有过失和共同过失规则的法律制度下，步行者仍需根据 10% 的概率来承担事故成本，即便双方都保持了应有的谨慎。我们或许可以认为，假如步行者已经尽力降低了风险，还让这位相对容易受伤者承担事故成本的做法是不公正的（它属于因人而异的个人判断问题，不过我们用它作为例子）。因此，可以说"纯粹严格责任"规则更加公平（虽然没有效率），因为它总是把责任归于相对不易受伤的驾驶员。接下来的一个问题是，我们必须在公平和效率之间做出取舍吗？

或许未必。我们可以把"纯粹严格责任"规则与"共同过失"规则相结合。这就意味着需要由驾车者来承担责任，除非步行者因为不够谨慎而导致事故发生。换句话说，如果双方都保持谨慎但依然发生了事故，那就由相对不易受伤的驾驶员来承担责任。表 22-4 列出了这个博弈的各种回报。

表 22-4　纯粹严格责任规则和共同过失规则

		驾车者	
		不够谨慎	保持谨慎
步行者	不够谨慎	−100, 0	−100, −10
	保持谨慎	−10, −100	−10, −20

这个博弈的均衡结局同样是双方都"保持谨慎"，但均衡回报却不相同，其中，步行者无须承担事故成本，因为他已尽力避免事故的发生。

由此可知，博弈论有助于我们在这些法律规则之间做出选择，并判断哪种规则能够产生令人满意的结果。这个例子说明了在法律方面运用机制设计和博弈论时的几个普遍问题。第一，我们把非合作性均衡作为预测的这个博弈的结局。第二，某些均衡要比其他均衡更加合意。在这里的所有例子中，均衡都是唯一的，而且可以通过消除严格被占优策略来确定。回想一下，某些博弈具有多重纳什均衡。在那些情况下，最终结局可能有别于我们所预测的结果（进而设计的结果）。一方面，其中有几个均衡不是占优策略均衡，因为只有一方具有占优策略。理想的情形是，这种机制能够设置合作性占优博弈，其中的合作性策略同时也是占优策略均衡。如果是这样的，那么我们就可相信自己的预测，即确实会形成博弈的均衡。另一方面，所选择的机制取决于设计者的目标。如果只看重效率，那么我们可能会有不止一个规则组合可用作实现目的的手段；如果某种意义的公平也在目标之列（或许还有其他目标），那么能够让我们感到满意的选项可能会受到更多的约束。

我们可以把社会机制设计看成一个被嵌套的博弈。换句话说，"步行者－驾驶员博弈"被嵌套在一个更大的博弈之中。其中，设计者自己也是一位参与者，而他的回报取决于一组特定规则所引致的纳什均衡能在多大程度上符合其设计目标。我们不妨假设，对于同时注重效率与公平的设计者来说，如果得到的是只包含效率或者公平的结果，则回报为1；如果得到两者兼得的结果，则回报为2。与此相对应的是，如果选择免责规则，则回报为0；如果选择纯粹严格责任、过失规则，再结合共同过失规则，则回报为1；如果选择纯粹严格责任规则，再结合共同过失规则，则回报为2。因此，为了使自己的回报达到最大，设计者会选择纯粹严格责任规则，再结合共同过失规则。

当然，这个法律方面的例子在某些方面还显得过于简单。下面这个例子可以说明某些潜在的复杂问题。

22.2 小组项目的评级

索欣博士（Dr. Schönsinn）[⊖]要求他讲授博弈论的班级学生组成小组来完成一个项目，每组包括三位学生。作为博弈理论家，索欣博士担心学生们可能会遇到某种努力困境，尤其是在对他们的项目评级相同的时候。我们不妨考虑一下"技术小组"，它由三位工程专业的大一学生所组成，即奥古斯特、比尔和塞西丽娅（Augusta，Bill and Cecilia）。他们各自可以选择在团队项目上"非常努力（投入）"或"不太努力（偷懒）"。他们共同的评级取决于平均努力程度。一位学生的回报是所得分数减去主观努力成本，如果他选择"投入"的话。表22-5列出了各项回报。各个等级用数值大小表示，即D=0，C⁻=1，C=2，C⁺=3，B=4，A=5（索欣博士所在大学对于C档只给出"C⁺"和"C⁻"的等级）。这个博弈具有一个占优策略均衡，其中每个人都选择"偷懒"，从而令整个团队都得到C⁻。

表 22-5 学生努力困境的回报

		塞西丽娅			
		投入		偷懒	
		比尔		比尔	
		投入	偷懒	投入	偷懒
奥古斯塔	投入	4, 4, 4	3, 5, 3	3, 3, 5	0, 4, 4
	偷懒	5, 3, 3	4, 4, 0	4, 0, 4	1, 1, 1

索欣博士想给他的班级设立某种评分规则，旨在促使学生们选择位于左上方的合作解。不过，这里存在着两个难题。第一，努力是无法观察到的。人们所能看到的只是努力的结果，即每位学生对于项目的贡献程度有多大。索欣博士认为，选择"投入"的学生所做出的贡献总是大于选择"偷懒"者。因此，若根据学生们的贡献程度给小组成员排序和给做出较大贡献者加分，则可激励学生们选择"投入"而不是"偷懒"。然而，第二个问题是，索欣博士并不知道特定小组中哪位学生的贡献较大，只有小组中的学生们知道这一点。我们暂且把第二个问题放在一边，而专注于解决第一个问题。索欣博士根

⊖ 这个例子由P.阿莫若斯、L.C.阔尔重和B.莫瑞诺提出（P.Amoros, L.C.Corchon and B.Moreno, The scholarship assignment problem, *Game and Economic Behavior*, 38（1），（January 2002），pp. 1-18）。

据各自所做出的贡献给学生们排序，排在第一位者获得 3 分，排在第二位者获得 2 分，排在末位者获得 0 分。现在，假设他们都选择"投入"，那么每人都有 1/3 的机会获得 3 分的奖励，1/3 的机会获得 2 分的奖励，因此期望回报值是 $4 + \frac{1}{3} \times 3 + \frac{1}{3} \times 2 = 5\frac{2}{3}$。表 22-6 描述了这个奖励体系。

表 22-6　学生的努力困境的奖励体系

		塞西丽娅			
		投入		偷懒	
		比尔		比尔	
		投入	偷懒	投入	偷懒
奥古斯塔	投入	$5\frac{2}{3}$, $5\frac{2}{3}$, $5\frac{2}{3}$	$6\frac{1}{3}$, 5, $6\frac{1}{3}$	$6\frac{1}{3}$, $6\frac{1}{3}$, 5	3, 5 , 5
	偷懒	5, $6\frac{1}{3}$, $6\frac{1}{3}$	5, 5, 3	5, 3 , 5	$2\frac{2}{3}$, $2\frac{2}{3}$, $2\frac{2}{3}$

然而，我们还需要解决第二个问题，即索欣博士不知道哪位学生对项目的贡献较大，而只能得到他们的最终报告，但学生们知道谁的贡献较大。因此，索欣博士只能从他们那里获取信息。问题是，每位学生都有扭曲报告内容的动因，即给予自己最好的评价，无论是否确实有所贡献，这样他都可以增加获得奖励分数的机会。因此，索欣博士必须设计出某种机制来解决这一问题。

他的方案是，让每位学生给其他两位学生评级，但是不能自评。索欣博士认为，学生们一致认可做出最大贡献者就应得到最好的回报，如果他们自己的回报不会受此影响的话。⊖ 因此，每位学生都会诚实地根据其他两位的相对贡献对他们做出评级。作为最初的近似值，索欣博士给每位学生的评级是其他两位学生给他所做出的较低的那个评级。处在这个阶段，或许会出现两位学生平局的情形。果真如此的话，索欣博士就会分别给予他们由第三位学生所做出的评级，这样就不会出现平局的情形。

在这个小组中，奥古斯塔和比尔都很投入，而塞西丽娅却在袖手旁观。⊖ 奥古斯塔和比尔撰写了很多内容，而且奥古斯塔撰写了报告的比较重要的部分，比尔次之，而塞西丽娅则因为偷懒而排在最后。因此，对他们的评级如表 22-7 所示，其中，做出评级的学生在左边作纵向排列，获得评级的学生在顶部作横向排列。例如，学生 B（比尔）把学生 A（奥古斯塔）排在第一，把学生 C（塞西丽娅）排在第二，而不包括自己在内。处在对角线上的方格留空，因为他们都不能自评。处在底部的那一行是给予各位学生的最低评级，即一列中的最低值。索欣博士将运用这些信息来评级。这意味着奥古斯塔将得到 3 分的奖励，这是他应得的回报，但是，比尔和塞西丽娅之间出现了平局。因此，索欣博士通过没有涉足其中的第三位学生即奥古斯塔所做出的评级来打破平局。因为他把比尔列为第一（相对于塞西丽娅而言），因此，索欣博士把塞西丽娅降为第三。因此，比尔获得 2

⊖ 这一点可能会被共谋颠覆。比如，两位学生商议设法让第三位完成所有工作，然后相互把对方评为最优。这属于两位学生之间的合作性协议，而索欣博士遵循的是社会机制设计的标准做法，即依靠非合作性均衡预测人们在博弈中的行为。然而，在目前的这个情形和某些其他情形中，考虑到共谋和非理性行为，这可能会有所帮助。

⊖ 她可能没有理解团结才是占优策略。请记住，出于举例的缘故，这里只是为了使规则更加明确而做出的说明。

分的奖励，这同样是他应得的回报。

表 22-7　学生们的相互评级

		得到的评级		
		A	B	C
给予的评级	A		第一	第二
	B	第一		第二
	C	第一	第二	
最低		第一	第二	第二

因此，索欣博士成功地达到了目的。他设计的评级机制：①消除了努力困境，使"投入"成为占优策略；②引导学生们披露信息，以便达到这一目的；③没有给予学生通过提供虚假信息来提高自己分数的机会。

◆ 延伸阅读

信息

任何社会机制或者当局都需要信息，而信息可能来自被嵌套博弈的参与者。这些参与者具有通过撒谎或者保留信息而"与制度进行博弈"的动因。在上面的评分例子中，如果可能的话，学生们就会通过将自己列为第一而获益。为了确保社会机制能够有效地运作，设计者必须关注参与者是否具有真切地披露信息的动因。这是社会机制设计的一条重要原则。

正如"小组项目的评级"例子所说明的，信息通常是机制设计取得成功的关键所在。虽然行为人拥有指导机制所需的信息，但他们是否披露和是否真实地披露信息的决定则属于策略性的。如果撒谎或者保留信息是最优应对策略，那么某些人（假如不是所有人的话）就会撒谎或者藏匿信息。成功的机制设计需要具备针对这种倾向的防范措施。

22.3　关于工作分派的博弈

安、鲍勃和凯洛有意合作完成某个项目，他们需要完成三项不同的工作。他们分属于不同的类型。一方面，他们对于三项工作的兴趣不一，他们各自被指派的工作可能相互补充，也可能会产生冲突；另一方面，他们的偏好也不相同。根据不同的动因，假设安属于 A 类，鲍勃和凯洛分别属于 B 类和 C 类。表 22-8 列出了这个三方博弈的回报。

表 22-8　三类参与者的博弈的回报

		C								
		1			2			3		
		B			B			B		
		1	2	3	1	2	3	1	2	3
A	1	2, 2, 2	0, 0, 11	0, 3, 7	2, 2, 2	1, 2, 4	8, 4, 1	2, 2, 1	10, 10, 10	0, 11, 0
	2	3, 0, 8	4, 0, 4	3, 3, 3	4, 2, 2	2, 2, 2	9, 3, 0	4, 2, 7	11, 0, 0	2, 4, 2
	3	2, 2, 4	2, 7, 4	0, 8, 3	2, 2, 2	1, 2, 4	2, 4, 2	2, 4, 2	2, 2, 2	0, 5, 0

由表 22-8 可知，（具备可转让效用的）合作解是按照这样的安排得出的，即 A 从事第 1 项工作、B 从事第 2 项，而 C 从事第 3 项。它处在右边部分中间的那个方格中。但是，这些行为人具有没有效率的偏好，他们每位其实都具备有别于这个合作解的占优策略。A 的占优策略是"第 2 项"，B 的是"第 3 项"，而 C 的则是"第 1 项"。我们为每个人的最优应对策略都标出了下划线。可以看出，其中存在着唯一的纯粹策略纳什均衡，即处在 2、3 和 1 的占优策略均衡。但是，这个占优策略均衡缺乏效率，因为它只能支付 3、3 和 3，而合作的均衡结果却能支付 10、10 和 10。

因此，安、鲍勃和凯洛一致同意聘请一位中立的权威者来决定他们的分工。对于那位权威者来说，问题在于要有效地指派这三位的工作。如果安属于 A 类，鲍勃属于 B 类，而凯洛属于 C 类，那么问题就会十分简单，即分别给他们指派第 1、2 和 3 项工作。但是，情况并非那样，因为权威者不知道他们分属于哪种类型。这一问题在社会机制设计中非常普遍。为了构建一个让大家都感到满意的社会机制，权威者需要预测参与这个博弈的各位行为人会对社会机制做何反应。针对同样一种社会机制，不同类型的行为人会做出不同的反应，预测某位行为人将做何反应也就等同于确定他所属的类型。

一种可能的办法是直接询问他们，不过这又会产生一种新的博弈，其中，行为人的策略就是宣称他自己的所属类型。在目前的场合中，安其实属于 A 类，但是他的占优策略却是报告自己属于 B 类，因为他希望自己被指派去从事那种属于占优策略的工作，即第 2 项工作；类似地，鲍勃的占优策略是报告他属于第 3 类，而凯洛则是报告自己属于第 1 类。如果根据各位行为人自己报告的类型分派工作，那么我们就返回到了占优策略均衡，三人各自得到的回报仍然是 3、3 和 3。简单地说，这个社会机制项目的设计未能取得成功。

社会机制设计所要解决的一个基本问题是，构建某种能够促使各行为人出于自身利益而准确地披露自己所属类型的机制。如果无法做到这一点，那么这种机制就不是"激励相容的"，因为人们非合作地采取行动，将使得这种机制无法成功。

不过，在目前的例子中，问题或许可以得到解决。那位权威者知道三人当中只有一位恰好属于某种类型，也知道如何有效地指派工作。因此，权威者构建了下列机制。

（1）三位行为人都要求自己被认定为某个特定类型，并且根据 A 属于类型 1、B 属于类型 2 以及 C 属于类型 3 来指派工作。

（2）只有一位行为人可以被认定为某个特定类型而被指派某项特定工作。

① 若有两位行为人宣称属于同一类型，则都会被扣罚 1 分，而且必须针对两者所要求的类型认定和工作指派进行出价。

i. 第三位行为人会被认定和指派他所要求的类型和工作。

ii. 出价失败者将得到剩下的类型和工作。

iii. 如果无人针对双方都要求的工作进行出价，那么他们将转而竞争剩下的类型和工作。

iv. 如果仍然无人竞争，那就随机地给他们分配没有被指派的类型和工作。

v. 拍卖是递减型的荷兰式拍卖，其中权威者将公布价格 1、2……一直持续到其中一位出价者退出为止。

② 如果三位行为人都宣称属于同一类型，那就进行两个阶段的拍卖。

i. 在第一阶段，他们相互竞拍所宣称的类型。

ii. 两位竞拍失败者分摊支付价格。

iii. 在第二阶段，他们竞拍较小数字的工作和认定相应的类型。

iv. 处在任何一个阶段中，如果无人出价，则可根据上述①中（iii）～（iv）的方式对拍卖做出调整。

③ 如果没有冲突，那就根据每个人的要求进行类型认定。

④ 通过这种出价过程认定类型后，按照 A 从事 1、B 从事 2 和 C 从事 3 的方式指派工作。

现在，三位行为人要参与的是一个较为复杂的博弈。它有两个阶段。在第一阶段，他们各自提出自己的类型和工作要求。在随后的（各个）阶段，他们实施出价策略，它们都是这个较大博弈的子博弈。因此，我们可以运用逆向递归法将这个博弈简化为类似于表 22-8 的另一个博弈，其中类型和工作要求是三人的策略，再加上运用这种机制之后的回报。这是一个非常复杂的博弈，因为在第一阶段存在着 27 种策略组合，其中一些可能还不只有一个拍卖阶段。因此，我们无法展示它们的所有逆向递归过程，而只是给出一些例子。表 22-10 列出了经过简化的这个博弈的回报。

首先，假设 A、B 和 C 要求的类型认定分别为 2、2 和 3，即 B 和 C 选择合作（真诚的）策略，而 A 则有所偏离，因为他选择了自己在最初博弈中的占优策略。接下来，A 和 B 必须为了被认定为类型 2 而展开竞争。若 A 成为赢家，则次序就变成 2、1 和 3，而（根据表 22-8）回报将是 4、2 和 7。[⊖]若 B 成为赢家，则次序就变成 1、2 和 3，并获得合作性结果，三人的回报分别是 10、10 和 10。因此，A 成为赢家反倒会使自己的处境变糟，所以他不会出价；而 B 的出价则可高达 8，且依然能够改善自己的处境。因此，B 通过出价 1 而成为赢家，最终使三人的回报分别为 9、8 和 13。

假设他们提出的要求是 2、2 和 2（当然，这纯属理论假设），则三人就必须为了被认定为类型 2 而展开竞争。①假设 A 在第一轮成为赢家，那么 B 和 C 将会为了被认定为类型 1 而展开第二轮竞争。若 B 赢得第二轮，则各自的回报（在支付出价之前）为 4、2 和 7。若 C 赢得第二轮，则回报为 3、3 和 3。此时，因为成为赢家反而会让自己的处境变糟，所以两位都不会出价。相应地，他们会转而竞争被认定为类型 3。现在，回报出现了逆转，B 将出价 1，而 C 将以出价 2 而获胜，因此回报（在支付出价之前）为 4、2 和 7。②假设 B 在第一轮成为赢家，那么 A 和 C 就会为了被认定为类型 1 而展开竞争。若 A 成为赢家，那就意味着回报为 10、10 和 10。③ 假设 C 在第一轮成为赢家，那么 A 和 B 将展开竞争，赢家和其他人的回报分别为 8、4 和 1，或者 2、2 和 2。B 将出价 1，A 将通过出价 2 而获胜，所以在支付出价之前的回报为 8、4 和 1。表 22-9 说明了在第一轮中各自成为赢家的回报和出价支付。显然，B 的获胜是占优的，而 A 和 C 在第一阶段不会出价，所以三人的回报分别是 9.5、10 和 10.5。

表 22-9　取决于哪位成为赢家的回报

第一轮的赢家	支付前的回报	第二轮后的回报	第一轮后的回报
A	4，2，7	6，3，5	5，3.5，5.5
B	10，10，10	9，11，10	9.5，10，10.5
C	8，4，1	6，4，3	6.5，4.5，2

⊖　原文此处为"2、1、7"。——译者注

　　假设三位要求被认定的类型分别为 1、3 和 2，那就不会出现冲突。所有工作将根据这些要求来指派，且回报为 8、4 和 1。

　　再一次地，表 22-10 中的各个最优应对策略都添加了下划线。可以看出，每位行为人再度拥有一项占优策略，那就是真实地披露自己的类型。在这个精心设计的博弈中，占优策略均衡是最初博弈的合作性均衡（如表 22-10 所示的简化式博弈中，合作性策略是严格占优的，而在其中的出价子博弈中，均衡策略则是弱势占优的）。如果参与者们根据非合作理性采取行动，则不会出价，也无所谓指派、工作和回报转让等事宜。取而代之的是，三位行为人将直接做出真实的报告，且获得相应的指派。不过，设计出来的博弈机制，加上它的权威性、出价和转让，将使他们产生做出真实报告和采取合作行动的动因。

表 22-10　具有机制的简化式博弈的回报

		C								
		1			2			3		
		B			B			B		
		1	2	3	1	2	3	1	2	3
A	1	10, 9.5, 10.5	8, 13, 9	4, 9, 0	6, 3, 4	13, 8, 9	8, 4, 1	8, 9, 13	10, 10, 10	13, 9, 8
	2	8, 1, 4	1, 4, 8	3, 3, 3	2, 5, 6	9.5, 10, 10.5	5, 9, 0	4, 2, 7	9, 8, 13	8, 1, 4
	3	5, 6, 2	2, 7, 4	1, 4, 8	2, 2, 2	5, 6, 2	7, 2, 4	2, 5, 6	9, 13, 8	9.5, 10.5, 10

　　我们无法简单地推广这个例子，因为最终结局在很大程度上取决于表 22-8 所描述的那个最初的博弈。对于不同的博弈，相同的机制可能会造就差异极大且未必成功的结局。

　　不过，这个例子确实说明了关于社会机制设计的一些重要内容。

- 由于那个最初博弈的合作解也是处在社会机制之下的占优策略均衡，因此，我们可以认为，这种社会机制借助合作性策略实现了合作解。这正是衡量某种社会机制设计优劣的标准所在。我们一贯的目标就在于，运用相关的社会机制使合作性策略成为占优策略。因为在这种情况下，为了确定自己的最优应对策略，参与者们无须保持理性和猜测其他参与者将会选择哪种策略。如果合作解是处在社会机制下的纳什均衡，而不是占优策略均衡，则行为人可能就需要了解其他行为人将如何行事。在这种情况下，我们需要的是一个处在学习过程中的稳定的纳什均衡。如果行为人通过运用贝叶斯法则进行学习，作为一种根据新的信息调整个人信念的"完美理性"方式（参阅第 8 章的附录 8B），我们把这种均衡称为"贝叶斯 - 纳什均衡"，而它是一种相对宽泛的社会机制设计标准。此外，某些学者还对人类是否确实具备"完美的理性"这一观点提出了质疑，希望能够找到一种对于某种有界理性决策形式来说是稳定的社会机制，诸如"k 层级行为"理论（第 18 章 18.7 节）。

- 出价、罚金及其类似的安排都属于社会机制设计的普遍特征，它们都可以激励行为人真实地披露他们的类型。这一点对于在美国获得普遍支持的一种政府政策是至关重要的，即限制环境污染的"配额交易"方式。

- 社会机制可能会被共谋颠覆。例如，倘若 A 和 C 形成共谋且在最初分别要求被认定为类型 1 和类型 2，则 B 的最优应对策略就是要求被认定为类型 2。如此一来，在完成出价和支付后，三人的回报将是 13、8 和 9。由此可知，A 和 C 一起获得 22 且以 B 的利益为代价，因为后者的回报减少到 8。为了形成共谋，A 必须给予

C 一笔附加支付而让他愿意如此行事，而这笔价值等于 2 的附加支付可以使两位共谋者不光彩地平分最终回报，即 11、8 和 11。因此，C 必须信任 A，也就是必须做到"盗亦有道"（honor among thieves）。这是共谋得以成功的必要条件，而且共谋有时会以各种方式出现。

- 到目前为止，我们都假设这种社会机制是没有成本的，虽然在进行出价、监督和支付时确实需要花费时间和资源。不过这一点并不（十分）重要，如果此例中的行为人采纳非合作性策略，即分别采纳 1、2 和 3，那就不会产生出价或者转而求助于监督者的问题。我们通常认为，那位权威者必须掌握让社会机制可信的足够的资源。不过，如果存在共谋，那就必须将整个社会机制付诸实施。因此，它其实不太可能是免费的，而我们需要期待的是，相对于它所能产生的增量效益而言，实施成本很低。

22.4 配额与交易[⊖]

社会机制设计的一些最重要的潜在应用领域是环境经济学，我们在其中已积累了一些经验。无效率的环境污染以及对于自然资源的过度开采，诸如淡水和鱼类等，都被确认为公共政策方面的问题。关于它们，我们不难从非合作性博弈的角度予以把握。在这些情形中，合作性安排是对环境污染和过度开发的一种有效制约。当然，这并不意味着可以完全消除环境污染和过度开发问题。从原则上讲，虽然存在着关于污染或开采的某个有效率的比率，但它不是选择污染率或开采率这类博弈的非合作性均衡。按照惯例，环境污染和过度开采的无效率比率是占优策略所导致的结果，污染和开采博弈都属于涉及 N 方的社会困境，即"公地悲剧"。现在已经获得普遍认同的是，政府的举措对于限制污染和开采是有效的。其困难在于如何设计出能够有效地实现这一目的的某种公共机制。

在这里，社会机制设计需要面对两个问题。第一个问题产生于已然显现的事实，即我们无法总是指望由政府去促进效率，因为它本身可能就是造成无效率的一个重要缘由。我们不妨这样表述，在这个政府博弈中，合作解就是政府能够按照促进公民们的共同利益实现的方式采取行动。那么，如何设计出某种政治体制，从而确保政府成为服务于公众的一种有效工具呢？我们已在第 20 章中论述了这一问题，这里不再赘述，而只指出一点，那就是投票和政治体制的设计属于社会机制设计的一个分支。

在这里，我们更加关注的是第二个问题。假设政府决意设定某个有效率的污染或开采率，那就需要具备某些信息。例如，某些"类型"的公司和人们或许能以很低的成本减少它们的污染或者开采，而其他"类型"的公司和人们如此行事的成本却很高昂。如果那些削减成本较小者能够减少大量的污染或开采，而成本较大者只需要削减少量的污染和开采，则这种安排就是有效率的（这一点看似不太公平，不过在目前，我们只考虑效率而非公平，即首先考察一下究竟能否取得效率）。

假设当局要求各公司和个人告知他们每一位是"低成本类型"还是"高成本类型"，由于采取的是非合作行动，所以为了不被要求削减得太多，大家都会声称自己属于"高

⊖ 关于其中一些问题的更详细的论述，可参阅：Roger A. McCain, *Game Theory and Public Policy* (Elgar, 2009), Chapter 5。

成本类型"。

　　然而，"配额交易"（cap-trade）方案可以解决这一问题。根据这种方案，属于某种类型的行为人，诸如渔民或电力公司，都被要求作为一个群体按照某种比例削减他们的污染量或开采量。例如，渔民们或许只能捕捉过去 5 年间平均捕捉量的 75%，工厂必须将污染排放量削减 50%。这就是针对所有此类个人和组织的污染或开采活动所设置的"配额"。对应于配额的是某种许可量，即允许每位污染者或开采者继续排放污染物或者开采资源的配额数量。如果某人属于"低成本类型"，那么他可以选择不把污染排放许可量用到极致，或者使得开采量低于许可量。取而代之的是，他可将部分或全部的配额数量出售给"高成本类型者"。后者可添加上所购得的配额，从而使自己能够合法地超额排放污染物或开采资源。在低成本类型者与高成本类型者的交易中，双方都放弃了代价最小的物品。对于低成本类型者来说，它是关于污染或开采的配额；对于高成本类型者来说，它是货币。因此，随着配额的出现，配额交易制也产生了。

　　如果从经济理论的角度看待这一问题，可以认为存在着来自低成本类型者的污染或开采配额供给，以及来自高成本类型者的配额需求。如果价格高得正好足以使得供给量等于需求量，则能实现限额交易市场的均衡。此外，我们同样有理由期待这个市场机制是有效率的，即那些减少排放或开采者可以根据最低的成本来行动。

　　20 世纪 80 年代以来，以"配额交易"方式为基础的调节规则得到了广泛运用，当时美国采用这种方法减少了二氧化硫的排放，而它们是"酸雨"的成因之一。针对温室气体，《京都议定书》（Kyoto Protocol）规定了参与"配额交易"的排放限额，而且已被一些国家采纳。此外，还有一些针对淡水和渔业资源的应用。下面是一些经验和教训。

- 人们需要的"学习期"可能相当漫长。至少就那些最早的应用而言，这种项目若要取得成功，决策者需要花费数年时间才能在满足规则的条件下开始进行交易。
- 在特定的时期，"配额交易"规则可以有效地减少无效率，通过有效方式减少污染和开采的成本可能大大低于"整齐划一"（one-size-fits-all）的方式，因为后者忽略了被调节者之间存在的差异。
- 通常情况下，减少污染或者开采的成本要低于预期水平。关于这一点无须惊讶，因为简单的非合作性行为会促使低成本类型者将自己表现为高成本类型者。另外，即使是最诚实的估算数字也会存在某些偏差。因此，直到实际开始减少污染或开采之前，低成本类型者或许一直会误以为自己是高成本类型者。

　　"配额交易"方式无疑是社会机制设计的一个例子，但它不属于博弈论方面的例子。其推理过程，尤其是市场均衡时的期望效率，都是以完全竞争市场和市场失灵理论为基础的。虽然市场均衡在某些博弈中属于纳什均衡，但在市场上并非只存在纳什均衡，正如我们在第 5 章中所看见的那样。确实，我们有理由认为，关于二氧化硫排放的市场有时会被不完全竞争因素扭曲，即针对限额定价的垄断或者寡头行为。

22.5　总结

　　各种博弈是根据它们的规则获得定义的，而后者又会影响理性博弈参与者们所形成的非合作性均衡。在社会机制设计中，我们把这一点反转过来，即先确定所追求的非合作性均衡，然后（尽可能地）调整各种规则，以便实现这种均衡。我们可以把社会机制设计问题看成某个被嵌套在更大博弈中的一个博弈，而这种被嵌套博弈的规则是设计者在那个更大的嵌套博弈中的可选策略。博弈论在法律和"配额交易"政策方面的应用非常符合这种情势，即使在这些领域中并未大量使用"机制设计"一词。例如，在法律领域，可以对责任规则做出调整，使处在均衡时的所有行为人都拥有保持必要的谨慎、防止事故发生的动因。不过，社会机制设计同样受制于信息。如果参与被嵌套博弈的某些行为人拥有当局建立社会机制所需要的信息，则这种社会机制设计就必须确保他们具有披露信息的动因，或者会努力为之。

◢ 本章术语

可转让效用（transferable utility）：如果主观回报与货币回报的关系足够密切，那么我们就说博弈具有可转让效用。它使共谋者们可通过货币转让调整回报结构。在具有可转让效用的博弈中，总有可能出现附加支付（side payment）；而在不具有可转让效用的博弈中，则不大会出现附加支付。

◢ 练习与讨论

1. 构筑河堤

维多利亚和旺达（Victoria and Wanda）两位业主在"弯曲河"（Winding River）岸边各拥有一片土地。它们有时会遭遇洪涝灾害。两位业主都可以选择构筑或者不构筑河堤。如果他们都构筑的话（成本为 1），则两片土地都能够防洪。如果其中一位不构筑，那么两位都会遭受等于 5 的损失。表 22-11 列出了各种回报。

表 22-11　防洪的回报

		旺达	
		筑堤	不筑堤
维多利亚	筑堤	−1，−1	−6，−5
	不筑堤	−5，−6	−5，−5

这个博弈具有两个均衡，其中一个是没有效率的。我们想要建立一个社会机制，以确保做到有效防洪。现在，假设公共部门提出了一个可以赔偿所有洪灾损失的保险项目。如果他们构筑河堤，则缴纳的保险费用为 1；如果只有一位筑堤，则另一位需要缴纳的保险费用为 2；如果无人筑堤，则两位都需要缴纳的保险费用为 3。

如果双方都投保的话，请列出回报表格。画出这个被嵌套博弈的树状图，其中两位业主都有"投保"或"不投保"的选项。请运用逆向递归法和前向递归法来确定这个嵌套博弈的子博弈完美均衡。这个均衡是否有效率？保险项目能否弥补成本？

2. 自由放任

我们可将市场体制看成把各种稀缺资源分配给最具生产效率者的一种机制。根据经济学家福里德利奇·冯·哈耶克（Friedrich von Hayek）的观点，关于资源可得性的信息普遍存在于公众中，没有哪个中心拥有更大部分的信息。因此，哈耶克认为，就资源配置而言，市场体制要优于其他任何一种机制。请根据本章提出的理念来解释哈耶克的这种观点。

推荐阅读

	中文书名	原作者	中文书号	定价
1	货币金融学(美国商学院版，原书第5版)	弗雷德里克 S. 米什金 哥伦比亚大学	978-7-111-65608-1	119.00
2	货币金融学(英文版·美国商学院版，原书第5版)	弗雷德里克 S. 米什金 哥伦比亚大学	978-7-111-69244-7	119.00
3	《货币金融学》学习指导及习题集	弗雷德里克 S. 米什金 哥伦比亚大学	978-7-111-44311-7	45.00
4	投资学（原书第10版）	滋维·博迪 波士顿大学	978-7-111-56823-0	129.00
5	投资学（英文版·原书第10版）	滋维·博迪 波士顿大学	978-7-111-58160-4	149.00
6	投资学（原书第10版）习题集	滋维·博迪 波士顿大学	978-7-111-60620-8	69.00
7	投资学（原书第9版·精要版）	滋维·博迪 波士顿大学	978-7-111-48772-2	55.00
8	投资学（原书第9版·精要版·英文版）	滋维·博迪 波士顿大学	978-7-111-48760-9	75.00
9	公司金融(原书第12版·基础篇)	理查德 A. 布雷利 伦敦商学院	978-7-111-57059-2	79.00
10	公司金融(原书第12版·基础篇·英文版)	理查德 A. 布雷利 伦敦商学院	978-7-111-58124-6	79.00
11	公司金融(原书第12版·进阶篇)	理查德 A. 布雷利 伦敦商学院	978-7-111-57058-5	79.00
12	公司金融(原书第12版·进阶篇·英文版)	理查德 A. 布雷利 伦敦商学院	978-7-111-58053-9	79.00
13	《公司金融（原书第12版）》学习指导及习题解析	理查德 A. 布雷利 伦敦商学院	978-7-111-62558-2	79.00
14	国际金融（原书第5版）	迈克尔 H.莫菲特 雷鸟国际管理商学院	978-7-111-66424-6	89.00
15	国际金融（英文版·原书第5版）	迈克尔 H.莫菲特 雷鸟国际管理商学院	978-7-111-67041-4	89.00
16	期权、期货及其他衍生产品（原书第11版）	约翰·赫尔 多伦多大学	978-7-111-71644-0	199.00
17	期权、期货及其他衍生产品（英文版·原书第10版）	约翰·赫尔 多伦多大学	978-7-111-70875-9	169.00
18	金融市场与金融机构（原书第9版）	弗雷德里克 S. 米什金 哥伦比亚大学	978-7-111-66713-1	119.00

推荐阅读

	中文书名	原作者	中文书号	定价
1	金融市场与机构(原书第6版)	安东尼·桑德斯 纽约大学	978-7-111-57420-0	119.00
2	金融市场与机构(原书第6版·英文版)	安东尼·桑德斯 纽约大学	978-7-111-59409-3	119.00
3	商业银行管理（第9版）	彼得 S.罗斯 得克萨斯A＆M大学	978-7-111-43750-5	85.00
4	商业银行管理(第9版·中国版)	彼得 S.罗斯 得克萨斯A＆M大学 戴国强 上海财经大学	978-7-111-54085-4	69.00
5	投资银行、对冲基金和私募股权投资（原书第3版）	戴维·斯托厄尔 西北大学凯洛格商学院	978-7-111-62106-5	129.00
6	收购、兼并和重组：过程、工具、案例与解决方案（原书第7版）	唐纳德·德帕姆菲利斯 洛杉矶洛约拉马利蒙特大学	978-7-111-50771-0	99.00
7	风险管理与金融机构（原书第5版）	约翰·赫尔 多伦多大学	978-7-111-67127-5	99.00
8	现代投资组合理论与投资分析（原书第9版）	埃德温 J. 埃尔顿 纽约大学	978-7-111-56612-0	129.00
9	债券市场：分析与策略（原书第8版）	弗兰克·法博齐 耶鲁大学	978-7-111-55502-5	129.00
10	固定收益证券（第3版）	布鲁斯·塔克曼 纽约大学	978-7-111-44457-2	79.00
11	固定收益证券	彼得罗·韦罗内西 芝加哥大学	978-7-111-62508-7	159.00
12	财务报表分析与证券估值（第5版·英文版）	斯蒂芬H.佩因曼 哥伦比亚大学	978-7-111-52486-1	99.00
13	财务报表分析与证券估值（第5版）	斯蒂芬 H. 佩因曼 哥伦比亚大学	978-7-111-55288-8	129.00
14	金融计量：金融市场统计分析（第4版）	于尔根·弗兰克 凯撒斯劳滕工业大学	978-7-111-54938-3	75.00
15	金融计量经济学基础：工具，概念和资产管理应用	弗兰克·J.法博齐 耶鲁大学	978-7-111-63458-4	79.00
16	行为金融：心理、决策和市场	露西 F. 阿科特 肯尼索州立大学	978-7-111-39995-7	59.00
17	行为公司金融（第2版）	赫什·舍夫林 加州圣塔克拉大学	978-7-111-62011-2	79.00
18	行为公司金融（第2版·英文版）	赫什·舍夫林 加州圣塔克拉大学	978-7-111-62572-8	79.00
19	财务分析：以Excel为分析工具（原书第8版）	蒂莫西 R.梅斯 丹佛大都会州立学院	978-7-111-67254-8	79.00
20	金融经济学	弗兰克 J.法博齐 耶鲁大学	978-7-111-50557-0	99.00